CATIA 钣金设计基础与工程实践
第 2 版（MOOC 版）

刘宏新　解勇涛　林　卿　张立伟　周兴宇　白　伟　李金龙　编著

U0279372

机械工业出版社

钣金设计是 CATIA 设计功能模块的重要组成部分之一，该模块采用基于特征的成形方法，专门用于钣金件的设计，允许设计人员在折弯表示和展开表示之间实现并行工程，实现了钣金产品的专业与高效设计，并可与其他模块结合使用，加强了设计过程中上下游之间和产品结构之间的信息交流与共享。

针对 CATIA 钣金设计的技术体系与核心内容，本书设置了钣金设计基础、CATIA 钣金设计概述、钣金参数设置、钣金成形、扫掠墙体、钣金折弯与展开、钣金冲压、钣金特征和钣金工程图 9 个技术章节，以及具有代表性的电子产品类实例、家用产品类实例、工业产品类实例和农业装备类实例 4 个工程实例章节，使读者能够在了解钣金成形工艺的基础上，深入理解并掌握创成式钣金设计模块中各命令的实践应用。

本书内容循序渐进，基础训练与能力提高并重，力求系统和全面地表述计算机辅助钣金设计的相关内容。同时利用音视频信息与互联网技术，为知识点配套设置了在线教学资源，通过扫描书中插入的二维码可直达对应内容的视频讲解与电子教案，专业辅导随时伴在读者身边。

本书适于装备制造领域的工程师及高校设计与制造相关专业的学生使用，结构体系和内容设置既便于读者系统地学习 CATIA 钣金设计，又能满足读者在实际工作中对产品设计构思和难点结构处理等问题的查询需要。

图书在版编目（CIP）数据

CATIA 钣金设计基础与工程实践：第 2 版：MOOC 版 /
刘宏新等编著. -- 2 版. -- 北京：机械工业出版社，
2024. 10. -- ISBN 978-7-111-76451-9

Ⅰ. TG382-39

中国国家版本馆 CIP 数据核字第 2024EL1512 号

机械工业出版社（北京市百万庄大街 22 号　邮政编码 100037）
策划编辑：黄丽梅　　　　　　　责任编辑：黄丽梅　王　珑
责任校对：王荣庆　王　延　　　封面设计：马精明
责任印制：任维东
河北鹏盛贤印刷有限公司印刷
2024 年 10 月第 2 版第 1 次印刷
184mm×260mm · 26.5 印张 · 672 千字
标准书号：ISBN 978-7-111-76451-9
定价：79.00 元

电话服务　　　　　　　　　网络服务
客服电话：010-88361066　机　工　官　网：www.cmpbook.com
　　　　　010-88379833　机　工　官　博：weibo.com/cmp1952
　　　　　010-68326294　金　　书　　网：www.golden-book.com
封底无防伪标均为盗版　机工教育服务网：www.cmpedu.com

序

　　达索系统作为全球领先的 3D 技术及 3D 体验解决方案的领导者，将自身产品定位于行业的领先水平并引领技术的发展，正致力于将先进的技术带到中国，与中国的企业和工程师们分享技术进步带来的变革及成就，目前已在中国发展了众多优秀的用户，同时造就了大量的一流人才。

　　刘宏新教授团队在达索的标志与旗舰品牌 CATIA 进入中国之初，即开始 CAD、CAE、DMU 等模块的工程应用与教学工作，且在基于 CATIA 个性化、定制化的数字化设计与数字资源管理领域的科学研究亦颇有建树，积累了丰富的经验与成果，2012 年起与中国机械工程领域和自然科学领域颇负盛名的传媒机构机械工业出版社签署协议，将团队多年在 CATIA 的应用、教学、科研过程中积累的讲义、资料、模型等进行整理与完善，出版系列图书与教材，以期为广大读者与用户更好地学习和使用 CATIA 提供帮助与指导。

　　该系列图书兼顾基础训练与能力提高，注重工程应用，强调技巧与效率，系统而全面。以此为媒介，达索系统必将进一步加快推广其卓越的 3D 技术，为中国的企业和工程师提供一个可持续创新的 3D 体验平台，使虚拟世界与现实世界之间有效互动。同时，运用达索系统先进的产品生命周期管理（PLM）体系，可为产品的设计、生产和服务开辟新的道路，为业界输送更多符合时代需求的高级人才，促进产业创新，提升业务优势，创造财富。

达索系统大中华区总裁　张鹰

前　言

作为机械工程领域的高端应用软件，CATIA 代表了行业的先进水平并引领着技术的发展，自近年引入国内以来，迅速被广大工程技术人员认可和接受。它以产品生命周期管理（Product Lifecycle Management，PLM）为宗旨，以全面的计算机辅助机械工程解决方案、丰富的功能模块及系统的体系架构支持从概念起始的设计、模拟、分析、制造、组装、销售直至维护的全部工业流程，极大地提高了产品研发的效率和水平。

钣金件是指利用剪切、冲压、折弯、焊接、铆接等加工工艺，将金属板材加工、组装而成的工业制品，其显著的特征是同一零件壁厚一致。常规钣金件一般为非自由曲面，用于产品壳体或内部结构填充体。钣金行业作为金属成形加工行业中重要的一部分，几乎涉及全部工业产品领域，应用十分广泛。钣金件虽然也可用一般的三维建模（其中自由曲面由专门的曲面建模技术创建）技术进行设计，但极为不便且无法关联钣金件加工必不可少的展开设计，不具实用性。本书针对钣金设计的核心内容，根据知识模块及功能区划设置了钣金设计基础、CATIA 钣金设计概述、钣金参数设置、钣金成形、扫掠墙体、钣金折弯与展开、钣金冲压、钣金特征和钣金工程图 9 个技术章节，其中"钣金设计基础"对钣金成形工艺进行了系统的介绍，可以使初涉钣金行业者在学习钣金设计时，对钣金制品的实际生产加工有一个全面的认识，提高其在设计过程中的结构分析与工艺选择的能力；同时，设置了电子产品类实例、家用产品类实例、工业产品类实例、农业装备类实例 4 个能充分体现 CATIA 钣金设计模块工程应用的实例章节。全书详细讲解了 CATIA 钣金设计的流程与方法，基础训练与能力提高并重，力求系统和全面地表述钣金设计的相关内容。书中围绕具体示例和实例编撰了详细的操作步骤，精心设计了训练综合应用能力的实践环节，同时也将编者在教学与工程应用过程中总结的经验和技巧融入其中，使读者能够快速达到熟练、准确、规范、灵活、高效地运用 CATIA 进行钣金产品专业化设计的目的。

本书首版发行后，其针对钣金设计的专业性和专门性广受读者的认可和好评。本版修订的主要工作一是邀请格力大松（宿迁）生活电器有限公司高级工程师白伟加入编委会，突出产教融合，确保图书内容随科技的发展进步及生产的实际需求变化而不断修正和完善；二是利用音视频信息与互联网技术，为知识点配套设置了在线教学资源，通过扫描书中插入的二维码可直达对应内容的视频讲解与电子教案，专业辅导随时伴在读者身边。

由于水平有限，编者虽勤勉谨慎，书中还难免会有纰漏与不当之处，恳请读者能够谅解并予以指正，也希望能以此书为媒介与广大机械工程领域的读者就更广义的 3D-CAD 技术应用进行交流与合作。全书实例与示例均提供了配套练习模型，可关注编者微信公众号下载资源包并获取更多信息与学习资源。

微信公众号：数字化设计；读者信箱：T3D_home@hotmail.com

编　者

2024 年 3 月

目　录

第 1 章　钣金设计基础

1.1　钣金定义

　　钣金件是指利用剪切、冲压、折弯、焊接、铆接等加工工艺将金属板材加工组装成的钣金制品。其显著的特征就是同一零件在加工过程中厚度一致。钣金行业作为金属成形加工行业中重要的分支行业，是机械制造业的基础行业之一，其发展程度反映了一个国家制造工艺技术的竞争力，其产品涉及汽车、电子电器、航空、建筑和船舶等诸多领域，应用范围十分广泛。图 1-1 所示为几种常见的钣金制品。

钣金设计

图 1-1　几种常见的钣金制品

　　金属板材加工也叫钣金加工，既包括传统的切割下料、冲裁加工、弯压成形等方法及工艺参数，又包括各种冲压模具结构及工艺参数、各种设备工作原理及操作方法，还包括新冲压技术及新工艺。下面将对钣金加工工艺流程及主要操作工序进行简单介绍。

1.2　钣金矫正

　　金属板材由于生产、储运等原因，以及经过冲、剪分离等初加工制成零件毛坯后，可能会出现各种各样的变形，因此在进入下道工序前，需要根据工艺要求对其进行矫正。矫正有三种内涵：一是消除金属板材、型材的不直、不平或翘曲等缺陷；二是使成材的钣金件达到质量要求，在加工过程中对产生的变形进行修整；三是消除钣金件在使用过程中产生的扭曲、歪斜、凹陷等变形。钣金矫正的方法有很多，按照矫正时温度的不同可分为冷矫正和热矫正，按照操作方法的不同可分为手工矫正、机械矫

1

正和火焰矫正。

1.2.1 手工矫正

手工矫正是在平台或台虎钳上以手工操作锤子、抵铁、拍板等工具，对变形的钢材施加外力，达到矫正变形的目的。这是一种相对较原始的矫正方法，多用于厚度小于 4mm 的板材矫正。图 1-2 所示为常见的手工矫正工具。

a) 带孔平台   b) 带 T 形槽平台   c) 钣金锤

图 1-2　常见手工矫正工具

1. 薄板矫正

薄板变形的主要原因是：板材在轧制过程中因受力不均，导致内部组织疏密不同，从而产生变形。其矫正原理是：通过锤击板材的紧缩区，使其延伸而获得矫正。当板材变形比较严重时，可综合运用水火矫正等方法来提高矫正效果。

① 薄板中间凸起变形的矫正：可锤击薄板四周，由凸起的周围开始逐渐向四周锤击，如图 1-3a 所示。图中箭头表示锤击的位置和方向，越往边缘锤击的密度越大，锤击力也越大，以使薄板四周延伸，从而消除中间的凸起变形。若薄板表面有多个相邻的凸起，则应先在凸起的交界处轻轻锤击，使相邻的凸起合并成一个，然后再锤击四周将其矫正。

② 薄板四周呈波浪变形的矫正：从薄板四周向中间逐渐锤击，如图 1-3b 所示。越往中间锤击的密度越大，锤击力也越大，从而使薄板中间部分伸长而矫正。

③ 薄板对角翘曲变形的矫正：矫正时应先沿着没有翘曲的对角线开始锤击，依次向两侧伸展，使其延伸而趋于平整，如图 1-3c 所示。

④ 薄板料的拍打矫正：当薄板料有微小扭曲时，可采用拍板拍打矫正。取一长度不小于 400mm，宽度不小于 40mm，厚度为 3～5mm 的拍板，在板料上拍打，使板料凸起部分受压缩短，张紧部分受拉伸长，从而达到矫正的目的，如图 1-3d 所示。

薄板的矫正难度较大，矫正前要分析并判明薄板的伸长或缩短部位，矫正中要随时观察板料的形状变化，有针对性地改变锤击点和力度。当板料基本敲平后，再用木槌做一次调整性敲击，使整个板面舒展均匀。

2. 厚板矫正

厚板的手工矫正通常采用以下两种方法：

① 锤击凸起处矫正：锤击凸起处的力需要大于材料的屈服极限，从而使凸起处受到强制压制而矫正。

② 锤击凸起区域的凹面矫正：锤击凹面可用较小的力，使材料仅在凹面扩展，迫使凸面受到相对压缩，从而将板料矫正。

对矫正后的厚板，可用直尺检查是否平直，若用直尺的棱边以不同的方向贴在板料上观察缝隙大小一致，则说明板料已经平直。

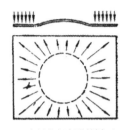

a) 中间凸起变形的矫正

b) 四周呈波浪变形的矫正

c) 对角翘曲变形的矫正

d) 拍打矫正

图 1-3　薄板矫正

1.2.2　机械矫正

机械矫正是将板材放在专用的矫正机上进行矫正。常用的矫正设备有滚板机、滚圆机和压力机等。图 1-4 所示为常见的机械矫正设备。

a) 滚圆机

b) 四柱压力机

图 1-4　常见的机械矫正设备

1. 滚板机矫正

滚板机的结构有多种形式，常用的是两排轴辊式。滚板机按两排轴线所在平面位置的不同，可分为平行式和不平行式两种；按轴数的多少，可分为 5 轴辊、7 轴辊……21 轴辊。图 1-5 所示为平行式和不平行式滚板机工作示意图。

滚板机的上排轴辊数比下排多一根，两排轴辊间距可根据需要进行调整，有的上排轴辊可以单独调整，工作时轴辊可向前或向后转动。一般情况下，矫正的板材厚度越小，滚板机轴辊的数量越多。

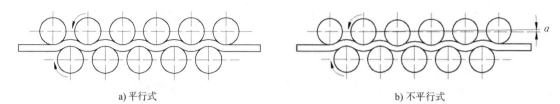

a) 平行式　　　　　　　　　　　　　　　　b) 不平行式

图 1-5　滚板机工作示意图

2. 滚圆机矫正

滚圆机主要用于将板料卷曲成筒形零件。在缺乏滚板机的情况下，可利用滚圆机进行板料的矫正。

① 薄板矫正：以大面积的厚板作为垫板，将薄板放置在垫板上进行滚压。

② 厚板矫正：将板料放在上、下轴辊间滚出适当的弧度，然后将板料翻转，调整上、下轴辊间距，再次滚压，经过多次反复滚压后将板料矫正，如图 1-6 所示。

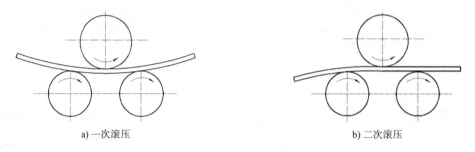

a) 一次滚压　　　　　　　　　　　　　　　　b) 二次滚压

图 1-6　滚圆机矫正厚板

3. 压力机矫正

压力机主要用于厚板的矫正。

① 弯曲厚板矫正：矫正时，用厚度相同的垫铁在凹面两侧支撑工件并在凸起处施加压力，使工件在压力作用下发生塑性变形，从而将厚板矫正，如图 1-7a 所示。

② 扭曲厚板矫正：矫正时，同时垫起扭曲工件的对角，在翘起的对角上放置压杠，之后的操作方法与弯曲厚板矫正相同，如图 1-7b 所示。

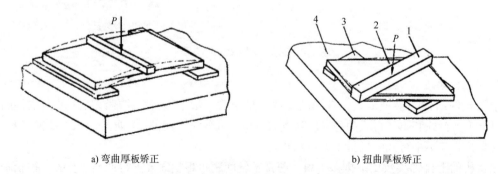

a) 弯曲厚板矫正　　　　　　　　　　　　　　b) 扭曲厚板矫正

图 1-7　压力机矫正

1—压杠　2—工件　3—支撑垫　4—工作台

1.2.3 火焰矫正

火焰矫正是根据金属热胀冷缩的特性，对板材局部进行加热从而将其矫正的方法，也称局部加热矫正。火焰矫正一般采用氧 - 乙炔焰作为热源。图 1-8 所示为加热、冷却过程中的板材变形情况，当对板材进行加热时，由于金属材料受热膨胀，使板材向远离加热处一侧弯曲，当完成加热后，由于加热处金属冷却收缩，使板材向加热处一侧弯曲。

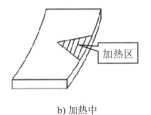
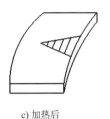

a) 加热前   b) 加热中   c) 加热后

图 1-8 火焰矫正

火焰矫正的加热方式有三种：点状加热、线状加热和三角形加热。由于加热区的大小和形状不同，因而三种加热方式有着各自不同的收缩特点。

（1）点状加热 加热区为一定直径的圆圈状的点，称为点状加热。根据钢材的变形情况，可选择加热一点或多点。多点加热时，加热点多采用梅花状排列，如图 1-9a 所示。各加热点的大小、排列要均匀，点的直径 d 取决于被矫正钢板的厚度，板厚越小，直径越小，但一般不宜小于 15mm。各加热点之间应有明显的界限，点与点之间的距离 a 一般为 50～100mm。

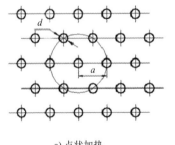

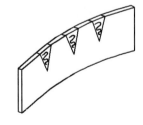

a) 点状加热   b) 线状加热   c) 三角形加热

图 1-9 加热方式

点状加热的特点是：冷却后，热膨胀处向点的中心收缩。当钢板局部凸起变形时，在凸起处选择适当数量的点加热，冷却后均匀收缩便可将其矫正。点状加热适用于薄钢板变形的矫正。

（2）线状加热 加热时火焰沿着直线方向移动，或同时在宽度方向上做一定的横向摆动，称为线状加热。线性加热又分为直通加热、链状加热和带状加热三种，如图 1-9b 所示。

线状加热的特点是：冷却后，加热区的横向收缩量大于纵向收缩量。收缩量随着加热线宽度的增加而增加，加热线宽度视板材的厚度而定，一般选板材厚度的 1～3 倍。

（3）三角形加热 加热区呈三角形，底板在钢板或结构件边缘，这种加热方式称为三角形加热，如图 1-9c 所示。

三角形加热的特点是：由于加热面积较大，因而收缩量也大，并且由于沿着三角形高度方向的加热宽度不等，所以收缩量也不等，从三角形顶点沿着两腰向下收缩量逐渐增大。三角形加热常用于刚性较大的构件弯曲变形的矫正。

1.3　放样与号料

1. 放样

放样又称展开放样，是指将钣金制品的表面或局部按照其形状和尺寸在一个平面上摊开，绘制出其展开后的平面图并做出样板供后续工序使用。下面以斜口圆管的展开为例介绍展开放样的过程。

斜口圆管展开时，在圆管表面取许多相互平行的素线，把表面分成若干个小四边形，依次画出各四边形，得出展开图。展开步骤如下：

① 将俯视图上的圆周作 12 等分，将各等分点向主视图作投影线，则相邻两投影线组成一个小的梯形，每个梯形作为一个平面。

② 延长主视图的底线作为展开的基准线，将圆周展开在延长线上得到 1、2、3、…、7 各点，过各点作垂线并量取各垂线的长度，用光滑的曲线连接各点得到展开图，如图 1-10 所示。

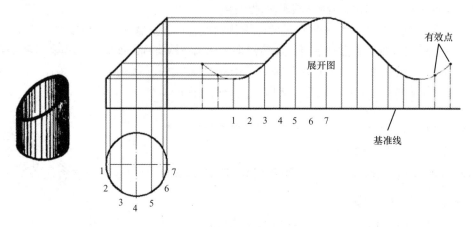

图 1-10　斜口圆管的展开图

为了保证曲线两端部的准确性，必须在曲线两端部之外加作几点，使曲线能延伸过去，如图 1-10 中的双点画线所示，这些点称为有效点。

由于展开图上的每个梯形代表圆管曲面的一部分，因此圆周等分数越多，每个梯形曲面越接近于平面，所得到的展开图也越精确。但相应的制图过程也越加烦琐，所以在实际作图中，可根据圆管直径或周长来确定圆管适当的等分数。

2. 号料

号料是利用样板、样杆、号料草图等放样得出的数据，在板料上画出零件真实的轮廓和孔口的形状，以及与之连接构件的位置线、加工线等，并注出加工符号。号料通常由手工完成，如图 1-11 所示。

号料必须按照有关的技术要求进行，同时还要着眼于产品整个制造工艺，充分考虑合理用料，最大限度地提高材料的利用率。在实际生产中，通常采用集中套排和余料利用两种方法来实现材料的合理利用,如图 1-12 所示为集中套排号料示意图。

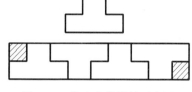

图 1-11　号料　　　　　　　　　　图 1-12　集中套排号料示意图

关于放样与号料的具体内容本书不做详细介绍,感兴趣的读者可参阅相关的书籍。

1.4　下料

下料即根据零件形状尺寸,将原材料剪切成毛坯。钣金下料的方法有很多,按机床的类型和工作原理,可分为剪切、铣切、冲切、氧气切割和激光切割等。在生产中可根据零件形状、尺寸、精度要求、材料类型、生产数量及现场设备条件来选择下料方法。

1. 剪切

剪切下料是根据技术部门提供的钣金件展开图,利用上、下刀刃为直线的刀片或转滚刀片的剪切运动从大块板料上剪切下合适尺寸的毛坯。剪切下料通常是在剪切机或滚剪机上完成。

(1)剪切机下料　剪切机通常用来剪裁直线边缘的板料毛坯。对被剪切料,剪切工艺应能保证剪切表面的直线性和平行度要求,并尽量减少板材扭曲,以获得高质量的毛坯件。图 1-13和图 1-14 所示为剪切机和剪切下料过程。板料剪切时,上刀刃和板料仅有一部分接触,然后上刀刃下行,使板料的一边被剪裂,当上刀刃继续下行时,便可使板料逐渐分离成两部分。

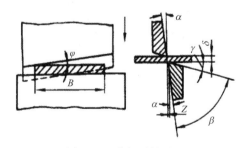

图 1-13　剪切机　　　　　　　　　图 1-14　剪切下料过程

(2)滚剪机下料　滚剪机是利用一堆倾斜安装的上、下滚刀对板料进行剪切,能剪切曲线形、圆环形的板料。在大规模生产的条件下,滚剪机下料可以组成流水线。

滚剪机工作时,滚刀间须有正常的间隙,间隙大小可根据板料厚度的不同进行调整。一般滚刀间的垂直间隙 $a = \frac{1}{3}\delta$,水平间隙 $b = \frac{1}{4}\delta$。图 1-15 和图 1-16 所示为滚剪机组和滚切下料过程。

图 1-15 滚剪机组

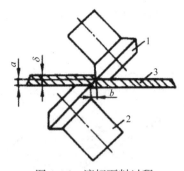

图 1-16 滚切下料过程

1—上滚刀 2—下滚刀 3—板料

a—垂直间隙 b—水平间隙 δ—板料厚度

2. 铣切

铣切下料是利用高速旋转的铣刀对成叠的板料进行铣切来完成下料。其工艺方法简单，生产效率高，是制造零件的首选工序。目前，在航空工业中，许多飞机的蒙皮、中型结构零件的展开件和某些套裁的零件都是采用铣切的下料方法。

铣切下料时，将板料与铣切样板用弓形夹夹紧，形成"料夹"。当铣刀高速旋转时，推动"料夹"，使弓形夹底座在工作台上移动，同时使铣切样板紧靠靠柱移动，即可实现铣刀对板料的铣切。由于靠柱的直径与铣刀的直径相同，因此铣切出来的零件外形与铣切样板相同。图 1-17 和图 1-18 所示为铣床和铣切下料过程。

图 1-17 铣床

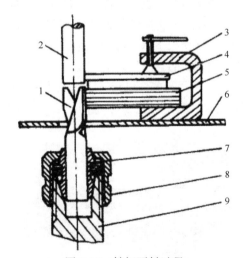

图 1-18 铣切下料过程

1—铣刀 2—靠柱 3—弓形夹 4—铣切样板 5—板料

6—台面 7—夹头 8—紧固螺母 9—主轴

3. 冲切

冲切下料是利用安装在压力机上的冲模对板料进行冲压，使板料发生塑性变形，从而得到所需形状的零件或毛坯。

冲切的基本原理是利用凸模和凹模组成上、下刃口，将材料置于凹模上，凸模向下运动使材料变形，直至分离。由于凸模和凹模之间存在间隙，使凸、凹模作用于材料上的力呈不均匀分布，主要集中于凸、凹模刃口，因此凸、凹模间隙大小及分布的均匀性是影响冲切件质量的主要因素。除此之外，模具刃口状态、模具结构与制造精度、材料质量等也对冲压件的质量有一定影响。图 1-19 和图 1-20 所示为普通压力机和无导向落料模。

图 1-19　普通压力机

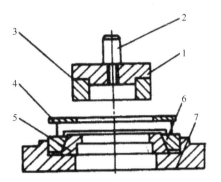

图 1-20　无导向落料模

1—上模板　2—模柄　3—凸模　4—卸料板
5—凹模　6—套圈　7—底板

4. 氧气切割

氧气切割是金属加工中一种极为重要而有效的工艺方法，它具有设备简单、操作方便、生产效率高、切割质量好和成本低等一系列优点。

氧气切割的原理是利用氧气和乙炔气体火焰将被切割的金属预热到燃点后，向此处喷射高压氧气流，使达到燃点的金属在氧气中燃烧，从而将金属熔化，并利用氧气的吹力将熔渣吹掉，而燃烧所释放的热量又进一步对切割缝边缘的金属进行加热，使其再次达到燃点。因此，随着割嘴的移动，不断重复预热、燃烧、吹渣的过程，割嘴沿着划线方向均匀移动，即可形成一条割缝。图 1-21 所示为氧气切割过程。

5. 激光切割

激光切割是利用经聚焦的高功率密度激光束照射工件，使被照射的材料迅速熔化、汽化、烧蚀或达到燃点，同时借助与光束同轴的高速气流吹除熔融物质，从而将工件割开。激光切割由于加工费用较高，多用于打样阶段。图 1-22 所示为气体激光器系统示意图。

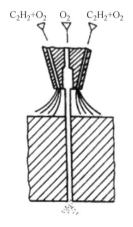

图 1-21　氧气切割过程

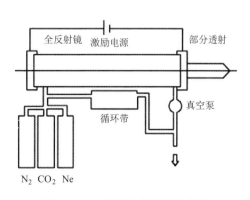

图 1-22　气体激光器系统示意图

1.5 钣金成形

钣金成形是对钣金材料施加外力，使其发生塑性变形或断裂，从而形成一定形状的零件。钣金成形主要包括弯曲、拉深、翻边、拉弯、旋压和冲裁成形等。

1. 弯曲

弯曲是将板料弯曲成一定曲率和一定角度，成为一定形状零件的冲压工艺。弯曲根据材料的温度可分为冷弯和热弯，根据弯曲的方法可分为手工弯曲和机械弯曲。常用的设备主要有折弯机、滚圆机，也可在压力机上利用弯曲模具成型。

（1）折弯　折弯是将金属板料进行弯曲或折叠，从而形成具有一定角度或圆弧的工件的加工方法。折弯设备主要是各种类型的折弯机。

折弯通常在折弯机的弯曲模具上完成。图1-23所示为零件的折弯成形过程，由于零件的折弯半径相同而各部分尺寸不同，所以折弯时下模可用同一槽口，而挡板需要进行多次调整，在前三道折弯工序时可采用直臂式上模，最后一道工序采用曲臂式上模。

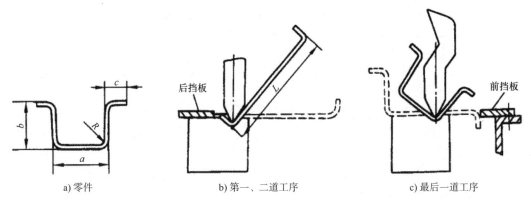

a) 零件　　　　　b) 第一、二道工序　　　　　c) 最后一道工序

图 1-23　折弯成形

（2）卷弯　卷弯是在滚圆机上通过旋转的轴辊使板料弯曲成形的方法。

目前，国内普遍使用的是三辊滚圆机，包括对称三辊滚圆机和不对称三辊滚圆机两种，其工作原理如图1-24所示。工作时，上轴辊和一个下轴辊转动，另一个下轴辊随动，卷制零件的两个下轴辊可上下移动，以适应不同厚度的板料和卷弯的曲度。当工件完成卷弯后，可将上轴辊上移，从而取出卷弯好的工件。

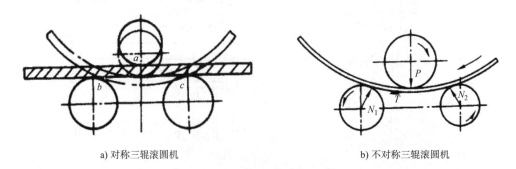

a) 对称三辊滚圆机　　　　　　　　b) 不对称三辊滚圆机

图 1-24　三辊滚圆机工作原理

（3）冲压弯曲　冲压弯曲是利用弯曲模，在压力机上对毛坯进行弯曲的冲压工艺。弯曲模包括 V 形弯曲模、半圆形弯曲模、U 形弯曲模、槽形弯曲模、闭角弯曲模和卷铰链弯曲模等多个种类。

图 1-25 所示为卷铰链弯曲模冲压过程。在进行第一道工序前，先将平整的板料放入弯曲模内，使板料的光面贴紧凹模，毛面朝上，以防止板料弯曲过程中产生断裂，工作时，凸模下降，将板料压出圆弧，如图 1-25a 所示。在完成第一道工序后，将半成品放入如图 1-25b 所示的第二道工序用的弯曲模中，工作时，上模下降，将零件的一端弯曲成圆管形，最终形成卷边，其卷边过程如图 1-25c 所示。

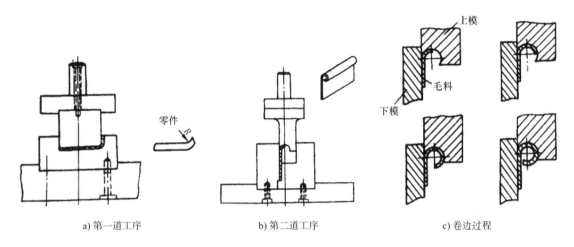

a) 第一道工序　　　　　　　　b) 第二道工序　　　　　　　　c) 卷边过程

图 1-25　卷铰链弯曲模冲压过程

2. 拉深

拉深是利用拉深模使平板坯料成为开口空心件的冲压工艺，又称拉延。拉深可以制成筒形、阶梯形、球形及其他复杂形状的薄壁零件。图 1-26 所示为筒形件的拉深成形过程。

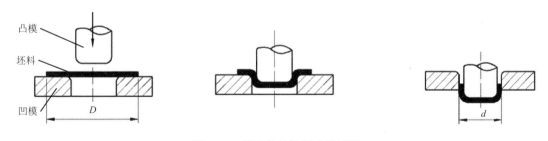

图 1-26　筒形件的拉深成形过程

3. 翻边

翻边是在模具的作用下，将坯料的孔边缘或外边缘冲制成竖立边的成形方法。根据坯料的边缘状态和应力、应变状态的不同，翻边可分为内孔翻边和外缘翻边。图 1-27 所示为内孔翻边过程。

4. 拉弯

当使用普通的弯曲方法制造长度大、相对弯曲半径很大的工件时，由于板料大部分处于弹

性变形状态，因此会产生很大的回弹，有的甚至无法成形，这时可采用拉弯成形，即拉弯或拉形工艺。

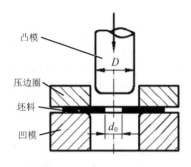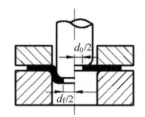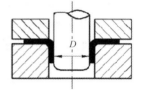

图 1-27　内孔翻边过程

拉弯成形就是在弯曲前先使毛坯承受一定的拉伸力，其值应使弯曲内层的合成应力（即拉伸应力和弯曲时内层压缩应力的合应力）稍大于材料的屈服极限，然后在此拉伸状态下使毛坯完成弯曲变形，如图 1-28 所示。

5. 旋压

旋压成形就是根据材料的塑性特点，将毛坯装卡在胎膜上并随之旋转，同时旋棒与胎膜做相对连续的进给运动，使毛坯和旋棒的接触由点到线，由线到面，从而使毛坯逐渐成形的一种塑性加工方法。该方法广泛地应用于回转体零件的加工成形。

旋压成形的基本原理如图 1-29 所示，毛坯 1 用尾顶针 5 上的压块 4 紧紧地压在胎膜 2 上，当主轴 3 旋转时，毛坯与胎膜一起旋转。操作旋棒 7 对毛坯施加压力，同时旋棒做纵向运动。开始旋棒与毛坯是点接触，由于主轴旋转和旋棒向前运动，毛坯在旋棒作用下，产生由点到线，由线到面的变形，逐渐被赶向胎膜，直到与胎膜贴合。

图 1-28　拉弯成形

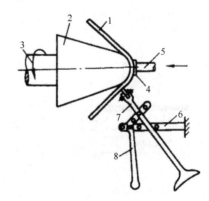

图 1-29　旋压成形的基本原理
1—毛坯　2—胎膜　3—主轴　4—压块　5—尾顶针
6—支架　7—旋棒　8—助力臂

6. 冲裁

冲裁是利用冲模使零件材料与废料进行分离的一种冲压工艺。当冲裁下的材料作为零件时，称为落料；当冲裁下的零件作为废料，保留的材料作为零件时，称为冲孔。

冲裁的原理如图 1-30 所示，工作时，板料放在凹模上，开动压力机，凸模向下运动并穿过板料进入凹模，实现落料或冲孔。

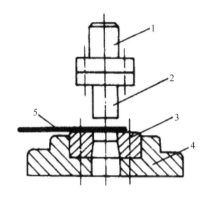

图 1-30 冲裁的原理

1—模柄 2—凸模 3—凹模 4—下模座 5—板料

1.6 钣金连接

钣金连接的方法有很多，常用的有咬缝、焊接和铆合等。

1. 咬缝

咬缝是将两块板料的边缘（或一块板料的两边）折转扣合，并彼此压紧的连接方式。由于咬缝比较牢固，因此在许多结构中被用来代替焊接。咬缝一般适用于厚度小于 1.2mm 的普通钢板、厚度小于 0.8mm 的不锈钢板和厚度小于 1.5mm 的铝板。咬缝的制作工具简单，制作过程方便，应用广泛，多用于建筑物的雨水排水管、空调风管和供热管道架空敷设时的保护层等。

咬缝常见的结构型式及用途见表 1-1。

表 1-1 咬缝常见的结构型式及用途

咬缝名称	结构型式		宽度	用途
平式咬缝	单扣		$L = (6 \sim 11)t$ （t 为板厚）	平板对接和圆筒纵缝
	双扣			
立式咬缝	单扣		$L = (6 \sim 10)t$ （t 为板厚）	圆管件的环缝对接，弯管环缝
	双扣			

（续）

咬缝名称	结构型式		宽度	用途
角式咬缝	单扣		$L = (8 \sim 11) t$（t 为板厚）	方形桶的角位纵缝和桶底的环缝
	双扣			

2. 焊接

焊接是一种以加热、高温或者高压的方式接合金属或其他热塑性材料的制造工艺及技术。常用的钣金焊接方法有点焊、氩弧焊和二氧化碳气体保护焊等。

（1）点焊　点焊是一种高速、经济的连接方法。它适用于制造可以采用搭接、接头不要求气密、厚度小于 3mm 的冲压或轧制的薄板构件。点焊的总厚度一般不超过 8mm，焊点大小一般为 $2t + 3mm$（$2t$ 表示两焊件的厚度）。由于上电极是中空并通过冷却水来冷却，因此电极不能过小，最小直径一般为 $3 \sim 4mm$。

点焊缺陷：

1）破损工件的表面和焊点处极易形成毛刺，须做抛光及防锈处理。

2）点焊的定位必须依赖于定位治具来完成，如果用定位点来定位则其稳定性不佳。

（2）氩弧焊　氩弧焊是用氩气作为保护气体的一种焊接技术。氩弧焊产生的热量特别大，对工件有很大影响，很容易使工件变形，而薄板则更容易烧坏。

氩弧焊缺陷：

1）热影响区域大，工件在修补后常常会产生变形、硬度降低、砂眼、局部退火、开裂、针孔、磨损、划伤、咬边或者是结合力不够及内应力损伤等缺陷。

2）氩弧焊的电流密度大，发出的光比较强烈，电弧产生的紫外线辐射为普通焊条电弧焊的 $5 \sim 30$ 倍，红外线辐射为电弧焊的 $1 \sim 1.5$ 倍，在焊接时产生的臭氧含量也较高，对人体的伤害程度相对较大。

（3）二氧化碳气体保护焊　二氧化碳气体保护焊是以二氧化碳作为保护气体进行焊接的方法。一般适用于大于 2mm 厚的钢材焊接，对于低熔点金属（如铝、锡、锌等）不能使用。

二氧化碳气体保护焊常见缺陷有裂纹、未熔合、气孔、未焊透、夹渣、飞溅和熔透过大等。

3. 铆合

铆合是利用机械力使两个钣金件直接或间接连接的方法。常用的铆合方法有翻边铆合、Tox 铆合和拉钉铆合。

（1）翻边铆合　翻边铆合是将一铁件之抽芽与另一工件之过孔或沙拉孔预配合后，利用圆冲头将抽芽周壁翻开并紧压于另一工件沙拉或板面上，从而使两工件连接的一种紧固工艺。

图 1-31 所示为翻边铆合过程。

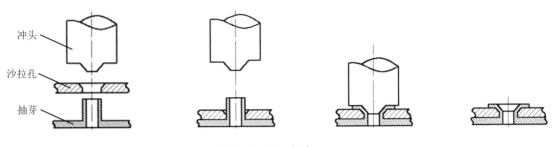

冲头

沙拉孔

抽芽

图 1-31　翻边铆合过程

（2）Tox 铆合　Tox 铆合是通过强力拉压使材料发生塑性变形，将一工件材料嵌入另一工件材料，从而使两工件连接的一种冲压工艺。图 1-32 所示为 Tox 铆合过程。

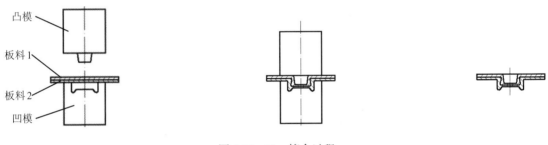

凸模

板料 1

板料 2

凹模

图 1-32　Tox 铆合过程

（3）拉钉铆合　拉钉铆合是通过拉钉将两个带通孔的零件连接，并用拉钉枪拉动拉杆直至拉断，使外包的拉钉套外胀变大，从而将两个零件组成不可拆卸的连接体。图 1-33 所示为拉钉铆合过程。

图 1-33　拉钉铆合过程

1.7　表面处理

钣金件的表面处理可起到防腐保护和装饰的作用，是钣金加工过程中非常重要的一环。常见的钣金表面处理有磷化、钝化、喷砂、拉丝、电镀和喷涂等。

1. 磷化

用酸式磷酸盐处理金属零件，在其表面上生成磷酸盐覆盖层的表面处理工艺称为磷化。磷化膜具有耐磨性，并可降低摩擦系数，提高电绝缘性能。

磷化常见的缺陷及原因见表 1-2。

表 1-2　磷化常见缺陷及原因

缺陷	现象	产生原因
金属表面无磷化膜	表面不变或发黑	油锈去除不干净
磷化膜上起白霜	磷化膜上覆盖一层均匀细致的白色粉末	氧化剂过量，温度过高
磷化膜上有斑点，色泽不均匀	磷酸盐溶液变成酱油色	前处理除油不良，表面锈迹和氧化膜未除净
磷化膜耐蚀性差或泛黄	表面呈铁锈的黄色	表面有残酸

2. 钝化

某些金属经化学方法处理（如用强氧化剂或经阳极氧化处理），在金属表面上会形成一层很薄的致密氧化膜，这种氧化膜在一般大气中能耐腐蚀，防止金属在防腐施工前生锈，这种改善金属表面的办法称为钝化。

常用钝化剂有硝酸盐、亚硝酸盐、铬酸盐和重铬酸盐等。

3. 喷砂

喷砂是利用压缩空气形成的高速喷射束，将喷料（铜矿砂、石英砂、金刚砂、铁砂、海砂）高速喷射到需处理的工件表面上，使工件表面的外表或形状发生变化的表面处理工艺。由于喷料对工件表面的冲击和切削作用，使工件的表面可获得一定的清洁度和粗糙度，并且使工件表面的力学性能可得到改善，因此提高了工件的抗疲劳性，增加了它和涂层之间的附着力，延长了涂膜的耐久性，有利于涂料的流平和装饰。

喷料常用种类及成分见表 1-3。

表 1-3　喷料常用种类及成分

种类	钢砂	纯氧化铝	金刚砂	标准砂
主要成分	Fe	Al_2O_3	SiC	SiO_2

4. 拉丝

拉丝处理是通过研磨产品在工件表面形成线纹，起到装饰效果的一种表面处理手段。不同型号的砂纸，所形成的纹路不同，砂纸的型号越大，砂粒越细，所形成的纹路也就越浅；反之，砂纸的型号越小，砂粒越粗，所形成的纹路也就越深。

一般情况下拉丝后须再做电镀或发黑等处理，如铁材电镀，铝材发黑处理。由于拉丝机的缺陷，小工件及工件上有比较大的孔时，须考虑设计拉丝治具，以避免拉丝后工件质量不良。

5. 电镀

电镀是利用电解原理在某些金属表面镀上一薄层其他金属或合金的工艺。电镀可起到防止金属氧化，提高耐磨性、导电性、反光性、抗腐蚀性及增进美观等作用。

电镀时，镀层金属或其他不溶性材料为阳极，待镀的工件为阴极，镀层金属的阳离子在待镀工件表面被还原形成镀层。为排除其他阳离子的干扰，且使镀层均匀、牢固，需用含镀层金属阳离子的溶液作为电镀液，以保持镀层金属阳离子的浓度不变。

6. 喷涂

喷涂是利用喷枪或碟式雾化器，借助于压力或离心力，使涂料分散成均匀而微细的雾滴，并施涂于被涂物表面的涂装方法。

　　喷涂中常见的问题及解决方法见表1-4。

表 1-4　喷涂中常见的问题及解决方法

问题	产生原因	解决方法
起粒	作业现场不洁，灰尘混入油漆中；油漆调配好后放置太久，油漆与固化剂已产生共聚微粒；喷枪出油量太小，气压太大，使油漆雾化不良或喷枪离物面太近	清洁喷漆室，盖好油漆桶；油漆调配好后立即使用；调整喷枪，使其处于最佳工作状态，枪口距离物面以 20～50cm 为宜
垂流	稀释剂过量令油漆黏度太低，失去黏性；出油量太大，距物面太近或运行太慢；每次喷油量太多太厚或重喷间隔时间太短；物面不平，尤其流线体形状易垂流	按要求配比；控制出油量，确保喷漆距离，提高喷枪运行速度；每次喷油不宜太厚，掌握好喷漆时间间隔；控制出油量，减少漆膜厚度；按使用说明配比
橘皮	固化剂太多，令漆膜干燥太快，油漆不能充分流平；喷涂气压太大，吹皱漆膜以致无法流平；作业现场气温太高，令漆膜迅速干燥	按使用说明配比；调整气压，不可太大；注意现场温度，可添加慢干稀释剂抑制干燥速度
起泡	压缩空气里有水，混到漆膜上；作业现场气温高，油漆干燥太快；物面含水率高，空气湿度大；一次喷涂太厚	油水分离，注意排水；添加慢干稀释剂；物面处理干净，油漆加防白水；一次不宜太厚
收缩	涂装面漆前，底漆或中间涂层未干透	按推荐的每道喷涂层的厚度喷涂
起皱	干燥时间太短或漆膜太厚；底漆或腻子中固化剂选用不当；底漆腻子化不完全；喷涂面漆时一次涂得过厚，只有表面急速干燥，内部不能同时干燥，下层松弛上层绷紧	每道涂层之间要给予足够的干燥时间；实干后才能喷第二道漆或湿喷湿

第2章 CATIA 钣金设计概述

2.1 CATIA 及其钣金设计模块

CATIA（Computer Aided Tri-dimensional Interface Application）是法国 Dassault System 公司（达索公司）开发的 CAD/CAE/CAM 一体化软件。CATIA 诞生于 20 世纪 80 年代，从 1982 年到 1988 年，CATIA 相继发布了 1 版本、2 版本、3 版本，并于 1993 年发布了基于 UNIX 系统的 4 版本。为了使软件能够更加易学易用，达索公司于 1994 开始重新开发全新的 CATIA V5 版本，新的 V5 版本界面更加友好，功能也更加强大，开创了 CAD/CAE/CAM 软件的一种全新风格。

围绕数字化产品和电子商务集成概念进行系统结构设计的 CATIA V5 版本，可为企业建立一个针对产品整个开发过程的数字化工作环境。这个环境可面向产品开发过程的各个方面，并能够实现工程人员和非工程人员之间的电子通信。产品整个开发过程包括概念设计、详细设计、工程分析、成品定义和制造乃至成品在整个生命周期中的使用和维护。

作为一款优秀的 CAD/CAE/CAM 软件，CATIA 在过去的三十多年中一直保持着骄人的业绩，并继续保持其强劲的发展趋势。CATIA 在汽车、航空航天领域的统治地位不断增强，同时也大量地进入了其他行业，如摩托车、机车、通用机械和家电等行业。国际上，CATIA 的用户包括波音、克莱斯勒、宝马、奔驰等一大批著名企业，其用户群体在世界制造业中具有举足轻重的地位，如波音飞机公司使用 CATIA 完成了整个波音 777 的电子装配，创造了业界的一个奇迹，从而也确定了 CATIA 在 CAD/CAE/CAM 行业内的先进地位。在国内，以一汽集团、沈阳金杯、哈飞东安、上海大众、北京吉普、成飞集团、武汉神龙、长安福特等为代表的装备制造企业都广泛地运用 CATIA，实现了研发工作成功地与国际接轨并有效地提高了产品市场竞争力。CATIA 提供的全面工程技术解决方案能够满足工业领域各种规模企业的需要，其强大的功能已得到国、内外各行业的一致认可。

2008 年 4 月，达索公司新一代 CATIA V6 版本发布，进一步增强了协同性 RFLP 方案及多学科系统建模和仿真功能。2012 年，达索公司推出最新 V5 PLM 平台 CATIA V5-6R2012，包含了 CATIA、DELMIA、ENOVIA 和 SIMULIA，更加扩大了达索公司 3D 平台的使用范围。2013 年，达索公司推出 CATIA V6R2013，新增加了 Character Line 功能，强化了 Natural Sketch 功能，并且增强了复杂系统工程程序的控制和可视性。新的 CATIA V6 版本的应用需要系统的 CATIA V5 基础，不支持单机用户，只能在网络支持下使用，文件需保存在数据库中且软件运行对硬件的要求较高。CATIA V6 市场主要针对集团公司以及大型团队的协同项目，能更显著地提高企业的研发效率，但并不适合个人用户和初学者。

目前，达索公司将 CATIA V6 版本与 V5 版本作为针对不同用户群及不同应用场合的并行产品同步发展，2010 年，基于 DS SIMULIA 核心技术，CATIA V5 系列推出了两个全新的现实模拟解决方案，分别是非线性结构分析（ANL）和热分析（ATH），使 CATIA V5 日趋系统和全面。

创成式钣金设计（Generative Sheetmetal Design）模块是 CATIA 软件的重要组成部分，它采用基于特征的造型方法专门进行钣金零件设计，模块包含许多标准的设计特征，如扫掠、冲压和加强筋特征等。它允许设计人员在钣金零件的折弯表示和展开表示之间实现并行工程，并可与其他模块（如零件设计、装配设计和工程制图模块等）结合使用，因此加强了设计的上游和下游之间的信息交流与共享。

CATIA 从 R12 开始有新的创成式钣金设计模块，其主要是因为先前钣金设计（SMD）模块的计算效能差而重新进行改写，改写后的创成式钣金设计模块除了增设新功能外，计算效能也得到大幅提升，但由于整个产品是重新改写，因此 R12 之前旧有的钣金设计与创成式钣金设计间资料不能互用，而旧有的钣金制造也不能取用创成式钣金设计的资料加以分析。从 R14 开始直至 R22，钣金件的设计只能在创成式钣金设计模块中进行，原来的钣金设计模块只能维护旧图档资料。本书根据单机用户的实际应用需要，对 CATIA V5 环境下的创成式钣金设计模块进行详细讲解。

2.2　工作窗口

启动 CATIA V5 R21。

在菜单栏中按"开始"→"机械设计"→"创成式钣金设计（Generative Sheetmetal Design）"的路径进入创成式钣金设计工作窗口，如图 2-1 所示。

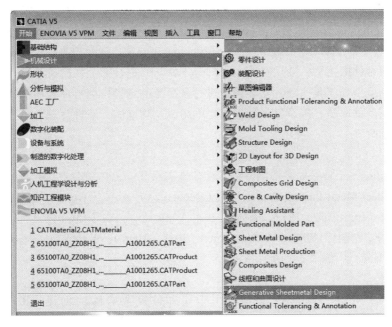

图 2-1　打开创成式钣金设计工作窗口的路径

创成式钣金设计工作窗口打开后如图 2-2 所示。工作窗口包括指南针、结构树、标题栏、菜单栏、专属工具栏、通用工具栏、命令输入栏、消息区和图形工作区。

其中，结构树以树状显示模型的组织结构，在其中可对建模过程中的参数进行修改，同时为选择对象提供方便。结构树能显示出所有创建的特征，并且自动以父树、子树关系表示特征之间的层次关系。通过对结构树的分析，可以了解设计者的设计思想和方法。

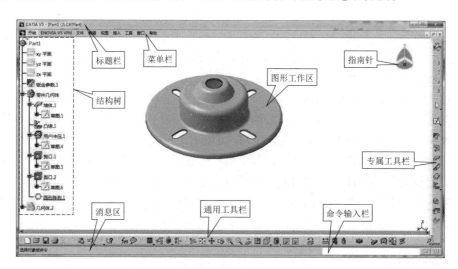

图 2-2　创成式钣金设计工作窗口

2.3　工具栏

创成式钣金设计工作台中常用的工具栏有"墙体（Walls）""滚动墙体（Rolled Walls）"
"折弯（Bending）""剪切 / 冲压（Cutting/Stamping）""特征变换（Transformations）""视图
（Views）"及"钣金加工前处理（Manufacturing preparation）"。通过工具栏中的命令可完成钣金
参数的设置，钣金件的折弯、冲压及边角处理等工作。当进行钣金件的设计时，可直接单击钣
金设计工作台右侧专属工具栏中的功能图标进行各命令的选择，也可在菜单栏的"插入"下拉
列表中选取所需要的命令。本章仅就各工具栏的组成及功能做一般性介绍，每个功能指令的具
体应用详见后续章节。

1. 墙体

"墙体（Walls）"工具栏提供了创建钣金件的基本功能。工具栏中自左向右的功能图标依次
为钣金参数（Sheet Metal Parameters）、识别（Recognize）、墙体（Wall）、边线上的墙体（Wall
On Edge）、拉伸（Extrusion）和扫掠墙体（Swept Walls）。其中，扫掠墙体具有扩展工具栏，其
扩展工具栏中的功能图标依次为凸缘（Flange）、边缘（Hem）、表面滴斑（Tear Drop）和自定
义凸缘（User Flange），如图 2-3 所示。

2. 滚动墙体

"滚动墙体（Rolled Walls）"工具栏用于非平整钣金墙体的创建。工具栏中有料斗
（Hopper）、自由曲面（Free Form Surface）和滚动墙体（Rolled Wall）三个功能图标，如
图 2-4 所示。

图 2-3　"墙体"工具栏及其扩展工具栏

图 2-4　"滚动墙体"工具栏

3. 折弯

"折弯（Bending）"工具栏用于实现钣金件的折弯与展开。工具栏中自左向右的功能图标依次为折弯（Bends）、平面折弯（Bend From Flat）、折叠 / 展开（Folding/ Unfolding）、点或曲线映射（Point or Curve Mapping）。其中，折弯扩展工具栏中的功能图标依次为等半径折弯（Bend）和变半径折弯（Conical Bend），折叠 / 展开扩展工具栏中的功能图标依次为展开（Unfolding）和折叠（Folding），如图 2-5 所示。

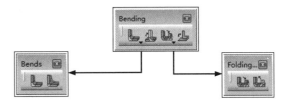

图 2-5　"折弯"工具栏及其扩展工具栏

4. 剪切 / 冲压

"剪切 / 冲压（Cutting/Stamping）"工具栏可实现钣金件的剪切、冲压、孔的创建以及钣金件边角的处理。工具栏中自左向右的功能图标依次为剪口（Cut Out）、孔（Holes）、止裂口（Corner Relief）、倒圆角（Corner）、倒角（Chamfer）和冲压（Stamping）。其中，孔扩展工具栏中的功能图标依次为孔（Hole）和圆口（Circular CutOut），冲压扩展工具栏中的功能图标依次为曲面冲压（Surface Stamp）、凸圆冲压（Bead）、曲线冲压（Curve Stamp）、凸缘剪口（Flanged Cut Out）、散热孔冲压（Louver）、桥接冲压（Bridge）、凸缘孔冲压（Flanged Hole）、环状冲压（Circular Stamp）、加强筋（Stiffening Rib）、销子冲压（Dowel）和自定义冲压（User Stamp），如图 2-6 所示。

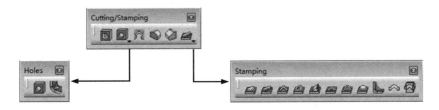

图 2-6　"剪切 / 冲压"工具栏及其扩展工具栏

5. 特征变换

"特征变换（Transformations）"工具栏可实现钣金件的镜像、阵列和移动等功能。工具栏中自左向右的功能图标依次为镜像（Mirror）、阵列（Pattern）和等距（Isometries）。其中，阵列扩展工具栏中的功能图标依次为矩形阵列（Rectangular Pattern）、圆形阵列（Circular Pattern）和自定义阵列（User Pattern），等距扩展工具栏中的功能图标依次为平移（Translation）、旋转（Rotation）、对称（Symmetry）和定位变换（Axis To Axis），如图 2-7 所示。

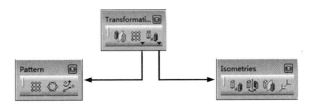

图 2-7　"特征变换"工具栏及其扩展工具栏

6. 视图

"视图（Views）"工具栏用于钣金件平面视图与 3D 视图的管理。工具栏中自左向右的功能图标依次为折叠 / 展开（Fold/Unfold）和视图管理（Views Management）。其中，折叠 / 展开扩展工具栏具有折叠 / 展开（Fold/Unfold）和多视图（Multi Viewer）两个功能图标，如图 2-8 所示。

7. 钣金加工前处理

"钣金加工前处理（Manufacturing preparation）"工具栏用于钣金展开后的重叠检查及 DXF 格式文件的保存。工具栏具有重叠检查（Check Overlapping）和保存 DXF 格式文件（Save As DXF）两个功能图标，如图 2-9 所示。

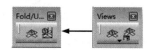
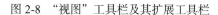

图 2-8　"视图"工具栏及其扩展工具栏　　　　图 2-9　"钣金加工前处理"工具栏

2.4　钣金视图

创成式钣金设计模块允许设计人员在钣金零件的折弯表示和展开表示之间实现并行工程，设计者可对所设计的钣金件随时进行展开查看，并对钣金的 3D 视图及平面视图进行管理。

2.4.1　视图折叠与展开

视图的折叠与展开是利用"视图（Views）"工具栏中的"折叠 / 展开（Fold/Unfold）"命令，使钣金件在 3D 视图与平面视图间进行切换。

打开资源包中的"Exercise\2\2.4\2.4.1\示例\Unfold"，打开的钣金件 3D 视图如图 2-10 所示。

① 在"视图（Views）"工具栏中单击"折叠 / 展开（Fold/Unfold）"图标 下的三角箭头，在其下拉列表中选择"折叠 / 展开（Fold/Unfold）"图标 ，将钣金件由 3D 视图切换到平面视图，结果如图 2-11 所示。

② 再次单击"折叠 / 展开（Fold/Unfold）"图标 ，可将钣金件由平面视图切换回如图 2-10 所示的 3D 视图。

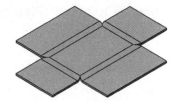

图 2-10　钣金件 3D 视图　　　　　　　　图 2-11　钣金件平面视图

2.4.2　多视图

多视图是指在工作窗口内同时显示钣金的平面视图和 3D 视图，当一个视图内的钣金件结构发生改变时，另一个视图内的钣金件也相应地发生改变。

打开资源包中的"Exercise\2\2.4\2.4.2\ 示例 \Multi viewer"（参见图 2-10 ）。

① 在"视图（Views）"工具栏中单击"折叠 / 展开（Fold/Unfold）"图标 下的三角箭头，在其下拉列表中选择"多视图（Multi Viewer）"图标 ，可显示钣金件的平面视图。

② 在菜单栏中选择"窗口"→"水平平铺"，可将钣金件的平面视图和 3D 视图平铺在工作窗口中，如图 2-12 所示。

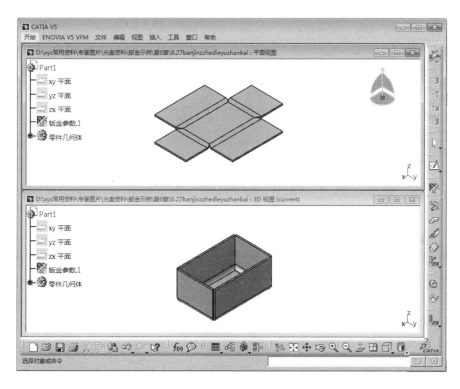

图 2-12　显示多视图

2.4.3　视图管理

视图管理是利用"视图（Views）"工具栏中的"视图管理（Views Management）"命令 ，对钣金视图在 3D 视图与平面视图之间进行切换管理。

打开资源包中的"Exercise\2\2.4\2.4.3\ 示例 \Views management"，打开的视图管理钣金件如图 2-13 所示。

① 在"视图（Views）"工具栏中单击"视图管理（Views Management）"图标 ，弹出"视图"对话框，如图 2-14 所示。

② 激活"视图"对话框中的"平面视图（plane view）"选项，单击对话框右侧 当前 按钮，将钣金视图切换至平面视图，如图 2-15 所示。

③ 单击"确定"按钮，完成钣金视图的切换。

图 2-13　视图管理钣金件

图 2-14 "视图"对话框

图 2-15 平面视图

2.5 钣金设计流程

2.5.1 设计流程图

在使用创成式钣金设计工作台进行钣金设计时，首先必须对钣金的参数进行设置，然后创建一钣金墙体，接着在该钣金墙体的基础上，对钣金的附加墙体进行创建，从而构成钣金件的主体轮廓，最后对钣金件进行折弯、冲压、剪口及展开等操作。图 2-16 所示为钣金设计流程。

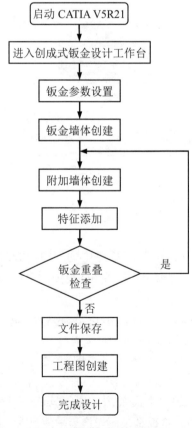

图 2-16 钣金设计流程图

2.5.2　设计流程示例

为了使读者能够更好地理解钣金设计流程，现以一钣金件为例，介绍钣金件设计的一般过程。

1. 钣金参数设置

钣金设计前，首先需要对钣金的参数进行设置，确定钣金墙体的厚度、折弯半径和折弯系数等参数。

在"墙体（Walls）"工具栏中单击"钣金参数（Sheet Metal Parameters）"图标，弹出"钣金参数（Sheet Metal Parameters）"对话框，在"厚度（Thickness）"文本框中输入数值，本例取"0.5"，在"默认折弯半径（Default Bend Radius）"文本框中输入数值，本例取"0.5"，如图 2-17 所示；选择"弯曲极限（Bend Extremities）"选项卡，设置止裂槽为"扯裂止裂槽（Minimum with no relief）"类型，如图 2-18 所示。单击"确定"，完成钣金参数设置。

图 2-17　厚度及折弯半径设置

图 2-18　止裂槽设置

2. 钣金墙体创建

钣金设计时，一般先创建一钣金墙体，然后在此基础上添加钣金的附加墙体及特征。根据钣金外形设计的需要，用户可选用"墙体""拉伸""料斗""滚动墙体"等功能图标进行钣金墙体创建，也可将曲面设计模块中创建的曲面以及零件设计模块中创建的实体零件转换成钣金墙体。图 2-19 所示为利用"墙体（Wall）"功能图标创建的钣金墙体。

3. 附加墙体创建

钣金设计中，通常使用边线上的"墙体""凸缘""边缘""表面滴斑"等功能图标创建附加墙体，从而完成钣金整体轮廓的构建。图 2-20 所示为利用"边线上的墙体（Wall On Edge）"功能图标创建完成钣金附加墙体后的零件。

图 2-19　钣金墙体

图 2-20　附加墙体

4. 特征添加

在完成钣金整体轮廓的创建后，可利用"剪口""孔""圆口""倒圆角""倒角""镜像"和"阵列"等功能图标进行钣金特征的创建。图 2-21 所示为利用"剪口（Cut Out）"功能图标 回创建完成剪口特征后的零件。

5. 钣金重叠检查

钣金重叠检查是对钣金件展开后是否存在重叠干涉的区域进行检查。由于钣金件一般是由一块板材通过折叠、剪切、冲压等工艺加工而成，因此在完成钣金设计后，需要将钣金件展开，并检查展开后的钣金材料是否存在重叠干涉的区域。若存在重叠问题，则说明钣金设计不合理，需要重新进行设计。

完成钣金件的创建后（见图 2-21），在"钣金加工前处理（Manufacturing preparation）"工具栏中单击"检查重叠（Check Overlapping）"图标 ，弹出如图 2-22 所示的"重叠检查（Overlapping Detected）"对话框，显示"没有检测到重叠（No overlapping detected）"，表明该钣金件展开后没有互相重叠干涉的区域，钣金设计合理。

图 2-21 剪口特征

图 2-22 "重叠检查"对话框

6. 文件保存

钣金设计完成后，需要对文件进行保存。在菜单栏中选择"文件"→"保存"。首次保存会弹出"另存为"对话框，如图 2-23 所示。

图 2-23 "另存为"对话框

在"另存为"对话框的"文件名"文本框中输入新文件的名称并选择保存路径，单击"保存"按钮，完成文件的保存。

钣金设计完成后，除了按照上述步骤进行文件保存外，还可以将其转换为 DXF 格式，以便于进一步加工。具体方法如下：

① 在"钣金加工前处理（Manufacturing preparation）"工具栏中单击"保存 DXF 格式文件（Save as DXF）"图标，弹出"保存 DXF 文件"对话框，如图 2-24 所示。

图 2-24　"保存 DXF 文件"对话框

② 设定保存的文件路径及文件名称，单击"保存"按钮，完成文件 DXF 格式的保存。

③ 在菜单栏中选择"文件（File）"→"打开（Open）"，将刚保存的 DXF 格式文件打开，其效果如图 2-25 所示。

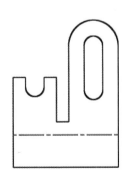

图 2-25　DXF 格式文件

7. 工程图创建

对于大多数企业来讲，当完成产品的三维设计后，一般是以图纸的形式进入生产。钣金件的工程图除了通常的三视图外，一般还增加一个钣金的展开视图，以便于钣金的加工，如图 2-26 所示。

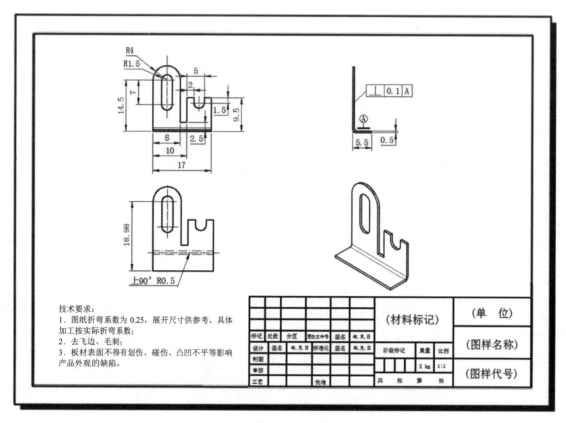

技术要求：
1．图纸折弯系数为 0.25，展开尺寸供参考，具体加工按实际折弯系数；
2．去飞边、毛刺；
3．板材表面不得有划伤、碰伤、凸凹不平等影响产品外观的缺陷。

图 2-26　钣金工程图

　　CATIA 的创成式钣金设计模块在实际应用中非常广泛，相信通过本书的介绍，读者可以熟练地进行钣金件的设计与创建。

第3章 钣金参数设置

钣金参数的设置包括厚度、折弯半径设置、止裂槽设置和折弯系数设置。在进行钣金设计之前，必须对钣金件的相关参数进行设置，否则在专属工具栏中除"钣金参数（Sheet Metal Parameters）"图标和"识别（Recognize）"图标外，其他功能图标均处于灰色不可用状态。

3.1 厚度及折弯半径设置

钣金件的厚度及默认折弯半径可在"钣金参数（Sheet Metal Parameters）"对话框的"参数（Parameters）"选项卡中进行设置。

在"墙体（Walls）"工具栏中单击"钣金参数（Sheet Metal Parameters）"图标，弹出"钣金参数（Sheet Metal Parameters）"对话框，其默认打开的选项卡为"参数（Parameters）"选项卡，如图3-1所示。

图 3-1 "参数"选项卡

（1）标准（Standard）用于显示使用的钣金标准文件名。

（2）厚度（Thickness）用于设置钣金件的厚度。

（3）默认折弯半径（Default Bend Radius）用于设置钣金件的折弯半径。

（4）钣金标准文件（Sheet Standards Files）用于调用钣金标准文件。单击该命令按钮，可调用已有的钣金参数设计表。

示例：参数驱动钣金模型

打开资源包中的"Exercise\3\3.1\示例\Modify parameters"，结果如图3-2a所示。

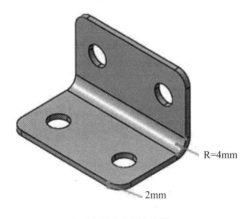

R=4mm

2mm

a) 修改参数前的钣金模型

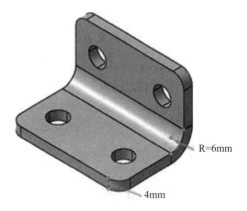

R=6mm

4mm

b) 修改参数后的钣金模型

图 3-2 参数驱动钣金模型

① 在"墙体（Walls）"工具栏中单击"钣金参数（Sheet Metal Parameters）"图标，弹出"钣金参数（Sheet Metal Parameters）"对话框，选择"参数（Parameters）"选项卡。

② 在"厚度（Thickness）"文本框中输入数值，本例取"4"。

③ 在"默认折弯半径（Default Bend Radius）"文本框中输入数值，本例取"6"。

④ 单击"确定"按钮，结果如图 3-2b 所示。

3.2　止裂槽

3.2.1　止裂槽定义

止裂槽是指当对钣金件的局部进行折弯时，为防止折弯处由于应力集中产生不希望的变形或撕裂，而将折弯位置进行偏移或在折弯处开设的工艺槽，如图 3-3 所示。本章仅就止裂槽的设置及类型做一般性介绍，具体使用及操作详见"4.2.3 止裂槽类型"。

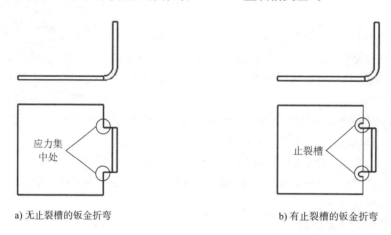

a) 无止裂槽的钣金折弯　　　　　　　　b) 有止裂槽的钣金折弯

图 3-3　止裂槽

3.2.2　止裂槽设置

止裂槽可在"钣金参数（Sheet Metal Parameters）"对话框的"弯曲极限（Bend Extremities）"选项卡中进行设置。

在"墙体"工具栏中单击"钣金参数（Sheet Metal Parameters）"图标，弹出"钣金参数（Sheet Metal Parameters）"对话框，选择"弯曲极限（Bend Extremities）"选项卡，如图 3-4 所示。

（1）止裂槽类型下拉列表　用于显示止裂槽的名称并对止裂槽的类型进行设置，如图 3-5 所示。止裂槽的类型包括"扯裂止裂槽（Minimum with no relief）""矩形止裂槽（Square relief）""长圆止裂槽（Round relief）""线性止裂槽（Linear）""相切止裂槽（Tangent）""最大止裂槽（Maximum）""封闭止裂槽（Closed）"和"平接止裂槽（Flat joint）"。

（2）止裂槽图例下拉列表　用于显示止裂槽的图例并对止裂槽的类型进行设置。单击"止裂槽图例"图标下的三角箭头，弹出止裂槽图例列表框。止裂槽名称及图例见表 3-1。

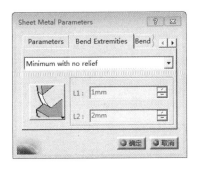

图 3-4　"弯曲极限"选项卡

图 3-5　止裂槽类型下拉列表

表 3-1　止裂槽名称及图例

名称	图例	名称	图例	名称	图例	名称	图例
扯裂 止裂槽		矩形 止裂槽		长圆 止裂槽		线性 止裂槽	
相切 止裂槽		最大 止裂槽		封闭 止裂槽		平接 止裂槽	

（3）止裂槽参数修改区　在"弯曲极限（Bend Extremities）"选项卡的右下方为止裂槽参数修改区，如图 3-6 所示。当止裂槽的类型设置为矩形止裂槽或长圆止裂槽时，在该区域可对止裂槽的长度和宽度进行设置；当止裂槽设置为其他类型时，该区域处于不可用状态。

① L1：该文本框用于对矩形止裂槽和长圆止裂槽的长度进行设置。

② L2：该文本框用于对矩形止裂槽和长圆止裂槽的宽度进行设置。

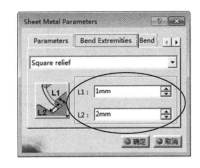

图 3-6　止裂槽参数修改区

3.3　折弯系数

3.3.1　K 因子

K 因子是中性层与折弯内表面的距离和钣金厚度的比值。它是为了对钣金折弯和展开状态下的长度进行计算而引入的一个独立值，由钣金材料的种类、厚度及材料自身性质等因素决定。

钣金在折弯的过程中，靠近内侧的材料被压缩，外侧材料被拉伸，因此在钣金材料中存在着一个折弯前后长度保持不变的金属层，即中性层，如图 3-7 所示。

由图 3-7 可知，若钣金展开后的长度为 L_z，则

$$L_z = L_1 + L_2 + AB \tag{3-1}$$

在中性层上，AB 的长度为

$$AB = \widehat{AB} = \pi * R * \angle AOB / 180° = \pi * (r + m) * \angle AOB / 180° \tag{3-2}$$

式中　π——圆周率；

　　　r——折弯半径；

　　　m——中性层与折弯内表面距离；

　　∠AOB——折弯角度。

令 $K = m/t$，则

$$AB = \pi * (r + K * t) * \angle AOB / 180°\qquad(3\text{-}3)$$

式中　K——K 因子值；

　　　t——钣金材料厚度。

因此，通过 K 因子可建立钣金折弯前后的长度关系式：

$$L_z = L_1 + L_2 + \pi * (r + K * t) * \angle AOB / 180°\qquad(3\text{-}4)$$

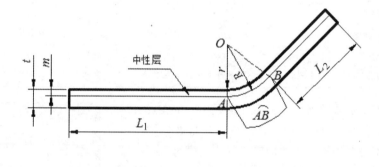

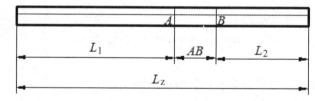

图 3-7　中性层

3.3.2　折弯系数设置

折弯系数可在"钣金参数（Sheet Metal Parameters）"对话框的"折弯系数（Bend Allowance）"选项卡中进行设置。

在"墙体"工具栏中单击"钣金参数（Sheet Metal Parameters）"图标，弹出"钣金参数（Sheet Metal Parameters）"对话框，选择"折弯系数（Bend Allowance）"选项卡，如图 3-8 所示。

（1）K 因子（K Factor）　该文本框用于显示 K 因子值。在"钣金参数（Sheet Metal Parameters）"对话框的"参数（Parameters）"选项卡中对钣金的厚度和默认折弯半径进行修改后，该文本框中的 K 因子值会相应地发生改变。

图 3-8　"折弯系数"选项卡

（2）公式编辑器 $f_{(x)}$　用于对 K 因子值进行设置。单击"公式编辑器"按钮 $f_{(x)}$，弹出"公式编辑器"对话框，如图 3-9 所示。删除对话框顶部文本框中的内容，输入数值"0.3"，单击"确定"按钮，返回"折弯系数（Bend Allowance）"选项卡，修改后的 K 因子值显示在 K 因子文本框中，如图 3-10 所示。

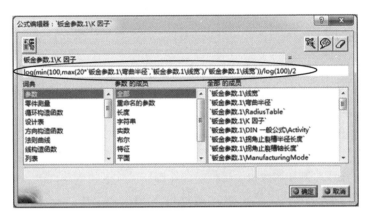

图 3-9　"公式编辑器"对话框

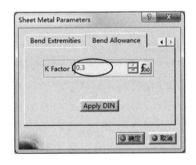

图 3-10　修改后的 K 因子值

（3）适用于 DIN Apply DIN 　系统默认根据 DIN 标准设置折弯系数，所以该按钮初始为不可用状态，当在公式编辑器中对 K 因子进行修改后，该按钮被激活，此时单击该按钮可将 K 因子还原至系统默认值。

第 4 章　钣金成形

4.1　平整钣金成形

平整钣金成形是通过创建一个封闭的草图轮廓来实现钣金墙体的生成。

设置钣金参数后，在"墙体（Walls）"工具栏中单击"墙体（Wall）"图标 ，弹出"墙体定义（Wall Definition）"对话框，如图 4-1 所示。

（1）轮廓（Profile）　用于选择已绘制好的草图作为钣金墙体轮廓。

（2）草图 🖊　用于绘制和修改钣金墙体草图轮廓。

（3）极限位置 ➡　使草图位于钣金墙体的一侧表面。

（4）中间位置 ➡　使草图位于钣金墙体厚度的中间位置。

图 4-1　"墙体定义"对话框

（5）相切（Tangent to）　用于定义两个相切钣金墙体之间的关系。

（6）反转材料 `Invert Material Side`　用于改变钣金材料的生成方向。"极限位置"图标 ➡ 处于激活状态时，单击"反转材料"按钮，可改变钣金墙体与草图的位置关系。当"中间位置"图标 ➡ 处于激活状态时，该按钮处于不可用状态。

示例 1：简易扳手

① 在"墙体（Walls）"工具栏中单击"钣金参数（Sheet Metal Parameters）"图标 🗡，弹出"钣金参数（Sheet Metal Parameters）"对话框，在"厚度（Thickness）"文本框中输入数值，本例取"5"，在"默认折弯半径（Default Bend Radius）"文本框中输入数值，本例取"5"；选择"弯曲极限（Bend Extremities）"选项卡，设置止裂槽为"扯裂止裂槽（Minimum with no relief）"类型。单击"确定"按钮，完成钣金参数设置。

② 在"墙体（Walls）"工具栏中单击"墙体（Wall）"图标 🖉，弹出"墙体定义（Wall Definition）"对话框。

③ 单击对话框中的"草图"图标 🖊，在结构树中选择"xy 平面"作为草图平面，进入草图工作台，绘制如图 4-2a 所示的草图。单击"退出工作台"图标 🖒，完成草图创建。

④ 单击"预览"按钮，确认无误后单击"确定"按钮，创建的简易扳手效果图如图 4-2b 所示。

示例 2：相切面应用

打开资源包中的"Exercise\4\4.1\ 示例 2\Tangent to"，结果如图 4-3a 所示。

① 在"墙体（Walls）"工具栏中单击"墙体"图标 🖉，弹出"墙体定义（Wall Definition）"对话框。

② 单击对话框中的"草图"图标 🖊，选择如图 4-3a 所示的平面作为草图平面，进入草图工作台，绘制如图 4-3b 所示的草图底边与钣金模型的折弯半径边线相合的草图。单击"退出工

作台"图标 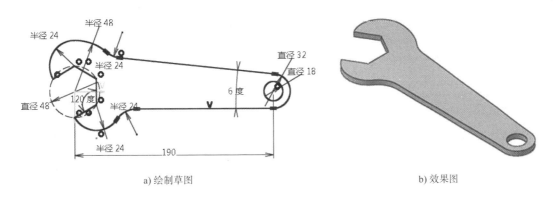，完成草图创建。

a) 绘制草图　　　　　　　　　　　　　　　b) 效果图

图 4-2　简易扳手

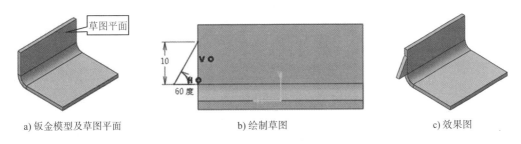

a) 钣金模型及草图平面　　　　　　　b) 绘制草图　　　　　　　c) 效果图

图 4-3　选择相切面的平整钣金

③ 激活"相切（Tangent to）"文本框，选择如图 4-3a 所示的草图平面作为相切面，单击"预览"按钮，确认无误后单击"确定"按钮，生成的效果图如图 4-3c 所示。

④ 在"视图（Views）"工具栏中单击"折叠/展开（Fold/Unfold）"图标 ，得到的钣金展开图如图 4-4a 所示。

该示例中，如果未进行步骤③的操作，所创建的新钣金与原钣金将作为两个独立的部分，得到的钣金展开图如图 4-4b 所示。

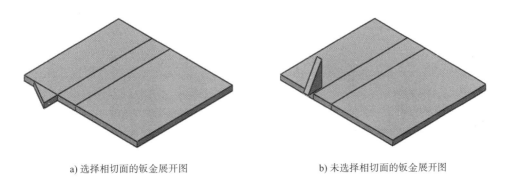

a) 选择相切面的钣金展开图　　　　　　　　　　b) 未选择相切面的钣金展开图

图 4-4　选择相切面与否的钣金展开图

4.2 基于边线的钣金成形

基于边线的钣金成形即在已有钣金的基础上创建新的钣金墙体，包括"自动生成边线上的墙体（Automatic）"和"基于草图生成边线上的墙体（Sketch Based）"两种创建方式。

（1）自动生成边线上的墙体（Automatic） 在已有钣金的基础上，通过选择一条附着边，并定义新生成的钣金墙体高度、极限位置以及与原钣金墙体间的角度等参数来创建新的钣金墙体。

（2）基于草图生成边线上的墙体（Sketch Based） 在已有钣金的基础上，通过选择附着边线和草图平面，并创建墙体的草图轮廓来生成新的钣金墙体。

4.2.1 自动生成边线上的墙体

打开需要创建边线上的墙体的钣金件，在"墙体（Walls）"工具栏中单击"边线上的墙体（Wall On Edge）"图标，弹出"边线上的墙体定义（Wall On Edge Definition）"对话框，其默认的钣金墙体创建方式为"自动生成边线上的墙体（Automatic）"，如图 4-5 所示。

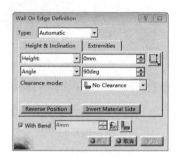

图 4-5 "边线上的墙体定义"对话框

（1）高度和倾角（Height & Inclination） 在该选项卡中可以对钣金墙体的高度、角度、长度类型、间隙类型等参数进行设置。

1）高度设置："高度设置"下拉列表中包括"高度（Height）"和"直到平面/曲面（Up To Plane/Surface）"两个选项，如图 4-6 所示。

① 高度（Height）：选择该选项后，将激活其后面的文本框，可直接输入数值，设置所生成的钣金墙体高度。

② 直到平面/曲面（Up To Plane/Surface）：选择该选项后，将激活其后面的文本框，可在图形工作区选取一个平面/曲面作为外部参考来限制所生成的钣金墙体的高度。

2）长度类型（Length type） ：在"高度设置"下拉列表中选择"高度（Height）"选项后，对话框右侧将显示"长度类型（Length type）"图标，用于对生成的钣金墙体高度的计算方式进行设置。单击"长度类型（Length type）"图标下的三角箭头，弹出"长度类型（Length type）"选项条，其中包括、、和四个选项，如图 4-7 所示。各选项对应的钣金墙体高度的计算方式如图 4-8 所示。

3）极限位置（Limit position） ：在"高度设置"下拉列表中选择"直到平面/曲面"选项后，对话框右侧将显示"极限位置（Limit position）"图标，用于设置新生成的钣金墙体与

限制其高度的平面 / 曲面间关系。单击"极限位置（Limit position）"图标 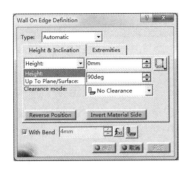 下的三角箭头，弹出"极限位置（Limit position）"选项条，其中包括 和 两个选项，如图 4-9 所示。各选项对应的极限位置效果如图 4-10 所示。

图 4-6　高度设置

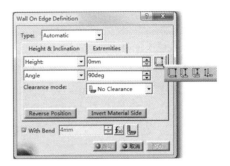

图 4-7　长度类型

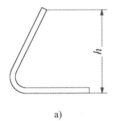
a)

b)

c)

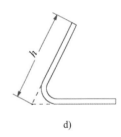
d)

图 4-8　钣金墙体高度计算方式

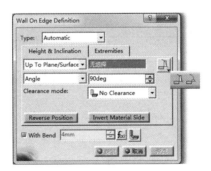

图 4-9　极限位置类型

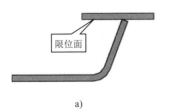
限位面

a)

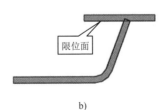
限位面

b)

图 4-10　极限位置效果

4）角度设置："角度设置"下拉列表中包括"角度（Angle）"和"定位平面（Orientation plane）"两个选项，如图 4-11 所示。

① 角度（Angle）：选择该选项后，将激活其后面的文本框，可直接输入数值，设置所生成的钣金墙体角度。当取消选中"自动创建折弯（With Bend）"复选框时，其最大角度可设置为 180°。

② 定位平面（Orientation plane）：选择该选项后，将激活其后面的文本框，可在图形工作区选取一个参考面作为定位平面，从而限制所生成的边线上的墙体位置。

5）旋转角度（Rotation angle）：当在"角度设置"下拉列表中选择"定位平面（Orientation plane）"选项时，在高度和倾角（Height & Inclination）选项卡中会显示"旋转角度（Rotation angle）"文本框，激活该文本框，可直接输入数值，设置所生成的钣金墙体与所选择的定位平面间的角度。

6）间隙模式（Clearance mode）：用于设置新生成的钣金墙体与原钣金墙体之间的位置关系。"间隙模式（Clearance mode）"下拉列表中包括"无间隙（No Clearance）"、"单向间隙（Monodirectional）"和"双向间隙（Bidirectional）"三个选项，如图 4-12 所示。

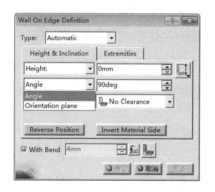

图 4-11　角度设置

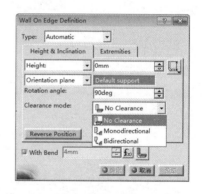

图 4-12　间隙模式

7）反转位置（Reverse Position）：用于改变钣金墙体的生成方向。

8）反转材料（Invert Material Side）：用于改变钣金材料的生成方向。

（2）极限（Extremities）　在该选项卡中可以对钣金墙体的左、右边线位置进行设置，如图 4-13 所示。

1）左极限（Left limit）：用于选择一平面对钣金的左边线位置进行限定。

2）左偏移（Left offset）：用于输入数值来限定钣金的左边线位置。

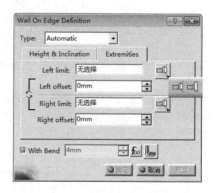

图 4-13　"极限"选项卡

3）右极限（Right limit）：用于选择一平面对钣金的右边线位置进行限定。

4）右偏移（Right offset）：用于输入数值来限定钣金的右边线位置。

5）极限位置（Limit position）　：用于定义钣金边线位置的限制类型，包括　和　两种类型。

（3）自动创建折弯（With Bend）　用于设置新生成的钣金墙体与所附着的钣金墙体之间是否自动创建折弯。选中该复选框，生成的边线上的钣金墙体与附着钣金墙体之间可自动创建折弯，默认折弯半径与"钣金参数"中设置的折弯半径值相同。

（4）公式编辑器 $f_{(x)}$　用于设置钣金折弯半径。单击"公式编辑器"按钮 $f_{(x)}$，将弹出"公式编辑器"对话框，如图 4-14 所示。

图 4-14　"公式编辑器"对话框

① 修改当前钣金折弯半径。删除顶部文本框中的内容"钣金参数 .1\ 弯曲半径"，并在文本框中输入需要的折弯半径值及单位，可实现对当前所操作的边线上的钣金墙体折弯半径的修改。

② 修改默认折弯半径。激活底部的数值文本框，并输入需要的折弯半径值，可实现对整个钣金件折弯半径的修改，即实现对钣金默认折弯半径的修改，"钣金参数"中的默认折弯半径也会相应地发生改变。

（5）折弯参数（Bend parameters）　用于对折弯处止裂槽的类型及折弯系数进行设置。单击"折弯参数（Bend parameters）"图标，弹出"折弯定义（Bend Definition）"对话框，如图 4-15 所示。

① 左侧极限（Left Extremity）：该选项卡用于对边线上的钣金墙体左侧止裂槽类型进行设置。

② 右侧极限（Right Extremity）：该选项卡用于对边线上的钣金墙体右侧止裂槽类型进行设置。

图 4-15　"折弯定义"对话框

③ 折弯系数（Bend Allowance）：在"折弯定义（Bend Definition）"对话框中单击 图标，显示出"折弯系数（Bend Allowance）"选项卡，如图 4-16 所示。在"折弯系数（Bend Allowance）"选项卡中单击"公式编辑器"按钮 $f_{(x)}$，可对该处生成的钣金墙体的折弯系数进行设置，参见"3.3.2 折弯系数设置"。

示例：自动生成边附加墙体

打开资源包中的"Exercise\4\4.2\4.2.1\ 示例 \Automatic"，结果如图 4-17a 所示。

① 在"墙体（Walls）"工具栏中单击"边线上的墙体（Wall On Edge）"图标 ，弹出"边线上的墙体定义（Wall On Edge Definition）"对话框。

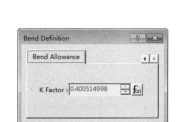

图 4-16　"折弯系数"选项卡

② 在"类型（Type）"下拉列表中选择"自动生成边线上的墙体（Automatic）"选项。

③ 选择如图 4-17a 所示的边线作为附着边。

④ 选择"高度和倾角（Height & Inclination）"选项卡，在"高度（Height）"文本框中输入数值，本例取"25"；在"角度（Angle）"文本框中输入数值，本例取"90"。

⑤ 在"间隙模式（Clearance mode）"下拉列表中选择"双向间隙（Bidirectional）"选项，弹出"特征定义警告（Feature Definition Warning）"对话框，如图 4-17b 所示。单击"是"按钮。

⑥ 选择"极限（Extremities）"选项卡，在"左偏移（Left offset）"文本框中输入数值，本例取"-5"；在"右偏移（Right offset）"文本框中输入数值，本例取"-5"。

⑦ 单击"预览"按钮，确认无误后单击"确定"按钮。自动生成的边附加墙体如图 4-17c 所示。

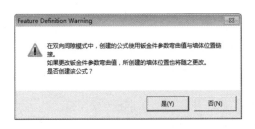

a) 钣金模型及附着边　　　　　b) "特征定义警告"对话框　　　　　c) 生成边附加墙体

图 4-17　自动生成边附加墙体

4.2.2　基于草图生成边线上的墙体

打开需要创建边线上的墙体的钣金件，在"墙体（Walls）"工具栏中单击"边线上的墙体（Wall On Edge）"图标 ，弹出"边线上的墙体定义（Wall On Edge Definition）"对话框。在"类型（Type）"下拉列表中选择"基于草图生成边线上的墙体（Sketch Based）"选项，如图 4-18 所示。

（1）轮廓（Profile）　用于在图形工作区选择已绘制好的草图作为钣金墙体轮廓。

（2）草图　　用于绘制和修改钣金墙体的草图轮廓。

（3）旋转角度（Rotation angle）　用于设置新生成的钣金墙体与附着钣金墙体间的角度。

图 4-18　"边线上的墙体定义"对话框

（4）间隙（Clearance）　用于设置新生成的钣金墙体与附着钣金墙体间的位置关系。"间隙（Clearance）"下拉列表中包括"无间隙（No Clearance）""单向间隙（Monodirectional）"和"双向间隙（Bidirectional）"三个模式。

（5）反转位置（Reverse Position）　用于改变钣金墙体的生成方向。

（6）反转材料（Invert Material Side）　用于改变钣金材料的生成方向。

（7）自动创建折弯（With Bend）　用于设置新生成的钣金墙体与所附着的钣金墙体之间是否自动创建折弯。

（8）公式编辑器 $f_{(x)}$　用于设置钣金折弯半径。

（9）折弯参数（Bend parameters）$\llcorner$　用于对折弯处止裂槽的类型及折弯系数进行设置。

示例：基于草图生成附加墙体

打开资源包中的"Exercise\4\4.2\4.2.2\示例\Sketch based"，结果如图 4-19a 所示。

① 在"墙体（Walls）"工具栏中单击"边线上的墙体（Wall On Edge）"图标 $\not\!\!\!\!/$，弹出"边线上的墙体定义（Wall On Edge Definition）"对话框。

② 在"类型（Type）"下拉列表中选择"基于草图生成边线上的墙体（Sketch Based）"选项。

③ 选择如图 4-19a 所示的边线作为附着边。

④ 单击对话框中的"草图"图标 $\not\!\!\!\!/$，选择如图 4-19a 所示的平面作为草图平面，进入草图工作台，绘制如图 4-19b 所示的草图。单击"退出工作台"图标 $\overset{\curvearrowright}{\bot}$，完成草图创建。

⑤ 单击"预览"按钮，确认无误后单击"确定"按钮。生成的附加墙体如图 4-19c 所示。

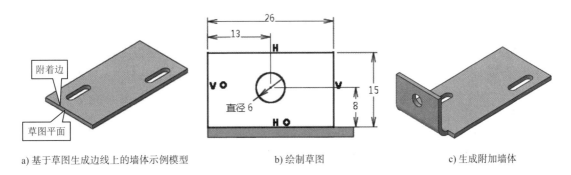

a) 基于草图生成边线上的墙体示例模型　　　b) 绘制草图　　　c) 生成附加墙体

图 4-19　基于草图生成附加墙体

4.2.3　止裂槽类型

在"边线上的墙体定义（Wall On Edge Definition）"对话框中单击"折弯参数（Bend parameters）"图标 $\llcorner$，弹出"折弯定义（Bend Definition）"对话框（见图 4-15），在该对话框中可对钣金折弯处止裂槽的类型进行设置。下面对不同类型的止裂槽进行详细介绍。

1. 扯裂止裂槽

打开资源包中的"Exercise\4\4.2\4.2.3\示例 1\Minimum with no relief"，结果如图 4-20a 所示。

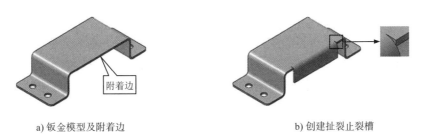

a) 钣金模型及附着边　　　　　b) 创建扯裂止裂槽

图 4-20　扯裂止裂槽

① 在"墙体（Walls）"工具栏中单击"边线上的墙体（Wall On Edge）"图标 ，弹出"边线上的墙体定义（Wall On Edge Definition）"对话框。

② 在"类型（Type）"下拉列表中选择"自动生成边线上的墙体（Automatic）"选项。

③ 选择如图 4-20a 所示的边线作为附着边。

④ 选择"高度和倾角（Height & Inclination）"选项卡，在"高度（Height）"文本框中输入数值，本例取"20"；在"角度（Angle）"文本框中输入数值，本例取"90"；在"间隙模式（Clearance mode）"下拉列表中选择"无间隙（No Clearance）"选项。

⑤ 选择"极限（Extremities）"选项卡，在"左偏移（Left offset）"文本框中输入数值，本例取"-10"；在"右偏移（Right offset）"文本框中输入数值，本例取"-10"。

⑥ 选中"自动创建折弯（With Bend）"复选框。

⑦ 单击"折弯参数（Bend parameters）"图标 ，弹出"折弯定义（Bend Definition）"对话框。在"左侧极限（Left Extremity）"选项卡中单击"止裂槽类型"图标 下的三角箭头，在其下拉列表中选择"扯裂止裂槽（Minimum with no relief）"选项 ；在"右侧极限（Right Extremity）"选项卡中单击"止裂槽类型"图标 下的三角箭头，在其下拉列表中选择"扯裂止裂槽（Minimum with no relief）"选项 。单击"关闭"按钮。

⑧ 单击"预览"按钮，确认无误后单击"确定"按钮。创建的扯裂止裂槽如图 4-20b 所示。

2. 矩形止裂槽

① 打开资源包中的"Exercise\4\4.2\4.2.3\ 示例 2\Square relief"（见图 4-20a）。

② 重复"1. 扯裂止裂槽"中①～⑥的操作步骤。

③ 单击"折弯参数（Bend parameters）"图标 ，弹出"折弯定义（Bend Definition）"对话框。在"左侧极限（Left Extremity）"选项卡中单击"止裂槽类型"图标 下的三角箭头，在其下拉列表中选择"矩形止裂槽（Square relief）"选项 ；在"右侧极限（Right Extremity）"选项卡中单击"止裂槽类型"图标 下的三角箭头，在其下拉列表中选择"矩形止裂槽（Square relief）"选项 。单击"关闭"按钮。

④ 单击"预览"按钮，确认无误后单击"确定"按钮。创建的矩形止裂槽如图 4-21 所示。

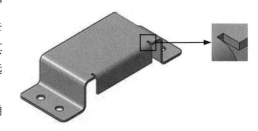

图 4-21 矩形止裂槽

3. 长圆止裂槽

① 打开资源包中的"Exercise\4\4.2\4.2.3\ 示例 3\Round relief"（见图 4-20a）。

② 重复"1. 扯裂止裂槽"中①～⑥的操作步骤。

③ 单击"折弯参数（Bend parameters）"图标 ，弹出"折弯定义（Bend Definition）"对话框。在"左侧极限（Left Extremity）"选项卡中单击"止裂槽类型"图标 下的三角箭头，在其下拉列表中选择"长圆止裂槽（Round relief）"选项 ；在"右侧极限（Right Extremity）"选项卡中单击"止裂槽类型"图标 下的三角箭头，在其下拉列表中选择"长圆止裂槽（Round relief）"选项 。单击"关闭"按钮。

④ 单击"预览"按钮，确认无误后单击"确定"按钮。创建的长圆止裂槽如图 4-22 所示。

4. 线性止裂槽

打开资源包中的"Exercise\4\4.2\4.2.3\ 示例 4\Linear"，结果如图 4-23a 所示。

① 在"墙体（Walls）"工具栏中单击"边线上的墙体（Wall On Edge）"图标 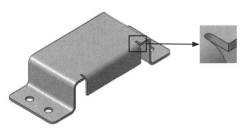，弹出"边线上的墙体定义（Wall On Edge Definition）"对话框。

② 在"类型（Type）"下拉列表中选择"自动生成边线上的墙体（Automatic）"选项。

③ 选择如图 4-23a 所示的边线作为附着边。

④ 选择"高度和倾角（Height & Inclination）"选项卡，在"高度（Height）"文本框中输入数值，

图 4-22　长圆止裂槽

本例取"8"；在"角度（Angle）"文本框中输入数值，本例取"90"；在"间隙模式（Clearance mode）"下拉列表中选择"无间隙（No Clearance）"选项。

⑤ 选择"极限（Extremities）"选项卡，在"左偏移（Left offset）"文本框中输入数值，本例取"−2"；在"右偏移（Right offset）"文本框中输入数值，本例取"−2"。

⑥ 选中"自动创建折弯（With Bend）"复选框。

⑦ 单击"折弯参数（Bend parameters）"图标 ，弹出"折弯定义（Bend Definition）"对话框。在"左侧极限（Left Extremity）"选项卡中单击"止裂槽类型"图标 下的三角箭头，在其下拉列表中选择"线性止裂槽（Linear）"选项 ；在"右侧极限（Right Extremity）"选项卡中单击"止裂槽类型"图标 下的三角箭头，在其下拉列表中选择"线性止裂槽（Linear）"选项 。单击"关闭"按钮。

⑧ 单击"预览"按钮，确认无误后单击"确定"按钮。创建的线性止裂槽如图 4-23b 所示。

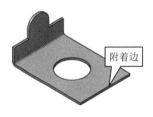

a) 钣金模型及附着边

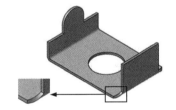

b) 创建线性止裂槽

图 4-23　线性止裂槽

5. 相切止裂槽

① 打开资源包中的"Exercise\4\4.2\4.2.3\ 示例 5\Tangent"（见图 4-23a）。

② 重复"4. 线性止裂槽"中①～⑥的操作步骤。

③ 单击"折弯参数（Bend parameters）"图标 ，弹出"折弯定义（Bend Definition）"对话框。在"左侧极限（Left Extremity）"选项卡中单击"止裂槽类型"图标 下的三角箭头，在其下拉列表中选择"相切止裂槽（Tangent）"选项 ；在"右侧极限（Right Extremity）"选项卡中单击"止裂槽类型"图标 下的三角箭头，在其下拉列表中选择"相切止裂槽（Tangent）"选项 。单击"关闭"按钮。

④ 单击"预览"按钮，确认无误后单击"确定"按钮。创建的相切止裂槽如图 4-24 所示。

6. 最大止裂槽

① 打开资源包中的"Exercise\4\4.2\4.2.3\ 示例 6\Maximum"（见图 4-23a）。

② 重复 "4. 线性止裂槽" 中①~⑥的操作步骤。

③ 单击 "折弯参数（Bend parameters）" 图标 ，弹出 "折弯定义（Bend Definition）" 对话框。在 "左侧极限（Left Extremity）" 选项卡中单击 "止裂槽类型" 图标 下的三角箭头，在其下拉列表中选择 "最大止裂槽（Maximum）" 选项 ；在 "右侧极限（Right Extremity）" 选项卡中单击 "止裂槽类型" 图标 下的三角箭头，在其下拉列表中选择 "最大止裂槽（Maximum）" 选项 。单击 "关闭" 按钮。

④ 单击 "预览" 按钮，确认无误后单击 "确定" 按钮。创建的最大止裂槽如图 4-25 所示。

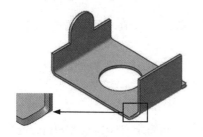

图 4-24　相切止裂槽

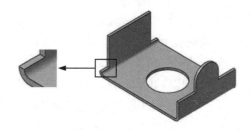

图 4-25　最大止裂槽

7. 封闭止裂槽

打开资源包中的 "Exercise\4\4.2\4.2.3\ 示例 7\Closed"，结果如图 4-26a 所示。

a) 钣金模型及附着边　　　　b) "特征定义警告" 对话框　　　　c) 创建封闭止裂槽

图 4-26　封闭止裂槽

① 在 "墙体（Walls）" 工具栏中单击 "边线上的墙体（Wall On Edge）" 图标 ，弹出 "边线上的墙体定义（Wall On Edge Definition）" 对话框。

② 在 "类型（Type）" 下拉列表中选择 "自动生成边线上的墙体（Automatic）" 选项。

③ 选择如图 4-26a 所示的边线作为附着边。

④ 选择 "高度和倾角（Height & Inclination）" 选项卡，在 "高度（Height）" 文本框中输入数值，本例取 "15"；在 "角度（Angle）" 文本框中输入数值，本例取 "90"；在 "间隙模式（Clearance mode）" 下拉列表中选择 "无间隙（No Clearance）" 选项。

⑤ 选择 "极限（Extremities）" 选项卡，在 "左偏移（Left offset）" 文本框中输入数值，本例取 "0"；在 "右偏移（Right offset）" 文本框中输入数值，本例取 "0"。

⑥ 单击 "反转位置（Reverse Position）" 按钮 Reverse Position 。

⑦ 选中 "自动创建折弯（With Bend）" 复选框。

⑧ 单击"折弯参数（Bend parameters ）"图标 ，弹出"折弯定义（Bend Definition ）"对话框。在"左侧极限（Left Extremity ）"选项卡中单击"止裂槽类型"图标 下的三角箭头，在其下拉列表中选择"封闭止裂槽（Closed ）"选项 ，弹出"特征定义警告（Feature Definition Warning ）"对话框，如图 4-26b 所示。单击"是"按钮，再单击"关闭"按钮。

⑨ 单击"预览"按钮，确认无误后单击"确定"按钮。创建的封闭止裂槽如图 4-26c 所示。

8. 平接止裂槽

① 打开资源包中的"Exercise\4\4.2\4.2.3\ 示例 8\Flat joint"（见图 4-26a ）。

② 重复"7. 封闭止裂槽中"①～⑦的操作步骤。

③ 单击"折弯参数（Bend parameters ）"图标 ，弹出"折弯定义（Bend Definition ）"对话框。在"左侧极限（Left Extremity ）"选项卡中单击"止裂槽类型"图标 下的三角箭头，在其下拉列表中选择"平接止裂槽（Flat joint ）"选项 ，弹出"特征定义警告（Feature Definition Warning ）"对话框（见图 4-26b ）。单击"是"按钮，再单击"关闭"按钮。

④ 单击"预览"按钮，确认无误后单击"确定"按钮。创建的平接止裂槽如图 4-27 所示。

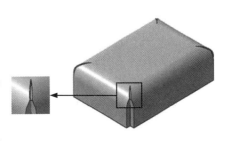

图 4-27　平接止裂槽

4.3　拉伸成形

拉伸成形是通过创建一个开放的钣金墙体截面草图轮廓，并限定截面草图拉伸的长度来创建钣金墙体。

设置钣金参数后，在"墙体（Walls ）"工具栏中单击"拉伸（Extrusion ）"图标 ，弹出"拉伸定义（Extrusion Definition ）"对话框，单击"更多（More ）"按钮，展开对话框，如图 4-28 所示。

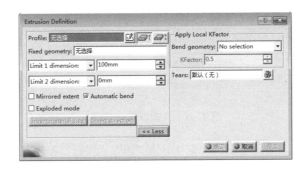

图 4-28　"拉伸定义"对话框

（1）轮廓（Profile ）　选择已绘制好的草图作为拉伸成形钣金墙体的截面草图轮廓。

（2）草图 　用于绘制或修改拉伸成形钣金墙体的截面草图轮廓。

（3）极限位置 　使草图位于钣金墙体的一侧表面。

（4）中间位置 　使草图位于钣金墙体厚度的中间位置。

（5）固定几何图形（Fixed geometry）　用于选择草图的顶点或线性边线作为固定几何图形。

（6）第一限制（Sets first limit）　用于设置钣金的拉伸长度。其下拉列表包括"限制 1 的尺寸（Limit 1 dimension）""限制 1 直到平面（Limit 1 up to plane）"和"限制 1 直到曲面（Limit 1 up to surface）"三个选项。不同类型的限制效果如图 4-29 所示。

（7）第二限制（Sets second limit）　用于设置钣金的拉伸长度。其下拉列表包括"限制 2 的尺寸（Limit 2 dimension）""限制 2 直到平面（Limit 2 up to plane）"和"限制 2 直到曲面（Limit 2 up to surface）"三个选项。

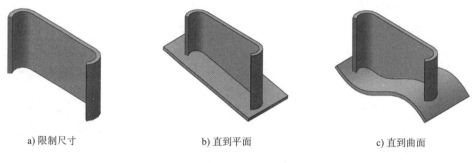

a) 限制尺寸　　　　　　　　b) 直到平面　　　　　　　　c) 直到曲面

图 4-29　不同类型限制效果

（8）镜像范围（Mirrored extent）　选中该复选框后，拉伸成形的钣金墙体关于草图平面对称。

（9）自动折弯（Automatic bend）　选中该复选框后，拉伸成形的钣金墙体会自动创建折弯。图 4-30a 所示为拉伸成形钣金的截面草图轮廓，图 4-30b 和图 4-30c 所示分别为选中"自动折弯"复选框和取消选中"自动折弯"复选框的钣金效果图。

a) 截面草图轮廓　　　　　　b) 选中"自动折弯"　　　　　　c) 取消选中"自动折弯"

图 4-30　自动折弯效果图

（10）分解模式（Exploded mode）　选中该复选框，可将拉伸成形的钣金分解成多个钣金。图 4-31 所示为未选中"分解模式"复选框和选中"分解模式"复选框的钣金效果图，从结构树中可以看出，选中"分解模式"复选框后，拉伸成形钣金被分解成一个平整钣金墙体和两个边线上的墙体。

（11）反转材料（Invert material side）　用于改变钣金材料的生成方向。

（12）反转方向（Invert direction）　用于改变钣金墙体的拉伸方向。当"镜像范围（Mirrored extent）"复选框被选中时，该按钮处于不可用状态。

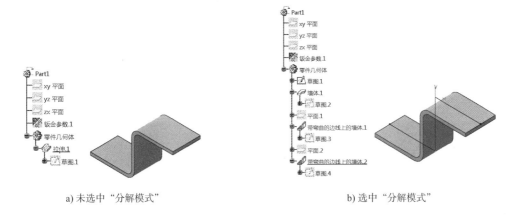

a) 未选中"分解模式"　　　　　　　　　　　b) 选中"分解模式"

图 4-31　选中"分解模式"与否钣金效果图

（13）适用于局部 K 因子（Apply Local KFactor）　该选项组用于对钣金折弯处的 K 因子值进行设置。

① 弯曲几何图形（Bend geometry）：用于在截面草图轮廓中选择一圆弧或自动创建折弯的草图线段交点作为弯曲几何图形。

② K 因子（KFactor）：用于设置弯曲几何图形的 K 因子值，默认为不可用状态。当在草图轮廓中选取弯曲几何图形后，该文本框被激活，可在文本框中输入数值，设置 K 因子值。

（14）撕裂（Tears）　用于设置拉伸墙体与原钣金墙体之间的撕裂面。

示例 1：拉伸生成附加墙体

打开资源包中的"Exercise\4\4.3\示例 1\Extrusion"，结果如图 4-32a 所示。

① 在"墙体（Walls）"工具栏中单击"拉伸（Extrusion）"图标，弹出"拉伸定义（Extrusion Definition）"对话框。

② 单击对话框中的"草图"图标，在结构树中选择"zx 平面"作为草图平面，进入草图工作台，绘制如图 4-32b 所示的草图。单击"退出工作台"图标，完成草图创建。

③ 打开"第一限制（Sets first limit）"下拉列表，选择"限制 1 的尺寸（Limit 1 dimension）"选项，并在后面的文本框中输入数值，本例取"1.5"。

④ 选中"镜像范围（Mirrored extent）"复选框。

⑤ 单击"预览"按钮，确认无误后单击"确定"按钮。效果图如图 4-32c 所示。

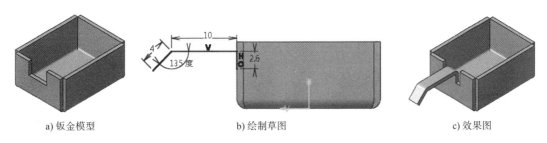

a) 钣金模型　　　　　　　　　b) 绘制草图　　　　　　　　　c) 效果图

图 4-32　拉伸生成附加墙体

示例 2：撕裂面应用

打开资源包中的"Exercise\4\4.3\示例 2\Tear"，结果如图 4-33a 所示。

① 在结构树中双击"拉伸（Extrusion）"图标🖉，弹出"拉伸定义（Extrusion Definition）"对话框。

② 取消选择"镜像范围（Mirrored extent）"复选框。

③ 在"第一限制（Sets first limit）"下拉列表中选择"限制 1 直到平面（Limit 1 up to plane）"选项，在"第二限制（Sets second limit）"下拉列表中选择"限制 2 直到平面（Limit 2 up to plane）"选项，并分别选择如图 4-33a 所示的两个钣金表面作为第一限制平面和第二限制平面。

④ 单击"更多（More）"按钮，展开对话框。

⑤ 激活"撕裂（Tears）"文本框，选择如图 4-33a 所示的两个限制平面作为撕裂面。

⑥ 单击"预览"按钮，确认无误后单击"确定"按钮。效果图如图 4-33b 所示。

a) 钣金模型及限制平面

b) 效果图

图 4-33 撕裂面应用

示例 3：局部 K 因子设置

① 在"墙体（Walls）"工具栏中单击"钣金参数（Sheet Metal Parameters）"图标，弹出"钣金参数（Sheet Metal Parameters）"对话框，在"厚度（Thickness）"文本框中输入数值，本例取"1"；在"默认折弯半径（Default Bend Radius）"文本框中输入数值，本例取"0.5"。选择"弯曲极限（Bend Extremities）"选项卡，设置止裂槽为"扯裂止裂槽（Minimum with no relief）"类型。单击"确定"按钮，完成钣金参数设置。

② 在"墙体（Walls）"工具栏中单击"拉伸（Extrusion）"图标🖉，弹出"拉伸定义（Extrusion Definition）"对话框。

③ 单击对话框中的"草图"图标，在结构树中选择"yz 平面"作为草图平面，进入草图工作台，绘制如图 4-34a 所示的草图。单击"退出工作台"图标，完成草图创建。

④ 打开"第一限制（Sets first limit）"下拉列表，选择"限制 1 的尺寸（Limit 1 dimension）"选项，在其后面的文本框中输入数值，本例取"130"；单击"第二限制（Sets second limit）"下拉列表，选择"限制 2 的尺寸（Limit 2 dimension）"选项，在其后面的文本框中输入数值，本例取"-85"。

⑤ 单击"更多（More）"按钮，展开对话框。

⑥ 激活"弯曲几何图形（Bend geometry）"文本框，选择如图 4-34b 所示的草图边线作为弯曲几何图形，此时"K 因子（KFactor）"文本框被激活，其默认值为"0.5"。删除"K 因子（KFactor）"文本框中的默认数值并输入新数值，本例取"0.3"。

⑦ 单击"预览"按钮，确认无误后单击"确定"按钮。效果图如图 4-34c 所示。

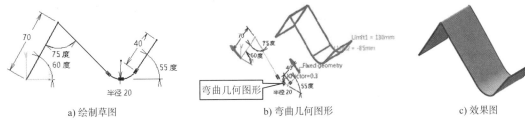

a) 绘制草图　　　　　　　　b) 弯曲几何图形　　　　　　　c) 效果图

图 4-34　局部 K 因子设置

4.4　料斗状钣金成形

料斗状钣金成形是通过创建两个草图轮廓，并指定其展开线，从而生成料斗状钣金墙体，或将曲面设计模块中创建的曲面直接转换成钣金墙体。它包括"料斗状钣金（Surface Hopper）"和"规则料斗钣金（Canonic Hopper）"两种方式。

（1）料斗状钣金（Surface Hopper）　通过创建多截面曲面，并指定参考边线、固定点和撕裂边线来生成料斗状钣金墙体，或将曲面直接转换成钣金墙体。

（2）规则料斗钣金（Canonic Hopper）　在两个平行的平面上，创建两个光滑、连续且成一定比例的草图轮廓作为料斗状钣金的顶面和底面，并在两个草图上分别指定一点定义出一条开放线，从而生成一个规则的料斗状钣金墙体。

4.4.1　料斗状钣金

设置钣金参数后，在"滚动墙体（Rolled Walls）"工具栏中单击"料斗（Hopper）"图标 ，弹出"料斗（Hopper）"对话框，其默认的钣金创建方式为"料斗状钣金（Surfacic Hopper）"，如图 4-35 所示。

（1）表面（Surface）　该选项组用于定义生成的料斗状钣金墙体表面。

① 选择（Selection）：用于选择一个在曲面设计模块中创建的曲面，将其转换成钣金墙体。也可右击，弹出 创建多截面曲面 图标，通过创建多截面曲面生成料斗状钣金。

② 反转材料（Invert material side）：用于改变钣金材料的生成方向。默认为不可用状态，当在"选择（Selection）"文本框中选择一曲面或创建多截面曲面后，该按钮被激活。

图 4-35　"料斗"对话框

③ 中性层（Neutral fiber）：选中该复选框，可使生成的钣金材料位于曲面两侧。当"中性层（Neutral fiber）"复选框被选中时，"反转材料（Invert material side）"按钮 Invert material side 不可用。

（2）展开位置（Unfold position）　该选项组用于定义料斗状钣金展开时的参考边线和固定点等参数。

① 参考边线（Reference wire）：用于定义料斗状钣金展开时的参考边线。

② 固定点（Invariant point）：用于定义料斗状钣金展开时的固定点。

③ 转换固定侧（Invert fixed side）：用于改变钣金展开时的固定侧。

（3）展开开放曲线（Unfold opening curves） 用于定义钣金展开时的撕裂边线。

撕裂边线（Tear wires）：料斗状钣金墙体展开时，用于选择一条直线作为钣金展开时的起始边线，或右击，创建一条直线作为钣金展开时的起始边线。

示例 1：天圆地方

打开资源包中的 "Exercise\4\4.4\\4.4.1\ 示例 1\Surface hopper"，结果如图 4-36 所示。

① 在 "滚动墙体（Rolled Walls）" 工具栏中单击 "料斗（Hopper）" 图标 ，弹出 "料斗（Hopper）" 对话框。

② 在 "选择（Selection）" 文本框中右击，弹出 `创建多截面曲面` 图标，单击该图标，弹出 "多截面曲面定义" 对话框。

③ 在结构树中选择 "草图 .1" 作为截面 1、"草图 .2" 作为闭合点 1，选择 "草图 .3" 作为截面 2、"草图 .4" 作为闭合点 2。此时的 "多截面曲面定义" 对话框如图 4-37 所示。单击 "预览" 按钮，确认无误后单击 "确定" 按钮，返回 "料斗（Hopper）" 对话框。此时的天圆地方效果及 "料斗（Hopper）" 对话框如图 4-38 所示。

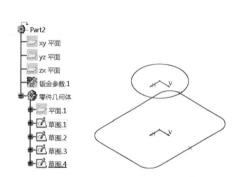

图 4-36　天圆地方草图轮廓

图 4-37　"多截面曲面定义" 对话框

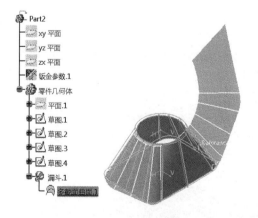

图 4-38　天圆地方效果及 "料斗" 对话框

④ 在"参考边线（Reference wire）"文本框中右击，选择"清除选择"，去除系统默认的参考边线，选择"草图 .1"作为参考边线；在"固定点（Invariant point）"文本框中右击，选择"清除选择"，去除系统默认的固定点，选择"草图 .2"作为固定点。此时的钣金效果及"料斗（Hopper）"对话框如图 4-39 所示。

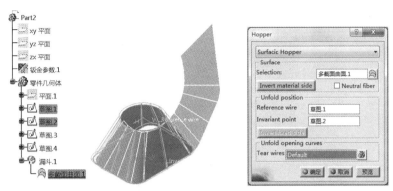

图 4-39　修改参数后的天圆地方效果及"料斗"对话框

⑤ 激活"撕裂边线（Tear wires）"文本框，右击，选择 创建直线 图标，弹出"直线定义"对话框。在"直线定义"对话框的"线型"下拉列表中选择"点 - 点"选项；激活"点 1"文本框，选择"草图 .2"作为点 1；激活"点 2"文本框，选择"草图 .4"作为点 2。此时的"直线定义"对话框如图 4-40 所示。单击"确定"按钮，返回"料斗（Hopper）"对话框。此时的钣金效果如图 4-41 所示。

⑥ 单击"预览"按钮，确认无误后单击"确定"按钮。创建的天圆地方如图 4-42 所示。

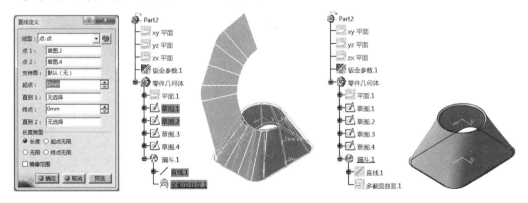

图 4-40　"直线定义"　　图 4-41　选择撕裂边线后的效果　　图 4-42　天圆地方

　　对话框

示例 2：曲面识别

打开资源包中的"Exercise\4\4.4\\4.4.1\ 示例 2\Surface to sheetmetal"，结果如图 4-43a 所示。

① 在"滚动墙体（Rolled Walls）"工具栏中单击"料斗（Hopper）"图标 ，弹出"料斗（Hopper）"对话框。

② 激活"选择（Selection）"文本框，选择如图 4-43a 所示曲面模型的表面；激活"参考边线（Reference wire）"文本框，选择如图 4-43b 所示的边线作为参考边线；激活"固定点（Invariant point）"文本框，选择如图 4-43b 所示的点作为固定点。

③ 单击"预览"按钮，显示预览图，如图 4-43c 所示。此时在"料斗（Hopper）"对话框中出现"显示失真（Display distortions）"按钮 Display distortions 。

④ 单击"显示失真（Display distortions）"按钮 Display distortions ，弹出"平铺曲面长度变形"对话框，如图 4-43d 所示。由图中可以看出钣金展开后的变形情况。

⑤ 单击"预览"按钮，确认无误后单击"确定"按钮。效果图如图 4-43e 所示。

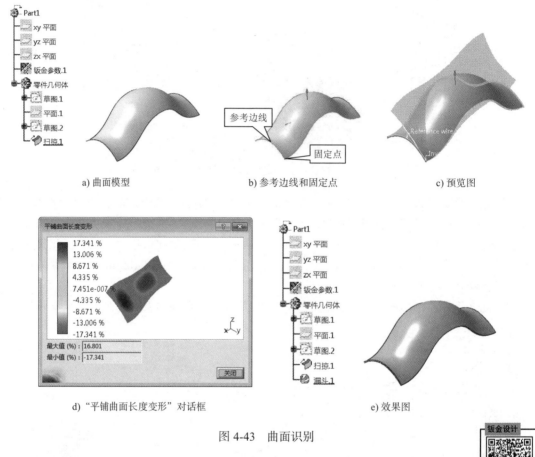

a) 曲面模型　　　　　b) 参考边线和固定点　　　　　c) 预览图

d)"平铺曲面长度变形"对话框　　　　　e) 效果图

图 4-43　曲面识别

4.4.2　规则料斗钣金

设置钣金参数后，在"滚动墙体（Rolled Walls）"工具栏中单击"料斗（Hopper）"图标 ，弹出"料斗（Hopper）"对话框。在"类型（Type）"下拉列表中选择"规则料斗钣金（Canonic Hopper）"选项，如图 4-44 所示。

（1）轮廓（Profiles）　用于指定规则料斗钣金顶面与底面轮廓。

① 第一轮廓（First profile）：用于选择一草图轮廓作为规则料斗钣金的顶面或底面轮廓。

② 第二轮廓（Second profile）：用于选择第二个草图轮廓

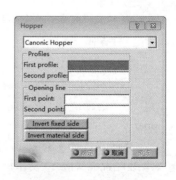

图 4-44　选择"规则料斗钣金"

作为规则料斗钣金的底面或顶面轮廓。

（2）开缝线（Opening line）　用于指定钣金展开时的开缝线。

① 第一点（First point）：用于指定开缝线的第一个端点。

② 第二点（Second point）：用于指定开缝线的第二个的端点。

（3）反转固定端（Invert fixed side）　用于改变钣金展开时的固定侧。

（4）反转材料（Invert material side）　用于改变钣金材料的生成方向。

示例：方形料斗

打开资源包中的 "Exercise\4\4.4\\4.4.2\ 示例 \Canonic hopper"，结果如图 4-45a 所示。

① 在 "滚动墙体（Rolled Walls）" 工具栏中单击 "料斗（Hopper）" 图标 🖼，弹出 "料斗（Hopper）" 对话框，在 "类型（Type）" 下拉列表中选择 "规则料斗钣金（Canonic Hopper）" 选项。

② 激活 "第一轮廓（First profile）" 文本框，在结构树中选择 "草图 .1" 作为规则料斗钣金的顶面轮廓；激活 "第二轮廓（Second profile）" 文本框，在结构树中选择 "草图 .2" 作为规则料斗钣金的底面轮廓。

③ 激活 "第一点（First point）" 文本框，在结构树中选择 "草图 .3" 作为开缝线第一个端点；激活 "第二点（Second point）" 文本框，在结构树中选择 "草图 .4" 作为开缝线第一个端点。

④ 单击 "预览" 按钮，确认无误后单击 "确定" 按钮。效果图如图 4-45b 所示。

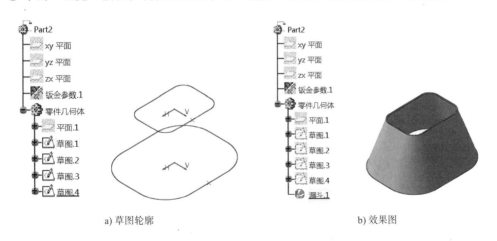

a) 草图轮廓　　　　　　　　　　　　　　　　　b) 效果图

图 4-45　方形料斗

4.5　自由曲面创建钣金

自由曲面创建钣金是通过将曲面加厚来生成钣金。

设置钣金参数后，在 "滚动墙体（Rolled Walls）" 工具栏中单击 "自由曲面（Free Form Surface）" 图标 ▦，弹出 "自由曲面定义（Free Form Surface Definition）" 对话框，单击 "更多（More）" 按钮，展开对话框，如图 4-46 所示。

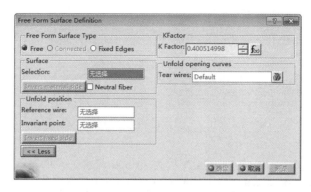

图 4-46　"自由曲面定义"对话框

（1）自由曲面类型（Free Form Surface Type）　该选项组用于设置钣金墙体的生成方式，包括自由（Free）、连接（Connected）和固定边（Fixed Edges）三种方式。

① 自由（Free）：将"自由曲面"模块中创建的曲面转换成钣金。

② 连接（Connected）：将"自由曲面"模块中创建的曲面转换成钣金，并与原有钣金连接成一整体。该选项默认为不可用状态。当图形工作区有已创建的钣金时，该选项可被激活。

③ 固定边（Fixed Edges）：将"自由曲面"模块中创建的曲面转换成钣金，并指定展开时的固定边线。

（2）表面（Surface）　该选项组用于对钣金的表面进行选择，并对钣金材料的生成方向等参数进行设置。

① 选择（Selection）：用于选择一个在"自由曲面"模块中创建的曲面，将其转换成钣金墙体，或右击，弹出 创建多截面曲面 图标，通过创建多截面曲面生成钣金。

② 反转材料（Invert material side）：用于改变钣金材料的生成方向。

③ 中性层（Neutral fiber）：选中该复选框，可使生成的钣金材料位于曲面两侧。

（3）展开位置（Unfold position）　该选项组用于定义料斗状钣金展开时的参考边线和固定点。

① 参考边线（Reference wire）：用于定义钣金展开时的参考边线。

② 固定点（Invariant point）：用于定义钣金展开时的固定点。

（4）转换固定侧（Invert fixed side）　用于改变钣金展开时的固定侧。

（5）K 因子（K Factor）　该选项组用于定义并显示 K 因子值。

① K 因子（K Factor）：该文本框用于显示 K 因子值。

② 公式编辑器 $f_{(x)}$：用于对 K 因子值进行设置。

（6）展开开放曲线（Unfold opening curves）

撕裂边线（Tear wires）：钣金墙体展开时，用于选择一条直线作为钣金展开时的起始边线，或右击，创建一条直线作为钣金展开时的起始边线。

（7）固定边（Fixed edges）　当在"自由曲面类型（Free Form Surface Type）"选项组中选择"固定边（Fixed Edges）"选项时，"自由曲面定义（Free Form Surface Definition）"对话框中出现"固定边（Fixed edges）"选项，用于定义钣金展开时固定不变的边线，如图 4-47 所示。

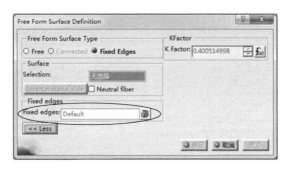

图 4-47　"固定边"选项

示例：曲面转换创建花边圆盘

打开资源包中的"Exercise\4\4.5\ 示例 \Free surface"，结果如图 4-48a 所示。

① 在"滚动墙体（Rolled Walls ）"工具栏中单击"自由曲面（Free Form Surface ）"图标，弹出"自由曲面定义（Free Form Surface Definition）"对话框。

② 激活"选择（Selection ）"文本框，并单击图 4-48a 所示曲面模型的任意表面。

③ 单击"预览"按钮，确认无误后单击"确定"按钮。创建的花边圆盘效果图如图 4-48b 所示。

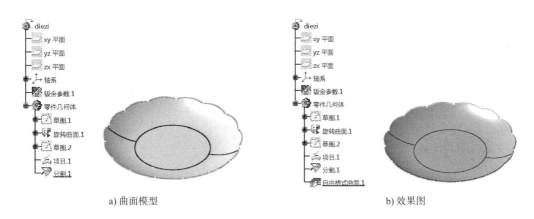

a) 曲面模型　　　　　　　　　　　　　　　　　　　b) 效果图

图 4-48　曲面转换创建花边圆盘

4.6　滚动类型钣金成形

滚动类型钣金成形是通过在草图工作台绘制圆或圆弧形的草图轮廓，从而生成管状或开放的管状钣金。

设置钣金参数后，在"滚动墙体（Rolled Walls ）"工具栏中单击"滚动墙体（Rolled wall ）"图标，弹出"滚动墙体定义（Rolled Wall Definition ）"对话框，如图 4-49 所示。

（1）第一限制（First Limit）　该选项卡用于定义钣金第一方向上的长度。

① 类型（Type）：用于设置钣金在第一方向上长度的确定方式。该下拉列表中包括"尺寸（Dimension ）""直到平面（Up to Plane ）"和"直到曲面（Up to Surface ）"三个选项，如图 4-50 所示。

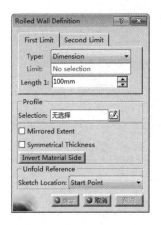

图 4-49　"滚动墙体定义"对话框　　　　图 4-50　限制及草图位置

② 限制（Limit）：该文本框默认为不可用状态，当在类型（Type）下拉列表中选择"直到平面（Up to Plane）"或"直到曲面（Up to Surface）"选项时，该文本框被激活，用于选择限制面并显示限制面名称。

③ 长度 1（Length 1）：用于输入钣金在第一方向上的长度值。当在"类型（Type）"下拉列表中选择"直到平面（Up to Plane）"或"直到曲面（Up to Surface）"选项时，该文本框不可用。

（2）第二限制（Second Limit）　该选项卡用于定义钣金第二方向上的长度。

① 类型（Type）：用于设置钣金在第二方向上长度的确定方式。该下拉列表中包括"尺寸（Dimension）""直到平面（Up to Plane）"和"直到曲面（Up to Surface）"三个选项。

② 限制（Limit）：该文本框默认为不可用状态，当在"类型（Type）"下拉列表中选择"直到平面（Up to Plane）"或"直到曲面（Up to Surface）"选项时，该文本框被激活，用于选择限制面并显示限制面名称。

③ 长度 2（Length 2）：用于输入钣金在第二方向上的长度值。当在"类型（Type）"下拉列表中选择"直到平面（Up to Plane）"或"直到曲面（Up to Surface）"选项时，该文本框不可用。

（3）轮廓（Profile）　用于选取或创建滚动类型钣金墙体的草图轮廓。

① 选择（Selection）：用于选取已创建的草图作为钣金墙体的草图轮廓。

② 草图 ⬚：用于绘制或修改滚动类型钣金草图轮廓。

（4）镜像范围（Mirrored Extent）　选中该复选框，"第二限制（Second Limit）"选项卡中的各下拉列表和文本框均为不可用状态，钣金在第二方向上的长度与第一方向上的长度一致。当"类型（Type）"下拉列表中选择"直到平面（Up to Plane）"或"直到曲面（Up to Surface）"选项时，"长度 2（Length 2）"文本框不可用。

（5）对称厚度（Symmetrical Thickness）　选中该复选框，可使草图位于钣金墙体厚度的中间位置。

（6）反转材料（Invert Material Side）　用于改变钣金材料的生成方向。当选中"对称厚度（Symmetrical Thickness）"复选框时，该选项不可用。

（7）展开参考（Unfold Reference）　用于修改滚动类型钣金墙体展开状态。

草图位置（Sketch Location）：用于定义草图中的固定点在钣金墙体展开时的位置。该下拉列表中包括"起始点（Start Point）""终点（End Point）"和"中间点（Middle Point）"三个选项，如图 4-50 所示。

示例：开口圆管

① 在"墙体（Walls）"工具栏中单击"钣金参数（Sheet Metal Parameters）"图标，弹出"钣金参数（Sheet Metal Parameters）"对话框。在"厚度（Thickness）"文本框中输入数值，本例取"2"；在"默认折弯半径（Default Bend Radius）"文本框中输入数值，本例取"4"。选择"弯曲极限（Bend Extremities）"选项卡，设置止裂槽为"扯裂止裂槽（Minimum with no relief）"类型。单击"确定"按钮，完成钣金参数设置。

② 在"滚动墙体（Rolled Walls）"工具栏中单击"滚动墙体（Rolled wall）"图标，弹出"滚动墙体定义（Rolled Wall Definition）"对话框。

③ 单击对话框中的"草图"图标，在结构树中选择"xy 平面"作为草图平面，进入草图工作台，创建如图 4-51a 所示的草图。单击"退出工作台"图标，完成草图创建。

④ 在"长度 1（Length 1）"文本框中输入数值，本例取"30"。

⑤ 选中"镜像范围（Mirrored Extent）"和"对称厚度（Symmetrical Thickness）"复选框。

⑥ 单击"预览"按钮，确认无误后单击"确定"按钮。创建的开口圆管效果图如图 4-51b 所示。

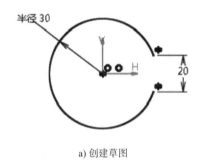

a) 创建草图　　　　　　　　　　　　　b) 效果图

图 4-51　开口圆管

4.7　实体零件转换为钣金

实体零件转换为钣金是利用"墙体（Walls）"工具栏中的"识别（Recognize）"选项，将已创建的实体零件转换成钣金件。

设置钣金参数后，在"墙体（Walls）"工具栏中单击"识别（Recognize）"图标，弹出"识别定义（Recognize Definition）"对话框，如图 4-52 所示。

（1）参考面（Reference face）　用于在钣金上选择一平面作为钣金识别的参考面。

（2）全部识别（Full recognition）　选中该复选框，可将墙体、折弯圆角和冲压特征尽可能多的进行识别。

（3）墙体（Walls）　该选项卡用于设置要识别的钣金墙体的相关参数。

1）模式（Mode）：用于定义钣金墙体的识别方式。它包括"全部识别（Full recognition）"

和"部分识别（Partial recognition）"两个选项，如图 4-53 所示。

图 4-52　"识别定义"对话框

图 4-53　墙体识别方式

2）保留面（Faces to keep）：用于选择需要进行识别保留的面。

3）移除面（Faces to remove）：用于选择需要移除的面。

4）颜色（Color）：用于定义识别钣金墙体的颜色。

（4）折弯（Bends）　该选项卡用于设置要识别的钣金折弯圆角的相关参数。

1）模式（Mode）：用于定义钣金折弯圆角的识别方式。它包括"全部识别（Full recognition）""部分识别（Partial recognition）"和"不识别（No recognition）"三个选项，如图 4-54 所示。

2）保留面（Faces to keep）：用于选择需要进行识别保留的折弯圆角。

3）移除面（Faces to remove）：用于选择需要移除的折弯圆角。

4）颜色（Color）：用于定义识别钣金折弯圆角的颜色。

（5）冲压（Stamps）　该选项卡用于设置要识别的钣金冲压特征的相关参数。

1）模式（Mode）：用于定义钣金冲压特征的识别方式。它包括"全部识别（Full recognition）""部分识别（Partial recognition）"和"不识别（No recognition）"三个选项，如图 4-55 所示。

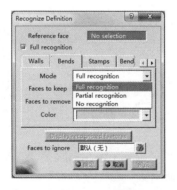

图 4-54　折弯识别方式

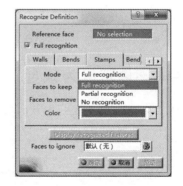

图 4-55　冲压识别方式

2）保留面（Faces to keep）：用于选择需要进行识别保留的冲压特征。

3）移除面（Faces to remove）：用于选择需要移除的冲压特征。

4）颜色（Color）：用于定义识别钣金冲压特征的颜色。

（6）折弯系数（Bend Allowance） 该选项卡用于对钣金件的整体和局部的 K 因子值进行设置。当图形工作区有已创建的实体零件时，"折弯系数"选项卡如图 4-56 所示。

1）全局 K 因子（Global KFactor）：用于显示识别钣金的 K 因子值。

2）公式编辑器 $f_{(x)}$：对钣金的 K 因子值进行设置。

3）适用局部 K 因子（Applying Local KFactor）：对钣金局部折弯处的 K 因子值进行设置。

① 折弯面（Bend face）：用于选择需要修改 K 因子值的折弯面。可以一次选择一个或多个折弯面，对其 K 因子值分别进行设置。

图 4-56 "折弯系数"选项卡

② K 因子（KFactor）：默认为不可用状态，当选择折弯面后，该文本框被激活，在文本框中可对折弯面的 K 因子值进行设置。

（7）显示识别特征（Display recognized features） 单击 Display recognized features 按钮，可显示所设定的钣金墙、折弯圆角和冲压特征的颜色。

（8）忽略表面（Faces to ignore） 用于选择一个或多个被忽略的表面，在完成钣金识别的同时，选中的表面被移除。

示例：钣金识别

打开资源包中的 "Exercise\4\4.7\ 示例 \Recognize"，结果如图 4-57a 所示。

① 在 "墙体（Walls）" 工具栏中单击 "钣金参数（Sheet Metal Parameters）" 图标 ，弹出 "钣金参数（Sheet Metal Parameters）" 对话框。在 "厚度（Thickness）" 文本框中输入数值，本例取 "2"（注意，该处输入的钣金厚度值须同实体零件的厚度一致）；在 "默认折弯半径（Default Bend Radius）" 文本框中输入数值，本例取 "4"。选择 "弯曲极限（Bend Extremities）" 选项卡，设置止裂槽为 "扯裂止裂槽（Minimum with no relief）" 类型。单击 "确定" 按钮，完成钣金参数设置。

② 在 "墙体（Walls）" 工具栏中单击 "识别（Recognize）" 图标 ，弹出 "识别定义（Recognize Definition）" 对话框。

③ 选择如图 4-57a 所示的平面作为识别参考面。

④ 激活 "忽略表面（Faces to ignore）" 文本框，选择如图 4-57a 所示的平面作为忽略表面。

⑤ 单击 "预览" 按钮，确认无误后单击 "确定" 按钮。钣金识别效果图如图 4-57b 所示。

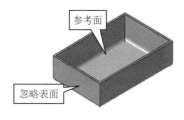

a) 钣金模型参考面及忽略表面

b) 效果图

图 4-57 钣金识别

注意：在钣金识别中，设置的钣金厚度须同所识别的实体零件厚度一致。

4.8 应用示例

4.8.1 书立

新建一个钣金零件模型，命名为"Bookends"。

1. 钣金参数设置

在"墙体（Walls）"工具栏中单击"钣金参数（Sheet Metal Parameters）"图标，弹出"钣金参数（Sheet Metal Parameters）"对话框。在"厚度（Thickness）"文本框中输入数值，本例取"1"；在"默认折弯半径（Default Bend Radius）"文本框中输入数值，本例取"2"。选择"弯曲极限（Bend Extremities）"选项卡，设置止裂槽为"扯裂止裂槽（Minimum with no relief）"类型。单击"确定"按钮，完成钣金参数设置。

2. 创建平整钣金模型

① 在"墙体（Walls）"工具栏中单击"墙体"图标，弹出"墙体定义（Wall Definition）"对话框。

② 单击对话框中的"草图"图标，在结构树中选择"xy 平面"作为草图平面，进入草图工作台，绘制如图 4-58 所示的草图。单击"退出工作台"图标，完成草图创建。

③ 单击"预览"按钮，确认无误后单击"确定"按钮，结果如图 4-59 所示。

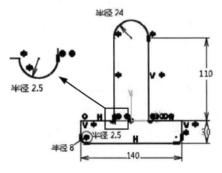

图 4-58　绘制平整钣金草图

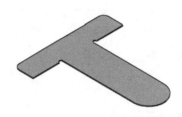

图 4-59　创建平整钣金模型

3. 创建书立

① 在"墙体（Walls）"工具栏中单击"边线上的墙体（Wall On Edge）"图标，弹出"边线上的墙体定义（Wall On Edge Definition）"对话框。

② 在"类型（Type）"下拉列表中选择"基于草图生成边线上的墙体（Sketch Based）"选项。

③ 选择如图 4-60 所示的边线作为附着边。

④ 单击对话框中的"草图"图标，选择如图 4-60 所示的平面作为草图平面，进入草图工作台，绘制如图 4-61 所示的草图。单击"退出工作台"图标，完成草图创建。

⑤ 在"间隙（Clearance）"下拉列表中选择"双向间隙（Bidirectional）"选项，弹出"特征定义警告（Feature Definition Warning）"提示对话框。单击"是"按钮，完成间隙模式的选择。

⑥ 单击"预览"按钮，确认无误后单击"确定"按钮，完成书立的创建，结果如图 4-62 所示。

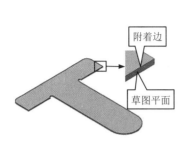

图 4-60　墙体 1 附着边和草图平面

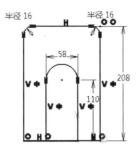

图 4-61　绘制边线上的墙体 1 草图

图 4-62　创建书立

4.8.2　门鼻

新建一个钣金零件模型，命名为"Door staple"。

1. 钣金参数设置

在"墙体（Walls）"工具栏中单击"钣金参数（Sheet Metal Parameters）"图标，弹出"钣金参数（Sheet Metal Parameters）"对话框。在"厚度（Thickness）"文本框中输入数值，本例取"1.5"；在"默认折弯半径（Default Bend Radius）"文本框中输入数值，本例取"2"。选择"弯曲极限（Bend Extremities）"选项卡，设置止裂槽为"扯裂止裂槽（Minimum with no relief）"类型。单击"确定"按钮，完成钣金参数设置。

2. 创建平整钣金模型

① 在"墙体（Walls）"工具栏中单击"墙体"图标，弹出"墙体定义（Wall Definition）"对话框。

② 单击对话框中的"草图"图标，在结构树中选择"xy 平面"作为草图平面，进入草图工作台，绘制如图 4-63 所示的草图。单击"退出工作台"图标，完成草图创建。

③ 单击"预览"按钮，确认无误后单击"确定"按钮，结果如图 4-64 所示。

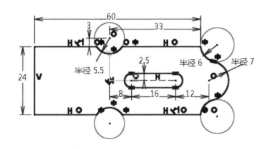

图 4-63　绘制平整钣金草图

图 4-64　创建平整钣金模型

3. 拉伸成形 1

① 在"墙体（Walls）"工具栏中单击"拉伸（Extrusion）"图标，弹出"拉伸定义（Extrusion Definition）"对话框。

② 单击对话框中的"草图"图标 ⬚，选择如图 4-65 所示的平面作为草图平面，进入草图工作台，绘制如图 4-66 所示的草图。单击"退出工作台"图标 ⬚，完成草图创建。

③ 在"第一限制（Sets first limit）"下拉列表中选择"限制 1 的尺寸（Limit 1 dimension）"选项并输入数值，本例取"0"；在"第二限制（Sets second limit）"下拉列表中选择"限制 2 的尺寸（Limit 2 dimension）"选项并输入数值，本例取"−9"。

④ 单击"预览"按钮，确认无误后单击"确定"按钮，结果如图 4-67 所示。

图 4-65 拉伸成形 1 草图平面   图 4-66 绘制拉伸成形 1 草图   图 4-67 拉伸成形 1

4. 拉伸成形 2

参照"3. 拉伸成形 1"的创建，创建拉伸成形 2（或利用对称创建该特征，详见"8.3.7 对称"），选择如图 4-68 所示的平面作为草图平面，绘制如图 4-69 所示与拉伸成形 1 草图轮廓相同的拉伸成形 2 草图；在第一限制（Sets first limit）下拉列表中选择"限制 1 的尺寸（Limit 1 dimension）"选项并输入数值，本例取"0"；在第二限制（Sets second limit）下拉列表中选择"限制 2 的尺寸（Limit 2 dimension）"选项并输入数值，本例取"9"，完成门鼻的创建，结果如图 4-70 所示。

图 4-68 拉伸成形 2 草图平面   图 4-69 绘制拉伸成形 2 草图

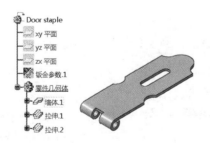

图 4-70 创建门鼻

第5章 扫掠墙体

扫掠墙体是在钣金墙体上依靠附着边线添加附加钣金墙体的特征命令，包括"凸缘""边缘""表面滴斑"及"自定义凸缘"。

5.1 凸缘

凸缘是以现有钣金件为基础添加附加钣金墙体的特征。凸缘的创建类型包括"基础型（Basic）"和"限制型（Relimited）"两种。

（1）基础型（Basic） 用于创建与附着边宽度完全相等的凸缘。

（2）限制型（Relimited） 用于创建宽度限制于创建的限制点或限制平面的凸缘。

凸缘与边线上的墙体的应用相似，区别是凸缘可以选择直线或曲线作为添加钣金壁的附着边，而边线上的墙体只能选择直线作为添加钣金壁的附着边。

5.1.1 基础型

打开需要创建凸缘的钣金件，在"墙体（Walls）"工具栏中单击"扫掠墙体（Swept Walls）"图标下的三角箭头，在其下拉列表中选择"凸缘（Flange）"图标，弹出"凸缘定义（Flange Definition）"对话框，单击"更多（More）"按钮，展开对话框，其默认凸缘类型为"基础型（Basic）"，如图5-1所示。

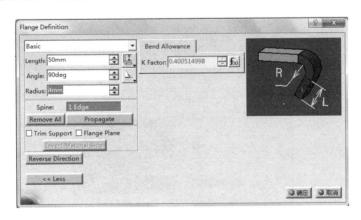

图 5-1 "凸缘定义"对话框

（1）参数 该选项组用于设置凸缘的相关参数。

1）长度（Length）：用于设置凸缘的长度。

长度类型（Length type）：用于设置长度类型。单击图标下的三角箭头，弹出"长度类型（Length type）"选项条，长度类型包括"标准长度型（Standard Length type）""内侧长度型（Inner Length type）""外侧长度型（Outer Length type）"和"外延长度型（Extrapolated Length type）"，如图5-2所示。

① 标准长度型（Standard Length type）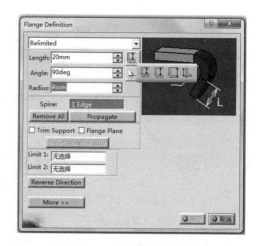：用于设置弯曲平面的墙体长度，不包括折弯部分，如图 5-3a 所示。

② 内侧长度型（Inner Length type）：用于设置弯曲区域内侧顶部到底部的长度，如图 5-3b 所示。

③ 外侧长度型（Outer Length type）：用于设置弯曲区域外侧顶部到底部的长度，如图 5-3c 所示。

④ 外延长度型（Extrapolated Length type）：用于设置弯曲区域外侧从顶部延长线与底部的交点到顶部的长度，如图 5-3d 所示。

图 5-2　"长度类型"选项条

a)

b)

c)

d)

图 5-3　四种长度类型

2）角度（Angle）：用于设置凸缘与原有钣金件间的折弯角度。

角度类型（Angle type）：用于设置角度类型。单击图标下的三角箭头，弹出"角度类型（Angle type）"选项条，角度类型包括"内角（Inner Angle type）"和"外角（Outer Angle type）"两种，如图 5-4 所示。

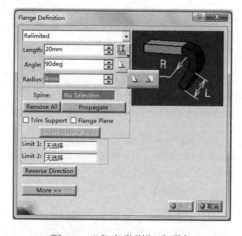

图 5-4　"角度类型"选项条

① 内角（Inner Angle type）：用于设置凸缘与原有钣金件间的夹角角度。

② 外角（Outer Angle type）：用于设置凸缘与原有钣金件间的夹角角度的补角。

3）折弯半径（Radius）：用于设置凸缘与钣金件之间的折弯半径。

（2）选项区　该选项区用于选择边线及设置凸缘与附着边线的相对位置。

1）边线（Spine）：用于选择凸缘在原有钣金件上的附着边。

2）移除（Remove All）：用于移除所有选择的附着边。单击 Remove All 按钮，可移除所有已选择的边线。

3）扩展（Propagate）：用于选择与所选附着边相切的所有边线。单击 Propagate 按钮，可自动选择与所选边线相切的所有边线，如图 5-5 所示。

a) 使用前

b) 使用后

图 5-5　"扩展"命令应用

4）修剪支持面（Trim Support）：用于设置创建的凸缘与原有钣金的相对位置。选中该复选框，效果图如图 5-6a 所示；取消选择该复选框，效果图如图 5-6b 所示。

a) 凸缘在附着边外侧

b) 凸缘在附着边内侧

图 5-6　"修剪支持面"命令应用

5）支持面（Flange Plane）：选中该复选框后，可选择一平面作为凸缘平面。

6）反转材料（Invert Material Side）：用于设置材料与附着边的相对位置。当选中"修剪支持面（Trim Support）"复选框或"支持面（Flange Plane）"复选框时，该命令可用，使用效果图如图 5-7 所示。

（3）反转方向（Reverse Direction）　用于调整凸缘的生成 / 创建方向。单击 Reverse Direction 按钮，可使凸缘的方向与默认方向相反。

（4）折弯系数（Bend Allowance）　用于对凸缘的折弯系数进行设置。

示例：基础型凸缘

打开资源包中的"Exercise\5\5.1\5.1.1\ 示例 \Basic"，结果如图 5-8a 所示。

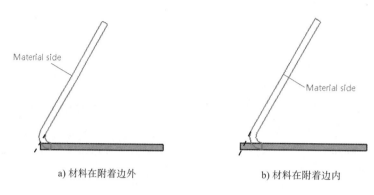

a) 材料在附着边外　　　　　　　　　　b) 材料在附着边内

图 5-7　"反转材料"命令应用

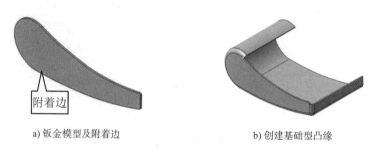

a) 钣金模型及附着边　　　　　　　　　b) 创建基础型凸缘

图 5-8　基础型凸缘

① 在"墙体（Walls）"工具栏中单击"扫掠墙体（Swept Walls）"图标 下的三角箭头，在其下拉列表中选择"凸缘（Flange）"图标 ，弹出"凸缘定义（Flange Definition）"对话框。

② 选择"基础型（Basic）"选项。

③ 在"长度（Length）"文本框中输入数值，本例取"54"；在"角度（Angle）"文本框中输入数值，本例取"90"；在"半径（Radius）"文本框中输入数值，本例取"2"。

④ 激活"边线（Spine）"文本框，选择如图 5-8a 所示的边线作为凸缘的附着边，单击"扩展"按钮 Propagate 。

⑤ 单击"确定"按钮，完成基础型凸缘的创建，结果如图 5-8b 所示。

5.1.2　限制型

打开需要创建凸缘的钣金件，在"墙体（Walls）"工具栏中单击"扫掠墙体（Swept Walls）"图标 下的三角箭头，在其下拉列表中选择"凸缘（Flange）"图标 ，弹出"凸缘定义（Flange Definition）"对话框，单击"更多（More）"按钮，展开对话框，凸缘类型选择"限制型（Relimited）"，如图 5-9 所示。

限制型凸缘定义对话框与基础型凸缘定义对话框的界面基本相同，对话框中选项的功能可参见"5.1.1 基础型"的介绍，不同之处如下：

① 限制 1（Limit 1）：用于选择或创建附着边上一个限制点或限制平面。

② 限制 2（Limit 2）：用于选择或创建附着边上另外一个限制点或限制平面。

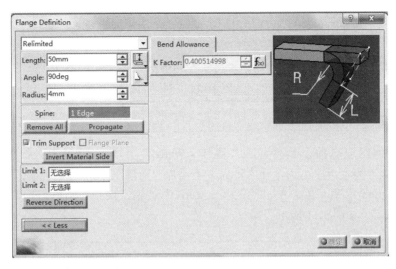

图 5-9　"凸缘定义"对话框

示例：限制型凸缘（以两点限制为例）

打开资源包中的 "Exercise\5\5.1\5.1.2\ 示例 \Relimited"，结果如图 5-10a 所示。

① 在 "墙体（Walls）" 工具栏中单击 "扫掠墙体（Swept Walls）" 图标 下的三角箭头，在其下拉列表中选择 "凸缘（Flange）" 图标 ，弹出 "凸缘定义（Flange Definition）" 对话框。

② 选择 "限制型（Relimited）" 选项。

③ 在 "长度（Length）" 文本框中输入数值，本例取 "4"；在 "角度（Angle）" 文本框中输入数值，本例取 "90"；在 "半径（Radius）" 文本框中输入数值，本例取 "0.5"。

④ 激活 "边线（Spine）" 文本框，选择如图 5-10a 所示的边线作为凸缘的附着边。

⑤ 激活 "限制 1（Limit 1）" 文本框，右击，选择 "创建点" 命令，点类型选择 "在平面上"，在 "H" 文本框中输入数值，本例取 "−3"，在 "V" 文本框中输入数值，本例取 "12"，创建点 1；激活 "限制 2（Limit 2）" 文本框，在图中选择点 2，如图 5-10b 所示。

⑥ 单击 "确定" 按钮，完成限制型凸缘的创建，结果如图 5-10c 所示。按照①～⑤的操作步骤，选择对称一侧边线创建凸缘，结果如图 5-10d 所示。

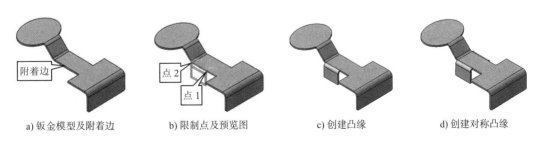

a) 钣金模型及附着边　　b) 限制点及预览图　　c) 创建凸缘　　d) 创建对称凸缘

图 5-10　限制型凸缘

5.2 边缘

边缘用于创建与原有钣金件平行的附加钣金墙体。边缘的创建类型包括"基础型（Basic）"和"限制型（Relimited）"两种。

（1）基础型（Basic） 用于创建与附着边宽度完全相等的边缘。

（2）限制型（Relimited） 用于创建宽度限制于创建的限制点或限制平面的边缘。

5.2.1 基础型

打开需要创建边缘的钣金件，在"墙体（Walls）"工具栏中单击"扫掠墙体（Swept Walls）"图标 下的三角箭头，在其下拉列表中选择"边缘（Hem）"图标 ，弹出"边缘定义（Hem Definition）"对话框，单击"更多（More）"按钮，展开对话框，其默认边缘类型为"基础型（Basic）"，如图 5-11 所示。

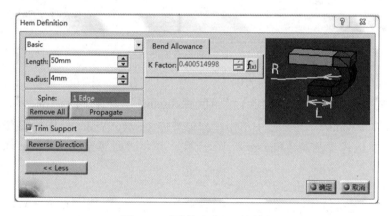

图 5-11 "边缘定义"对话框

（1）参数 该选项组用于设置边缘的相关参数。

① 长度（Length）：用于设置边缘的长度。

② 折弯半径（Radius）：用于设置边缘的折弯半径。

（2）选项 该选项组用于选择边线及设置凸缘与附着边线的相对位置。

① 边线（Spine）：用于选择边缘在原有钣金件上的附着边。

② 移除（Remove All）：用于移除所有选择的附着边。单击 Remove All 按钮，可移除所有已选择的边线。

③ 扩展（Propagate）：用于选择与所选附着边相切的所有边线。单击 Propagate 按钮，可自动选择与所选边线相切的所有边线。

④ 修剪支持面（Trim Support）：用于设置创建的边缘与原有钣金的相对位置。

（3）反转方向（Reverse Direction） 用于调整边缘生成 / 创建的方向。单击 Reverse Direction 按钮，可使边缘的方向与默认方向相反。

（4）折弯系数（Bend Allowance） 用于对边缘的折弯系数进行设置。

示例：基础型边缘

打开资源包中的"Exercise\5\5.2\5.2.1\ 示例 \Basic"，结果如图 5-12a 所示。

① 在"墙体（Walls）"工具栏中单击"扫掠墙体（Swept Walls）"图标 下的三角箭头，在其下拉列表中选择"边缘（Hem）"图标 ，弹出"边缘定义（Hem Definition）"对话框。

② 选择"基础型（Basic）"选项。

③ 在"长度（Length）"文本框中输入数值，本例取"10"；在"折弯半径（Radius）"文本框中输入数值，本例取"2"。

④ 激活"边线（Spine）"文本框，选择如图 5-12a 所示的边线作为边缘的附着边。选择附着边后会出现预览图，如图 5-12b 所示。

⑤ 单击"确定"按钮，完成基础型边缘的创建，结果如图 5-12c 所示。

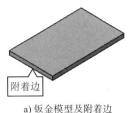

a) 钣金模型及附着边　　　　　　b) 预览图　　　　　　c) 创建基础型边缘

图 5-12　基础型边缘

5.2.2　限制型

打开需要创建边缘的钣金件，在"墙体（Walls）"工具栏中单击"扫掠墙体（Swept Walls）"图标 下的三角箭头，在其下拉列表中选择"边缘（Hem）"图标 ，弹出"边缘定义（Hem Definition）"对话框，单击"更多（More）"按钮，展开对话框，边缘类型选择"限制型（Relimited）"，如图 5-13 所示。

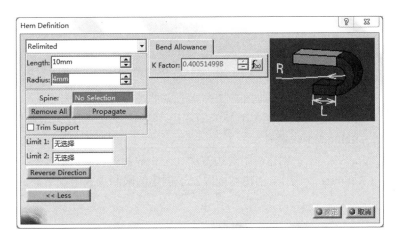

图 5-13　"边缘定义"对话框

限制型边缘定义对话框与基础型边缘定义对话框的界面基本相同，对话框中选项的功能可参见"5.2.1 基础型"的介绍，不同之处如下：

① 限制 1（Limit 1）：用于选择或创建附着边上一个限制点或限制平面。

② 限制 2（Limit 2）：用于选择或创建附着边上另外一个限制点或限制平面。

示例：限制型边缘（以两点限制为例）

打开资源包中的"Exercise\5\5.2\5.2.2\ 示例 \Relimited"，结果如图 5-14a 所示。

① 在"墙体（Walls）"工具栏中单击"扫掠墙体（Swept Walls）"图标下的三角箭头，在其下拉列表中选择"边缘（Hem）"图标，弹出"边缘定义（Hem Definition）"对话框。

② 选择"限制型（Relimited）"选项。

③ 在"长度（Length）"文本框中输入数值，本例取"11"；在"折弯半径（Radius）"文本框中输入数值，本例取"3"。

④ 激活"边线（Spine）"文本框，选择如图 5-14a 所示的边线作为边缘的附着边。

⑤ 激活"限制 1（Limit 1）"文本框，右击，选择"创建平面"命令，根据面的创建方法，"平面类型"选择"偏移平面"，激活"参考"文本框，在结构树中选择"xy 平面"，在"偏移"文本框中输入数值，本例取"−43"，创建平面 1；激活"限制 2（Limit 2）"文本框，右击，选择"创建平面"命令，根据面的创建方法，"平面类型"选择"偏移平面"，激活"参考"文本框，在结构树中选择"xy 平面"，在"偏移"文本框中输入数值，本例取"−33"。此时的预览图如图 5-14b 所示。

⑥ 单击"确定"按钮，完成限制型边缘的创建，结果如图 5-14c 所示。

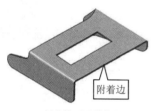
a) 钣金模型及附着边

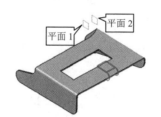
b) 限制平面及预览图

c) 创建限制型边缘

图 5-14　限制型边缘

5.3　表面滴斑

表面滴斑命令用于创建折弯角度大于180°的弯边。表面滴斑的创建类型包括"基础型（Basic）"和"限制型（Relimited）"两种。

（1）基础型（Basic）　用于创建与附着边宽度完全相等的表面滴斑。

（2）限制型（Relimited）　用于创建宽度限制于创建的限制点或限制平面的表面滴斑。

5.3.1　基础型

打开需要创建表面滴斑的钣金件，在"墙体（Walls）"工具栏中单击"扫掠墙体（Swept Walls）"图标下的三角箭头，在其下拉列表中选择"表面滴斑（Tear Drop）"图标，弹出"表面滴斑定义（Tear Drop Definition）"对话框，单击"更多（More）"按钮，展开对话框，其默认表面滴斑类型为"基础型（Basic）"，如图 5-15 所示。

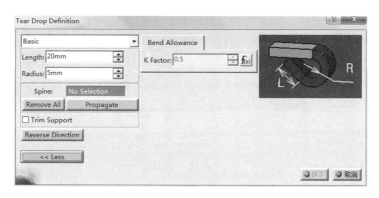

图 5-15　"表面滴斑定义"对话框

（1）参数　该选项组用于设置表面滴斑的相关参数。

① 长度（Length）：用于设置表面滴斑的长度。

② 折弯半径（Radius）：用于设置表面滴斑的折弯半径。

（2）选项区　该选项区用于选择边线及设置凸缘与附着边线的相对位置。

① 边线（Spine）：用于选择表面滴斑在原有钣金件上的附着边。

② 移除（Remove All）：用于移除所选的附着边。单击 Remove All 按钮，可移除所有已选择的边线。

③ 扩展（Propagate）：用于选择与所选附着边相切的所有边线。单击 Propagate 按钮，可自动选择与所选边线相切的所有边线。

④ 修剪支持面（Trim Support）：用于设置创建的表面滴斑与原有钣金的相对位置。

（3）反转方向（Reverse Direction）　用于调节表面滴斑生成/创建的方向。单击 Reverse Direction 按钮，可使表面滴斑的方向与默认方向相反。

（4）折弯系数（Bend Allowance）　用于对表面滴斑的折弯系数进行设置。

示例：基础型表面滴斑

打开资源包中的 "Exercise\5\5.3\5.3.1\ 示例 \Basic"，结果如图 5-16a 所示。

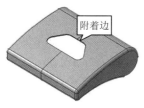

a）钣金模型及附着边　　　　b）创建表面滴斑　　　　c）创建对称表面滴斑

图 5-16　基础型表面滴斑

① 在"墙体（Walls）"工具栏中单击"扫掠墙体（Swept Walls）"图标 下的三角箭头，在其下拉列表中选择"表面滴斑（Tear Drop）"命令图标 ，弹出"表面滴斑定义（Tear Drop Definition）"对话框。

② 选择"基础型（Basic）"选项。

③ 在"长度（Length）"文本框中输入数值，本例取"2"；在"折弯半径（Radius）"文本

框中输入数值，本例取"0.5"。

④ 激活"边线（Spine）"文本框，选择如图 5-16a 所示的边线作为表面滴斑的附着边，单击"扩展"按钮 Propagate 。

⑤ 单击"确定"按钮，完成基础型表面滴斑的创建，结果如图 5-16b 所示。按照① ~ ④的操作步骤，选择对称一侧边线创建表面滴斑，结果如图 5-16c 所示。

5.3.2　限制型

打开需要创建表面滴斑的钣金件，在"墙体（Walls）"工具栏中单击"扫掠墙体（Swept Walls）"图标下的三角箭头，在其下拉列表中选择"表面滴斑（Tear Drop）"图标，弹出"表面滴斑定义（Tear Drop Definition）"对话框，单击"更多（More）"按钮，展开对话框，表面滴斑类型选择"限制型（Relimited）"，如图 5-17 所示。

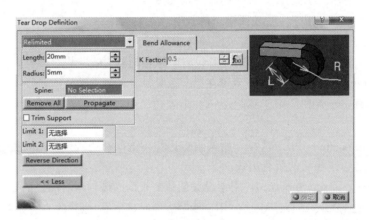

图 5-17　"表面滴斑定义"对话框

限制型表面滴斑定义对话框与基础型表面滴斑定义对话框的界面基本相同，对话框中选项的功能可参见"5.3.1 基础型"的介绍，不同之处如下：

① 限制 1（Limit 1）：用于选择附着边上一个限制点或限制平面。

② 限制 2（Limit 2）：用于选择附着边上另外一个限制点或限制平面。

示例：限制型表面滴斑（以两点限制为例）

打开资源包中的"Exercise\5\5.3\5.3.2\ 示例 \Relimited"，结果如图 5-18a 所示。

① 在"墙体（Walls）"工具栏中单击"扫掠墙体（Swept Walls）"图标下的三角箭头，在其下拉列表中选择"表面滴斑（Tear Drop）"图标，弹出"表面滴斑定义（Tear Drop Definition）"对话框。

② 选择"限制型（Relimited）"选项。

③ 在"长度（Length）"文本框中输入数值，本例取"6"；在"折弯半径（Radius）"文本框中输入数值，本例取"3"。

④ 激活"边线（Spine）"文本框，选择如图 5-18a 所示的边线作为表面滴斑的附着边。

⑤ 激活"限制 1（Limit 1）"文本框，右击，选择"创建点"命令，根据点的创建方法，"点类型"选择"曲线上"，"曲线"选择如图 5-18a 所示的边线，在"长度"文本框中输入数值，本例取"14"，创建点 1；激活"限制 2（Limit 2）"文本框，右击，选择"创建点"命令，"点类型"

选择"曲线上","曲线"选择如图 5-18a 所示的附着边,在"长度"文本框中输入数值,本例取"8",创建点 2。此时的预览图如图 5-18b 所示。

⑥ 单击"确定"按钮,完成限制型表面滴斑的创建,效果图如图 5-18c 所示。

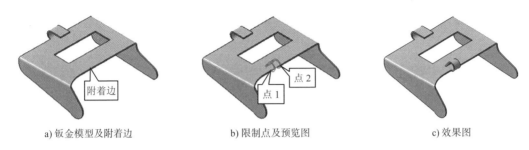

a) 钣金模型及附着边　　　　　　b) 限制点及预览图　　　　　　c) 效果图

图 5-18　限制型表面滴斑

5.4　自定义凸缘

自定义凸缘用于在原有钣金上依靠附着边通过创建任意草图轮廓创建用户需要的钣金壁。自定义凸缘的创建类型包括"基础型(Basic)"和"限制型(Relimited)"两种。

（1）基础型（Basic）　用于创建与附着边宽度完全相等的自定义凸缘。

（2）限制型（Relimited）　用于创建宽度限制于创建的限制点或限制平面的自定义凸缘。

5.4.1　基础型

打开需要创建自定义凸缘的钣金件,在"墙体（Walls）"工具栏中单击"扫掠墙体（Swept Walls）"图标下的三角箭头,在其下拉列表中选择"自定义凸缘（User-Flange）"图标,弹出"自定义凸缘定义（User-Defined Flange Definition）"对话框,单击"更多（More）"按钮,展开对话框,其默认自定义凸缘类型为"基础型（Basic）",如图 5-19 所示。

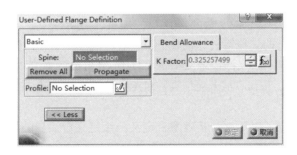

图 5-19　"自定义凸缘定义"对话框

（1）选项区　该选项区用于选择边线。

① 边线（Spine）:用于选择凸缘在原有钣金件上的附着边。

② 移除（Remove All）:用于移除所有选择的附着边。单击 Remove All 按钮,可移除所有选择的边线。

③ 扩展（Propagate）:用于选择与所选附着边相切的所有边线。单击 Propagate 按钮,

可自动选择与所选边线相切的所有边线。

（2）轮廓线（Profile） 用于选择轮廓线。

（3）草图  用于创建或修改草图轮廓。

（4）折弯系数（Bend Allowance） 用于对自定义凸缘的折弯系数进行设置。

示例：基础型自定义凸缘

打开资源包中的"Exercise\5\5.4\5.4.1\ 示例 \Basic"，结果如图 5-20a 所示。

① 在"墙体（Walls）"工具栏中单击"扫掠墙体（Swept Walls）"图标下的三角箭头，在其下拉列表中选择"自定义凸缘（User-Flange）"图标，弹出"自定义（User-Defined Flange Definition）"对话框。

② 选择"基础型（Basic）"选项。

③ 激活"边线（Spine）"文本框，选择如图 5-20a 所示的边线作为自定义凸缘的附着边。

④ 单击对话框中的"草图"图标，在结构树中选择"zx 平面"作为草图平面，绘制如图 5-20b 所示的草图。单击"退出工作台"图标，完成草图创建。

⑤ 单击"确定"按钮，完成基础型自定义凸缘的创建，结果如图 5-20c 所示。

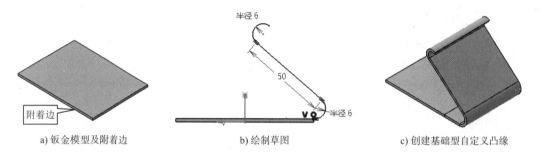

a) 钣金模型及附着边　　　　　b) 绘制草图　　　　　c) 创建基础型自定义凸缘

图 5-20　基础型自定义凸缘

5.4.2　限制型

打开需要创建自定义凸缘的钣金件，在"墙体（Walls）"工具栏中单击"扫掠墙体（Swept Walls）"图标下的三角箭头，在其下拉列表中选择"自定义凸缘（User-Flange）"图标，弹出"自定义凸缘定义（User-Defined Flange Definition）"对话框，单击"更多（More）"按钮，展开对话框，自定义凸缘类型选择"限制型（Re-limited）"，如图 5-21 所示。

限制型自定义凸缘定义对话框与基础型自定义凸缘定义对话框的界面基本相同，对话框中选项的功能可参见"5.4.1 基础型"的介绍，不同之处如下：

① 限制 1（Limit 1）：用于选择或创建附着边上一个限制点或限制平面。

② 限制 2（Limit 2）：用于选择或创建附着边上另外一个限制点或限制平面。

示例：限制型自定义凸缘（以两平面限制为例）

打开资源包中的"Exercise\5\5.4\5.4.2\ 示例 \Relimited"，结果如图 5-20a 所示。

① 在"墙体（Walls）"工具栏中单击"扫掠墙体（Swept Walls）"图标下的三角箭头，在其下拉列表中选择"自定义凸缘（User-Flange）"图标，弹出"自定义凸缘定义（User-Defined Flange Definition）"对话框。

② 选择"限制型（Relimited）"选项。

③ 激活"边线（Spine）"文本框，选择如图 5-20a 所示的边线作为自定义凸缘的附着边。

④ 单击对话框中的"草图"图标 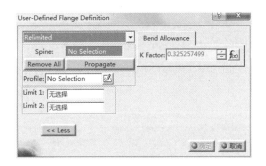，在结构树中选择"zx 平面"作为基准平面，草图见图 5-20b。单击"退出工作台"图标 ，完成草图创建。

⑤ 激活"限制 1（Limit 1）"文本框，右击，选择"创建面"命令，弹出如图 5-22a

图 5-21　"自定义凸缘定义"对话框

所示的"平面定义"对话框，根据面的创建方法，"平面类型"选择"偏移平面"，激活"参考"文本框，在结构树中选择"zx 平面"，在"偏移"文本框中输入参数，本例取"20mm"，创建平面 1，结果如图 5-22b 所示。激活"限制 2（Limit 2）"文本框，右击，选择"创建平面"命令，弹出"平面定义"对话框，根据面的创建方法，"平面类型"选择"偏移平面"，激活"参考"文本框，在结构树中选择"zx 平面"，在"偏移"文本框中输入参数，本例取"20mm"，单击 反转方向 按钮，创建平面 2，结果如图 5-22b 所示。

⑥ 单击"确定"按钮，完成限制型自定义凸缘的创建，结果如图 5-22c 所示。

a)"平面定义"对话框

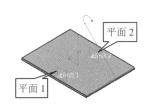

b) 创建平面

c) 创建限制型自定义凸缘

图 5-22　创建限制型自定义凸缘

5.5　应用示例

5.5.1　圆口水杯

新建一个钣金零件模型，命名为"Cup"。

1. 钣金参数设置

在"墙体（Walls）"工具栏中单击"钣金参数（Sheet Metal Parameters）"图标 ，弹出"钣金参数设置（Sheet Metal Parameters）"对话框。在"厚度（Thickness）"文本框中输入数值，本例取"0.5"；在"默认弯曲半径（Default Bend Radius）"文本框中输入数值，本例取"0.5"。选择"弯曲极限（Bend Extremities）"选项卡，设置止裂槽为"扯裂止裂槽（Minimum with no relief）"类型。单击"确定"按钮，完成钣金参数的设置。

2. 创建平整钣金模型

① 在"墙体（Walls）"工具栏中单击"墙体（Wall）"图标 ，弹出"墙体定义（Wall Definition）"对话框。

② 单击对话框中的"草图"图标 ，在结构树中选择"xy 平面"作为草图平面，进入草图工作台，绘制如图 5-23a 所示的草图。单击"退出工作台"图标 ，完成草图创建。

③ 单击"确定"按钮，完成平整钣金模型的创建，结果如图 5-23b 所示。

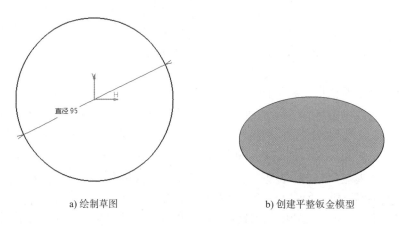

a) 绘制草图   b) 创建平整钣金模型

图 5-23 创建平整钣金模型

3. 创建圆口水杯

① 在"墙体（Walls）"工具栏中单击"扫掠墙体（Swept Walls）"图标 下的三角箭头，在其下拉列表中选择"自定义凸缘（User-Flange）"图标 ，弹出"自定义凸缘定义（User-Defined Flange Definition）"对话框。

② 选择"基础型（Basic）"选项。

③ 激活"边线（Spine）"文本框，选择如图 5-24 所示的草图平面的边线作为凸缘的附着边。

④ 单击对话框中的"草图"图标 ，在结构树中选择"yz 平面"作为草图平面，进入草图工作台，绘制如图 5-25 所示的水杯侧壁草图。单击"退出工作台"图标 ，完成草图创建。

⑤ 单击"确定"按钮，完成圆口水杯的创建，结果如图 5-26 所示。

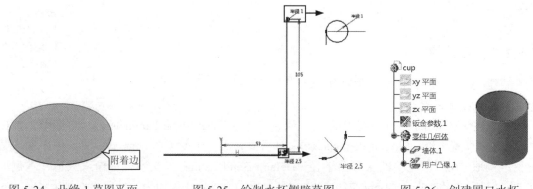

图 5-24 凸缘 1 草图平面   图 5-25 绘制水杯侧壁草图   图 5-26 创建圆口水杯

5.5.2　水杯手柄

新建一个钣金零件模型，命名为"Cup handle"。

1. 钣金参数设置

在"墙体（Walls）"工具栏中单击"钣金参数（Sheet Metal Parameters）"图标，弹出"钣金参数设置（Sheet Metal Parameters）"对话框。在"厚度（Thickness）"文本框中输入数值，本例取"0.5"；在"默认弯曲半径（Default Bend Radius）"文本框中输入数值，本例取"0.5"。选择"弯曲极限（Bend Extremities）"选项卡，设置止裂槽为"扯裂止裂槽（Minimum with no relief）"类型。单击"确定"按钮，完成钣金参数的设置。

2. 拉伸成形

① 在"墙体（Walls）"工具栏中单击"拉伸（Extrusion）"图标，弹出"拉伸定义（Extrusion Definition）"对话框。

② 单击对话框中的"草图"图标，在结构树中选择"xy 平面"作为草图平面，进入草图工作台，创建如图 5-27 所示的草图。单击"退出工作台"图标，完成草图创建。

③ 打开"第一限制（Sets first limit）"下拉列表，选择"限制 1 的尺寸（Limit 1 dimension）"选项，并在后面的文本框中输入数值，本例取"4"。选中"镜像（Mirrored extent）"复选框及"自动折弯（Automatic bend）"复选框。

④ 单击"预览"按钮，确认无误后单击"确定"按钮，完成拉伸成形，结果如图 5-28 所示。

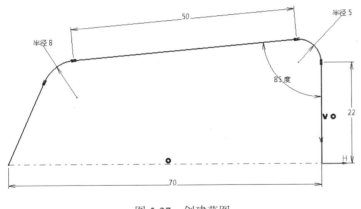

图 5-27　创建草图

图 5-28　拉伸成形

3. 创建边线上的墙体 1

① 在"墙体（Walls）"工具栏中单击"边线上的墙体（Wall On Edge）"图标，弹出"边线上的墙体定义（Wall On Edge Definition）"对话框。

② 在"类型（Type）"下拉列表中选择"基于草图生成边线上的墙体（Sketch Based）"选项。

③ 选择如图 5-29 所示的边线作为附着边。

④ 单击对话框中的"草图"图标，选择图 5-29 所示的平面作为草图平面，进入草图工作台，创建如图 5-30 所示的草图。单击"退出工作台"图标，完成草图创建。

⑤ 单击"预览"按钮，确认无误后单击"确定"按钮，完成边线上的墙体 1 的创建，结果如图 5-31 所示。

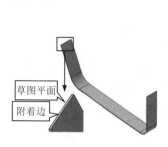

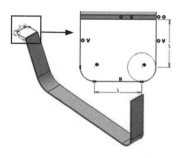

图 5-29 边线上的墙体 1 草
图平面及附着边

图 5-30 创建边线上的墙体 1
草图

图 5-31 创建边线上的
墙体 1

4. 创建边线上的墙体 2

参见"3. 创建边线上的墙体 1"的步骤及参数设置，选择如图 5-32 所示的边线和平面作为附着边和草图平面，绘制如图 5-33 所示的草图。创建完成的边线上的墙体 2 如图 5-34 所示。

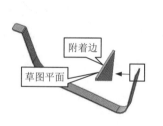

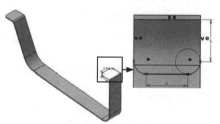

图 5-32 边线上的墙体 2
附着边和草图平面

图 5-33 绘制边线上的墙体 2 草图

图 5-34 创建边线上的
墙体 2

5. 创建表面滴斑 1

① 在"墙体（Walls）"工具栏中单击"扫掠墙体（Swept Walls）"图标下的三角箭头，在其下拉列表中选择"表面滴斑（Tear Drop）"图标，弹出"表面滴斑定义（Tear Drop Definition）"对话框。

② 选择"基础型（Basic）"选项，在"长度（Length）"文本框中输入数值，本例取"0.4"；在"折弯半径（Radius）"文本框中输入数值，本例取"0.4"。

③ 激活"边线（Spine）"文本框，选择如图 5-35 所示的边线作为表面滴斑附着边。单击"扩展"| Propagate |按钮。

④ 单击"确定"按钮，完成表面滴斑 1 的创建，结果如图 5-36 所示。

6. 创建表面滴斑 2

① 在"墙体（Walls）"工具栏中单击"扫掠墙体（Swept Walls）"图标下的三角箭头，在其下拉列表中选择"表面滴斑（Tear Drop）"图标，弹出"表面滴斑定义（Tear Drop Definition）"对话框。

② 选择"基础型（Basic）"选项，在"长度（Length）"文本框中输入数值，本例取"0.4"；在"折弯半径（Radius）"文本框中输入数值，本例取"0.4"。

图 5-35　表面滴斑 1 附着边

图 5-36　创建表面滴斑 1

③ 激活"边线（Spine）"文本框，选择如图 5-37 所示的边线作为表面滴斑附着边。单击"扩展" Propagate 按钮。

④ 单击"确定"按钮，完成表面滴斑 2 的创建。创建完成的水杯手柄如图 5-38 所示。

图 5-37　表面滴斑 2 附着边

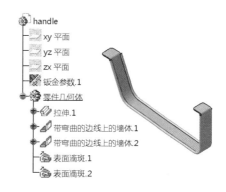

图 5-38　创建水杯手柄

第6章 钣金折弯与展开

6.1 等半径折弯

等半径折弯是在两个非连通的钣金墙体之间创建一个半径值不变的折弯圆角。

打开需要创建折弯圆角的钣金件，在"折弯（Bending）"工具栏中单击"折弯（bends）"图标下的三角箭头，在其下拉列表中选择"等半径折弯（Bend）"图标，弹出"折弯定义（Bend Definition）"对话框，单击"更多（More）"按钮，展开对话框，如图6-1所示。

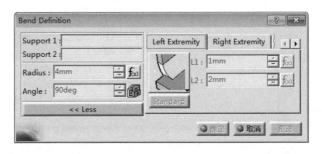

图6-1 "折弯定义"对话框

（1）支持面1（Support 1） 选择需创建折弯圆角的第一个钣金墙体。

（2）支持面2（Support 2） 选择需创建折弯圆角的第二个钣金墙体。

（3）折弯半径（Radius） 该文本框用于显示折弯半径值。

（4）公式编辑器 $f_{(x)}$ 用于修改折弯圆角的折弯半径值。单击"公式编辑器"按钮 $f_{(x)}$，弹出"公式编辑器"对话框，如图6-2所示。删除对话框顶部文本框中的内容，输入"3mm"，或删除底部文本框中的数值"4mm"，输入数值"3"，单击"确定"按钮，返回"等半径折弯定义（Bend Definition）"对话框。修改后的折弯半径值显示在"折弯半径（Radius）"文本框中，如图6-3所示。

（5）角度（Angle） 用于显示创建折弯圆角的两个钣金墙体间的角度。

（6）左侧极限（Left Extremity） 该选项卡用于设置折弯圆角左侧止裂槽类型。

（7）右侧极限（Right Extremity） 该选项卡用于设置折弯圆角右侧止裂槽类型。

（8）折弯系数（Bend Allowance） 单击 ◀ ▶ 图标，显示出"折弯系数（Bend Allowance）"选项卡，如图6-4所示。该选项卡用于对钣金的折弯系数进行设置，参见"3.3.2 折弯系数设置"。

示例：等半径折弯圆角

打开资源包中的"Exercise\6\6.1\ 示例 \Bend"，结果如图6-5a所示。

① 在"折弯（Bending）"工具栏中单击"折弯（bends）"图标下的三角箭头，在其下拉列表中选择"等半径折弯（Bend）"图标，弹出"等半径折弯定义（Bend Definition）"对话框。

| 图 6-2　"公式编辑器"对话框 | 图 6-3　修改后的折弯半径值 |

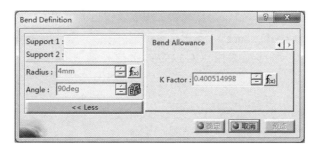

图 6-4　等半径折弯的"折弯系数"选项卡

② 选择如图 6-5a 所示的两个钣金墙体表面作为支持面。

③ 单击"公式编辑器"按钮 $f_{(x)}$，设置折弯半径值，本例取"2"。

④ 单击"更多（More）"按钮，展开对话框。

⑤ 在"左侧极限（Left Extremity）"选项卡中单击"止裂槽类型"图标下的三角箭头，在其下拉列表中选择"长圆止裂槽（Round relief）"选项；在"右侧极限（Right Extremity）"选项卡中单击"止裂槽类型"图标下的三角箭头，在其下拉列表中选择"长圆止裂槽（Round relief）"选项。

⑥ 单击"预览"按钮，确认无误后单击"确定"按钮。创建的等半径折弯圆角效果图如图 6-5b 所示。

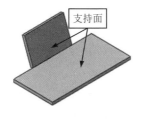

a) 钣金模型及支持面　　　　　　　　　　　b) 效果图

图 6-5　等半径折弯圆角

6.2　变半径折弯

变半径折弯是在两个非连通的钣金墙体之间创建一个半径值变化的折弯圆角。

打开需要创建折弯圆角的钣金件，在"折弯（Bending）"工具栏中单击"折弯（bends）"图标下的三角箭头，在其下拉列表中选择"变半径折弯（Conical Bend）"图标，弹出"折弯定义（Bend Definition）"对话框，单击"更多（More）"按钮，展开对话框，如图6-6所示。

（1）支持面1（Support 1）　选择需创建折弯圆角的第一个钣金墙体。

（2）支持面2（Support 2）　选择需创建折弯圆角的第二个钣金墙体。

（3）左半径（Left radius）　该文本框用于设置左侧折弯半径值。

（4）右半径（Right radius）　该文本框用于设置右侧折弯半径值。

（5）角度（Angle）　用于显示创建折弯圆角的两个钣金墙体间的角度。

（6）左侧极限（Left Extremity）　该选项卡用于设置折弯圆角左侧止裂槽类型。

（7）右侧极限（Right Extremity）　该选项卡用于设置折弯圆角右侧止裂槽类型。

（8）折弯系数（Bend Allowance）　单击图标，显示出"折弯系数（Bend Allowance）"选项卡，如图6-7所示。该选项卡用于对钣金的折弯系数进行设置，参见"3.3.2 折弯系数设置"。

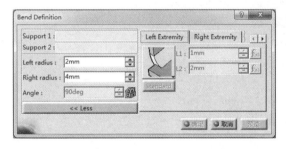

图6-6　"折弯定义"对话框　　　　图6-7　"折弯系数"选项卡

示例：变半径折弯圆角

打开资源包中的"Exercise\6\6.2\ 示例 \Conical bend"，结果如图6-8a所示。

① 在"折弯（Bending）"工具栏中单击"折弯（bends）"图标下的三角箭头，在其下拉列表中选择"变半径折弯（Conical Bend）"图标，弹出"折弯定义（Bend Definition）"对话框。

② 选择如图6-8a所示的两个钣金墙体表面作为支持面。

③ 在"左半径（Left radius）"文本框中输入数值，本例取"2"；在"右半径（Right radius）"文本框中输入数值，本例取"6"。

④ 单击"更多（More）"按钮，展开对话框。

⑤ 在"左侧极限（Left Extremity）"选项卡中单击"止裂槽类型"图标下的三角箭头，在其下拉列表中选择"长圆止裂槽（Round relief）"选项；在"右侧极限（Right Extremity）"选项卡中单击"止裂槽类型"图标下的三角箭头，在其下拉列表中选择"长圆止裂槽（Round relief）"选项。

⑥ 单击"预览"按钮，确认无误后单击"确定"按钮。创建的变半径折弯圆角效果图如图 6-8b 所示。

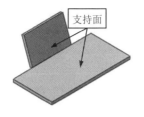

a) 钣金模型及支持面 b) 效果图

图 6-8 变半径折弯圆角

6.3 平面折弯

平面折弯是在钣金平面上创建或选择一条或多条不相交的直线，并将选中的直线作为折弯线对钣金平面进行折弯。

打开需要创建折弯的钣金件，在"折弯（Bending）"工具栏中单击"平面折弯（Bend From Flat）"图标，弹出"平面折弯定义（Bend From Flat Definition）"对话框，如图 6-9 所示。

（1）轮廓（Profile） 用于选择已绘制好的草图直线作为折弯线。

（2）草图 用于绘制或修改折弯线。

（3）线（Lines） 该下拉列表用于显示所选择的折弯线，从而定义钣金平面的折弯位置。

（4）指定折弯线类型（Specifies the line type） 用于设置折弯线的类型，包括轴线（Axis）、折弯切线基本特征（BTL Base Feature）、内模线（IML）、外模线（OML）和折弯切线的支持（BTL Support）五种类型，如图 6-10 所示。各类型对应的效果图如图 6-11 所示。

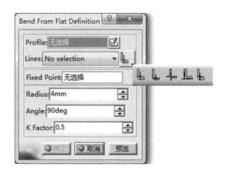

图 6-9 "平面折弯定义"对话框 图 6-10 折弯线类型

① 轴线（Axis） ：折弯半径关于折弯线对称。

② 折弯切线基本特征（BTL Base Feature） ：折弯半径位于折弯线的一侧，且远离固定点。

③ 内模线（IML） ：折弯线位于折弯后两钣金内侧表面相交处。

④ 外模线（OML） ：折弯线位于折弯后两钣金外侧表面相交处。

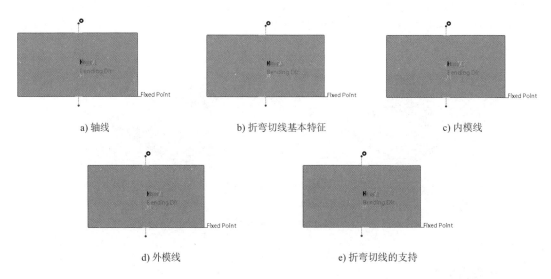

a) 轴线　　　　　　　　　b) 折弯切线基本特征　　　　　　　　c) 内模线

d) 外模线　　　　　　　　　　e) 折弯切线的支持

图 6-11　折弯线类型效果图

⑤ 折弯切线的支持（BTL Support）折弯半径位于折弯线的一侧，且靠近固定点。

（5）固定点（Fixed Point）　选择或创建一点，作为钣金折弯时位置固定不变的点，从而定义出钣金折弯时的固定面。

（6）折弯半径（Radius）　用于设置钣金的折弯半径。

（7）角度（Angle）　用于设置钣金的折弯角度。

（8）K 因子（K Factor）　用于设置钣金的折弯系数。

示例：平整钣金折弯

打开资源包中的 "Exercise\6\6.3\ 示例 \Bend flat"，结果如图 6-12 所示。

① 在 "折弯（Bending）" 工具栏中单击 "平面折弯（Bend From Flat）" 图标，弹出 "平面折弯定义（Bend From Flat Definition）" 对话框。

② 激活 "轮廓（Profile）" 文本框，在结构树中选择 "草图 .2" 作为折弯线。

③ 激活 "固定点（Fixed Point）" 文本框，右击，选择 "创建点" 图标，如图 6-13 所示。单击该图标，弹出 "点定义" 对话框，在 "点类型" 下拉列表中选择 "曲线上"；激活 "曲线" 文本框，选择如图 6-14 所示的边线；在 "与参考点的距离" 选项组中选择 "曲线长度比率" 单选框；在 "比率" 文本框中输入数值，本例取 "0.5"。此时的 "点定义" 对话框如图 6-15 所示。单击 "预览" 按钮，确认无误后单击 "确定" 按钮。

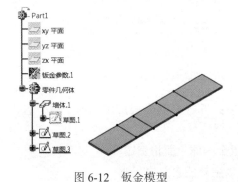

图 6-12　钣金模型

图 6-13　选择 "创建点" 图标

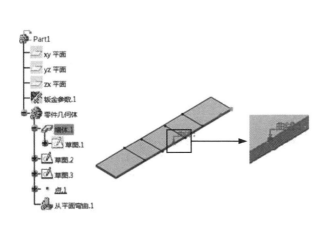

图 6-14　选择曲线　　　　　　　　　图 6-15　"点定义"对话框

④ 在"平面折弯定义（Bend From Flat Definition）"对话框中单击"预览"按钮，确认无误后单击"确定"按钮，完成平面折弯 1 的创建，结果如图 6-16 所示。

⑤ 按照上述步骤，在结构树中选择"草图 .3"作为折弯线，创建平面折弯 2，结果如图 6-17 所示。

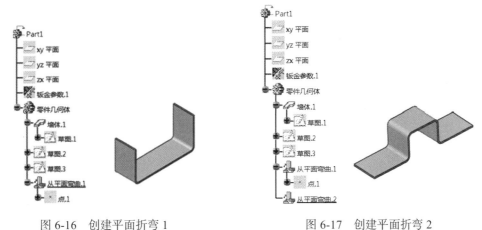

图 6-16　创建平面折弯 1　　　　　　　　图 6-17　创建平面折弯 2

6.4　钣金展开

钣金展开是将钣金件中的凸缘、折弯圆角等圆弧表面展开，从而将钣金件展开成平面图。

打开需要展开的钣金件，在"折弯（Bending）"工具栏中单击"折叠 / 展开（Folding/ Unfolding）"图标 下的三角箭头，在其下拉列表中选择"展开（Unfolding）"图标 ，弹出"展开定义（Unfolding Definition）"对话框，如图 6-18 所示。

（1）参考面（Reference Face）　用于在钣金件上选择一平

图 6-18　"展开定义"对话框

面，作为钣金展开时的固定面。

（2）展开面（Unfold Faces）　用于选择和显示需要展开的圆弧面。

（3）角度（Angle）　该文本框不可修改，用于显示钣金展开所需要的角度。

（4）角度类型（Angle type）　该文本框不可修改，默认设置为"自然（Natural）"。

（5）选择全部（Select All）　选择所有可展开的圆弧面。

（6）取消选择（Unselect）　取消已选择的圆弧面。

示例：卡扣展开

打开资源包中的"Exercise\6\6.4\ 示例 \Unfolding"，结果如图 6-19a 所示。

① 在"折弯（Bending）"工具栏中单击"折叠 / 展开（Folding/ Unfolding）"图标下的三角箭头，在其下拉列表中选择"展开（Unfolding）"图标，弹出"展开定义（Unfolding Definition）"对话框。

② 激活"参考面（Reference Face）"文本框，选择如图 6-19a 所示的平面作为参考面。

③ 单击"选择全部（Select All）"按钮 Select All 。

④ 单击"预览"按钮，确认无误后单击"确定"按钮。卡扣展开的效果图如图 6-19b 所示。

a) 钣金模型及参考面　　　　　　　　　　　b) 效果图

图 6-19　卡扣展开

6.5　钣金折叠

钣金折叠是将展开的钣金件进行局部或全部折叠，使其恢复至展开前的状态。

打开需要折叠的钣金件，在"折弯（Bending）"工具栏中单击"折叠 / 展开（Folding/ Unfolding）"图标下的三角箭头，在其下拉列表中选择"折叠（Folding）"图标，弹出"折叠定义（Folding Definition）"对话框，如图 6-20 所示。

（1）参考面（Reference Face）　用于在钣金件上选择一平面，作为钣金折叠时的固定面。

（2）折叠面（Fold Faces）　用于选择和显示将进行弯曲折叠的钣金面。

（3）角度（Angle）　默认为不可用状态，用于显示钣金折叠角度。

（4）角度类型（Angle type）　用于定义钣金折叠角度的类型。"角度类型（Angle type）"下拉列表中包括自然（Natural）、定义（Defined）和弹性回复（Spring back）三种类型，如图 6-21 所示。

① 自然（Natural）：当选择该选项时，角度默认值为钣金恢复至展开前状态所需折叠的角度。

图 6-20　"折叠定义"对话框

图 6-21　"角度类型"下拉列表

②定义（Defined）：当选择该选项时，"角度（Angle）"文本框被激活，在"角度（Angle）"文本框中输入钣金折叠的角度值。

③弹性回复（Spring back）：当选择该选项时，"角度（Angle）"文本框被激活。此时，钣金折叠角度为钣金恢复至展开前状态所需折叠的角度值与"角度（Angle）"文本框中输入的数值之和。

（5）选择全部（Select All）　选择所有可折叠的钣金面。

（6）取消选择（Unselect）　取消已选择的钣金面。

示例：卡扣折叠

打开资源包中的"Exercise\6\6.5\ 示例 \Folding"，结果如图 6-22a 所示。

①在"折弯（Bending）"工具栏中单击"折叠 / 展开（Folding/ Unfolding）"图标下的三角箭头，在其下拉列表中选择"折叠（Folding）"图标，弹出"折叠定义（Folding Definition）"对话框。

②激活"参考面（Reference Face）"文本框，选择如图 6-22a 所示的平面作为参考面。

③单击"选择全部（Select All）"按钮 Select All 。

④在"折叠面（Fold Faces）"下拉列表中选择"Face.1"作为折叠面，如图 6-22b 所示。

⑤在"角度类型（Angle type）"下拉列表中选择"定义（Defined）"选项，在"角度（Angle）"文本框中输入数值，本例取"90"。

⑥在"折叠面（Fold Faces）"下拉列表中选择"Face.4"。

⑦在"角度类型（Angle type）"下拉列表中选择"定义（Defined）"选项，在"角度（Angle）"文本框中输入数值，本例取"90"。

⑧单击"预览"按钮，确认无误后单击"确定"按钮。卡扣折叠的效果图如图 6-22c 所示

a) 钣金模型及参考面

b) 选择折叠面

c) 效果图

图 6-22　卡扣折叠

6.6 点或曲线映射

点或曲线映射是将在钣金表面创建的点、线、图案等草图图形作为钣金元素进行展开和折叠。

打开需要映射的钣金件，在"折弯（Bending）"工具栏中单击"点或曲线映射（Point or Curve Mapping）"图标 ，弹出"展开对象定义（Unfold object definition）"对话框，如图 6-23 所示。

（1）类型（Type） 用于指定映射的元素在钣金加工过程中是否被创建或是仅作为构造元素。它包括"构造元素（Construction element）""特征元素（Characteristic element）""标识（Marking）"和"雕刻（Engraving）"四个选项，如图 6-24 所示。

图 6-23 "展开对象定义"对话框   图 6-24 映射类型

（2）对象列表（Object(s) list） 用于显示选择的映射元素。

（3）添加模式 在钣金表面添加映射元素。

（4）移除模式 在钣金表面移除映射元素。

（5）支持（Support(s)） 用于定义映射元素的支持面。

示例：图形映射

打开资源包中的"Exercise\6\6.6\ 示例 \Mapping"，结果如图 6-25 所示。

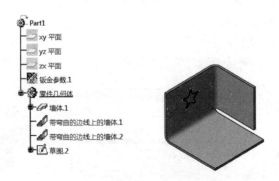

图 6-25 图形映射示例钣金模型

① 在"折弯（Bending）"工具栏中单击"点或曲线映射（Point or Curve Mapping）"图标 ，弹出"展开对象定义（Unfold object definition）"对话框。

② 在"类型（Type）"下拉列表中选择"构造元素（Construction element）"选项。

③ 激活"对象列表（Object(s) list）"文本框，在结构树中选择"草图 .2"作为映射元素。

④ 激活"支持（Support(s)）"文本框，在图形工作区选择"带弯曲的边线上的墙体 .1"作为支持面。

⑤ 单击"确定"按钮，完成图形映射，结果如图 6-26 所示。

⑥ 在"折弯（Bending）"工具栏中单击"折叠 / 展开（Folding/ Unfolding）"图标下的三角箭头，在其下拉列表中选择"展开（Unfolding）"图标，弹出"展开定义（Unfolding Definition）"对话框。

⑦ 激活"参考面（Reference Face）"文本框，在图形工作区选择"墙体 .1"作为参考面。

⑧ 单击"选择全部（Select All）"按钮 Select All 。

⑨ 单击"预览"按钮，确认无误后单击"确定"按钮，钣金展开效果图如图 6-27 所示。

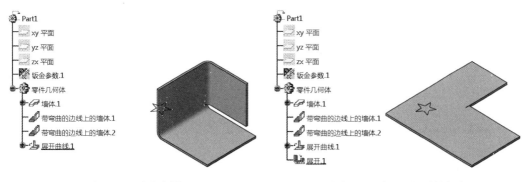

图 6-26　图形映射　　　　　　　　　　　图 6-27　钣金展开效果图

6.7　应用示例

6.7.1　折叠椅钣金件

新建一个钣金零件模型，命名为"Bracket"。

1. 钣金参数设置

在"墙体（Walls）"工具栏中单击"钣金参数（Sheet Metal Parameters）"图标，弹出"钣金参数（Sheet Metal Parameters）"对话框。在"厚度（Thickness）"文本框中输入数值，本例取"2"；在"默认折弯半径（Default Bend Radius）"文本框中输入数值，本例取"1"。选择"弯曲极限（Bend Extremities）"选项卡，设置止裂槽为"扯裂止裂槽（Minimum with no relief）"类型。单击"确定"按钮，完成钣金参数设置。

2. 创建平整钣金模型

① 在"墙体（Walls）"工具栏中单击"墙体"图标，弹出"墙体定义（Wall Definition）"对话框。

② 单击对话框中的"草图"图标，在结构树中选择"yz 平面"作为草图平面，进入草图工作台，绘制如图 6-28 所示的草图。单击"退出工作台"图标，完成草图创建。

③ 单击"预览"按钮，确认无误后单击"确定"按钮，完成平整钣金模型的创建，结果如图 6-29 所示。

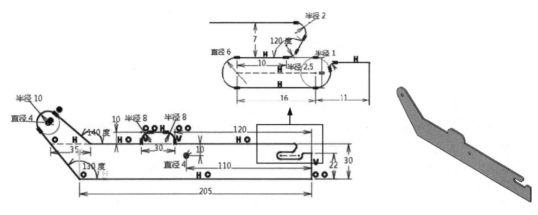

图 6-28　绘制平整钣金草图　　　　图 6-29　创建平整钣金模型

3. 创建平面折弯 1

① 在"折弯（Bending）"工具栏中单击"平面折弯（Bend From Flat）"图标，弹出"平面折弯定义（Bend From Flat Definition）"对话框。

② 单击对话框中的"草图"图标，选择如图 6-30 所示的平面作为草图平面，进入草图工作台，绘制如图 6-31 所示的草图。单击"退出工作台"图标，完成草图创建。

③ 单击"指定折弯线类型（Specifies the line type）"图标下的三角箭头，选择"折弯切线基本特征（BTL Base Feature）"图标。

④ 单击"预览"按钮，确认无误后单击"确定"按钮，完成平面折弯 1 的创建，结果如图 6-32 所示。

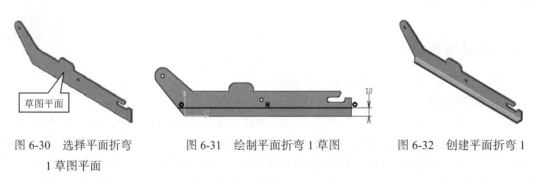

图 6-30　选择平面折弯　　　　图 6-31　绘制平面折弯 1 草图　　　　图 6-32　创建平面折弯 1
　　　1 草图平面

4. 创建平面折弯 2

参照"3. 创建平面折弯 1"的方法，创建平面折弯 2。选择如图 6-33 所示的平面作为草图平面，绘制如图 6-34 所示的草图；单击"指定折弯线类型（Specifies the line type）"图标下的三角箭头，选择"折弯切线基本特征（BTL Base Feature）"图标，完成平面折弯 2 的创建，结果如图 6-35 所示。

5. 创建平面折弯 3

参照"3. 创建平面折弯 1"的方法，创建平面折弯 3。选择如图 6-36 所示的平面作为草图平面，绘制如图 6-37 所示的草图；单击"指定折弯线类型（Specifies the line type）"图标下的三角箭头，选择"折弯切线基本特征（BTL Base Feature）"图标 ；激活"固定点（Fixed Point）"文本框，选择如图 6-38 所示的点作为固定点，完成平面折弯 3 的创建，结果如图 6-39 所示。

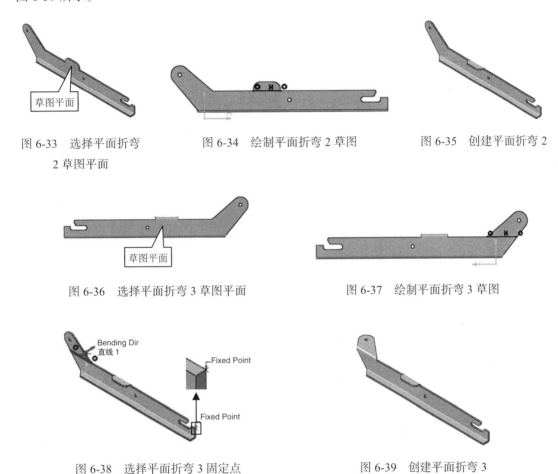

图 6-33　选择平面折弯　　　　　图 6-34　绘制平面折弯 2 草图　　　　　图 6-35　创建平面折弯 2
　　　　　2 草图平面

图 6-36　选择平面折弯 3 草图平面　　　　　　　　图 6-37　绘制平面折弯 3 草图

图 6-38　选择平面折弯 3 固定点　　　　　图 6-39　创建平面折弯 3

6. 创建平面折弯 4

参照"3. 创建平面折弯 1"的方法，创建平面折弯 4。选择如图 6-40 所示的平面作为草图平面，绘制如图 6-41 所示的草图；单击"指定折弯线类型（Specifies the line type）"图标 下的三角箭头，选择"折弯切线基本特征（BTL Base Feature）"图标 ；激活"固定点（Fixed Point）"文本框，选择如图 6-42 所示的点作为固定点，完成平面折弯 4 的创建。创建完成的折叠椅钣金件如图 6-43 所示。

图 6-40　选择平面折弯 4 草图平面　　　　　图 6-41　绘制平面折弯 4 草图

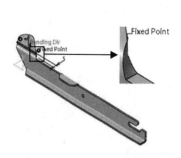

图 6-42 选择平面折弯 4 固定点

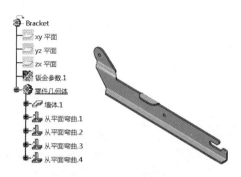

图 6-43 创建折叠椅钣金件

6.7.2 长尾夹

新建一个钣金零件模型，命名为"Clip"。

1. 钣金参数设置

在"墙体（Walls）"工具栏中单击"钣金参数（Sheet Metal Parameters）"图标 ![icon]，弹出"钣金参数（Sheet Metal Parameters）"对话框。在"厚度（Thickness）"文本框中输入数值，本例取"0.2"；在"默认折弯半径（Default Bend Radius）"文本框中输入数值，本例取"2"。选择"弯曲极限（Bend Extremities）"选项卡，设置止裂槽为"扯裂止裂槽（Minimum with no relief）"类型。单击"确定"按钮，完成钣金参数设置。

2. 拉伸成形

① 在"墙体（Walls）"工具栏中单击"拉伸（Extrusion）"图标 ![icon]，弹出"拉伸定义（Extrusion Definition）"对话框。

② 单击对话框中的"草图"图标 ![icon]，在结构树中选择"yz 平面"作为草图平面，进入草图工作台，绘制如图 6-44 所示的草图。单击"退出工作台"图标 ![icon]，完成草图创建。

③ 在"第一限制（Sets first limit）"下拉列表中选择"限制 1 的尺寸（Limit 1 dimension）"选项，并在后面的文本框中输入数值，本例取"16"。

④ 选中"镜像范围（Mirrored extent）"复选框。

⑤ 单击"预览"按钮，确认无误后单击"确定"按钮，完成拉伸成形，结果如图 6-45 所示。

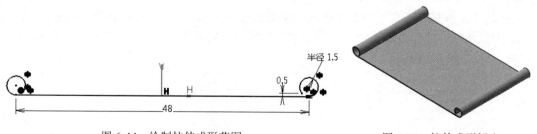

图 6-44 绘制拉伸成形草图

图 6-45 拉伸成形钣金

3. 钣金展开

① 在"折弯（Bending）"工具栏中单击"展开（Unfolding）"图标 ![icon]，弹出"展开定义

（Unfolding Definition）"对话框。

②激活"参考面（Reference Face）"文本框，选择如图 6-46 所示的平面作为参考面。

③单击"选择全部（Select All）"按钮 Select All 。

④单击"预览"按钮，确认无误后单击"确定"按钮，完成钣金展开，结果如图 6-47 所示。

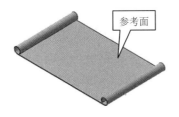

图 6-46　选择钣金展开参考面

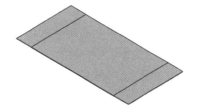

图 6-47　钣金展开

4. 创建剪口 1（参见"8.1.1 剪口"）

①在"剪切 / 冲压（Cutting/Stamping）"工具栏中单击"剪口（Cut Out）"图标 ，弹出"剪口定义（Cutout Definition）"对话框。

②在"剪口类型（Cutout Type）"选项组的"类型（Type）"下拉列表中选择"标准剪口（Sheetmetal standard）"选项。

③单击对话框中的"草图"图标 ，选择如图 6-48 所示的平面作为草图平面，进入草图工作台，绘制如图 6-49 所示的草图。单击"退出工作台"图标 ，完成草图的创建。

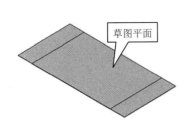

图 6-48　选择剪口 1 草图平面

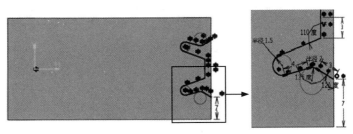

图 6-49　绘制剪口 1 草图

④在"末端限制（End Limit）"选项组的"类型（Type）"下拉列表中选择"直到下一个（Up to next）"选项。

⑤单击"更多（More）"按钮，展开对话框，在"影响表面（Impacted Skin）"选项组中选择"顶部（Top）"选项。

⑥单击剪口方向箭头，改变材料去除方向，剪口 1 方向如图 6-50 所示。

⑦单击"预览"按钮，确认无误后单击"确定"按钮，完成剪口 1 的创建，结果如图 6-51 所示。

5. 镜像剪口 1（参见"8.3.1 镜像"）

①在"特征变换（Transformations）"工具栏中单击"镜像（Mirror）"图标 ，弹出"镜像定义（Mirror Definition）"对话框。

②激活"镜像平面（Mirroring plane）"文本框，右击，选择"zx 平面"作为镜像平面。

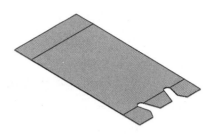

图 6-50 剪口 1 方向　　　　　　　　　图 6-51 创建剪口 1

③在"镜像元素（Element to mirror）"文本框中选择刚创建的剪口 1 作为镜像对象。

④单击"预览"按钮，确认无误后单击"确定"按钮，完成镜像剪口 1，结果如图 6-52 所示。

6. 钣金折叠

①在"折弯（Bending）"工具栏中单击"展开（Unfolding）"图标 下的三角箭头，在其下拉列表中选择"折叠（Folding）"图标 ，弹出"折叠定义（Folding Definition）"对话框。

②激活"参考面（Reference Face）"文本框，选择如图 6-52 所示的平面作为参考面。

③单击"选择全部（Select All）"按钮 Select All 。

④单击"预览"按钮，确认无误后单击"确定"按钮，完成钣金折叠，结果如图 6-53 所示。

图 6-52 镜像剪口 1 及参考面　　　　　　图 6-53 钣金折叠

7. 创建平面折弯 1

①在"折弯（Bending）"工具栏中单击"平面折弯（Bend From Flat）"图标 ，弹出"平面折弯定义（Bend From Flat Definition）"对话框。

②单击对话框中的"草图"图标 ，选择如图 6-54 所示的平面作为草图平面，进入草图工作台，绘制如图 6-55 所示的草图。单击"退出工作台"图标 ，完成草图创建。

③单击"指定折弯线类型"图标 下的三角箭头，选择"外模线（OML）"图标 。

④在"角度（Angle）"文本框中输入数值，本例取"50"。

⑤单击"预览"按钮，确认无误后单击"确定"按钮，完成平面折弯 1 的创建，结果如图 6-56 所示。

8. 创建平面折弯 2

参照"7. 创建平面折弯 1"的方法，创建平面折弯 2。选择如图 6-57 所示的平面作为草图平面，绘制如图 6-58 所示的草图；单击"指定折弯线类型（Specifies the line type）"图标 下的三角箭头，选择"外模线（OML）"图标 ；激活"固定点（Fixed Point）"文本框，选择如

图 6-59 所示的点作为固定点，在图形工作区单击折弯方向（Bending Dir）箭头，更改钣金折弯方向，完成平面折弯 2 的创建，结果如图 6-60 所示。

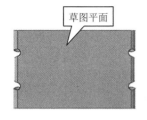
图 6-54 选择平面折弯 1 草图平面

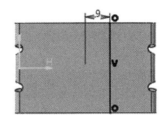
图 6-55 绘制平面折弯 1 草图

图 6-56 创建平面折弯 1

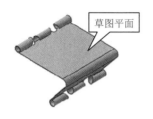
图 6-57 选择平面折弯 2 草图平面

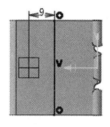
图 6-58 绘制平面折弯 2 草图

图 6-59 选择平面折弯 2 固定点

图 6-60 创建平面折弯 2

9. 创建平面折弯 3

参照 "7. 创建平面折弯 1" 的方法，创建平面折弯 3。选择如图 6-61 所示的平面作为草图平面，绘制如图 6-62 所示的草图；单击 "指定折弯线类型（Specifies the line type）" 图标下的三角箭头，选择 "轴线（Axis）" 图标；单击 "公式编辑器" $f_{(x)}$，打开 "公式编辑器" 对话框，修改折弯半径值，本例取 "10mm"，如图 6-63 所示；在 "角度（Angle）" 文本框中输入数值，本例取 "150"，完成平面折弯 3 的创建。创建完成的长尾夹如图 6-64 所示。

图 6-61 选择平面折弯 3 草图平面

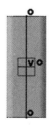
图 6-62 绘制平面折弯 3 草图

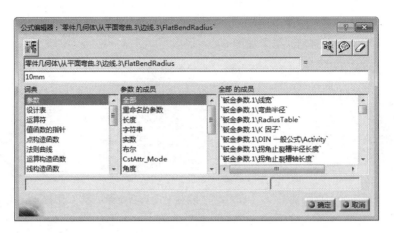

图 6-63　修改折弯半径

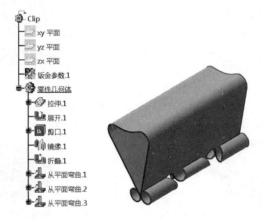

图 6-64　长尾夹

第7章　钣金冲压

钣金冲压是通过使用冲模，使板料产生分离或变形而获得钣金件的加工方法。CATIA 创成式钣金设计模块提供了多种冲压方法，包括曲面冲压、凸圆冲压、曲线冲压、凸缘剪口、散热孔冲压、桥接冲压、凸缘孔冲压、环状冲压、加强筋冲压、销子冲压和自定义冲压。

7.1　曲面冲压

曲面冲压是基于封闭的草图轮廓，通过定义参数，在原有钣金的基础上将轮廓内侧钣金进行冲压的方法。定义类型包括"角度（Angle）""凸凹模（Punch & Die）"和"两个轮廓（Two profiles）"三种。

（1）角度（Angle）　通过设置角度值及高度值定义曲面冲压。

（2）凸凹模（Punch & Die）　通过在同一草图中绘制两封闭曲线及设置高度值定义曲面冲压。使用该命令进行草图限制时，绘制的两个轮廓线必须是各边线相互平行且各分段相互对应。

（3）两个轮廓（Two profiles）　通过两个草图轮廓及两轮廓上任意两顶点的耦合定义曲面冲压。两个草图轮廓必须绘制在已有钣金上，草图轮廓可以是在同一平面上，也可以是在不同平面上。

7.1.1　角度

打开需要创建曲面冲压的钣金件，在"剪切 / 冲压（Cutting/Stamping）"工具栏中单击"冲压（Stamping）"图标 下的三角箭头，在其下拉列表中选择"曲面冲压（Surface Stamp）"图标 ，弹出"曲面冲压定义（Surface Stamp Definition）"对话框，系统默认曲面冲压定义类型为"角度（Angle）"，如图 7-1 所示。

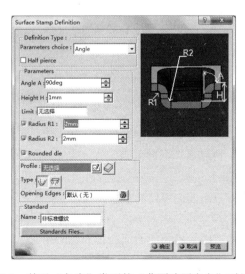

图 7-1　基于"角度"类型的"曲面冲压定义"对话框

（1）定义类型（Definition Type） 该选项组用于设置曲面冲压的类型。

半冲压（Half pierce）：用于设置使用半戳穿方式创建曲面冲压。

（2）参数（Parameters） 该选项组用于设置曲面冲压的相关参数。

1）角度（Angle A）：用于设置冲压后形成的斜面与冲压草图轮廓所在平面的夹角的角度值。

2）高度（Height H）：用于设置冲压的深度。

3）限制（Limit）：用于设置深度的限制平面。可在结构树中选择已有平面或右击创建平面限制曲面冲压的深度。

4）半径 R1（Radius R1）：选中该复选框后可在文本框中输入数值，设置冲压后形成的斜面与冲压轮廓所在表面的圆角半径；取消选择该复选框，则文本框后会出现锁定图标，将文本框锁定。

5）半径 R2（Radius R2）：选中该复选框后可在文本框中输入数值，设置冲压后形成的斜面与冲压底部的圆角半径，该值必须小于或等于深度值；取消选择该复选框，则文本框后会出现锁定图标，将文本框锁定。

6）过渡圆角（Rounded die）：选中该复选框后，冲压的所有边线会自动创建过渡圆角。

① 选中"半径 R1（Radius R1）""半径 R2（Radius R2）"及"过渡圆角（Rounded die）"复选框，得到的是所有边线都进行了倒圆角的冲压钣金件，如图 7-2a 所示。

② 在①的基础上取消选择"半径 R1（Radius R1）"复选框，得到的是与"半径 R1（Radius R1）"相关的边线不进行倒圆角的钣金冲压件，如图 7-2b 所示。

③ 在①的基础上取消选择"半径 R2（Radius R2）"复选框，则"过渡圆角（Rounded die）"复选框也自动取消选择，得到的是只对与"半径 R1（Radius R1）"相关的边线进行倒圆角的钣金件，如图 7-2c 所示。

④ 取消选择①中的所有复选框，得到的是所有边线都没有进行倒圆角的钣金件，如图 7-2d 所示。

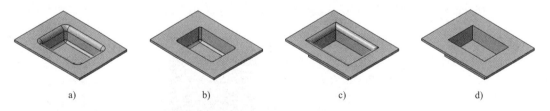

a)   b)   c)   d)

图 7-2 过渡圆角

（3）选项区 该选项区用于选择冲压轮廓和开放边线。

1）轮廓（Profile）：用于选择已绘制好的草图作为曲面冲压的草图轮廓。右击，可对选择的草图进行编辑或创建新草图。

2）草图：用于创建或修改曲面冲压的草图轮廓。

3）目录浏览器：单击该图标，可打开"目录浏览器"对话框，在其中浏览和预览当前目录的内容，也可选取已有的草图轮廓作为曲面冲压的草图轮廓。

4）冲压类型（Type）：用于设置冲压轮廓的类型，包括"上冲压轮廓（Upward sketch profile）"和"下冲压轮廓（Downward sketch profile）"。

① "上冲压轮廓（Upward sketch profile）"：单击图标 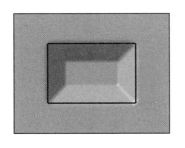，可使所绘轮廓作为冲压曲面的顶截面，如图 7-3a 所示。

② "下冲压轮廓（Downward sketch profile）"：单击图标 ，可使所绘轮廓作为冲压曲面的底截面，如图 7-3b 所示。

a) 上冲压轮廓　　　　　　　　　　　　　　b) 下冲压轮廓

图 7-3　冲压类型

5）开放边线（Opening Edges）：用于选择冲压时需要开放的边线。

6）开放边线的选择（Opening edges selection）：单击该图标，弹出如图 7-4 所示的"开放边线的选择（Opening edges selection）"对话框，选择需要更改的边线，单击"移除"或"替换"按钮，可对选择的边线进行移除或替换。

图 7-4　"开放边线的选择"对话框

（4）标准（Standard）　该选项组用于设置冲压孔的相关参数。

1）名称（Name）：用于定义冲压孔的标准。

2）标准文件（Standards Files）：单击"标准文件（Standards Files）"按钮 Standards Files... ，可导入已定义好的孔标准文件。

示例 1：基于角度的曲面冲压

打开资源包中的"Exercise\7\7.1\7.1.1\ 示例 1\Angle"，结果如图 7-5a 所示。

① 在"剪切 / 冲压（Cutting/Stamping）"工具栏中单击"冲压（Stamping）"图标 下的三角箭头，在其下拉列表中选择"曲面冲压（Surface Stamp）"图标 ，弹出"曲面冲压定义（Surface Stamp Definition）"对话框，在"参数选择（Parameters choice）"下拉列表中选择"角度（Angle）"选项。

② 在"角度（Angle）"文本框中输入数值，本例取"90"；在"高度（Height H）"文本框中输入数值，本例取"16"；取消选择"半径 R1（Radius R1）"复选框、"半径 R2（Radius R2）"复选框及"过渡圆角（Rounded die）"复选框。

③ 单击对话框中的"草图"图标 ，选择如图 7-5a 所示的平面作为草图平面，进入草图工作台，绘制如图 7-5b 所示的草图。单击"退出工作台"图标 ，完成草图创建。

④ 在"冲压类型（Type）"中选择"上冲压轮廓（Upward sketch profile）" 。

⑤单击"预览"按钮，确认无误后单击"确定"按钮。基于角度的曲面冲压效果图如图 7-5c 所示。

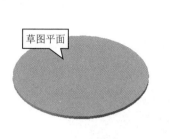

a) 圆形钣金与草图平面   b) 绘制草图   c) 效果图

图 7-5　基于角度的曲面冲压

示例 2：使用目录浏览器创建曲面冲压

打开资源包中的"Exercise\7\7.1\7.1.1\ 示例 2\Catalog"，结果如图 7-6 所示。

1. 创建点

① 在"参考元素"工具栏中单击"点"图标 ■，弹出"点定义"对话框。

② 在"点类型"下拉列表中选择"平面上"选项。激活"平面"文本框，选择如图 7-6 所示的平面作为草图平面；在"H"文本框中输入数值，本例取"0"；在"V"文本框中输入数值，本例取"0"。

③ 单击"预览"按钮，确认无误后单击"确定"按钮，完成点 1 的创建，结果如图 7-7 所示。

2. 创建直线

① 在"参考元素"工具栏中单击"直线"图标 ╱，弹出"直线定义"对话框。

② 在"线型"下拉列表中选择"点 - 方向"选项。激活"点 1"文本框，选择刚创建的"点 1"；激活"方向"文本框，右击，选择"X 部件"；在"长度类型"选项组中选择"长度"。

③ 单击"预览"按钮，确认无误后单击"确定"按钮，完成直线 1 的创建，结果如图 7-8 所示。

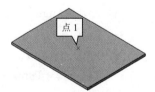

图 7-6　矩形钣金及草图平面   图 7-7　创建点 1   图 7-8　创建直线 1

3. 创建曲面冲压

① 在"剪切 / 冲压（Cutting/Stamping）"工具栏中单击"冲压（Stamping）"图标 ▱ 下的三角箭头，在其下拉列表中选择"曲面冲压（Surface Stamp）"图标 ▱，弹出"曲面冲压定义（Surface Stamp Definition）"对话框。

② 在"参数选择（Parameters choice）"下拉列表中选择"角度（Angle）"选项。在"角度（Angle A）"文本框中输入数值，本例取"90"；在"高度（Height H）"文本框中输入数值，本

例取"4";选中"半径 R1(Radius R1)"复选框,并在文本框中输入数值,本例取"5";选中"半径 R2(Radius R2)"复选框,并在文本框中输入数值,本例取"2";选中"过渡圆角(Rounded die)"复选框。

③ 单击对话框中的"目录浏览器"图标 ，弹出"目录浏览器"对话框,如图 7-9 所示。

④ 在左侧列表框中双击打开"UserFeature_Family",此时对话框显示如图 7-10 所示。

⑤ 双击"Slot_Contour",弹出"插入对象"对话框,如图 7-11 所示。

  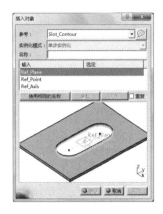

图 7-9　"目录浏览器"对话框　　图 7-10　打开"UserFeature_Family"　图 7-11　"插入对象"对话框

⑥ 单击激活"Ref_Plane",选择如图 7-6 所示的平面作为参考平面;单击激活"Ref_Point",在结构树中选择"点.1"作为参考点;单击激活"Ref_Axis",在结构树中选择"直线.1",作为参考轴。

⑦ 单击"预览"按钮,确认无误后单击"确定"按钮,完成草图插入,结果如图 7-12 所示。返回到"曲面冲压定义"对话框,单击"确定"按钮。此时的曲面冲压效果如图 7-13 所示。

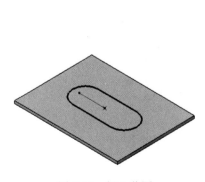 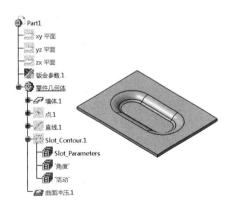

图 7-12　插入草图　　　　　　　　　　图 7-13　曲面冲压效果图

⑧ 在结构树中双击"Slot_Contour.1"节点下的"Slot_Parameters",弹出"编辑参数"对话框,单击"设计表"图标 ，打开设计表,选择第 4 行,如图 7-14 所示。单击"确定"按钮。修改尺寸后的曲面冲压效果如图 7-15 所示。

图 7-14 "编辑参数"对话框及"设计表"对话框

⑨ 在结构树中双击"Slot_Contour.1"节点下的"角度"，弹出如图 7-16 所示的"编辑参数"对话框，将角度值修改为"30deg"，单击"确定"按钮。修改角度后的曲面冲压效果如图 7-17 所示。

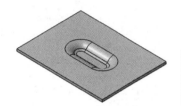

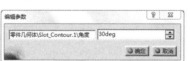

图 7-15 修改尺寸后的 曲面冲压效果

图 7-16 "编辑参数"对话框

图 7-17 修改角度后的 曲面冲压效果

7.1.2 凸凹模

在"参数选择（Parameters choice）"下拉列表中选择"凸凹模（Punch & Die）"选项，弹出基于"凸凹模（Punch & Die）"的"曲面冲压定义"对话框，如图 7-18 所示。

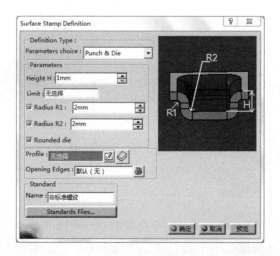

图 7-18 基于"凸凹模"的"曲面冲压定义"对话框

基于"凸凹模"的"曲面冲压定义"对话框与基于"角度"的"曲面冲压定义"对话框的界面基本相同，对话框中选项的功能可参见 7.1.1 小节中基于"角度"的"曲面冲压定义"对话框的介绍。

示例：基于凸凹模的曲面冲压

打开资源包中的"Exercise\7\7.1\7.1.2\示例 \ Punch & Die"，结果如图 7-19a 所示。

① 在"剪切 / 冲压（Cutting/Stamping）"工具栏中单击"冲压（Stamping）"图标 下的三角箭头，在其下拉列表中选择"曲面冲压（Surface Stamp）"图标 ，弹出"曲面冲压定义（Surface Stamp Definition）"对话框。

② 在"参数选择（Parameters choice）"下拉列表中选择"凸凹模（Punch & Die）"选项。在"高度（Height H）"文本框中输入数值，本例取"31"；取消选中"半径 R1（Radius R1）"复选框、"半径 R2（Radius R2）"复选框及"过渡圆角（Rounded die）"复选框。

③ 单击对话框中的"草图"图标 ，选择如图 7-19a 所示的平面作为草图平面，进入草图工作台，绘制如图 7-19b 所示的草图。单击"退出工作台"图标 ，完成草图创建。

④ 单击"预览"按钮，确认无误后单击"确定"按钮。基于凸凹模的曲面冲压效果图如图 7-19c 所示。

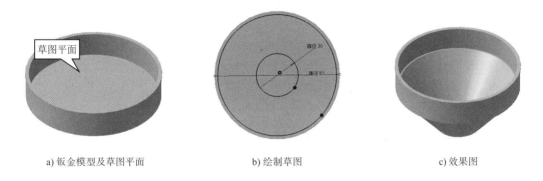

a) 钣金模型及草图平面　　　　　　　　　b) 绘制草图　　　　　　　　　c) 效果图

图 7-19　基于凸凹模的曲面冲压

7.1.3　两个轮廓

在"参数选择（Parameters choice）"下拉列表中选择"两个轮廓（Two profiles）"选项，弹出基于"两个轮廓（Two profiles）"的"曲面冲压定义"对话框，如图 7-20 所示。

基于"两个轮廓"的"曲面冲压定义"对话框与基于"角度"的"曲面冲压定义"对话框的界面基本相同，对话框中选项的功能可参见 7.1.1 小节中基于"角度"的"曲面冲压定义"对话框的介绍，不同之处如下：

（1）第二轮廓（Second profile）　激活该文本框，可选取已经绘制好的轮廓；或者单击对话框中的"草图"图标 ，进行草图轮廓的绘制，绘制完成后进行选取。

（2）耦合类型（Type）　包括"内部耦合（Inner）" 和"外部耦合（Outer）" 两种类型。添加耦合点时，需要先选择第一轮廓上的顶点，再选择第二轮廓上的顶点。

N_：耦合线的个数。

点 1（Point1）：选择第一轮廓上的顶点。

点 2（Point2）：选择第二轮廓上的顶点。

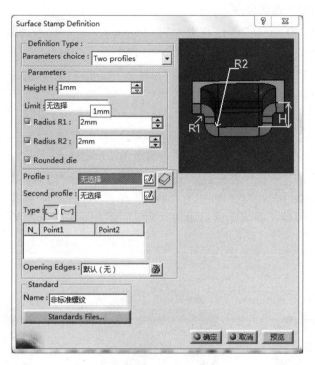

图 7-20 基于"两个轮廓"的"曲面冲压定义"对话框

示例 1：基于同一平面的两个轮廓曲面冲压

打开资源包中的"Exercise\7\7.1\7.1.3\ 示例 1\Two profiles same face"，结果如图 7-21 所示。

① 在"剪切 / 冲压（Cutting/Stamping）"工具栏中单击"冲压（Stamping）"图标 下的三角箭头，在其下拉列表中选择"曲面冲压（Surface Stamp）"图标 ，弹出"曲面冲压定义（Surface Stamp Definition）"对话框。

图 7-21 钣金模型及草图平面

② 在"参数选择（Parameters choice）"下拉列表中选择"两个轮廓（Two profile）"选项。在"高度（Height H）"文本框中输入数值，本例取"4"；在"半径 R1（Radius R1）"文本框中输入数值，本例取"2"；在"半径 R2（Radius R2）"文本框中输入数值，本例取"2"。

③ 单击对话框中的"草图"图标 ，选择如图 7-21 所示的平面作为草图平面，进入草图工作台，绘制如图 7-22 所示的草图。单击"退出工作台"图标 ，完成草图创建。

④ 采用同样的方法，创建第二轮廓。单击"第二轮廓（Second profile）"文本框后的"草图"图标 ，选择如图 7-21 所示的平面作为草图平面，进入草图工作台，绘制如图 7-23 所示的草图。单击"退出工作台"图标 ，完成第二轮廓的创建。

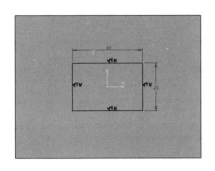

图 7-22　绘制第一轮廓草图

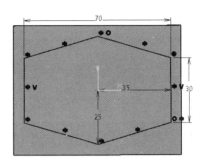

图 7-23　绘制第二轮廓草图

⑤ "耦合类型（Type）"选择"内部耦合（Inner）" 类型。打开"点 1（Point 1）"选项卡，选择第一轮廓上的点；打开"点 2（Point 2）"选项卡，选择第二轮廓上的点。顶点的耦合如图 7-24 所示。此时的"曲面冲压定义"对话框如图 7-25 所示。

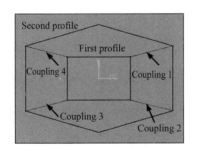

图 7-24　顶点的耦合

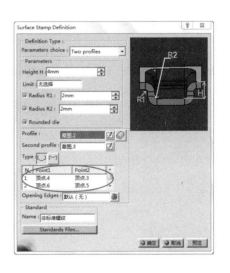

图 7-25　"曲面冲压定义"对话框

⑥ 单击"预览"按钮，确认无误后单击"确定"按钮，完成基于同一平面的两个轮廓曲面冲压，结果如图 7-26 所示。

示例 2：基于不同平面的两个轮廓曲面冲压

打开资源包中的"Exercise\7\7.1\7.1.3\ 示例 2\Two profiles different faces"，结果如图 7-27 所示。

1. 创建草图

单击创成式钣金设计工作台中的"草图"图标，选择如图 7-27 所示的平面 1 作为草图平面，进入草图工作台，绘制如图 7-28 所示的草图。单击"退出工作台"图标，完成草图创建。

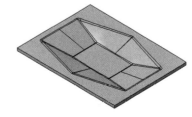

图 7-26　基于同一平面的两个轮廓曲面冲压

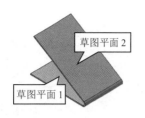

图 7-27　钣金模型及草图平面

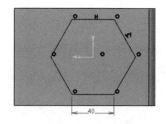

图 7-28　绘制草图

2. 曲面冲压

① 在"剪切 / 冲压（Cutting/Stamping）"工具栏中单击"冲压（Stamping）"图标 下的三角箭头，在其下拉列表中选择"曲面冲压（Surface Stamp）"图标 ，弹出"曲面冲压定义（Surface Stamp Definition）"对话框。

② 在"参数选择（Parameters choice）"下拉列表中选择"两个轮廓（Two profile）"选项。在"高度（Height H）"文本框中输入数值，本例取"4"；在"半径 R1（Radius R1）"文本框中输入数值，本例取"2"；在"半径 R2（Radius R2）"文本框中输入数值，本例取"2"。

③ 单击对话框中的"草图"图标 ，选择如图 7-27 所示的平面 2 作为草图平面，进入草图工作台，绘制如图 7-29 所示的草图。单击"退出工作台"图标 ，完成草图创建。

④ 激活"第二轮廓（Second profile）"文本框，在结构树中选择"草图 .1"。

⑤ "耦合类型（Type）"选择"内部耦合（Inner）" 类型。打开"点 1（Point 1）"选项卡，选择第一轮廓上的点；打开"点 2（Point 2）"选项卡，选择第二轮廓上的点。顶点的耦合如图 7-30 所示。

⑥ 单击"预览"按钮，确认无误后单击"确定"按钮，完成曲面冲压，结果如图 7-31 所示。

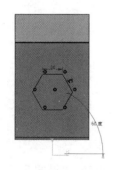

图 7-29　绘制第一轮廓草图

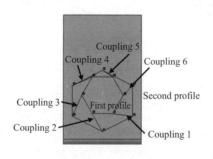

图 7-30　顶点的耦合

图 7-31　曲面冲压

7.2　凸圆冲压

凸圆冲压是以开放曲线为中心创建截面为圆弧形凹面的钣金冲压。开放轮廓可为直线、圆弧或连续相切的线段。

打开需要创建凸圆冲压的钣金件，在"剪切 / 冲压（Cutting/Stamping）"工具栏中单击"冲压（Stamping）"图标![icon]下的三角箭头，在其下拉列表中选择"凸圆（Bead）"图标![icon]，弹出"凸圆定义（Bead Definition）"对话框，如图 7-32 所示。

（1）参数（Parameters）　该选项组用于
设置凸缘的参数。

① 截面半径 R1（Section radius R1）：
用于设置冲压凹面的截面半径。

② 终止半径 R2（End radius R2）：用于
设置开放曲线终点处的凹面与竖直钣金面间
冲压曲面的半径。

③ 高度（Height H）：用于设置冲压
的高度。该数值必须小于或等于终止半径
的值。

④ 圆角半径（Radius R）：选中该复选
框后可在文本框中输入数值，设置冲压曲面
与原有钣金件间的圆角半径；取消选择该复
选框，则文本框后会出现锁定图标![icon]，将文本框锁定。

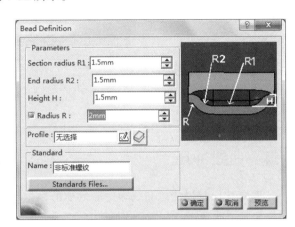

图 7-32　"凸圆定义"对话框

（2）边线的选取　该选项组用于选取、创建草图轮廓。

① 轮廓（Profile）：激活该文本框，可选择已绘制好的草图作为草图轮廓。右击，可对选
择的草图进行编辑或创建新草图。

② 草图![icon]：用于创建或修改凸缘的草图轮廓。

③ 目录浏览器![icon]：单击该图标，可打开"目录浏览器"对话框，在其中浏览和预览当前
目录的内容，也可选取已有的剪裁草图轮廓作为凸缘的草图轮廓。

（3）标准（Standard）　该选项组用于设置冲压孔的相关参数。

① 名称（Name）：用于定义冲压孔的标准。

② 标准文件（Standards Files）：单击"标准文件（Standards Files）"按钮 ![Standards Files...]，
可导入已定义好的孔标准文件。

示例：凸圆冲压

打开资源包中的"Exercise\7\7.2\ 示例 \Bead"，结果如图 7-33a 所示。

① 在"剪切 / 冲压（Cutting/Stamping）"工具栏中单击"冲压（Stamping）"图标![icon]下的
三角箭头，在其下拉列表中选择"凸圆冲压（Bead）"图标![icon]，弹出"凸圆定义（Bead Defini-
tion）"对话框。

② 在"截面半径 R1（Section radius R1）"文本框中输入数值，本例取"0.8"；在"终止半
径 R2（End radius R2）"文本框中输入数值，本例取"0.8"；在"高度（Height H）"文本框中
输入数值，本例取"0.3"。

③ 单击对话框中的"草图"图标![icon]，选择如图 7-33a 所示的平面作为草图平面，进入草图
工作台，绘制如图 7-33b 所示的草图。单击"退出工作台"图标![icon]，完成草图创建。

④ 单击"预览"按钮，确认无误后单击"确定"按钮，完成凸圆冲压，效果图如图 7-33c
所示。

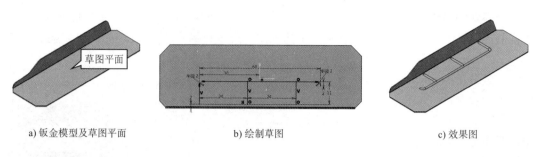

a) 钣金模型及草图平面   b) 绘制草图   c) 效果图

图 7-33 凸圆冲压

7.3 曲线冲压

曲线冲压是以任意曲线为中心创建的钣金冲压。该曲线可以是开放曲线，也可以是封闭曲线。

打开需要创建曲线冲压的钣金件，在"剪切 / 冲压（Cutting/Stamping）"工具栏中单击"冲压（Stamping）"图标🔲下的三角箭头，在其下拉列表中选择"曲线冲压（Curve Stamp）"图标🔲，弹出"曲线冲压定义（Curve stamp definition）"对话框，如图 7-34 所示。

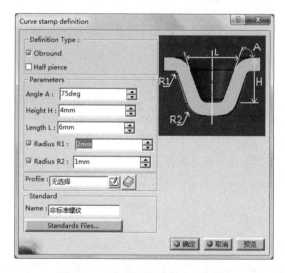

图 7-34 "曲线冲压定义"对话框

（1）定义类型（Definition Type） 该选项组用于设置曲线冲压的类型。

① 长圆形（Obround）：选中该复选框后，可在曲线冲压草图末端创建圆弧。

② 半冲压（Half pierce）：选中该复选框后，可使用半戳穿的方式创建曲线冲压。

（2）参数（Parameters） 该选项组用于设置曲线冲压的相关参数。

① 角度（Angle A）：用于设置冲压形成的斜面与冲压曲线所在表面之间的角度。

② 高度（Height H）：用于设置冲压深度。

③ 长度（Length L）：用于设置冲压开口截面的长度。

④ 半径 R1（Radius R1）：选中该复选框后可在文本框中输入数值，设置冲压后形成的斜面

与冲压底部的圆角半径；取消选择该复选框，则文本框后会出现锁定图标 ，将文本框锁定。

⑤ 半径 R2（Radius R2）：选中该复选框后可在文本框中输入数值，设置冲压后形成的斜面与冲压轮廓所在表面的圆角半径；取消选择该复选框，则文本框被锁定，其下方的"过渡圆角（Rounded die）"复选框也不能被选择。

（3）边线的选取　该选项组用于选取、创建草图轮廓。

① 轮廓（Profile）：激活该文本框，可选择已绘制好的草图作为平整钣金墙体轮廓。或右击，可对选择的草图进行编辑或创建新草图。

② 草图 ：用于创建或修改曲线冲压的草图轮廓。

③ 目录浏览器 ：单击该图标，可打开"目录浏览器"对话框，在其中浏览和预览当前目录的内容，也可选取已有的剪裁草图轮廓作为曲线冲压的草图轮廓。

（4）标准（Standard）　该选项组用于设置冲压孔的相关参数。

① 名称（Name）：用于定义冲压孔的标准。

② 标准文件（Standards Files）：单击"标准文件（Standards Files）"按钮 Standards Files... ，可导入已定义好的孔标准文件。

示例：曲线冲压

打开资源包中的"Exercise\7\7.3\示例\Curve Stamp"，结果如图 7-35a 所示。

① 在"剪切/冲压（Cutting/Stamping）"工具栏中单击"冲压（Stamping）"图标 下的三角箭头，在其下拉列表中选择"曲线冲压（Curve Stamp）"图标 ，弹出"曲线冲压定义（Curve stamp definition）"对话框，选中"长圆形（Obround）"复选框。

② 在"角度（Angle A）"文本框中输入数值，本例取"60"；在"高度（Height H）"文本框中输入数值，本例取"1"；在"长度（Length L）"文本框中输入数值，本例取"3"；选中"半径 R2（Radius R2）"复选框并在文本框中输入数值，本例取"1.3"。

③ 单击对话框中的"草图"图标 ，选择如图 7-35a 所示的平面作为草图平面，进入草图工作台，绘制如图 7-35b 所示的草图。单击"退出工作台"图标 ，完成草图创建。

④ 单击"预览"按钮，确认无误后单击"确定"按钮，完成曲线冲压，结果如图 7-35c 所示。

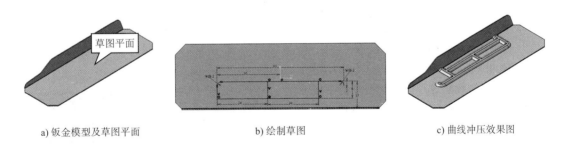

a) 钣金模型及草图平面　　　　　b) 绘制草图　　　　　c) 曲线冲压效果图

图 7-35　曲线冲压

⑤ 取消选择"长圆形（Obround）"复选框，创建的曲线冲压效果如图 7-36a 所示。以"yz 平面"进行剖视，如图 7-36b 所示。

⑥ 选中"半冲压（Half preice）"复选框，创建的曲线冲压效果如图 7-37a 所示。以"yz 平面"进行剖视，如图 7-37b 所示。

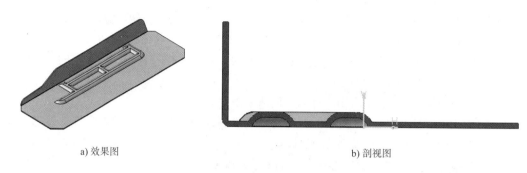

| a) 效果图 | b) 剖视图 |

图 7-36　取消选择"长圆形"后的曲线冲压效果图

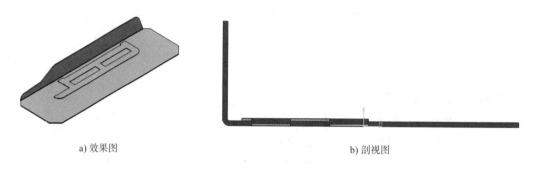

| a) 效果图 | b) 剖视图 |

图 7-37　选中"半冲压"后的曲线冲压效果图

7.4　凸缘剪口

凸缘剪口是通过封闭草图轮廓对钣金进行的冲压剪切。

打开需要创建凸缘剪口的钣金件，在"剪切 / 冲压（Cutting/Stamping）"工具栏中单击"冲压（Stamping）"图标 下的三角箭头，在其下拉列表中选择"凸缘剪口（Flanged Cutout）"图标 ，弹出"凸缘剪口定义（Flanged cutout Definition）"对话框，如图 7-38 所示。

（1）参数（Parameters）　该选项组用于设置凸缘剪口的相关参数。

① 高度（Height H）：用于设置冲压深度。

② 角度（Angle A）：用于设置冲压后形成的斜面与冲压轮廓所在平面之间夹角的角度。

③ 半径（Radius R）：选中该复选框后可在文本框中输入数值，冲压折弯处会自动进行倒圆角；取消选择该复选框，则文本框后会出现锁定图标 ，将文本框锁定，冲压折弯处无圆角。

（2）边线的选取　该选项组用于选取、创建草图轮廓。

① 轮廓（Profile）：激活该文本框，可选择已绘制好的草图作为平整钣金墙体轮廓。或右

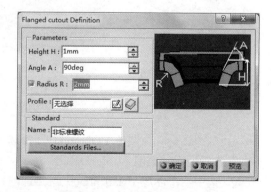

图 7-38　"凸缘剪口定义"对话框

击，可对选择的草图进行编辑或创建新草图。

② 草图 ：用于创建或修改凸缘剪口的草图轮廓。

③ 目录浏览器 ：单击该图标，可打开"目录浏览器"对话框，在其中浏览和预览当前目录的内容，也可选取已有的剪裁草图轮廓作为凸缘剪口的草图轮廓。

（3）标准（Standard）　该选项组用于设置冲压孔的相关参数。

① 名称（Name）：用于定义冲压孔的标准。

② 标准文件（Standards Files）：单击"标准文件（Standards Files）"按钮 Standards Files... ，可导入已定义好的孔标准文件。

示例：凸缘剪口

打开资源包中的"Exercise\7\7.4\ 示例 \Flanged Cut Out"，结果如图 7-39a 所示。

① 在"剪切 / 冲压（Cutting/Stamping）"工具栏中单击"冲压（Stamping）"图标 下的三角箭头，在其下拉列表中选择"凸缘剪口（Flanged Cutout）"图标 ，弹出"凸缘剪口定义（Flanged cutout Definition）"对话框。

② 在"高度（Height H）"文本框中输入数值，本例取"10"；在"角度（Angle A）"文本框中输入数值，本例取"90"；选中"半径（Radius R）"复选框并在文本框中输入数值，本例取"5"。

③ 单击对话框中的"草图"图标 ，选择如图 7-39a 所示的平面作为草图平面，进入草图工作台，绘制如图 7-39b 所示的草图。单击"退出工作台"图标 ，完成草图创建。

④ 单击"预览"按钮，确认无误后单击"确定"按钮，完成凸缘剪口的创建，效果图如图 7-39c 所示。按照上述步骤进行三次凸缘剪口，最终效果图如图 7-39d 所示。

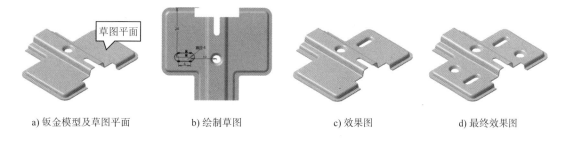

a) 钣金模型及草图平面　　　　b) 绘制草图　　　　　c) 效果图　　　　　d) 最终效果图

图 7-39　凸缘剪口

7.5　散热孔冲压

散热孔冲压是通过在封闭轮廓曲线上定义开放面进行的钣金冲压。

打开需要创建散热孔冲压的钣金件，在"剪切 / 冲压（Cutting/Stamping）"工具栏中单击"冲压（Stamping）"图标 下的三角箭头，在其下拉列表中选择"散热孔冲压（Louver）"图标 ，弹出"散热孔冲压定义（Louver Definition）"对话框，如图 7-40 所示。

（1）参数（Parameters）　该选项区用于设置散热孔冲压的相关参数。

① 高度（Height H）：用于设置冲压深度。

② 角度 A1（Angle A1）：用于设置冲压后形成的斜面与竖直平面之间夹角的角度值。

③ 角度 A2（Angle A2）：用于设置冲压底部平面与竖直平面之间夹角的角度值。

④ 半径 R1（Radius R1）：用于设置冲压后形成的斜面与原钣金表面的折弯半径。

⑤ 半径 R2（Radius R2）：用于设置冲压后形成的斜面与冲压底面的折弯半径。

（2）边线的选取　该选项组用于创建、选取散热孔轮廓及选取开放边线。

① 轮廓（Profile）：激活该文本框，可选择已绘制好的草图作为平整钣金墙体轮廓。或右击，可对选择的草图进行编辑或创建新草图。

② 草图 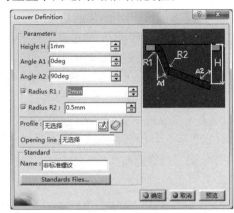：用于创建或修改散热孔冲压的草图轮廓。

图 7-40　"散热孔冲压定义"对话框

③ 目录浏览器：单击该图标，可打开"目录浏览器"对话框，在其中浏览和预览当前目录的内容，也可选取已有的剪裁草图轮廓作为热孔冲压的草图轮廓。

④ 开放边线（Opening line）：激活该文本框，可选取草图轮廓上的某一边线作为开放边线。

（3）标准（Standard）　该选项组用于设置冲压孔的相关参数。

① 名称（Name）：用于定义冲压孔的标准。

② 标准文件（Standards Files）：单击"标准文件（Standards Files）"按钮 ，可导入已定义好的孔标准文件。

示例：散热孔冲压

打开资源包中的"Exercise\7\7.5\示例\Louver"，结果如图 7-41 所示。

① 在"剪切 / 冲压（Cutting/Stamping）"工具栏中单击"冲压（Stamping）"图标 下的三角箭头，在其下拉列表中选择"散热孔冲压（Louver）"图标 ，弹出"散热孔冲压定义（Louver Definition）"对话框。

② 在"高度（Height H）"文本框中输入数值，本例取"3"；在"角度 A1（Angle A1）"文本框中输入数值，本例取"30"；在"角度 A2（Angle A2）"文本框中输入数值，本例取"60"；选中"半径 R2（Radius R2）"复选框并在文本框中输入数值，本例取"1"。

③ 单击对话框中的"草图"图标 ，选择如图 7-41 所示的平面作为草图平面，进入草图工作台，绘制如图 7-42 所示的草图。单击"退出工作台"图标 ，完成草图创建。

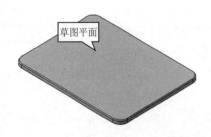

图 7-41　钣金模型及草图平面

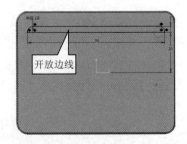

图 7-42　绘制草图

④ 激活"开放边线（Opening line）"文本框，选择如图 7-42 所示的边线作为开放边线。

⑤ 单击"预览"按钮，确认无误后单击"确定"按钮，完成散热孔的创建，效果图如图 7-43a 所示。对创建的散热孔进行矩形阵列，最终效果图如图 7-43b 所示。

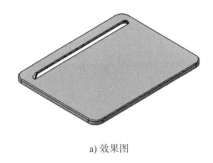

a) 效果图

b) 最终效果图

图 7-43 散热孔

7.6 桥接冲压

桥接冲压用于在钣金上定义中心位置进行的钣金冲压。

打开需要创建桥接冲压的钣金件，在"剪切 / 冲压（Cutting/Stamping）"工具栏中单击"冲压（Stamping）"图标 下的三角箭头，在其下拉列表中选择"桥接冲压（Bridge）"图标 ，单击需要创建桥接冲压的钣金平面，弹出"桥接冲压定义（Bridge Definition）"对话框，如图 7-44 所示。

（1）参数（Parameters） 该选项组用于设置桥接的相关参数。

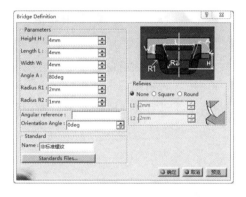

图 7-44 "桥接冲压定义"对话框

① 高度（Height H）：用于设置冲压深度。

② 长度（Length L）：用于设置冲压长度。

③ 宽度（Width W）：用于设置冲压宽度。

④ 角度（Angle A）：用于设置冲压后形成的斜面与冲压草图轮廓所在平面的夹角的角度值。

⑤ 半径 R1（Radius R1）：用于设置冲压后形成的斜面与原钣金表面的折弯半径。

⑥ 半径 R2（Radius R2）：用于设置冲压后形成的斜面与冲压底面的折弯半径。

（2）角参考（Angular reference） 用于在图形工作区选取一对象作为桥接冲压的角参考。

（3）定向角（Orientation Angle） 用于设置桥接冲压在钣金平面内的旋转角度值。

（4）标准（Standard） 该选项组用于设置冲压孔的相关参数。

① 名称（Name）：用于定义冲压孔的标准。

② 标准文件（Standards Files）：单击"标准文件（Standards Files）"按钮 Standards Files... ，可导入已定义好的孔标准文件。

（5）消除应力（Relieves） 该选项组用于设置止裂槽的类型和参数。

① 扯裂止裂槽（None）：选中该选项，使用扯裂止裂槽。

② 矩形止裂槽（Square）：选中该选项，使用矩形止裂槽。同时"L1"和"L2"文本框被激活。

③ 长圆止裂槽（Round）：选中该选项，使用圆形止裂槽。同时"L1"和"L2"文本框被激活。

长度（L1）：用于设置止裂槽的长度值。

宽度（L2）：用于设置止裂槽的宽度值。

若要更改凸缘孔的位置，可以在冲压完成后，在结构树中进入其节点下的草图中进行修改。

示例：桥接冲压

打开资源包中的"Exercise\7\7.6\ 示例 \Bridge"，结果如图 7-45 所示。

① 在"剪切 / 冲压（Cutting/Stamping）"工具栏中单击"冲压（Stamping）"图标下的三角箭头，在其下拉列表中选择"桥接冲压（Bridge）"图标，单击如图 7-45 所示的冲压平面，弹出"桥接冲压定义（Bridge Definition）"对话框。

② 在"高度（Height H）"文本框中输入数值，本例取"3"；在"长度（Length L）"文本框中输入数值，本例取"10"；在"宽度（Width W）"文本框中输入数值，本例取"4"；在"角度（Angle A）"文本框中输入数值，本例取"85"；在"半径 R1（Radius R1）"文本框中输入数值，本例取"0.5"；在"半径（Radius R2）"文本框中输入数值，本例取"3"；在"清除应力（Relieves）"选项组中选择"扯裂止裂槽（None）"选项。

③ 单击"预览"按钮，确认无误后单击"确定"按钮，完成桥接冲压的创建。

④ 在结构树中双击"桥接 .1"节点下的"草图 .2"，进入草图工作台，对桥接冲压的位置进行设置，如图 7-46 所示。

⑤ 在"通用工具栏（Standard toolbarzone）"中单击"工具"工具条中的"全部更新"图标，得到完成"桥接冲压"操作后的模型，再进行桥接及剪口等操作，最终效果图如图 7-47 所示。

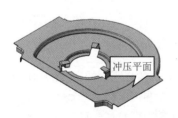
图 7-45　钣金模型及冲压平面

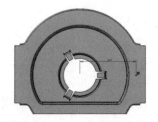
图 7-46　设置桥接冲压的位置

图 7-47　桥接冲压最终效果图

7.7　凸缘孔冲压

凸缘孔冲压是通过设置参数进行的圆形孔冲压。

打开需要创建凸缘孔冲压的钣金件，在"剪切 / 冲压（Cutting/Stamping）"工具栏中单击"冲压（Stamping）"图标下的三角箭头，在其下拉列表中选择"凸缘孔冲压（Flanged Hole）"图标，单击需要创建凸缘孔冲压的钣金平面，弹出"凸缘孔冲压定义（Flanged Hole Definition）"对话框，如图 7-48 所示。

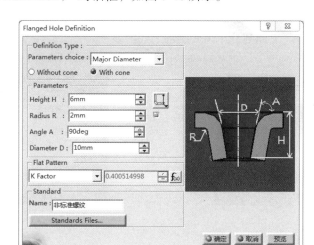

图 7-48　"凸缘孔冲压定义"对话框

（1）定义类型（Definition Type）　该选项组用于设置凸缘孔冲压的类型。

1）参数选择（Parameters choice）：包括"大端直径（Major Diameter）""小端直径（Minor Diameter）""两直径（Two diameters）"和"中间和小端直径（Punch & Die）"四个选项，右侧的预览框为预览图。凸缘孔冲压参数类型预览如图 7-49 所示。

① 大端直径（Major Diameter）：使用凸缘孔与冲压钣金表面的直径及角度为限制参数，如图 7-49a 所示。

② 小端直径（Minor Diameter）：使用凸缘孔底端直径及角度为限制参数，如图 7-49b 所示。

③ 两直径（Two diameters）：使用凸缘孔与冲压表面的直径及凸缘孔底端直径为限制参数，如图 7-49c 所示。

④ 中间和小端直径（Punch & Die）：使用凸缘孔与冲压钣金下表面的直径及凸缘孔底端直径为限制参数，如图 7-49d 所示。

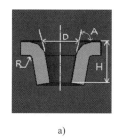 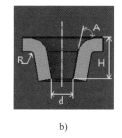 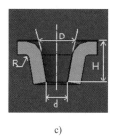 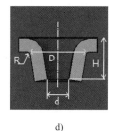

　　　　a)　　　　　　　　　　b)　　　　　　　　　　c)　　　　　　　　　　d)

图 7-49　凸缘孔冲压参数类型预览

2）无圆锥（Without cone）：选中该选项后，凸缘孔末端不创建圆锥，如图 7-50 所示。

3）附带圆锥（With cone）：选中该选项后，凸缘孔末端创建圆锥，如图 7-51 所示。

（2）参数（Parameters）　该选项组用于设置凸缘孔的参数。

1）高度（Height H）：用于设置冲压深度。

2）高度类型 🔲：用于设置高度的表达类型，包括 🔲 和 🔲 两个选项。

① 🔲：用于设置冲压表面到冲压外侧底部之间的高度。

② 🔲：用于设置冲压表面到冲压内侧底部之间的高度。

图 7-50　无圆锥

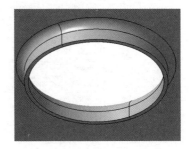

图 7-51　附带圆锥

3）半径（Radius R）：选中该复选框后可在文本框中输入数值，设置冲压斜面与冲压表面之间的半径；取消选择该复选框，则文本框后会出现锁定图标 🔒，将文本框锁定。

4）角度（Angle A）：用于设置冲压角度。

5）直径 D（Diameter D）：用于设置冲压最大直径。

（3）平面模式（Flat Pattern）　该选项组用于设置折弯的相关参数，包括"K 因子（K Factor）"选项和"平面直径（Flat Diameter）"选项。

1）K 因子（K Factor）：用于显示系统默认的 K 因子值。该文本框默认为不可用状态。在对话框的"参数（Parameters）"选项卡中对钣金的厚度和默认折弯半径进行修改后，相应的折弯系数值也会自动进行改变。

2）公式编辑器 🔣：用于更改 K 因子值。

（4）标准（Standard）　该选项组用于冲压孔相关参数的设置。

1）名称（Name）：用于定义冲压孔的标准。

2）标准文件（Standards Files）：单击"标准文件（Standards Files）"按钮 [Standards Files...]，可导入已定义好的孔标准文件。

若要更改凸缘孔的位置，可以在冲压完成后，在结构树中进入其节点下的草图中进行修改。

示例：凸缘孔冲压

打开资源包中的"Exercise\7\7.7\ 示例 \Flanged Hole"，结果如图 7-52 所示。

① 在"剪切 / 冲压（Cutting/Stamping）"工具栏中单击"冲压（Stamping）"图标 🔳 下的三角箭头，在其下拉列表中选择"凸缘孔冲压（Flanged Hole）"图标 🔳，单击如图 7-53 所示的钣金平面，弹出"凸缘孔冲压定义（Flanged Hole Definition）"对话框，在"参数选择（Parameters choice）"下拉列表中选择"大直径（Major Diameter）"选项，选中"附带圆锥（Withcone）"选项。

② 在"高度（Height H）"文本框中输入数值，本例取"10"；取消选择"半径（Radius R）"复选框；在"角度（Angle A）"文本框中输入数值，本例取"90"；在"直径 D（Diameter D）"文本框中输入数值，本例取"28"。

图 7-52　钣金模型

图 7-53　钣金平面

③ 单击"预览"按钮,确认无误后单击"确定"按钮。

④ 在结构树中双击"凸缘孔.1"节点下的"草图.6",进入草图工作台,使凸缘孔圆心的位置与钣金模型底部圆心相重合。

⑤ 在"通用工具栏(Standard toolbarzone)"中单击"工具"工具条中的"全部更新"图标 ，得到完成"凸缘孔冲压"操作后的模型,如图 7-54 所示。

a) 等轴测视图

b) 俯视图

图 7-54　凸缘孔冲压效果图

7.8　环状冲压

环状冲压是通过设置参数进行的圆形孔冲压。与凸缘孔冲压不同的是,环状冲压的是盲孔,而凸缘孔冲压的是通孔。

打开需要创建环状冲压的钣金件,在"剪切 / 冲压(Cutting/Stamping)"工具栏中单击"冲压(Stamping)"图标 下的三角箭头,在其下拉列表中选择"环状冲压(Circular Stamp)"图标 ，单击需要创建环状冲压的钣金表面,弹出"环状冲压定义(Circular Stamp Definition)"对话框,如图 7-55 所示。

(1)定义类型(Definition Type)　该选项组用于设置环状冲压的类型。

1)参数选择(Parameters choice):包括"大端直径(Major Diameter)""小端直径(Minor Diameter)""两直径(Two diameters)"和"中间和小端直径(Punch & Die)"四个选项,右侧的预览框为预览图。环状冲压参数类型预览如图 7-56 所示。

① 大端直径(Major Diameter):使用环状冲压与冲压钣金表面的直径及角度为限制参数,如图 7-56a 所示。

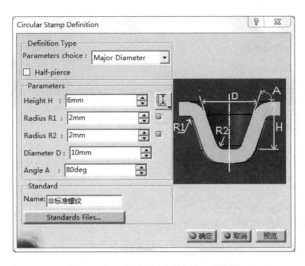

图 7-55 "环状冲压定义"对话框

② 小端直径（Minor Diameter）：使用环状冲压底端直径及角度为限制参数，如图 7-56b 所示。

③ 两直径（Two diameters）：使用环状冲压与冲压表面的直径及凸缘孔底端直径为限制参数，如图 7-56c 所示。

④ 中间和小端直径（Punch & Die）：使用环状冲压与冲压钣金下表面的直径及凸缘孔底端直径为限制参数，如图 7-56d 所示。

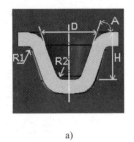
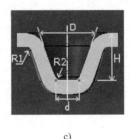
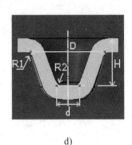

a)　　　　　　　　　　b)　　　　　　　　　　c)　　　　　　　　　　d)

图 7-56 环状冲压参数类型预览

2）半冲压（Half-pierce）：选中该复选框，可使用半戳穿的方式创建曲线冲压。选中该复选框后，只有"高度（Height H）"文本框和"直径 D（Diameter D）"文本框处于激活状态，创建环状冲压的参数设置如图 7-57 所示。注意：选择"半冲压（Half-pierce）"复选框时，"高度（Height H）"参数设置应小于或等于钣金厚度（Thickness）。

（2）参数（Parameters）　该选项组用于设置环状冲压的参数。

1）高度（Height H）：用于设置冲压深度。

2）高度类型 ：用于设置高度的表达类型，包括 和 两个选项。

① ：用于设置冲压表面到冲压外侧底部之间的高度。

② ：用于设置冲压表面到冲压内侧底部之间的高度。

3）半径 R1（Radius R1）：选中该复选框后可在文本框中输入数值，设置冲压后形成的斜面与冲压轮廓所在表面的圆角半径；取消选择该复选框，则文本框后会出现锁定图标🔒，将文本框锁定。

4）半径 R2（Radius R2）：选中该复选框后可在文本框中输入数值，设置冲压后形成的斜面与冲压底部所在表面的圆角半径；取消选择该复选框，则文本框后会出现锁定图标🔒，将文本框锁定。

5）角度（Angle A）：用于设置冲压角度。

6）直径 D（Diameter D）：用于设置冲压最大直径。

7）直径 d（Diameter d）：用于设置冲压最小直径。

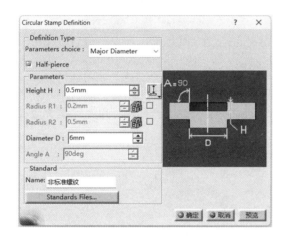

a) 大端直径界面

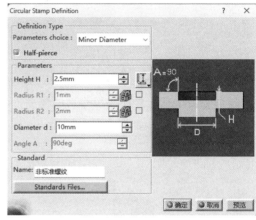

b) 小端直径界面

图 7-57　半冲压参数设置

（3）标准（Standard）　该选项组用于冲压孔相关参数的设置。

1）名称（Name）：用于定义冲压孔的标准。

2）标准文件（Standards Files）：单击"标准文件（Standards Files）"按钮 Standards Files... ，可导入已定义好的孔标准文件。

若要更改环状冲压的位置，可以在冲压完成后，在结构树中进入其节点下的草图进行修改。

示例：环状冲压

打开资源包中的"Exercise\7\7.8\ 示例 \ Circular Stamp"，结果如图 7-58 所示。

① 在"剪切 / 冲压（Cutting/Stamping）"工具栏中单击"冲压（Stamping）"图标🔳下的三角箭头，在其下拉列表中选择"环状冲压（Circular Stamp）"图标🔳，单击如图 7-58 所示的草图平面，弹出"环状冲压定义（Circular Stamp Definition）"对话框，在"参数选择（Parameters choice）"下拉列表中选择"大端直径（Major Diameter）"选项。

② 在"高度（Height H）"文本框中输入数值，本例取"1.5"；选中"半径 R1（Radius R1）"复选框并在文本框中输入数值，本例取"0.2"；选中"半径 R2（Radius R2）"复选框并在文本框中输入数值，本例取"0.5"；在"直径 D（Diameter D）"文本框中输入数值，本例取

"6"；在"角度（Angle A）"文本框中输入数值，本例取"80"。

③ 单击"预览"按钮，确认无误后单击"确定"按钮。

④ 在结构树中双击"环状冲压.1"节点下的"草图.2"，进入草图工作台，对环状冲压的位置进行设置，如图 7-59 所示。

图 7-58 钣金模型及草图平面

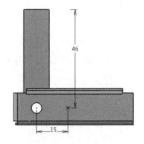

图 7-59 设置环状冲压的位置

⑤ 在"通用工具栏（Standard toolbarzone）"中单击"工具"工具条中的"全部更新"图标，得到完成"环状冲压"操作后的模型，如图 7-60a 所示。再进行环状冲压及镜像等操作，最终效果图如图 7-60b 所示。

a)"环状冲压"模型

b) 最终效果图

图 7-60 环状冲压及最终效果图

7.9 加强筋冲压

加强筋冲压是通过设置参数在折弯外侧表面创建加强筋的冲压。与在"零件（Part）"工作台中添加加强筋不同的是，该工作台通过在原有钣金件上冲压生成加强筋。

打开需要创建加强筋的钣金件，在"剪切/冲压（Cutting/Stamping）"工具栏中单击"冲压（Stamping）"图标下的三角箭头，在其下拉列表中选择"加强筋（Stiffening Rib）"图标，单击需要创建加强筋的钣金圆角处，弹出"加强筋定义（Stiffening Rib Definition）"对话框，如图 7-61 所示。

（1）参数（Parameters） 用于设置加强筋的相关参数。

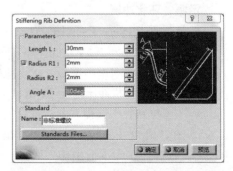

图 7-61 "加强筋定义"对话框

① 长度（Length L）：用于设置加强筋的斜面长度。

② 半径 R1（Radius R1）：选中该复选框后可在文本框中输入数值，设置加强筋与原有钣金相交处的圆角半径；取消选择该复选框，则文本框后会出现锁定图标 ![lock]，将文本框锁定。图 7-62 所示分别为将半径 R1 设置为 1mm、3mm 及取消选择文本框前的复选框的加强筋效果图。

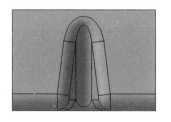 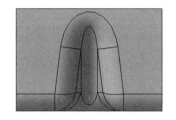 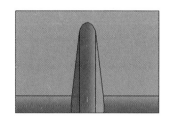

a) 半径 R1 为 1mm　　　　b) 半径 R1 为 3mm　　　　c) 取消选择复选框

图 7-62　设置 R1

③ 半径 R2（Radius R2）：用于设置加强筋两斜面相交处的圆角半径。图 7-63 所示分别为将半径 R2 设置为 2mm 及 5mm 的加强筋效果图。

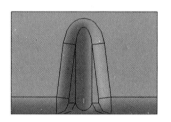 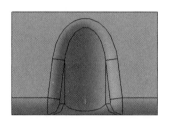

a) 半径 R2 为 2mm　　　　　　　　　b) 半径 R2 为 5mm

图 7-63　设置 R2

④ 角度（Angle A）：用于设置加强筋斜面与折弯处切线方向夹角的角度值。该角度值必须小于或等于 80°。图 7-64 所示分别为将角度设置为 80° 及 45° 的加强筋效果图。

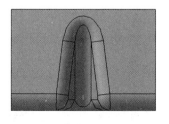 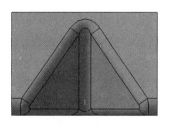

a) 角度为 80°　　　　　　　　　　b) 角度为 45°

图 7-64　设置角度

（2）标准（Standard）　用于冲压孔相关参数的设置。

① 名称（Name）：用于定义冲压孔的标准。

② 标准文件（Standards Files）：单击"标准文件（Standards Files）"按钮 [Standards Files...] ，可导入已定义好的孔标准文件。

若要更改加强筋的位置，可以在冲压完成后，在结构树中进入其节点下的草图进行更改。

示例：加强筋冲压

打开资源包中的"Exercise\7\7.9\ 示例 \Stiffening Rib"，结果如图 7-65 所示。

① 在"剪切 / 冲压（Cutting/Stamping）"工具栏中单击"冲压（Stamping）"图标 下的三角箭头，在其下拉列表中选择"加强筋（Stiffening Rib）"图标 ，单击如图 7-66 所示的钣金圆角，弹出"加强筋定义（Stiffening Rib Definition）"对话框。

② 在"长度（Length L）"文本框中输入数值，本例取"27"；选中"半径 R1（Radius R1）"复选框，并在文本框中输入数值，本例取"2"；在"半径 R2（Radius R2）"文本框中输入数值，本例取"5"；在"角度（Angle A）"文本框中输入数值，本例取"90"。

图 7-65　钣金模型

③ 单击"预览"按钮，确认无误后单击"确定"按钮。

④ 调整加强筋的位置，使其处于支持面的中点，如图 7-67 所示。按照上述步骤在支持面上再创建两个对称的加强筋，最终效果图如图 7-68 所示。

图 7-66　钣金圆角　　　　图 7-67　创建加强筋并调整位置　　　　图 7-68　最终效果图

7.10　销子冲压

销子冲压是通过设置参数在钣金上冲压定位销子的特征。冲压的销子由于其冲压成型面为曲面，所以冲压的厚度不同，边缘部位厚度为钣金厚度的一半，中心部位厚度与钣金厚度相同。

打开需要创建销子冲压的钣金件，在"剪切 / 冲压（Cutting/Stamping）"工具栏中单击"冲压（Stamping）"图标 下的三角箭头，在其下拉列表中选择"销子（Dowel）"图标 ，单击需要进行销子冲压的钣金平面，弹出"销子定义（Dowel Definition）"对话框，如图 7-69 所示。

（1）参数（Parameters）　该选项组用于设置销子冲压的相关参数。

直径（Diameter D）：用于设置冲压直径。

（2）草图定位（Positioning Sketch）　单击对话框中的"草图"图标 ，进入草图工作台，对销子

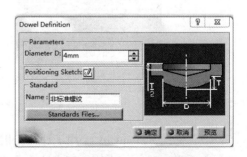

图 7-69　"销子定义"对话框

冲压圆心的位置进行限定。

（3）标准（Standard）　该选项组用于冲压孔相关参数的设置。

① 名称（Name）：用于定义冲压孔的标准。

② 标准文件（Standards Files）：单击"标准文件（Standards Files）"按钮 Standards Files... ，可导入已定义好的孔标准文件。

示例：销子冲压

打开资源包中的"Exercise\7\7.9\ 示例 \Dowel"，结果如图 7-70a 所示。

① 在"剪切 / 冲压（Cutting/Stamping）"工具栏中单击"冲压（Stamping）"图标 下的三角箭头，在其下拉列表中选择"销子（Dowel）"图标 ，单击如图 7-70a 所示的钣金平面，弹出"销子定义（Dowel Definition）"对话框。

② 在"直径（Diameter）"文本框中输入数值，本例取"10"。

③ 单击对话框中的"草图"图标 ，进入草图工作台，对销子冲压圆心的位置进行设置，如图 7-84b 所示。

④ 单击"预览"按钮，确认无误后单击"确定"按钮，完成销子冲压，效果图如图 7-70c 所示。

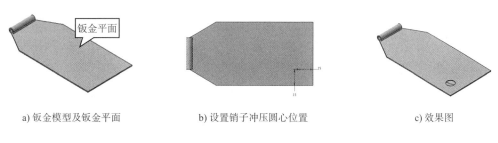

a) 钣金模型及钣金平面　　　　b) 设置销子冲压圆心位置　　　　c) 效果图

图 7-70　销子冲压

⑤ 按照上述步骤在与刚创建的销子对称的位置创建另一销子，最终效果图如图 7-71 所示。销子冲压的剖视图如图 7-72 所示。

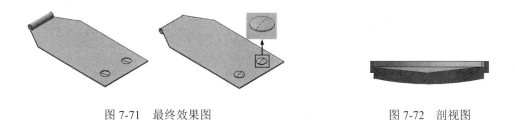

图 7-71　最终效果图　　　　　　　　　　图 7-72　剖视图

7.11　自定义冲压

钣金设计工作台为用户提供了多种简单冲压命令，当钣金件工序复杂时，用户可以使用自定义冲压来进行钣金件的冲压。

在"剪切 / 冲压（Cutting/Stamping）"工具栏中单击"冲压（Stamping）"图标 下的三角

箭头，在其下拉列表中选择"用户自定义（User Stamp）"图标 🀫，弹出"用户自定义（User-Defined Stamp Definition）"对话框，默认冲压类型为"凸模（Punch）"，如图 7-73 所示。

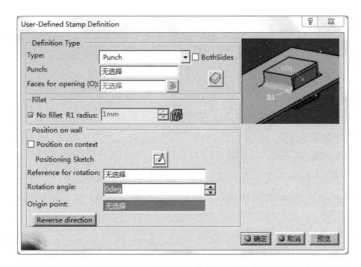

图 7-73　"用户自定义"对话框

（1）定义类型（Definition Type）　该选项组用于设置自定义冲压的类型。

① 类型（Type）：包括"凸模（Punch）"方式和"凸凹模（Punch and Die）"方式。

凸模（Punch）：只能使用凸模进行冲压，在冲压时可创建开放面。

凸凹模（Punch and Die）：同时使用凸模和凹模进行冲压，不可选择开放面。

② 两侧（BothSides）：用于设置冲压的范围。图 7-74 所示为选中该复选框和取消选择该复选框的预览图。

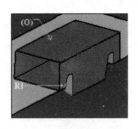
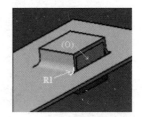

a) 选中"两侧"　　　　　　　　　　b) 取消选择"两侧"

图 7-74　选择"两侧"与否预览图

③ 凸模（Punch）：激活该文本框，可在结构树中或图形工作区选择凸模。

④ 开放面（Faces for opening(O)）：当选择"凸模（Punch）"时可用。激活该文本框，可在凸模几何体上选择需要移除的面创建开放面冲裁。

（2）倒圆角（Fillet）　该选项组用于设置圆角的相关参数。

① 无圆角（No fillet）：选中该复选框后，"半径 R1（R1 radius）"文本框被锁定，冲压的边线与原有钣金接触处无圆角；取消选择该复选框，激活"半径 R1（R1 radius）"文本框，可根据要求定义圆角半径大小。

② 半径 R1（R1 radius）：用于设置进行冲压时自动创建的圆角半径。

（3）在钣金墙上的冲压位置（Position on wall）　该选项组用于设置在钣金墙上冲压的位置参数。

① 原位置（Position on context）：选中该复选框后，凸模的冲压位置使用几何体原始定位，此时该选项组中的其他选项均不可用。

② 基于草图（Positioning Sketch）：单击该选项后的"草图"图标，可进入草图工作台，设置冲压点的位置。

③ 参考旋转轴（Reference for rotation）：激活该文本框，可选取参考旋转轴。

④ 旋转角度（Rotation angle）：激活该文本框，可设置旋转角度的大小。

⑤ 原点（Origin point）：激活该文本框，可选取原点。

注意：在凸模压模几何体中，几何体坐标系的 Z 轴方向为冲压方向，即要与创建冲压特征的壁的法线方向一致。

示例：自定义冲压

打开资源包中的"Exercise\7\7.11\ 示例 \User Stamp"，结果如图 7-75 所示。

① 在菜单栏中依次选择"插入"→"几何体"，在结构树中创建几何体。此时在结构树上会出现"几何体 2"节点。在菜单栏中依次选择"开始"→"机械设计"→"零件设计"，进入零件设计工作台。选择如图 7-75 所示的平面作为草图平面，绘制如图 7-76 所示的凸台草图。凸台的拉伸方向要通过草图绘制平面穿过钣金件，创建的凸台如图 7-77 所示。

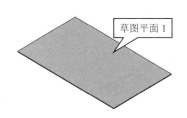
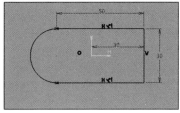

图 7-75　平整型钣金及草图平面　　　图 7-76　绘制凸台草图　　　图 7-77　创建凸台

② 选择如图 7-77 所示的平面作为草图平面，绘制如图 7-78 所示的凹槽草图。注意：凹槽草图的圆心与凸台弧形部分的圆心同心。

③ 在"基于草图的特征"工具栏中单击"凹槽"图标下的三角箭头，选择"凹槽"图标，弹出"凹槽定义"对话框。

④ 在"类型"下拉列表中选择"尺寸"选项。在"深度"文本框中输入数值，本例取"15"；激活"轮廓 / 曲面"区"选择"文本框，选择如图 7-78 所示的凹槽草图。

⑤ 单击"预览"按钮，确认无误后单击"确定"按钮，完成凹槽的创建，结果如图 7-79 所示。

⑥ 选择如图 7-79 所示的平面（凹槽的底面）作为草图平面，绘制如图 7-80 所示的内部凸台草图，然后进行凸台拉伸（内部凸台草图的圆心与凹槽的圆心同心），拉伸长度为 3mm。创建的内部凸台如图 7-81 所示。

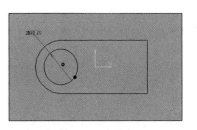

图 7-78　凹槽草图

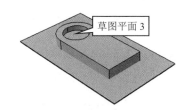

图 7-79　创建凹槽

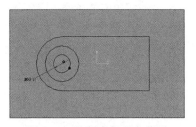

图 7-80　绘制内部凸台草图

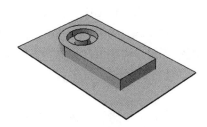

图 7-81　创建的内部凸台

⑦ 在"修饰特征"工具栏中单击"倒圆角"图标下的三角箭头，选择"倒圆角"图标，弹出"倒圆角定义"对话框。

⑧ 在"半径"文本框中输入数值，本例取"1"。激活"要圆角化的对象"文本框，选择如图 7-82 所示的边线进行倒圆角。在"选择模式"下拉列表中选择"相切"。

⑨ 单击"预览"按钮，确认无误后单击"确定"按钮，完成凸台倒圆角，结果如图 7-83 所示。

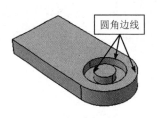

图 7-82　倒圆角边线

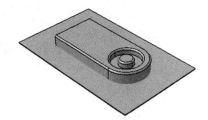

图 7-83　倒圆角

⑩ 在菜单栏中选择"开始"→"机械设计"→"创成式钣金设计（Generative Sheetmetal Design）"命令，进入创成式钣金设计工作台。在结构树中选择"零件几何体"，右击，选择"定义工作对象"。

⑪ 选择如图 7-75 所示的平面作为草图平面，在"剪切/冲压（Cutting/Stamping）"工具栏中单击"冲压（Stamping）"图标下的三角箭头，在其下拉列表中选择"用户自定义（User Stamp）"图标，弹出"用户自定义（User-Defined Stamp Definition）"对话框，在"定义类型（Definition Type）"选项组的"类型（Type）"下拉列表中选择"凸模（Punch）"选项。

⑫ 激活"凸模（Punch）"文本框，在结构树中选择"几何体 2"作为凸模；在"半径 R1（R1 radius）"文本框中输入数值，本例取"2"；选中"原位置（Position on context）"复选框，选择如图 7-84 所示的平面作为开放面。

⑬ 单击"预览"按钮，确认无误后单击"确定"按钮，完成自定义冲压，效果图如图 7-85 所示。

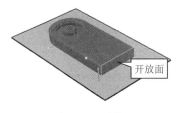

图 7-84 开放面

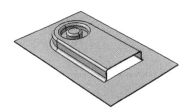

图 7-85 自定义冲压效果图

7.12 应用示例

7.12.1 餐盘

新建一个钣金零件模型，命名为"Plate"。

1. 设置钣金参数

在"墙体（Walls）"工具栏中单击"钣金参数（Sheet Metal Parameters）"图标，弹出"钣金参数设置（Sheet Metal Parameters）"对话框。在"厚度（Thickness）"文本框中输入数值，本例取"5"；在"默认弯曲半径（Default Bend Radius）"文本框中输入数值，本例取"0.5"。选择"弯曲极限（Bend Extremities）"选项卡，设置止裂槽为"扯裂止裂槽（Minimum with no relief）"类型。单击"确定"按钮，完成钣金参数设置。

2. 创建平整钣金模型

① 在"墙体（Walls）"工具栏中单击"墙体（Wall）"图标，弹出"墙体定义（Wall Definition）"对话框。

② 单击对话框中的"草图"图标，在结构树中选择"xy 平面"作为草图平面，进入草图工作台，绘制如图 7-86 所示的草图。单击"退出工作台"图标，完成草图创建。

③ 单击"预览"按钮，确认无误后单击"确定"按钮，完成平整钣金模型的创建，结果如图 7-87 所示。

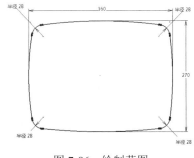

图 7-86 绘制草图

图 7-87 创建平整钣金模型

3. 环状冲压 1

① 在"剪切 / 冲压（Cutting/Stamping）"工具栏中单击"冲压（Stamping）"图标下的三

角箭头，在其下拉列表中选择"环状冲压（Circular Stamp）"图标，单击如图 7-87 所示的钣金平面，弹出"环状冲压定义（Circular Stamp Definition）"对话框。

② 在"高度（Height H）"文本框中输入数值，本例取"4"；在"半径 R1（Radius R1）"文本框中输入数值，本例取"1"；在"半径 R2（Radius R2）"文本框中输入数值，本例取"1"；在"直径 D（Diameter D）"文本框中输入数值，本例取"60"；在"角度（Angle A）"文本框中输入数值，本例取"80"。

③ 单击"预览"按钮，确认无误后单击"确定"按钮。

④ 在结构树中双击"环状冲压"节点下的"草图 2"，进入草图工作台，对环状冲压 1 的圆心位置进行设置，如图 7-88 所示。创建完成的环状冲压 1 效果如图 7-89 所示。

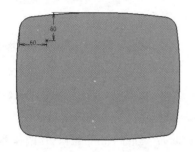

图 7-88　设置环状冲压 1 的圆心位置　　　　图 7-89　创建完成的环状冲压 1 效果

4. 创建曲面冲压 1

① 在"剪切 / 冲压（Cutting/Stamping）"工具栏中单击"冲压（Stamping）"图标下的三角箭头，在其下拉列表中选择"曲面冲压（Surface Stamp）"图标，弹出"曲面冲压定义（Surface Stamp Definition）"对话框。

② 选择"角度（Angle）"选项，在"角度（Angle A）"文本框中输入数值，本例取"80"；在"高度（Height H）"文本框中输入数值，本例取"16"；在"半径 R1（Radius R1）"文本框中输入数值，本例取"1"；在"半径 R2（Radius R2）"文本框中输入数值，本例取"2"。

③ 单击对话框中的"草图"图标，选择与环状冲压相同的表面，绘制如图 7-90 所示的草图。单击"退出工作台"图标，完成草图绘制。

④ 单击"预览"按钮，确认无误后单击"确定"按钮，完成曲面冲压 1 的创建，结果如图 7-91 所示。

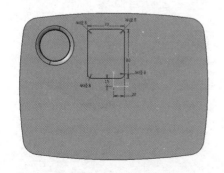

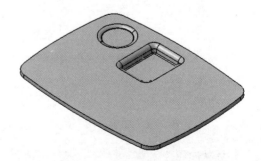

图 7-90　绘制曲面冲压 1 草图　　　　　　　图 7-91　创建曲面冲压 1

5. 创建曲面冲压 2

参见"4. 创建曲面冲压 1"的步骤及参数设置，创建曲面冲压 2。绘制的草图如图 7-92 所示。创建的曲面冲压 2 如图 7-93 所示。

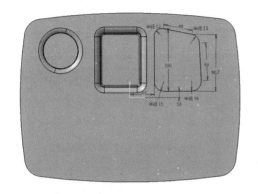 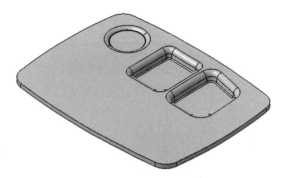

图 7-92　绘制曲面冲压 2 草图　　　　　　　　图 7-93　创建曲面冲压 2

6. 创建曲线冲压 1

① 在"剪切 / 冲压（Cutting/Stamping）"工具栏中单击"冲压（Stamping）"图标下的三角箭头，在其下拉列表中选择"曲线冲压（Curve Stamp）"图标，弹出"曲线冲压定义（Curve Stamp Definition）"对话框。

② 选中"长圆形（Obround）"复选框，在"角度（Angle A）"文本框中输入数值，本例取"80"；在"高度（Height H）"文本框中输入数值，本例取"4"；在"长度（Length L）"文本框中输入数值，本例取"10"；在"半径 R1（Radius R1）"文本框中输入数值，本例取"1"；在"半径 R2（Radius R2）"文本框中输入数值，本例取"1"。

③ 单击对话框中的"草图"图标，选择与环状冲压相同的表面，绘制如图 7-94 所示的草图。单击"退出工作台"图标，完成草图创建。

④ 单击"预览"按钮，确认无误后单击"确定"按钮，完成曲线冲压 1 的创建，结果如图 7-95 所示。

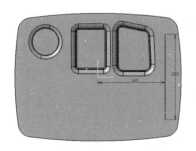 

图 7-94　绘制曲线冲压 1 的草图　　　　　　　图 7-95　创建曲线冲压 1

7. 创建曲面冲压 3 和 4

参见"4. 创建曲面冲压 1"的步骤及参数设置，选择与环状冲压相同的表面，创建曲面冲压 3 和 4。其草图分别如图 7-96 和图 7-98 所示，结果图分别如图 7-97 和图 7-99 所示。

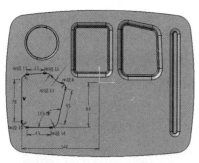

图 7-96 绘制曲面冲压 3 草图

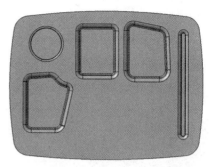

图 7-97 创建曲面冲压 3

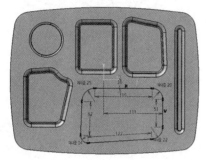

图 7-98 绘制曲面冲压 4 草图

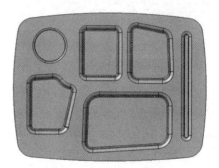

图 7-99 创建曲面冲压 4

8. 创建表面滴斑 1

① 在"扫掠弯边（Swept Walls）"工具栏中单击"凸缘（Flange）"图标 下的三角箭头，在其下拉列表中选择"表面滴斑（Tear Drop）"图标 ，弹出"表面滴斑定义（Tear Drop Definition）"对话框。

② 选择"基础型（Basic）"选项。

③ 在"长度（Length）"文本框中输入数值，本例取"2"；在"折弯半径（Radius）"文本框中输入数值，本例取"0.5"。

④ 激活"边线（Spine）"文本框，选择如图 7-100 所示的边线作为表面滴斑的附着边线，单击"扩展"按钮 Propagate 。

⑤ 单击"确定"按钮，完成表面滴斑 1 的创建，结果如图 7-101 所示。

附着边线

图 7-100 选择表面滴斑的附着边线

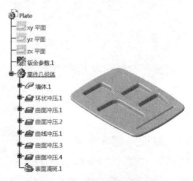

图 7-101 创建表面滴斑 1

7.12.2　捆扎锁

新建一个钣金零件模型，命名为"Strapping lock"。

1. 钣金参数设置

在"墙体（Walls）"工具栏中单击"钣金参数（Sheet Metal Parameters）"图标，弹出"钣金参数设置（Sheet Metal Parameters）"对话框。在"厚度（Thickness）"文本框中输入数值，本例取"1"；在"默认弯曲半径（Default Bend Radius）"文本框中输入数值，本例取"1"。选择"弯曲极限（Bend Extremities）"选项卡，设置止裂槽为"扯裂止裂槽（Minimum with no relief）"类型。单击"确定"按钮，完成钣金参数设置。

2. 拉伸成形

① 在"墙体（Walls）"工具栏中单击"拉伸（Extrusion）"图标，弹出"拉伸定义（Extrusion Definition）"对话框。

② 单击对话框中的"草图"图标，在结构树中选择"xy 平面"作为草图平面，进入草图工作台，绘制如图 7-102 所示的拉伸 1 草图。单击"退出工作台"图标，完成草图创建。

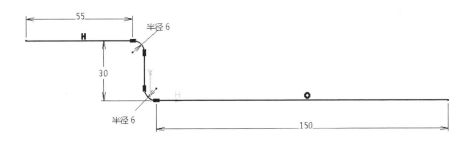

图 7-102　绘制拉伸 1 草图

③ 在"第一限制（Set first limit）"下拉列表中选择"限制 1 的尺寸（Limit 1 dimension）"选项并在文本框中输入数值，本例取"60"。选中"镜像（Mirrored extent）"复选框和"自动折弯（Automatic bend）"复选框。

④ 单击"预览"按钮，确认无误后单击"确定"按钮，完成拉伸成形，结果如图 7-103 所示。

3. 创建剪口 1

① 在"剪切 / 冲压（Cutting/Stamping）"工具栏中单击"剪口（Cut Out）"图标，弹出"剪口定义（Cutout Definition）"对话框。

② 在"剪口类型（Cutout Type）"选项组的"类型（Type）"下拉列表中选择"标准剪口（Sheetmetal standard）"选项。

③ 单击对话框中的"草图"图标，选择如图 7-104 所示的平面作为剪口 1 草图平面，进入草图工作台，并绘制如图 7-105 所示的草图。单击"退出工作台"图标，完成草图的创建。

图 7-103　拉伸成形

④ 在"末端限制（End Limit）"选项组的"类型（Type）"下拉列表中选择"直到下一个（Up to next）"选项。

⑤ 单击"预览"按钮，确认无误后单击"确定"按钮，完成剪口 1 的创建，结果如图 7-106 所示。

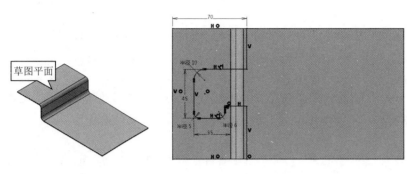

图 7-104 剪口 1 草图平面　　　图 7-105 绘制剪口 1 草图　　　图 7-106 创建剪口 1

4. 创建剪口 2 ~ 4

参见"3. 创建剪口 1"的步骤及参数设置，选择与剪口 1 相同的表面创建剪口 2 ~ 4。表 7-1 列出了剪口 2 ~ 4 的草图平面、草图轮廓和效果图。

表 7-1　剪口 2 ~ 4 的草图平面、草图轮廓和效果图

名称	草图平面	草图轮廓	效果图
剪口 2			
剪口 3			
剪口 4			

5. 创建曲线冲压 1

① 在"剪切 / 冲压（Cutting/Stamping）"工具栏中单击"冲压（Stamping）"图标 下的三角箭头，在其下拉列表中选择"曲线冲压（Curve Stamp）"图标 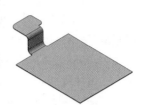，弹出"曲线冲压定义

（Curve Stamp Definition）"对话框。

② 选中"长圆形（Obround）"复选框。在"角度（Angle A）"文本框中输入数值，本例取"75"；在"高度（Height H）"文本框中输入数值，本例取"1"；在"长度（Length L）"文本框中输入数值，本例取"6"。

③ 单击对话框中的"草图"图标，选择如图 7-107 所示的平面作为草图平面，进入草图工作台，绘制如图 7-108 所示的草图。单击"退出工作台"图标，完成草图的创建。

④ 单击"预览"按钮，确认无误后单击"确定"按钮，完成曲线冲压 1 的创建，结果如图 7-109 所示。

　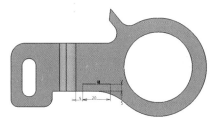　

图 7-107　曲线冲压 1 草图平面　　图 7-108　绘制曲线冲压 1 草图　　图 7-109　创建曲线冲压 1

6. 创建曲线冲压 2 和 3

参见"5. 创建曲线冲压 1"的步骤及参数设置，选择与曲线冲压 1 相同的表面创建曲线冲压 2 和 3。表 7-2 曲线冲压 2 和 3 的草图轮廓和效果图。

表 7-2　曲线冲压 2 和 3 的草图轮廓和效果图

名称	草图轮廓	效果图
曲线 冲压 2		
曲线 冲压 3		

7. 创建凸缘剪口 1

① 在"剪切 / 冲压（Cutting/Stamping）"工具栏中单击"冲压（Stamping）"图标下的三角箭头，在其下拉列表中选择"凸缘剪口（Flanged Cutout）"图标，弹出"凸缘剪口定义（Flanged cutout Definition）"对话框。

②在"高度（Height H）"文本框中输入数值，本例取"1"；在"角度（Angle A）"文本框中输入数值，本来取"60"；选中"半径（Radius R）"复选框并在文本框中输入数值，本例取"0.5"。

③单击对话框中的"草图"图标 ，选择如图 7-107 所示的平面作为草图平面，进入草图工作台，绘制如图 7-110 所示的草图。单击"退出工作台"图标 ，完成草图的创建。

④单击"预览"按钮，确认无误后单击"确定"按钮，完成凸缘剪口 1 的创建，结果如图 7-111 所示。

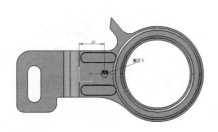

图 7-110　绘制凸缘剪口 1 草图

图 7-111　创建凸缘剪口 1

第8章 钣金特征

8.1 钣金切除

8.1.1 剪口

钣金剪口是在钣金墙体上切除多余的材料生成的钣金特征，包括"标准剪口（Sheetmetal standard）"和"槽腔剪口（Sheetmetal pocket）"两种方式。两种剪口方式的主要区别在于：当剪口的草图平面与钣金表面成一定角度时，标准剪口（Sheetmetal standard）是草图轮廓在该钣金墙体上的投影，而后沿着钣金墙体的垂直方向将钣金上的材料去除，如图8-1a所示；槽腔剪口（Sheetmetal pocket）是沿着草图的投射方向将钣金上的材料去除，如图 8-1b 所示。

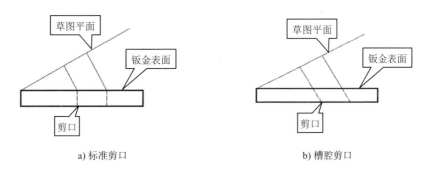

图 8-1　钣金剪口

1. 标准剪口

打开需要创建标准剪口的钣金件，在"剪切 / 冲压（Cutting/Stamping）"工具栏中单击"剪口（Cut Out）"图标，弹出"剪口定义（Cutout Definition）"对话框，单击"更多（More）"按钮，展开对话框，其默认的钣金剪口创建类型为"标准剪口（Sheetmetal standard）"，如图 8-2 所示。

（1）末端限制（End Limit）　用于定义钣金剪口末端参数。

① 类型（Type）：用于设置钣金剪口末端的限制类型，包括"尺寸（Dimension）""直到下一个（Up to next）"和"直到最后（Up to last）"三个选项，如图 8-3 所示。

② 深度（Depth）：默认为不可用状态，当在"类型（Type）"下拉列表中选取"尺寸（Dimension）"选项时，该文本框被激活，可在其中直接输入数值定义钣金剪口深度。

（2）轮廓（Profile）　用于定义钣金剪口的草图轮廓。

① 选 择（Selection）：用于选择已创建的草图作为剪口的草图轮廓。

② 草图：用于绘制或修改剪口的草图轮廓。

③ 目录浏览器：单击该图标，可打开"目录浏览器"对话框，选择标准件模型库中的

标准件模型，并通过定义参考面、参考点及参考轴线将其定位在需要剪口的钣金墙体上，从而创建一标准剪口。

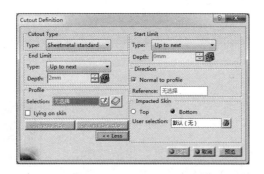

图 8-2　创建类型为"标准剪口"的"剪口定义"对话框

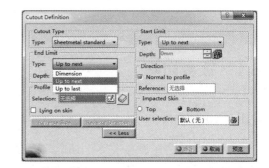

图 8-3　"末端限制"类型下拉列表

④ 仅在表面（Lying on skin）：选中该复选框后，仅对钣金件的表面进行剪口。

（3）反转面（Reverse Side）　用于改变剪口时去除材料的方向。

（4）反转方向（Reverse Direction）　用于改变剪口方向。

（5）起始限制（Start Limit）　用于定义钣金剪口起始端参数。

① 类型（Type）：用于设置钣金剪口起始端的剪口类型，包括"尺寸（Dimension）""直到下一个（Up to next）"和"直到最后（Up to last）"三种类型。

② 深度（Depth）：默认为不可用状态，当在"类型（Type）"下拉列表中选取"尺寸（Dimension）"选项时，该文本框被激活，可在其中直接输入数值定义草图轮廓与剪口起始端的距离。

（6）方向（Direction）　用于定义钣金剪口的方向。

① 垂直于轮廓（Normal to profile）：选中该复选框后，钣金剪口的方向与草图轮廓所在面垂直。

② 参考（Reference）：用于选取或创建一个参考，以定义钣金剪口的方向，默认为不可用状态。当取消选择"垂直于轮廓（Normal to profile）"复选框时，该文本框被激活，可在图形工作区选取参考元素定义钣金剪口方向；也可右击来创建参考元素定义钣金剪口方向；或单击"参考（Reference）"文本框后的草图图标✍（当创建完成或已选取剪口的草图轮廓时，显示该草图图标），绘制一草图参考元素定义钣金剪口方向。

（7）影响表面（Impacted Skin）　用于定义钣金剪口的起始面。

① 顶部（Top）：选取钣金上表面作为剪口起始面。

② 底部（Bottom）：选取钣金下表面作为剪口起始面。

③ 用户选择（User selection）：用于选取一钣金表面作为剪口起始面。

④ 支持面选择（Support selection）🔧：用于移除或替换剪口起始面。

示例：方夹标准剪口

打开资源包中的"Exercise\8\8.1\8.1.1\8.1.1.1\ 示例 \Sheetmetal standard"，结果如图 8-4a 所示。

① 在"剪切 / 冲压（Cutting/Stamping）"工具栏中单击"剪口（Cut Out）"图标▣，弹出"剪口定义（Cutout Definition）"对话框。

② 在"剪口类型（Cutout Type）"选项组的"类型（Type）"下拉列表中选择"标准剪口（Sheetmetal standard）"选项。

③ 单击对话框中的"草图"图标 ✍️，在结构树中选择"zx 平面"作为草图平面，进入草图工作台，绘制如图 8-4b 所示的草图。单击"退出工作台"图标 ⬆️，完成草图的创建。

④ 在"末端限制（End Limit）"选项组的"类型（Type）"下拉列表中选择"直到最后（Up to last）"选项。

⑤ 单击"预览"按钮，生成的预览图如图 8-4c 所示。

⑥ 确认无误后单击"确定"按钮，生成的效果图如图 8-4d 所示。

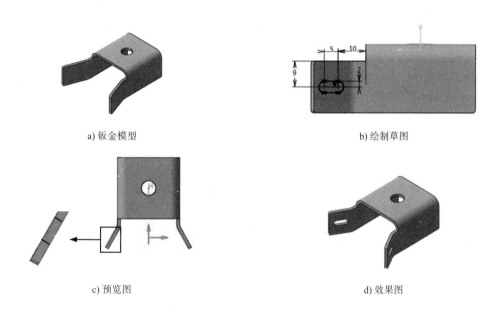

a) 钣金模型   b) 绘制草图

c) 预览图   d) 效果图

图 8-4   方夹标准剪口

2. 槽腔剪口

打开需要创建槽腔剪口的钣金件，在"剪切／冲压（Cutting/Stamping）"工具栏中单击"剪口（Cut Out）"图标 🔲，弹出"剪口定义（Cutout Definition）"对话框，在"剪口类型（Cutout Type）"选项组的"类型（Type）"下拉列表中选择"槽腔剪口（Sheetmetal pocket）"选项，并单击"更多（More）"按钮，展开对话框，如图 8-5 所示。

创建类型为"槽腔剪口"的"剪口定义"对话框与创建类型为"标准剪口"的"剪口定义"对话框的界面基本相同，但槽腔剪口只能通过在"深度（Depth）"文本框中输入数值来定义剪口深度，且剪口深度可以小于钣金厚度。对话框中选项的功能参见"1. 标准剪口"的介绍。

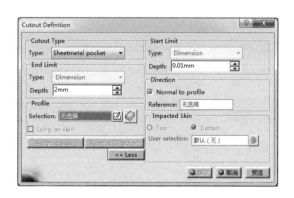

图 8-5   创建类型为"槽腔剪口"的"剪口定义"对话框

示例：方夹槽腔剪口

打开资源包中的 "Exercise\8\8.1\8.1.1\8.1.1.2\ 示 例 \Sheetmetal pocket"，结 果 如 图 8-6a 所示。

① 在"剪切 / 冲压（Cutting/Stamping）"工具栏中单击"剪口（Cut Out）"图标▣，弹出"剪口定义（Cutout Definition）"对话框。

② 在"剪口类型（Cutout Type）"选项组的"类型（Type）"下拉列表中选择"槽腔剪口（Sheetmetal pocket）"选项。

③ 单击对话框中的"草图"图标▨，在结构树中选择"zx 平面"作为草图平面，进入草图工作台，绘制如图 8-6b 所示的草图。单击"退出工作台"图标⬆，完成草图的创建。

④ 在"末端限制（End Limit）"选项组的"深度（Depth）"文本框中输入数值，本例取"28"。

⑤ 单击"更多（More）"按钮，展开对话框，在"起始限制（Start Limit）"选项组的"深度（Depth）"文本框中输入数值，本例取"28"。

⑥ 单击"预览"按钮，生成的预览图如图 8-6c 所示。

⑦ 确认无误后单击"确定"按钮，生成的效果图如图 8-6d 所示。

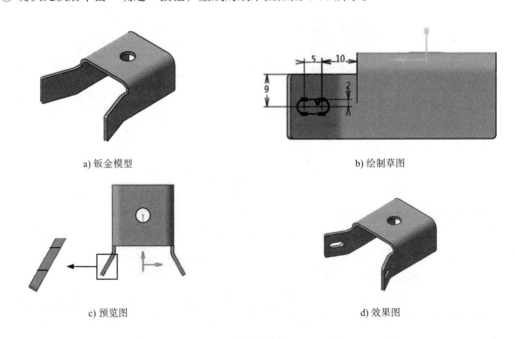

a) 钣金模型   b) 绘制草图

c) 预览图   d) 效果图

图 8-6 方夹槽腔剪口

8.1.2 孔

孔是指通过定位孔的中心点和选择添加孔的方向移除钣金材料而生成的孔特征。

打开需要创建孔的钣金件，在"剪切 / 冲压（Cutting/Stamping）"工具栏中单击"孔（Holes）"图标▣下的三角箭头，在其下拉列表中选择"孔（Hole）"图标▣，单击需要添加孔的钣金表面，弹出"定义孔"对话框，如图 8-7 所示。

（1）扩展 该选项卡用于定义孔的延伸类型、直径和深度等参数。

1）延伸类型："延伸类型"下拉列表中包括"盲孔""直到下一个""直到最后""直到平面"和"直到曲面"五种类型，如图 8-8 所示。"延伸类型"下拉列表的右侧为孔延伸类型预览图。五种孔的延伸效果如图 8-9 所示。

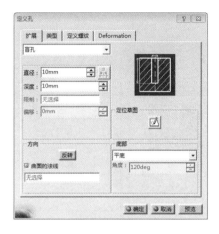

图 8-7 "定义孔"对话框

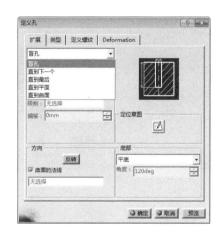

图 8-8 "延伸类型"下拉列表

2）直径：用于定义孔的直径。

3）深度：用于定义孔的深度，仅在延伸类型为盲孔时可用。

4）限制：默认为不可用状态，当在"延伸类型"下拉列表中选择"直到平面"或"直到曲面"时，该文本框被激活，用于选择或创建一个平面或曲面限制孔的深度。

5）偏移：用于定义孔的深度超出限制对象的深度。除盲孔以外的延伸类型可用。

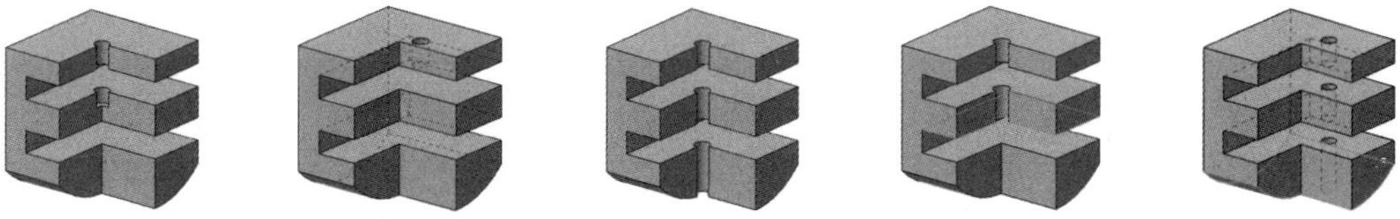

a) 盲孔　　　　　b) 直到下一个　　　　c) 直到最后　　　　d) 直到平面　　　　e) 直到曲面

图 8-9 五种孔的延伸效果

6）方向：用于定义孔的方向。

① 反转：用于改变孔的生成方向。

② 曲面的法线：选中该复选框后，孔的生成方向与孔的支持面垂直。取消选择该复选框时，右击复选框下方的文本框，在弹出的快捷菜单中可选择相应的参考元素。

7）定位草图：用于定义孔的位置。

草图：单击"草图"图标，进入草图工作台。草图中出现"*"为孔中心，可以对"*"位置进行约束。

8）底部：用于设置孔的底部类型。

① 平底：孔底为平底。

② V 形底：孔底为尖形，可在"角度"文本框中设置孔底尖锐程度。

③ 角度：默认为不可用，当在"底部"下拉列表中选择"V 形底"时，该文本框被激活，在该文本框中输入数值，可定义 V 形底角度。

（2）类型 该选项卡用于定义孔的类型及相关参数。"类型"选项卡中的"孔类型"下拉列表如图 8-10 所示。

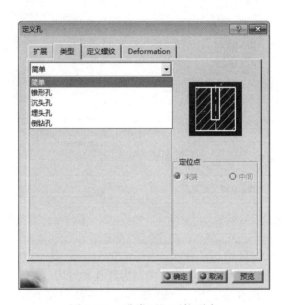

图 8-10 "孔类型"下拉列表

1）孔类型：孔的类型包括"简单""锥形孔""沉头孔""埋头孔"和"倒钻孔"五种类型。"孔类型"下拉列表的右侧为孔类型预览图，如图 8-11 所示。

a) 简单   b) 锥形孔   c) 沉头孔   d) 埋头孔   e) 倒钻孔

图 8-11 孔类型预览图

2）参数：用于定义不同孔类型的参数。

① 简单：当在"孔类型"下拉列表中选择"简单"选项时，不需要设置参数。

② 锥形孔：当在"孔类型"下拉列表中选择"锥形孔"选项时，需要设置锥形孔的角度。

③ 沉头孔：当在"孔类型"下拉列表中选择"沉头孔"选项时，需要设置沉头的直径和深度。

④ 埋头孔：当在"孔类型"下拉列表中选择"埋头孔"选项时，需要设置埋头孔的模式及

其对应的参数。埋头孔包括"深度和角度""深度和直径"和"角度和直径"三种模式。

⑤ 倒钻孔：当在"孔类型"下拉列表中选择"倒钻孔"选项时，需要设置倒钻孔的直径、深度和角度。

3）定位点：用于定义定位点的位置。

（3）定义螺纹　在"定义孔"对话框中选择"定义螺纹"选项卡，并选中"螺纹孔"复选框，如图 8-12 所示。

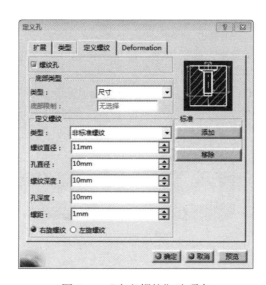

图 8-12　"定义螺纹"选项卡

1）底部类型：用于定义螺纹孔的底部类型，包括"尺寸""支持面深度"和"直到平面"三种类型。

① 尺寸：用于定义螺纹孔中螺纹的深度。在"类型"下拉列表中选择"尺寸"，可在"螺纹深度"文本框中输入数值定义螺纹的深度。

② 支持面深度：用于使螺纹孔深度与螺纹长度相等。在"类型"下拉列表中选择"支持面深度"，"螺纹深度"文本框将不可用。

③ 直到平面：在"类型"下拉列表中选择"直到平面"，将激活"底部限制"文本框。该文本框可用于添加孔延伸的目标平面。

2）定义螺纹：

① 类型：在其下拉列表中可选择螺纹的类型。螺纹类型包括"非标准螺纹""公制细牙螺纹"和"公制粗牙螺纹"。

② 螺纹参数：包括"螺纹直径""孔直径""螺纹深度""孔深度"和"螺距"。

3）螺纹旋转方向：螺纹旋转方向分为"右旋螺纹"和"左旋螺纹"。

4）标准：

① 添加：用于添加已设置好参数的孔文件创建孔。

② 移除：移除添加的孔。

示例：创建简单孔

打开资源包中的"Exercise\8\8.1\8.1.2\ 示例 \Holes"，结果如图 8-13a 所示。

① 在"剪切／冲压（Cutting/Stamping）"工具栏中单击"孔（Holes）"图标  下的三角箭头，在其下拉列表中选择"孔（Hole）"图标 ，选择如图 8-13a 所示的平面作为孔平面，弹出"定义孔"对话框。

② 在"扩展"选项卡的"延伸类型"下拉列表中选择"直到下一个"选项；在"直径"文本框中输入数值，本例取"10"。

③ 在"定位草图"选项组中单击"草图"图标 ，进入草图工作台，对孔的位置进行设置，如图 8-13b 所示。单击"退出工作台"图标 ，完成孔的定位。

④ 在"类型"选项卡的"孔类型"下拉列表中选择"简单"选项。

⑤ 单击"预览"按钮，确认无误后单击"确定"按钮，完成孔 1 的创建，结果如图 8-13c 所示。

⑥ 重复步骤①～④的操作，创建其他孔，结果如图 8-13d 所示。

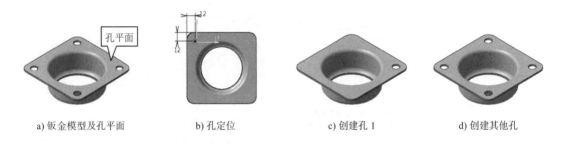

a) 钣金模型及孔平面　　　　b) 孔定位　　　　c) 创建孔 1　　　　d) 创建其他孔

图 8-13　创建简单孔

8.1.3　圆口

圆口是指通过选择支持面和定位圆口中心点，一次生成一个或多个圆口特征。

打开需要创建圆口的钣金件，在"剪切／冲压（Cutting/Stamping）"工具栏中单击"孔（Holes）"图标 下的三角箭头，在其下拉列表中选择"圆口（Circular Cutout）"图标 ，弹出"圆口定义（Circular Cutout Definition）"对话框，如图 8-14 所示。

（1）点（Point）　用于圆口中心点的选取。

选择（Selection）：用于定义圆口中心点的位置。当选取对象为一草图轮廓时，圆口中心点默认为草图中创建的点、直线间的交点、直线与曲线间的交点。

（2）支持（Support）　用于定义圆口的支持面。

目标（Object）：用于选取一钣金面作为圆口的支持面，所选取的表面可以是平面或曲面。

（3）直径（Diameter）　用于定义圆口直径。

直径（Diameter）：可在文本框中直接输入数值，定义圆口直径。

图 8-14　"圆口定义"对话框

（4）标准（Standard）　用于圆口相关参数的设置。

① 标准（Standard）：用于定义圆口的标准。

② 标准文件（Standards Files）：单击"标准文件（Standards Files）"命令按钮，可导入已

定义好的孔标准文件。

示例：基于草图定位圆口

打开资源包中的"Exercise\8\8.1\8.1.3\ 示例 \Circular cutout"，结果如图 8-15a 所示。

① 在"剪切 / 冲压（Cutting/Stamping ）"工具栏中单击"孔（Holes ）"图标 下的三角箭头，在其下拉列表中选择"圆口（Circular Cutout ）"图标 ，弹出"圆口定义（Circular Cutout Definition ）"对话框。

② 激活"选择（Selection ）"文本框，在结构树中选择"草图 .2"来定义圆口中心点。

③ 在"直径（Diameter ）"文本框中输入数值，本例取"10"。

④ 单击"预览"按钮，确认无误后单击"确定"按钮，效果图如图 8-15b 所示。

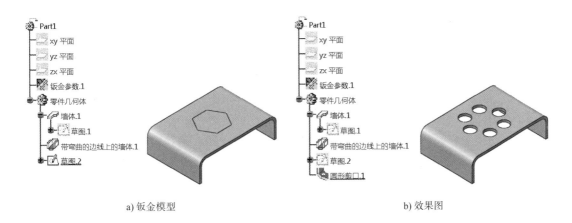

a) 钣金模型　　　　　　　　　　　　　　　　　　b) 效果图

图 8-15　基于草图定位圆口

8.2　钣金边角处理

8.2.1　止裂口

止裂口是通过去除钣金折弯时相邻两边所产生的多余材料，来防止钣金件折弯处由于应力集中而产生变形或裂纹的钣金特征。

打开需要创建止裂口的钣金件，在"剪切 / 冲压（Cutting/Stamping ）"工具栏中单击"止裂口（Corner Relief ）"图标 ，弹出"止裂口定义（Corner Relief Definition ）"对话框，如图 8-16 所示。

（1）类型（Type ）　用于定义创建的止裂口类型。其下拉列表中包括"用户配置文件""圆弧""正方形"和三个选项，如图 8-17 所示。

① 用户配置文件：选择或创建一草图作为止裂口轮廓。

② 圆弧：创建圆弧形止裂口。

③ 正方形：创建正方形止裂口。

（2）支持（Support ）　用于选取创建止裂口的支持面。

（3）半径（Radius ）　当在"类型（Type ）"下拉列表中选择"圆弧"选项时，"止裂口定

义"对话框底部显示"半径（Radius）"文本框，用于定义圆弧形止裂口半径。

（4）长度（Length）　当在"类型（Type）"下拉列表中选择"正方形"选项时，"止裂口定义"对话框底部显示"长度（Length）"文本框，用于定义正方形止裂口边长，如图 8-18 所示。

图 8-16　"止裂口定义"对话框　　　图 8-17　止裂口创建类型　　　图 8-18　选择"正方形"选项

（5）轮廓（Profile）　当在"类型（Type）"下拉列表中选择"用户配置文件"选项时（见图 8-19），弹出"用户轮廓错误（User profile error）"提示框，如图 8-20 所示。单击"是"按钮，"止裂口定义"对话框底部显示"轮廓（Profile）"文本框，激活该文本框，用户可选择已创建好的草图作为止裂口轮廓。

（6）草图　用于绘制止裂口草图轮廓。

（7）目录浏览器　用于引用已创建的标准止裂口。

图 8-19　选择"用户配置文件"选项　　　　图 8-20　"用户轮廓错误"提示框

示例 1：创建圆形止裂口

打开资源包中的"Exercise\8\8.2\8.2.1\ 示例 1\ Corner relief one"，结果如图 8-21a 所示。

① 在"剪切 / 冲压（Cutting/Stamping）"工具栏中单击"止裂口（Corner Relief）"图标，弹出"止裂口定义（Corner Relief Definition）"对话框。

② 在"类型（Type）"下拉列表中选择"圆弧"选项。

③ 选择如图 8-21a 所示的两折弯面作为止裂口支持面。

④ 在"半径（Radius）"文本框中输入数值，本例取"7"。

⑤ 单击"预览"按钮，确认无误后单击"确定"按钮，完成圆形止裂口的创建，效果图如图 8-21b 所示。

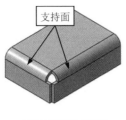

a) 钣金模型及支持面　　　　　　　　　　　　　　　b) 效果图

图 8-21　创建圆形止裂口

示例 2：创建自定义止裂口

打开资源包中的"Exercise\8\8.2\8.2.1\ 示例 2\Corner relief two",结果如图 8-22a 所示。

① 在"剪切 / 冲压（Cutting/Stamping）"工具栏中单击"止裂口（Corner Relief）"图标 ,弹出"止裂口定义（Corner Relief Definition）"对话框。

② 在"类型（Type）"下拉列表中选择"用户配置文件"选项,弹出"用户轮廓错误（User profile error）"提示框,单击"是"按钮,将钣金模型切换至平面视图,如图 8-22b 所示。

③ 单击"止裂口定义（Corner Relief Definition）"对话框中的"草图"图标 ,选择如图 8-22b 所示的平面作为草图平面,进入草图工作台,绘制如图 8-22c 所示的草图。单击"退出工作台"图标 ,完成草图的创建。

④ 选取如图 8-22d 所示的两折弯面"Face.1"和"Face.2"作为止裂口支持面。

⑤ 单击"预览"按钮,确认无误后单击"确定"按钮,完成自定义止裂口的创建,效果图如图 8-22e 所示。

⑥ 在"视图（Views）"工具栏中单击"折叠 / 展开（Fold/Unfold）"图标 ,将视图切换到 3D 视图,结果如图 8-22f 所示。

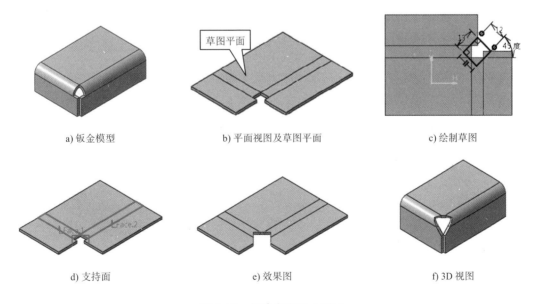

a) 钣金模型　　　　　　　　b) 平面视图及草图平面　　　　　　　　c) 绘制草图

d) 支持面　　　　　　　　　e) 效果图　　　　　　　　　f) 3D 视图

图 8-22　创建自定义止裂口

8.2.2　倒圆角

倒圆角是在两个相邻面之间创建出圆滑过渡的钣金特征。

打开需要创建倒圆角的钣金件，在"剪切 / 冲压（Cutting/Stamping）"工具栏中单击"倒圆角（Corner）"图标 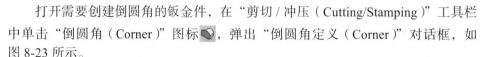，弹出"倒圆角定义（Corner）"对话框，如图 8-23 所示。

（1）半径（Radius）　用于设置倒圆角半径的大小。

（2）边（Edge(s)）　用于显示进行倒圆角的边线数量。

（3）凸边（Convex Edge(s)）　选中该复选框后，单击"选择全部（Select all）"按钮 Select All，可自动选取所有凸边作为倒圆角对象。

（4）凹边（Concave Edge(s)）　选中该复选框后，单击"选择全部（Select all）"按钮 Select All，可自动选取所有凹边作为倒圆角对象。

（5）选择全部（Select all）　当"凸边（Convex Edge(s)）"复选框和"凹边（Concave Edge(s)）"复选框均

图 8-23　"倒圆角定义"对话框

被选中时，单击"选择全部（Select all）"按钮 Select All，可自动选取所有可倒圆角的边线作为倒圆角对象；当"凸边（Convex Edge(s)）"复选框和"凹边（Concave Edge(s)）"复选框均被取消选择时，该按钮为不可用状态；当已选择边线作为倒圆角对象时，该处显示"取消选择（Cancel selection）"按钮 Cancel selection，单击该按钮，可取消所有倒圆角边线的选择。

示例：创建多个倒圆角

打开资源包中的"Exercise\8\8.2\8.2.2\ 示例 \Corner"，结果如图 8-24a 所示。

① 在"剪切 / 冲压（Cutting/Stamping）"工具栏中单击"倒圆角（Corner）"图标 ，弹出"倒圆角定义（Corner）"对话框。

② 在"半径（Radius）"文本框中输入数值，本例取"8"。

③ 选择如图 8-24a 所示的四条边线作为圆角化对象。

④ 单击"预览"按钮，确认无误后单击"确定"按钮，完成多个倒圆角的创建，效果图如图 8-24b 所示。

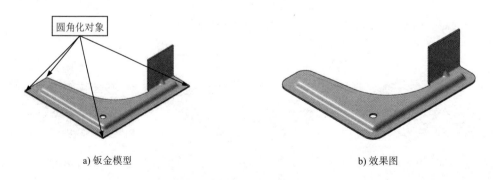

a) 钣金模型　　　　　　　　　　　　　　b) 效果图

图 8-24　创建多个倒圆角

8.2.3　倒角

倒角是通过在选定的边线上移除或添加平截面，来在共用此边线的两个原始面之间创建斜曲面。

打开需要创建倒角的钣金件，在"剪切 / 冲压（Cutting/Stamping）"工具栏中单击"倒角（Chamfer）"图标，弹出"倒角定义（Chamfer）"对话框，默认倒角类型为"长度 1/ 角度（Length1/Angle）"，如图 8-25 所示。

（1）类型（Type）　用于定义倒角的类型，包括"长度 1/ 角度（Length1/Angle）"和"长度 1/ 长度 2（Length1/ Length2）"两个选项。

1）长度 1/ 角度（Length1/Angle）：当选取该选项时，可通过定义一条直角边的长度和该直角边与斜边的角度创建倒角。

① 长度 1（Length1）：用于设置倒角的一条直角边长度。

② 角度（Angle）：用于设置倒角的角度。

③ 反转（Reverse）：默认为不可用状态，当已选择边线作为倒角对象时，该复选框处于可用状态，选中该复选框，可使倒角的两直角边和角度进行互换。

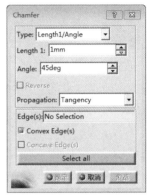

图 8-25　"长度 1/ 角度"类型"倒角定义"对话框

2）长度 1/ 长度 2（Length1/Length2）：当选取该选项时，可通过设置两个直角边的长度创建倒角。其相应的对话框如图 8-26 所示。

① 长度 1（Length1）：用于设置倒角的第一条直角边长度。

② 长度 2（Length2）：用于设置倒角的第二条直角边长度。

③ 反转（Reverse）：默认为不可用状态，当已选择边线作为倒角对象时，该复选框处于可用状态，选中该复选框，可使倒角的两直角边的长度互换。

（2）扩展（Propagation）　用于定义倒角的扩展方式，包括"相切（Tangency）"和"最小（Minimal）"两个选项。

1）相切（Tangency）：当选取该选项时，与已选定进行倒角的边线相切的其他边线也会自动被选中进行倒角。

2）最小（Minimal）：当选取该选项时，仅对被选中的边线进行倒角。

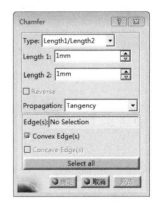

图 8-26　"长度 1/ 长度 2"类型"倒角定义"对话框

（3）边（Edge(s)）　用于显示进行倒角的边线数量。

（4）凸边（Convex Edge(s)）　选中该复选框后，单击"选择全部（Select all）"按钮 Select All ，可自动选取所有凸边作为倒角对象。

（5）凹边（Concave Edge(s)）　在"倒角定义（Chamfer）"对话框中，"凹边（Concave Edge(s)）"选项默认为不可用状态。

（6）选择全部（Select all）　当"凸边（Convex Edge(s)）"复选框被选中时，单击"选择全部（Select all）"按钮 Select All ，可自动选取所有可倒角的凸边作为倒角对象；当"凸边（Convex Edge(s)）"复选框被取消选择时，该按钮为不可用状态；当已选择边线作为倒角对象时，该处

显示"取消选择（Cancel selection）"按钮 Cancel selection ，单击该按钮，可取消倒角边线的选择。

示例：通过设置长度 / 角度创建倒角

打开资源包中的"Exercise\8\8.2\8.2.3\ 示例 \Chamfer"，结果如图 8-27a 所示。

① 在"剪切 / 冲压（Cutting/Stamping）"工具栏中单击"倒角（Chamfer）"图标 ，弹出"倒角定义（Chamfer）"对话框。

② 在"类型（Type）"下拉列表中选择"长度 1/ 角度（Length1/Angle）"选项。

③ 在"长度 1（Length1）"文本框中输入数值，本例取"5"；在"角度（Angle）"文本框中输入数值，本例取"45"。

④ 单击"选择全部（Select all）"按钮 Select All 。

⑤ 单击"预览"按钮，确认无误后单击"确定"按钮，完成倒角的创建，效果图如图 8-27b 所示。

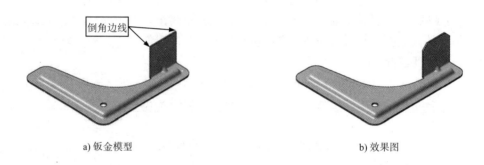

a) 钣金模型　　　　　　　　　　　　　　　　　　　b) 效果图

图 8-27　通过设置长度 / 角度创建倒角

8.3　变换特征

8.3.1　镜像

镜像是将钣金件或钣金特征对称地复制一个副本。

打开需要创建镜像的钣金件，在"特征变换（Transformations）"工具栏中单击"镜像（Mirror）"图标 ，弹出"镜像定义（Mirror Definition）"对话框，如图 8-28 所示。

（1）镜像平面（Mirroring plane）　用于选择一平面作为镜像平面，或右击，创建一平面作为镜像平面。

（2）镜像元素（Element to mirror）　用于选择进行镜像的钣金特征。

（3）撕裂面（Tear faces）　用于定义钣金展开时的撕裂面。

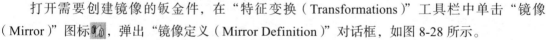

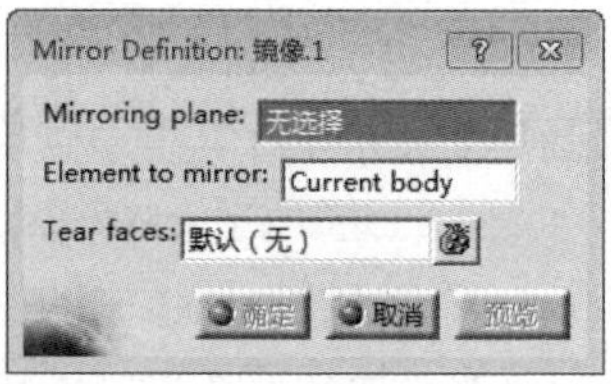

图 8-28　"镜像定义"对话框

示例：撕裂面应用

打开资源包中的"Exercise\8\8.3\8.3.1\ 示例 \Mirror"，结果如图 8-29a 所示。

①　在"特征变换（Transformations）"工具栏中单击"镜像（Mirror）"图标 ，弹出"镜像定义（Mirror Definition）"对话框。

②　激活"镜像平面（Mirroring plane）"文本框，选择如图 8-29a 所示的平面为镜像平面。

③　在"镜像元素（Element to mirror）"文本框中采用默认的"当前几何体（Current body）"作为镜像对象。

④　激活"撕裂面（Tear faces）"文本框，选择如图 8-29b 所示的平面作为撕裂面。

⑤　单击"预览"按钮，确认无误后单击"确定"按钮，效果图如图 8-29c 所示。

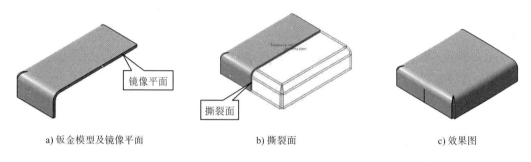

| a) 钣金模型及镜像平面 | b) 撕裂面 | c) 效果图 |

图 8-29　撕裂面应用

上述示例的钣金展开图如图 8-30a 所示。当进行上述钣金镜像操作时，若取消步骤④的操作（即取消撕裂面），则其钣金展开图如图 8-30b 所示。

a) 选取撕裂面钣金展开图　　　　　　　　　　　　　　　b) 取消撕裂面钣金展开图

图 8-30　选择撕裂面对比效果

8.3.2　矩形阵列

矩形阵列是以选择的钣金特征为样式，按照指定的方向和距离以矩形数组的方式重复应用，生成一系列的特征。矩形阵列可以选择两个阵列的方向，这两个方向既可以是正交的模式又可以是任意角度的斜交模式。

打开需要创建矩形阵列的钣金件，并选取需要阵列的特征，在"特征变换（Transformations）"工具栏中单击"阵列（Pattern）"图标 下的三角箭头，在其下拉列表中选择"矩形阵列（Rectangular Pattern）"图标 ，弹出"定义矩形阵列"对话框，单击"更多（More）"按钮，展开对话框，如图 8-31 所示。"参数"下拉列表中包括"实例和长度""实例和间距""间距和长度"和"实例和不等间距"，如图 8-32 所示。

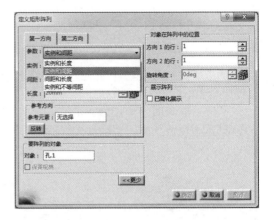

图 8-31　"定义矩形阵列"对话框　　　　　图 8-32　"参数"下拉列表

该对话框中包含"第一方向"和"第二方向"两个选项卡，用于设置在两个方向上的矩形阵列效果，其"参数"中的选项相同。下面以"第一方向"选项卡为例进行介绍。

（1）实例和间距　"参数"下拉列表中的默认选项，可通过设置实例的数量和间距进行矩形阵列（见图 8-31）。以"实例和间距"形式进行的矩形阵列，其操作项目为：

1）实例：用于设置在一个方向上的实例数，初始对象包括在内。

2）间距：用于设置阵列的间距。

3）长度：用于设置阵列的总长度。该文本框处于未激活状态。

4）参考方向：用于设置阵列方向的相关参数。

① 参考元素：用于选择阵列的参考元素。可以选定实体的边线或者坐标轴，也可以选定平面作为参考元素。

② 反转：用于反转阵列的方向。

5）要阵列的对象：

对象：用于选择要阵列的对象。

6）对象在阵列中的位置：用于对整个阵列进行设置。

① 方向 1 的行：用于设置阵列对象在第一方向上所在行的位置。

② 方向 2 的行：用于设置阵列对象在第二方向上所在行的位置。

③ 旋转角度：用于设置整个矩阵的旋转角度。

7）展示阵列：

已简化展示：选中该复选框后单击某些阵列的中心点，这些阵列在设置阵列定义时以实体的形式展现，阵列创建完成后，单击过的阵列不可见。

（2）实例和长度　在"参数"下拉列表中选择"实例和长度"，可通过设置实例的数量和阵列总长度进行矩形阵列。选择"实例和长度"后的"定义矩形阵列"对话框如图 8-33 所示。

以"实例和长度"形式进行的阵列与以"实例和间距"形式进行的阵列，操作项目的不同之处为：

1）间距：该文本框处于未激活状态。

2）长度：该文本框处于激活状态。

图 8-33　选择"实例和长度"后的"定义矩形阵列"对话框

（3）间距和长度　在"参数"下拉列表中选择"间距和长度"，可通过设置间隔的距离和阵列后的总长度进行阵列。选择"间距和长度"后的"定义矩形阵列"对话框如图 8-34 所示。

图 8-34　选择"间距和长度"后的"定义矩形阵列"对话框

以"间距和长度"形式进行的阵列与以"实例和间距"形式进行的阵列，操作项目的不同之处为：

1）实例：该文本框处于未激活状态。

2）长度：该文本框处于激活状态。

（4）实例和不等间距　在"参数"下拉列表中选择"实例和不等间距"，可通过设置实例的数量和不等间隔的距离进行阵列。选择"实例和不等间距"后的"定义矩形阵列"对话框如图 8-35 所示。

图 8-35　选择"实例和不等间距"后的"定义矩形阵列"对话框

示例：桥接特征阵列

打开资源包中的"Exercise\8\8.3\8.3.2\ 示例 \Rectangular pattern"，结果如图 8-36a 所示。

① 在结构树中选择"桥接 .1"作为阵列对象。

② 在"特征变换（Transformations）"工具栏中单击"阵列（Pattern）"图标■下的三角箭头，在其下拉列表中选择"矩形阵列（Rectangular Pattern）"图标■，弹出"定义矩形阵列"对话框。

③ 在"第一方向"选项卡的"参数"下拉列表中选择"实例和间距"选项；在"实例"文本框中输入数值，本例取"4"；在"间距"文本框中输入数值，本例取"14"。

④ 激活"参考元素"文本框，右击，选择"X 轴"作为阵列方向。

⑤ 单击"反转"按钮 反转 。

⑥ 在"第二方向"选项卡的"参数"下拉列表中选择"实例和间距"选项；在"实例"文本框中输入数值，本例取"3"；在"间距"文本框中输入数值，本例取"17"。

⑦ 激活"参考元素"文本框，右击，选择"Y 轴"作为阵列方向。

⑧ 单击"预览"按钮，确认无误后单击"确定"按钮，完成桥接特征阵列，效果图如图 8-36b 所示。

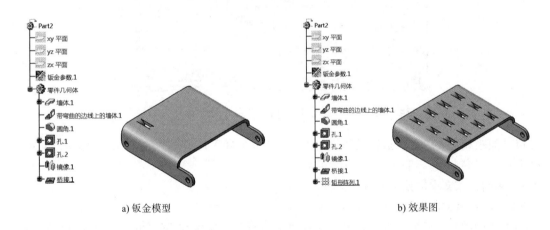

a) 钣金模型　　　　　　　　　　　　　　b) 效果图

图 8-36　桥接特征阵列

8.3.3　圆形阵列

圆形阵列是将选择的对象绕着参考元素按照一定的方式进行多对象的复制和排列。

打开需要创建圆形阵列的钣金件，并选择需要圆形阵列的特征，在"特征变换（Transformations）"工具栏中单击"阵列（Pattern）"图标■下的三角箭头，在其下拉列表中选择"圆形阵列（Circular Pattern）"图标◯，弹出"定义圆形阵列"对话框，单击"更多（More）"按钮，展开对话框，如图 8-37 所示。"参数"下拉列表中包括"实例和总角度""实例和角度间距""角度间距和总角度""完整径向"和"实例和不等角度间距"选项，如图 8-38 所示。

图 8-37　"定义圆形阵列"对话框　　　　　　图 8-38　"参数"下拉列表

（1）轴向参考　该选项卡用于定义圆形阵列轴向的相关参数。

1）实例和角度间距："参数"下拉列表中的默认选项，可通过设置阵列的实例数量和各实例间的角度间距进行阵列（见图 8-37）。以"实例和角度间距"形式进行的阵列，其操作项目为：

① 实例：用于设置圆周上要阵列的数量。

② 角度间距：用于设置阵列相邻两元素间的夹角。

③ 总角度：用于设置阵列对象总的角度。该文本框处于未激活状态。

2）实例和总角度：在"参数"下拉列表中选择"实例和总角度"，可通过设置实例数量以及阵列的总角度进行阵列。选择"实例和总角度"后的"定义圆形阵列"对话框如图 8-39 所示。

以"实例和总角度"形式进行的阵列与以"实例和角度间距"形式进行的阵列，操作项目的不同之处为：

① 角度间距：该文本框处于未激活状态。

② 总角度：该文本框处于激活状态。

图 8-39　选择"实例和总角度"后的"定义圆形阵列"对话框

3）角度间距和总角度：在"参数"下拉列表中选择"角度间距和总角度"，可通过设置各实例间的角度间距以及阵列的总角度进行阵列。选择"角度间距和总角度"后的"定义圆形阵列"对话框如图 8-40 所示。

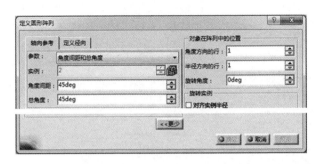

图 8-40 选择"角度间距和总角度"后的"定义圆形阵列"对话框

以"角度间距和总角度"形式进行的阵列与以"实例和角度间距"形式进行的阵列，操作项目的不同之处为：

① 实例：该文本框处于未激活状态。

② 总角度：该文本框处于激活状态。

4）完整径向：在"参数"下拉列表中选择"完整径向"，可通过设置实例个数，将阵列实例按照一周均匀排布的方式进行阵列。选择"完整径向"后的"定义圆形阵列"对话框如图 8-41 所示。

图 8-41 选择"完整径向"后的"定义圆形阵列"对话框

以"完整径向"形式进行的阵列与以"实例和角度间距"形式进行的阵列，操作项目的不同之处为："角度间距"文本框处于未激活状态。

5）实例和不等角度间距：在"参数"下拉列表中选择"实例和不等角度间距"，可通过设置实例个数和阵列的不等角度间距进行阵列。选择"实例和不等角度间距"后的"定义圆形阵列"对话框如图 8-42 所示。

图 8-42 选择"实例和不等角度间距"后的"定义圆形阵列"对话框

6）参考方向：

①参考元素：用于选择阵列的方向。

②反转：用于反转阵列的旋转方向。

7）要阵列的对象：

①对象：用于选择要阵列的对象。

②保留规格：选中该复选框后可以使用待阵列对象的所有规格来创建实例。

8）对象在阵列中的位置：用于对整个阵列进行设置。

①角度方向的行：用于设置阵列对象在角度方向上所在行的位置。

②半径方向的行：用于设置阵列对象在半径方向上所在行的位置。

③旋转角度：用于设置阵列对象的旋转角度。

9）旋转实例：

对齐实例半径：选中该复选框，则所有实例的方向将与圆切线垂直；不选择该复选框，则所有实例的方向将与原始对象相同。

（2）定义径向　该选项卡用于定义圆形阵列径向的相关参数，如图 8-43 所示。"参数"下拉列表中包括"圆和径向厚度""圆和圆间距"和"圆间距和径向厚度"选项，如图 8-44 所示。

图 8-43　"定义径向"选项卡　　　　　　　　图 8-44　"参数"下拉列表

1）圆和圆间距："参数"下拉列表中的默认选项（见图 8-43），可通过设置圆形阵列的数量和相邻两圆圆心间的距离进行阵列。以"圆和圆间距"形式进行的阵列，其操作项目为：

①圆：用于定义圆形阵列的数量。

②圆间距：用于指定相邻两圆圆心间的距离。

③径向厚度：用于定义圆形阵列半径方向上的总距离。该文本框处于未激活状态。

2）圆和径向厚度：在"参数"下拉列表中选择"圆和径向厚度"，可通过设置圆形阵列的数量和圆形阵列半径方向上的总距离进行阵列。选择"圆和径向厚度"后的"定义圆形阵列"对话框如图 8-45 所示。

以"圆和径向厚度"形式进行的阵列与以"圆和圆间距"形式进行的阵列，操作项目的不同之处为：

①圆间距：该文本框处于未激活状态。

②径向厚度：该文本框处于激活状态。

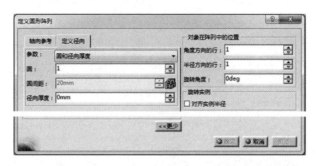

图 8-45　选择"圆和径向厚度"后的"定义圆形阵列"对话框

3）圆间距和径向厚度：在"参数"下拉列表中选择"圆间距和径向厚度"，可通过设置相邻两圆圆心间的距离和圆形阵列半径方向上的总距离进行阵列。选择"圆间距和径向厚度"后的"定义圆形阵列"对话框如图 8-46 所示。

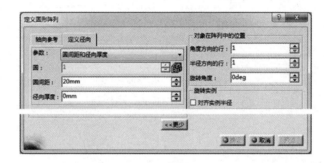

图 8-46　选择"圆间距和径向厚度"后的"定义圆形阵列"对话框

以"圆间距和径向厚度"形式进行的阵列与以"圆和圆间距"形式进行的阵列，操作项目的不同之处为：

① 圆：该文本框处于未激活状态。

② 径向厚度：该文本框处于激活状态

示例：完整径向阵列

打开资源包中的"Exercise\8\8.3\8.3.3\ 示例 \Circular pattern"，结果如图 8-47a 所示。

① 在结构树中选择"孔 .1"作为阵列对象。

② 在"特征变换（Transformations）"工具栏中单击"阵列（Pattern）"图标 下的三角箭头，在其下拉列表中选择"圆形阵列（Circular Pattern）"图标 ，弹出"定义圆形阵列"对话框。

③ 在"轴向参考"选项卡的"参数"下拉列表中选择"完整径向"选项；在"实例"文本框中输入数值，本例取"10"。

④ 激活"参考元素"文本框，右击，选择"Z 轴"作为参考元素。

⑤ 在"定义径向"选项卡的"参数"下拉列表中选择"圆和圆间距"选项；在"圆"文本框中输入数值，本例取"2"；在"圆间距"文本框中输入数值，本例取"45"。

⑥ 单击"预览"按钮，确认无误后单击"确定"按钮，完成圆形阵列 1 的创建，结果如

图 8-47b 所示。

⑦ 参照上述步骤①～⑥的操作，创建圆形阵列 2。在"实例"文本框中输入数值"16"，选择"Z 轴"作为参考元素，在"圆"文本框中输入数值"2"，在"圆间距"文本框中输入数值"100"。创建完成的圆形阵列 2 如图 8-47c 所示。

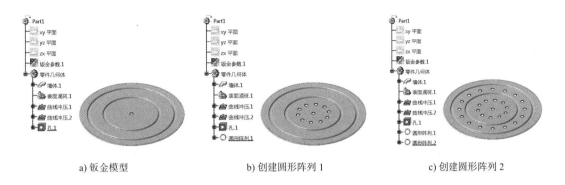

a) 钣金模型　　　　　　b) 创建圆形阵列 1　　　　　　c) 创建圆形阵列 2

图 8-47　完整径向阵列

8.3.4　定义用户阵列

定义用户阵列是根据用户自定义的方式将阵列对象进行阵列复制的操作。

打开需要创建阵列的钣金件，并选择需要阵列的特征，在"特征变换（Transformations）"工具栏中单击"阵列（Pattern）"图标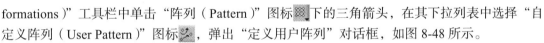下的三角箭头，在其下拉列表中选择"自定义阵列（User Pattern）"图标，弹出"定义用户阵列"对话框，如图 8-48 所示。

（1）实例

① 位置：用于设置阵列对象的位置。

② 数目：用于设置阵列对象的数目。

（2）要阵列的对象

① 对象：选择并显示需要阵列的对象。

② 定位：用于选择参考点。系统默认的参考点是坐标原点，一般情况下不需要额外指定。

示例：基于草图定位的孔阵列

打开资源包中的"Exercise\8\8.3\8.3.4\ 示例 \User pattern"，结果如图 8-49a 所示。

① 在结构树中选择"孔 .1"作为阵列对象。

图 8-48　"定义用户阵列"对话框

② 在"特征变换（Transformations）"工具栏中单击"阵列（Pattern）"图标下的三角箭头，在其下拉列表中选择"定义用户阵列（User Pattern）"图标，弹出"定义用户阵列"对话框。

③ 激活"位置"文本框，在结构树中选择"草图 .2"，定义阵列对象的位置。

④ 单击"预览"按钮，确认无误后单击"确定"按钮，完成基于草图定位的孔阵列，效果图如图 8-49b 所示。

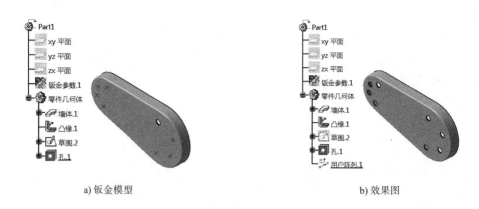

a) 钣金模型　　　　　　　　　　　　　　　　　　　　b) 效果图

图 8-49　基于草图定位的孔阵列

8.3.5　平移

平移是将钣金件的位置在空间移动的操作。

打开需要进行平移的钣金件，在"特征变换（Transformations）"工具栏中单击"等距（Isometries）"图标 下的三角箭头，在其下拉列表中选择"平移（Translation）"图标 ，弹出"问题"提示框，如图 8-50 所示，同时弹出未激活状态的"平移定义"对话框，如图 8-51 所示。

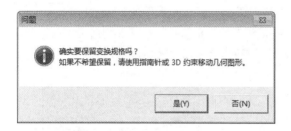

图 8-50　"问题"提示框　　　　　　　　图 8-51　未激活状态的"平移定义"对话框

"问题"提示框用于防止误操作而改变实体相对于坐标平面的位置。如果单击"否"按钮，则取消已启动的命令；只有单击"是"按钮，才能使用平移功能，并且使"平移定义"对话框处于激活状态，如图 8-52 所示。

向量定义用于定义平移方式，包括"方向、距离""点到点"和"坐标"三种平移方式，如图 8-53 所示。

图 8-52　激活状态的"平移定义"对话框　　　　图 8-53　"向量定义"下拉列表

1）方向、距离：通过指定移动方向和移动距离进行钣金移动。

① 方向：用于选择钣金件移动方向的参照。

② 距离：用于指定在移动方向上的距离。

2）点到点：通过选择平移的起点和终点进行钣金移动。在"向量定义"下拉列表中选择"点到点"选项后的"平移定义"对话框如图 8-54 所示。

① 起点：用于设置对象平移的起点。

② 终点：用于设置对象平移的终点。

3）坐标：通过在 X、Y、Z 文本框中输入坐标值进行钣金的移动。在"向量定义"下拉列表中选择"坐标"选项后的"平移定义"对话框如图 8-55 所示。

图 8-54　选择"点到点"后的"平移定义"对话框　　图 8-55　选择"坐标"后的"平移定义"对话框

示例：防护罩平移

打开资源包中的 "Exercise\8\8.3\8.3.5\ 示例 \Translation"，结果如图 8-56a 所示。

① 在"特征变换（Transformations）"工具栏中单击"等距（Isometries）"图标 下的三角箭头，在其下拉列表中选择"平移（Translation）"图标 ，弹出"问题"提示框和"平移定义（Translation Definition）"对话框。在"问题"提示框中单击"是"按钮。

② 在"向量定义"下拉列表中选择"方向、距离"选项。

③ 激活"方向"文本框，右击，在弹出的快捷菜单中选择"X 部件"命令。

④ 在"距离"文本框中输入数值，本例取"−150"。

⑤ 单击图形区空白处，生成预览图，如图 8-56b 所示。确认无误后单击"确定"按钮，效果图如图 8-56c 所示。

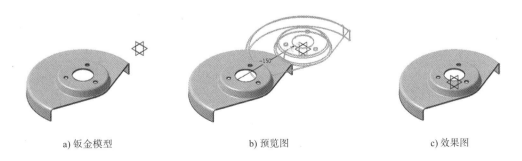

a) 钣金模型　　　　　　　　b) 预览图　　　　　　　　c) 效果图

图 8-56　防护罩平移

8.3.6　旋转

旋转是将钣金件绕着某旋转轴旋转一定角度的操作。

打开需要进行旋转的钣金件，在"特征变换（Transformations）"工具栏中单击"等距（Isometries）"图标下的三角箭头，在其下拉列表中选择"旋转（Rotation）"图标，弹出"问题"提示框（见图 8-50），同时弹出未激活状态的"旋转定义"对话框。在"问题"提示框中单击"是"按钮，此时"旋转定义"对话框处于激活状态，如图 8-57 所示。

定义模式：用于定义旋转方式，包括"轴线 - 角度""轴线 - 两个元素"和"三点"三种方式，如图 8-58 所示。

图 8-57　"旋转定义"对话框

图 8-58　"定义模式"下拉列表

（1）轴线 - 角度　使钣金件绕某固定轴旋转一定角度。

① 轴线：钣金件旋转时的固定轴线。

② 角度：指定钣金件的旋转角度。

（2）轴线 - 两个元素　选择旋转轴后，单击两个元素可以确定旋转位置。在"定义模式"下拉列表中选择"轴线 - 两个元素"选项后的"旋转定义"对话框如图 8-59 所示。

① 轴线：钣金件旋转时的固定轴线。

② 第一元素：钣金件旋转时选取的第一元素。

③ 第二元素：钣金件旋转时选取的第二元素。

（3）三点　通过指定 3 个坐标点确定物体的旋转方式。在"定义模式"下拉列表中选择"三点"选项后的"旋转定义"对话框如图 8-60 所示。

图 8-59　选择"轴线 - 两个元素"后的
"旋转定义"对话框

图 8-60　选择"三点"后的"旋转定义"对话框

示例：连接板旋转

打开资源包中的"Exercise\8\8.3\8.3.6\ 示例 \Rotation"，结果如图 8-61a 所示。

① 在"特征变换（Transformations）"工具栏中单击"等距（Isometries）"图标![icon]下的三角箭头，在其下拉列表中选择"旋转（Rotation）"图标![icon]，弹出"问题"提示框和"旋转定义（Rotation Definition）"对话框。在"问题"提示框中单击"是"按钮。

② 在"定义模式"下拉列表中选择"轴线 - 角度"选项。

③ 激活"轴线"文本框，右击，选择"Y 轴"作为轴线。

④ 在"角度"文本框中输入数值，本例取"90"。

⑤ 单击图形区空白处，生成预览图，如图 8-61b 所示。确认无误后单击"确定"按钮，效果图如图 8-61c 所示。

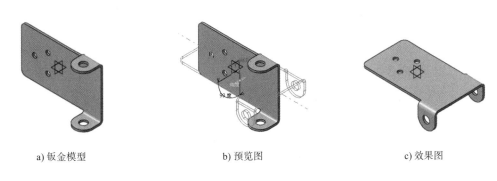

a) 钣金模型　　　　　　　　　　b) 预览图　　　　　　　　　　c) 效果图

图 8-61　连接板旋转

8.3.7　对称

对称是以镜像的方式移动钣金件的操作。

打开需要进行对称操作的钣金件，在"特征变换（Transformations）"工具栏中单击"等距（Isometries）"图标![icon]下的三角箭头，在其下拉列表中选择"对称（Symmetry）"图标![icon]，弹出"问题"提示框（见图 8-50），同时弹出未激活状态的"对称定义（Symmetry Definition）"对话框。在"问题"提示框中单击"是"按钮，此时"旋转定义"对话框处于激活状态，如图 8-62 所示。

参考：激活该文本框，可选择点、线或面等元素作为对称参考元素。

示例：法兰对称

打开资源包中的"Exercise\8\8.3\8.3.7\ 示 例 \Symmetry"，结果如图 8-63a 所示。

① 在"特征变换（Transformations）"工具栏中单击"等距（Isometries）"图标![icon]下的三角箭头，在其下拉列表中选择"对称（Symmetry）"图标![icon]，弹出"问题"提示框和"对称定义（Symmetry Definition）"对话框。在"问题"提示框中单击"是"按钮。

图 8-62　"对称定义"对话框

② 激活"参考"文本框，选择如图 8-63a 所示的点作为对称参考元素，生成对称预览图，如图 8-63b 所示。

③ 单击"确定"按钮，效果图如图 8-63c 所示。

a) 钣金模型及参考元素   b) 预览图   c) 效果图

图 8-63   法兰对称

8.3.8   定位变换

定位变换是将钣金件在两个坐标系之间实现空间位置转换的操作。

在"特征变换（Transformations）"工具栏中单击"等距（Isometries）"图标 下的三角箭头，在其下拉列表中选择"定位变换（Axis To Axis）"图标 ，弹出"问题"提示框（见图 8-50），同时弹出未激活状态的"定位变换定义（Axis To Axis Definition）"对话框。在"问题"提示框中单击"是"按钮，此时"定位变换定义"对话框处于激活状态，如图 8-64 所示。

（1）参考   选择或创建一轴系作为定位变换前的参考轴系。

（2）目标   选择或创建一轴系作为定位变换的目标轴系。

示例：卡板轴系转换

打开资源包中的"Exercise\8\8.3\8.3.8\ 示例 \Axis to Axis"，结果如图 8-65a 所示。

图 8-64   "定位变换定义"对话框

① 在"特征变换（Transformations）"工具栏中单击"等距（Isometries）"图标 下的三角箭头，在其下拉列表中选择"定位变换（Axis To Axis）"图标 ，弹出"问题"提示框和"定位变换定义（Axis To Axis Definition）"对话框。在"问题"提示框中单击"是"按钮。

② 激活"参考"文本框，右击，选择"创建轴系"图标 ，弹出"轴系定义"对话框，如图 8-65b 所示。采用默认的轴系，单击"确定"按钮，创建的参考轴系如图 8-65c 所示。

③ 激活"目标"文本框，右击，选择"创建轴系"图标 ，弹出"轴系定义"对话框，激活"原点"文本框，选择如图 8-65d 所示的点作为目标轴系原点，生成定位变换预览图，如图 8-59e 所示。

④ 单击"确定"按钮，完成将卡板位置由参考轴系移至目标轴系，效果图如图 8-65f 所示。

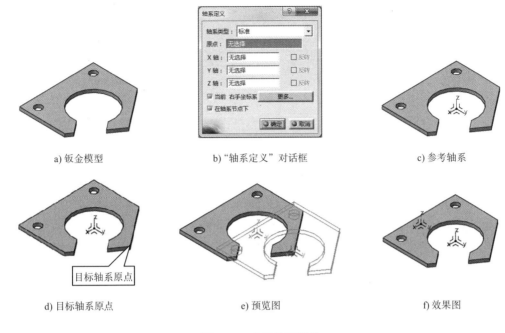

a) 钣金模型   b)"轴系定义"对话框   c) 参考轴系

d) 目标轴系原点   e) 预览图   f) 效果图

图 8-65 卡板轴系转换

8.4 应用示例

8.4.1 地漏盖板

新建一个钣金零件模型，命名为"Drain cover"。

1. 钣金参数设置

在"墙体（Walls）"工具栏中单击"钣金参数（Sheet Metal Parameters）"图标，弹出"钣金参数（Sheet Metal Parameters）"对话框。在"厚度（Thickness）"文本框中输入数值，本例取"1"；在"默认折弯半径（Default Bend Radius）"文本框中输入数值，本例取"2"。选择"弯曲极限（Bend Extremities）"选项卡，设置止裂槽为"扯裂止裂槽（Minimum with no relief）"类型。单击"确定"按钮，完成钣金参数设置。

2. 创建平整钣金模型

① 在"墙体（Walls）"工具栏中单击"墙体"图标，弹出"墙体定义（Wall Definition）"对话框。

② 单击对话框中的"草图"图标，在结构树中选择"xy 平面"作为草图平面，进入草图工作台，绘制如图 8-66 所示的草图。单击"退出工作台"图标，完成草图创建。

③ 单击"预览"按钮，确认无误后单击"确定"按钮，完成平整钣金模型的创建，结果如图 8-67 所示。

3. 创建孔 1

① 在"剪切 / 冲压（Cutting/Stamping）"工具栏中单击"孔（Holes）"图标下的三角箭

头，在其下拉列表中选择"孔（Hole）"图标，选择如图 8-68 所示的平面作为创建孔 1 的平面，弹出"定义孔"对话框。

图 8-66　绘制平整钣金草图

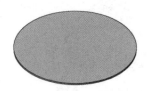

图 8-67　创建平整钣金模型

② 在"扩展"选项卡的"延伸类型"下拉列表中选择"直到下一个"选项；在"直径"文本框中输入数值，本例取"4"。

③ 在"定位草图"选项组中单击"草图"图标，进入草图工作台，对孔 1 的位置进行设置，如图 8-69 所示。单击"退出工作台"图标，完成孔的定位。

④ 在"类型"选项卡的"孔类型"下拉列表中选择"简单"选项。

⑤ 单击"预览"按钮，确认无误后单击"确定"按钮，完成孔 1 的创建，结果如图 8-70 所示。

4. 创建圆形阵列 1

① 在结构树中选取"孔 .1"作为阵列对象。

② 在"特征变换（Transformations）"工具栏中单击"阵列（Pattern）"图标下的三角箭头，在其下拉列表中选择"圆形阵列（Circular Pattern）"图标，弹出"定义圆形阵列"对话框。

③ 在"轴向参考"选项卡的"参数"下拉列表中选择"完整径向"选项；在"实例"文本框中输入数值，本例取"5"。

④ 激活"参考元素"文本框，右击，选择"Z 轴"作为参考元素。

⑤ 单击"预览"按钮，确认无误后单击"确定"按钮，结果如图 8-71 所示。

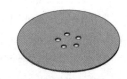

图 8-68　孔 1 平面　　　　图 8-69　设置孔 1 位置　　　　图 8-70　创建孔 1　　　　图 8-71　创建圆形阵列 1

5. 创建剪口 1

① 在"剪切 / 冲压（Cutting/Stamping）"工具栏中单击"剪口（Cut Out）"图标，弹出"剪口定义（Cutout Definition）"对话框。

② 在"剪口类型（Cutout Type）"选项组的"类型（Type）"下拉列表中选择"标准剪口（Sheetmetal standard）"选项。

③ 单击对话框中的"草图"图标，选择如图 8-72 所示的平面作为草图平面，进入草图

工作台，绘制如图 8-73 所示的草图。单击"退出工作台"图标 凸，完成草图创建。

④ 在"末端限制（End Limit）"选项组的"类型（Type）"下拉列表中选择"直到最后（Up to last）"选项。

⑤ 单击"预览"按钮，确认无误后单击"确定"按钮，完成剪口 1 的创建，结果如图 8-74 所示。

 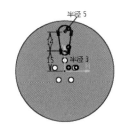 

图 8-72　剪口 1 草图平面　　　　图 8-73　绘制剪口 1 草图　　　　图 8-74　创建剪口 1

6. 创建圆形阵列 2

参照"4.创建圆形阵列 1"的方法，创建圆形阵列 2。在结构树中选择"剪口 .1"作为阵列对象；在"轴向参考"选项卡的"参数"下拉列表中选择"完整径向"选项；在"实例"文本框中输入数值，本例取"10"；激活"参考元素"文本框，选择如图 8-75 所示的平面作为参考元素；单击"更多（More）"按钮，展开对话框，选中"对齐实例半径"复选框。单击"确定"按钮，完成地漏盖板的创建，结果如图 8-76 所示。

 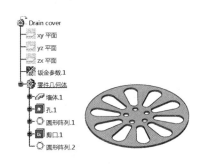

图 8-75　圆形阵列 2 参考元素　　　　　　图 8-76　创建地漏盖板

8.4.2　电动机叶轮外罩

新建一个钣金零件模型，命名为"Motor shell"。

1. 钣金参数设置

在"墙体（Walls）"工具栏中单击"钣金参数（Sheet Metal Parameters）"图标

，弹出"钣金参数（Sheet Metal Parameters）"对话框。在"厚度（Thickness）"文本框中输入数值，本例取"1.2"；在"默认折弯半径（Default Bend Radius）"文本框中输入数值，本例取"1"。选择"弯曲极限（Bend Extremities）"选项卡，设置止裂槽为"扯裂止裂槽（Minimum with no relief）"类型。单击"确定"按钮，完成钣金参数设置。

2. 创建平整钣金模型

① 在"墙体（Walls）"工具栏中单击"墙体（Wall）"图标 $\mathscr{O}$，弹出"墙体定义（Wall Definition）"对话框。

② 单击对话框中的"草图"图标 $\boxtimes$，在结构树中选择"zx 平面"作为草图平面，进入草图工作台，绘制如图 8-77 所示的草图。单击"退出工作台"图标 $\stackrel{\wedge}{\square}$，完成草图创建。

③ 单击"预览"按钮，确认无误后单击"确定"按钮，完成平整钣金模型的创建，结果如图 8-78 所示。

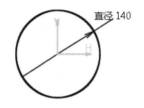

图 8-77　绘制平整钣金草图

图 8-78　创建平整钣金模型

3. 创建凸缘 1

① 在"墙体（Walls）"工具栏中单击"扫掠墙体（Swept Walls）"图标 $\stackrel{\longleftarrow}{\llcorner}$ 下的三角箭头，在其下拉列表中选择"凸缘（Flange）"图标 $\stackrel{\longleftarrow}{\llcorner}$，弹出"凸缘定义（Flange Definition）"对话框。

② 选择"基础型（Basic）"选项。

③ 在"长度（Length）"文本框中输入数值，本例取"28"；在"角度（Angle）"文本框中输入数值，本例取"135"；在"折弯半径（Radius）"文本框中输入数值，本例取"1"。

④ 激活"边线（Spine）"文本框，选择如图 8-79 所示钣金的底部边线作为凸缘 1 的附着边。

⑤ 确认无误后单击"确定"按钮，完成凸缘 1 的创建，结果如图 8-80 所示。

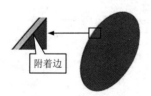

图 8-79　凸缘 1 附着边

图 8-80　创建凸缘 1

4. 创建凸缘 2

参见"3. 创建凸缘 1"的步骤，创建凸缘 2。选择如图 8-81 所示的边线作为凸缘 2 的附着边，在"长度（Length）"文本框中输入数值，本例取"28"；在"角度（Angle）"文本框中输入数值，本例取"135"；在"折弯半径（Radius）"文本框中输入数值，本例取"1"。创建的凸缘 2 如图 8-82 所示。

5. 创建剪口 1

① 在"剪切 / 冲压（Cutting/Stamping）"工具栏中单击"剪口（Cut Out）"图标 $\boxdot$，弹出"剪口定义（Cutout Definition）"对话框。

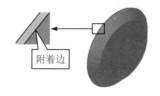

图 8-81　凸缘 2 附着边　　　　　　　　　　　　图 8-82　创建凸缘 2

② 在"剪口类型（Cutout Type）"选项组的"类型（Type）"下拉列表中选择"标准剪口（Sheetmetal standard）"选项。

③ 单击对话框中的"草图"图标，选择如图 8-83 所示的平面作为草图平面，进入草图工作台，绘制如图 8-84 所示的草图。单击"退出工作台"图标，完成草图创建。

④ 在"末端限制（End Limit）"选项组的"类型（Type）"下拉列表中选择"直到下一个（Up to next）"选项。

⑤ 单击"预览"按钮，确认无误后单击"确定"按钮，完成剪口 1 的创建，结果如图 8-85 所示。

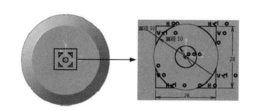

图 8-83　剪口 1 草图平面　　　　图 8-84　绘制剪口 1 草图　　　　图 8-85　创建剪口 1

6. 创建剪口 2

参照"5. 创建剪口 1"的步骤和参数设置，创建剪口 2。选择如图 8-86 所示的平面作为草图平面，绘制草图，结果如图 8-87 所示。创建的剪口 2 如图 8-88 所示。

7. 创建矩形阵列 1

① 在结构树中选择刚创建的剪口 2 作为阵列对象。

② 在"特征变换（Transformations）"工具栏中单击"阵列（Pattern）"图标下的三角箭头，在其下拉列表中选择"矩形阵列（Rectangular Pattern）"图标，弹出"定义矩形阵列"对话框。

③ 在"第一方向"选项卡的"参数"下拉列表中选择"实例和间距"选项；在"实例"文本框中输入数值，本例取"5"；在"间距"文本框中输入数值，本例取"10"；右击"参考元素"文本框，选择"X 轴"选项；单击"反转"按钮 反转 。

④ 在"第二方向"选项卡的"参数"下拉列表中选择"实例和间距"选项；在"实例"文本框中输入数值，本例取"3"；在"间距"文本框中输入数值，本例取"10"；右击"参考元素"文本框，选择"Z 轴"选项。

⑤ 单击"预览"按钮，确认无误后单击"确定"按钮，完成矩形阵列 1 的创建，结果如图 8-89 所示。

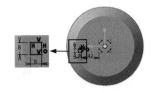

图 8-86　剪口 2 草图平面　　图 8-87　绘制剪口 2 草图　　图 8-88　创建剪口 2　　图 8-89　创建矩形阵列 1

8. 创建剪口 3

参照 "5. 创建剪口 1" 的步骤和参数设置，创建剪口 3。选择如图 8-90 所示的平面作为草图平面，绘制草图，结果如图 8-91 所示。创建的剪口 3 如图 8-92 所示。

9. 创建矩形阵列 2

参照 "7. 创建矩形阵列 1" 的步骤，创建矩形阵列 2。选择刚创建的剪口 3 作为阵列对象。在 "第一方向" 选项卡的 "参数" 下拉列表中选择 "实例和间距" 选项；在 "实例" 文本框中输入数值，本例取 "11"；在 "间距" 文本框中输入数值，本例取 "10"；右击 "参考元素" 文本框，选择 "X 轴" 选项；单击 "反转" 按钮 反转 。在 "第二方向" 选项卡的 "参数" 下拉列表中选择 "实例和间距" 选项；在 "实例" 文本框中输入数值，本例取 "2"；在 "间距" 文本框中输入数值，本例取 "10"；右击 "参考元素" 文本框，选择 "Z 轴" 选项。单击 "确定" 按钮，完成矩形阵列 2 的创建，结果如图 8-93 所示。

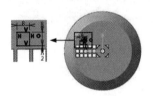

图 8-90　剪口 3 草图平面　　图 8-91　绘制剪口 3 草图　　图 8-92　创建剪口 3　　图 8-93　创建矩形阵列 2

10. 创建剪口 4

参照 "5. 创建剪口 1" 的步骤和参数设置，创建剪口 4。选择如图 8-94 所示的平面作为草图平面，绘制草图，结果如图 8-95 所示。创建的剪口 4 如图 8-96 所示。

11. 创建矩形阵列 3

参照 "7. 创建矩形阵列 1" 的步骤，创建矩形阵列 3。选择刚创建的剪口 4 作为阵列对象。在 "第一方向" 选项卡的 "参数" 下拉列表中选择 "实例和间距" 选项；在 "实例" 文本框中输入数值，本例取 "9"；在 "间距" 文本框中输入数值，本例取 "10"；右击 "参考元素" 文本框，选择 "X 轴" 选项；单击 "反转" 按钮 反转 。单击 "确定" 按钮，完成矩形阵列 3 的创建，结果如图 8-97 所示。

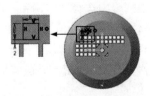

图 8-94　剪口 4 草图平面　　图 8-95　绘制剪口 4 草图　　图 8-96　创建剪口 4　　图 8-97　创建矩形阵列 3

12. 创建剪口 5

参照"5. 创建剪口 1"的步骤和参数设置，创建剪口 5。选择如图 8-98 所示的平面作为草图平面，绘制草图，结果如图 8-99 所示。创建的剪口 5 如图 8-100 所示。

13. 创建矩形阵列 4

参照"7. 创建矩形阵列 1"的步骤，创建矩形阵列 4。选择刚创建的剪口 5 作为阵列对象。在"第一方向"选项卡的"参数"下拉列表中选择"实例和间距"选项；在"实例"文本框中输入数值，本例取"7"；在"间距"文本框中输入数值，本例取"10"；右击"参考元素"文本框，选择"X 轴"选项；单击"反转"按钮 反转。单击"确定"按钮，完成矩形阵列 4 的创建，结果如图 8-101 所示。

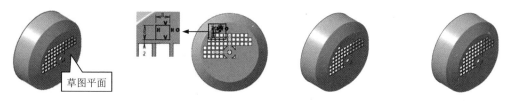

图 8-98　剪口 5 草图平面　　图 8-99　绘制剪口 5 草图　　图 8-100　创建剪口 5　　图 8-101　创建矩形阵列 4

14. 创建剪口 6

参照"5. 创建剪口 1"的步骤和参数设置，创建剪口 6。选择如图 8-102 所示的平面作为草图平面，绘制草图，结果如图 8-103 所示。创建的剪口 6 如图 8-104 所示。

15. 创建矩形阵列 5

参照"7. 创建矩形阵列 1"的步骤，创建矩形阵列 5。选择刚创建的剪口 6 作为阵列对象。在"第一方向"选项卡的"参数"下拉列表中选择"实例和间距"选项；在"实例"文本框中输入数值，本例取"3"；在"间距"文本框中输入数值，本例取"10"；右击"参考元素"文本框，选择"X 轴"选项；单击"反转"按钮 反转。单击"确定"按钮，完成矩形阵列 5 的创建，结果如图 8-105 所示。

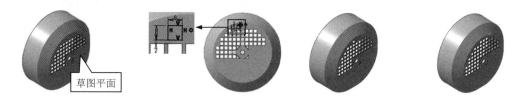

图 8-102　剪口 6 草图平面　　图 8-103　绘制剪口 6 草图　　图 8-104　创建剪口 6　　图 8-105　创建矩形阵列 5

16. 创建镜像 1

① 在"特征变换（Transformations）"工具栏中单击"镜像（Mirror）"图标 ，弹出"镜像定义（Mirror Definition）"对话框。

② 激活"镜像平面（Mirroring plane）"文本框，右击，选择"yz 平面"作为镜像平面。

③ 激活"镜像的元素（Element to mirror）"文本框，选择步骤 7 创建的矩形阵列 1 作为镜像对象。

④ 单击"预览"按钮，确认无误后单击"确定"按钮，完成镜像 1 的创建，结果如

图 8-106 所示。

17. 创建镜像 2～5

参照 "16. 创建镜像 1" 的步骤，创建镜像 2～5。选择 "xy 平面" 作为镜像平面，分别选择步骤 9 创建的矩形阵列 2 至步骤 15 创建的矩形阵列 5 作为镜像对象，创建的镜像 2～5 如图 8-107 所示。

图 8-106　创建镜像 1

图 8-107　创建镜像 2～5

18. 创建剪口 7 和 8

参照 "5. 创建剪口 1" 的步骤及参数设置，创建剪口 7 和 8，选择的草图平面、绘制的草图及创建的剪口效果见表 8-1。

表 8-1　创建剪口 7 和 8

名称	草图平面	草图	效果
剪口 7	xy 平面	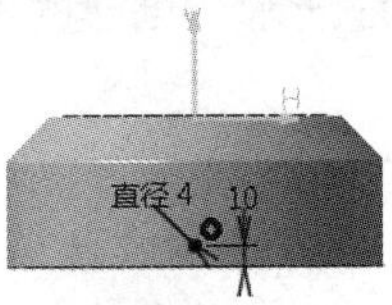 直径 4　10	
剪口 8	zx 平面	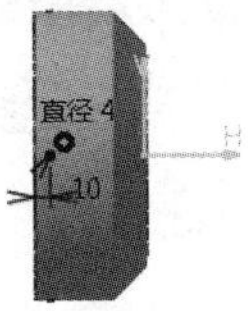 直径 4　10	

第9章 钣金工程图

工程制图即生成并制作与传统二维设计一样的工程图样，用于生产和技术存档。它是CATIA 设计模块的一个组成部分。本章将介绍钣金工程图的创建。其创建方法与一般零件的创建方法基本相同，都是在已完成的三维仿真设计基础上由三维模型转换并经过必要的处理、编辑及标注而来，所不同的是，钣金工程图需要创建展开图。

9.1 工程图环境的设置

在创建钣金工程图之前，需要对图纸参数、工作环境及生成的几何图形的特征进行设置。

9.1.1 图纸格式及图框

1. 图纸格式的设置

（1）图纸的新建

① 在菜单栏中依次选择"文件"→"新建"命令，或在图 9-1 所示的"标准"工具栏中单击"新建（New）"图标 □，弹出"新建"对话框，在"类型列表"列表框中选择"工程图（Drawing）"选项，如图 9-2 所示。单击"确定"按钮，弹出如图 9-3 所示的"新建工程图"对话框，可对图纸的标准、样式及方向进行设置。单击"确定"按钮，启动 CATIA 工程制图工作台。

图 9-1 "标准"工具栏　　　　　图 9-2 "新建"对话框　　　　　图 9-3 "新建工程图"对话框

② 在需要创建工程图的钣金零部件打开的情况下，在菜单栏中依次选择"开始"→"机械设计"→"工程制图"，如图 9-4 所示，弹出"创建新工程图"对话框，如图 9-5 所示。在该对话框中单击"修改"按钮，可对图纸的布局方式进行修改。单击"确定"按钮，启动 CATIA 工程制图工作台。

（2）图纸的选择　在 CATIA 中，系统提供了几种常用的制图标准、幅面大小及图纸方向，在绘图过程中，用户可以根据需要选择所需的图纸格式。

在"新建工程图"对话框的"标准"下拉列表里包含了 ISO、ANSI、ASME 等几种制图标准。然而，这些标准与我国所使用的制图标准不完全相同，因此需要通过修改相应配置来创建符合我国国家标准的工程图标准文件。

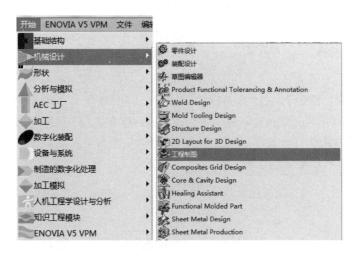

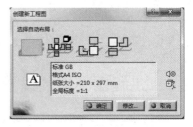

图 9-4　选择菜单栏命令　　　　　　　　图 9-5　"创建新工程图"对话框

① 标准。打开资源包中的"Exercise\9\9.1\CATIA 国标"压缩包，将压缩包解压，双击打开"使用说明"文件，根据使用说明将 GB 图纸添加到工程图模板中。

在"新建工程图"对话框的"标准"下拉列表中选择"GB"标准，如图 9-6 所示。

② 图纸样式。在"图纸样式"下拉列表中选择"A4 ISO"样式，如图 9-7 所示。

（3）图纸方向　选择"横向"选项，单击"确定"按钮，完成图纸方向的设置，进入 CATIA 工程制图工作台。

进入"工程制图"工作台后，图纸格式的设置过程可以在"页面设置"对话框中完成。在菜单栏中依次选择"文件"→"页面设置"命令，弹出"页面设置"对话框，如图 9-8 所示。用户可根据需要设置图纸的格式。

图 9-6　"标准"下拉列表　　　图 9-7　"图纸样式"下拉列表　　　图 9-8　"页面设置"对话框

2. 图框设置

CATIA 工程制图不具有图框，需另行添加，将 GB 图框添加到模板中。

图框的添加有三种方式，分别为手动绘制、插入已有图框及自动生成使用宏命令绘制。本章主要使用插入已有图框的方法。创建图框的方法可参见《CATIA 工程制图》一书。

在菜单栏的"编辑"下拉列表中选择"图纸背景",在"工程图"工具栏中单击"框架和标题节点"图标□,如图 9-9 所示,弹出"管理框架和标题块"对话框,如图 9-10 所示。

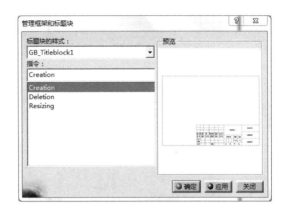

图 9-9　"工程图"工具栏　　　　　图 9-10　"管理框架和标题块"对话框

在"标题块的样式"下拉列表中选择"GB_Titleblock1"选项,在"指令"列表框中选择"创建(Creation)"选项,单击"应用"按钮,确认无误后单击"确定"按钮,完成线框及标题块格式的设置。

在菜单栏的"编辑"下拉列表中选择"工作视图",此时工作台中出现图纸线框及标题块,如图 9-11 所示。

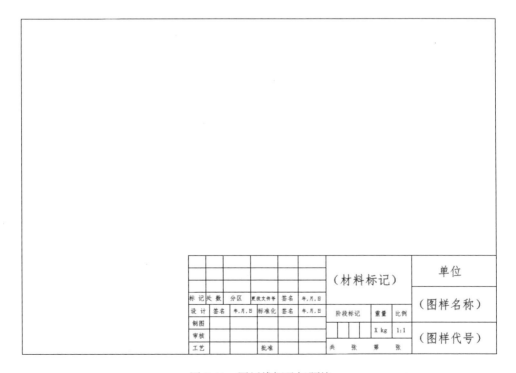

图 9-11　图纸线框及标题块

173

9.1.2　国家标准制图环境

在菜单栏中依次选择"工具"→"选项"，弹出"选项"对话框。

1. 设置标准工程图

在"选项"对话框左侧的结构树中依次选择"常规"→"兼容性"选项，单击三角形按钮 ▶ ，选择"IGES 2D"选项卡，在"标准"选项组的"工程制图"下拉列表中选择"GB"选项，如图9-12所示。

图9-12　"IGES 2D"选项卡设置

2. 设置工程图显示模式

在"选项"对话框左侧的结构树中依次选择"机械设计"→"工程制图"选项，选择"常规"选项卡，选中"显示""点捕捉""显示参数""显示关系""在当前视图中显示"及"可缩放"复选框，如图9-13所示。

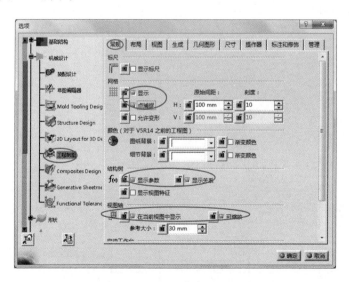

图9-13　"常规"选项卡设置

3. 设置视图布局

在"选项"对话框左侧的结构树中依次选择"机械设计"→"工程制图"选项，选择"布局"选项卡，取消选择"视图名称"和"缩放系数"复选框（因为CATIA工程图的视图名称和显示比例不符合国标），如图 9-14 所示。

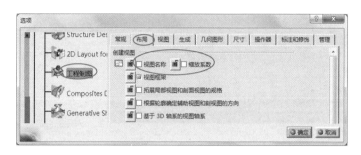

图 9-14　"布局"选项卡设置

9.1.3　设置图形显示特征

1. 设置视图显示模式

在 9.1.2 的基础上，在"选项"对话框左侧的结构树中依次选择"机械设计"→"工程制图"选项，选择"视图"选项卡，选中"生成轴""生成螺纹""生成中心线""生成圆角"及"应用 3D 规格"复选框，如图 9-15 所示。

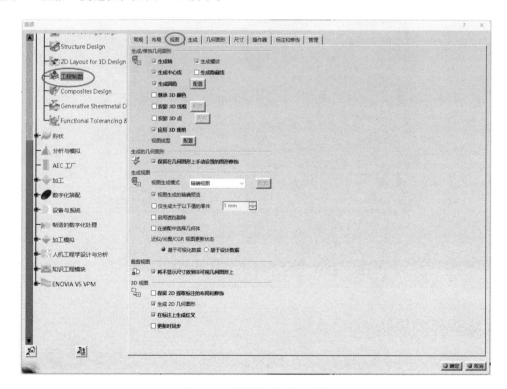

图 9-15　"视图"选项卡设置

2. 设置尺寸生成模式

在"选项"对话框中依次选择"机械设计"→"工程制图"选项，选择"生成"选项卡，选中"生成前过滤"及"生成后分析"复选框，如图 9-16 所示。

图 9-16　"生成"选项卡设置

3. 设置操作器

在"选项"对话框中依次选择"机械设计"→"工程制图"选项，选择"操作器"选项卡，选中"可缩放""修改消隐""移动值""移动尺寸线""移动尺寸线次要零件"及"移动尺寸线"复选框，如图 9-17 所示。

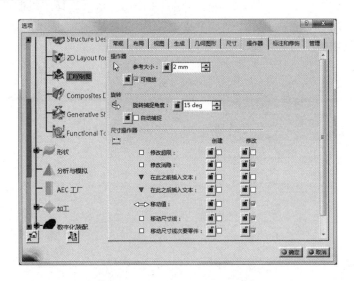

图 9-17　"操作器"选项卡设置

设置完成后，单击"确定"按钮，保存 CATIA 工程制图操作环境设置，完成国家标准制图环境的设置。

9.2　钣金件的表达

本节将简单介绍钣金件工程制图中的视图创建，包括正视图、俯视图、展开视图及等轴测视图。

打开资源包中的"Exercise\9\9.2\Model"，结果如图 9-18 所示。

1. 正视图

① 正视图的打开方式有两种：

方式 1：在菜单栏中依次选择"插入"→"视图"→"投

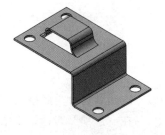

图 9-18　钣金模型

影"→"正视图"命令，或在"视图"工具栏中单击"视图"图标 ▣ 下的三角箭头，在其下拉列表中选择"正视图"图标 ▣，如图 9-19 所示。

方式 2：在菜单栏中依次选择"插入"→"视图"→"投影"→"高级正视图"命令，或在"视图"工具栏中单击"视图"图标 ▣ 下的三角箭头，在其下拉列表中选择"高级正视图"图标 ▣，弹出"视图参数"对话框，如图 9-20 所示。

两种方式的区别在于选择"高级正视图"弹出"视图参数"对话框，而选择"正视图"不弹出对话框，但后续的操作步骤完全相同。在"视图参数"对话框中的"视图名称"和"标度"文本框中可以修改视图的名称和比例。

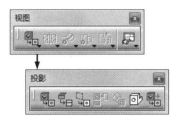

图 9-19　"视图"工具栏

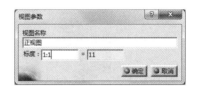

图 9-20　"视图参数"对话框

② 根据提示栏"在 3D 几何图形上选择参考平面"的提示，在菜单栏的"窗口"下拉列表中选择"9-1.CATPart"，将工作窗口切换到钣金设计工作台。

③ 在钣金设计工作台结构树中选择"zx 平面"作为投影平面，系统自动返回至工程制图工作台。

④ 使用窗口右上角的方向控制器调整视图放置方向，如图 9-21 所示。本例中使用了两次向右翻转，并将视图逆时针旋转了 90°，如图 9-22 所示。

a) 调整前　　　　　　　　　　　　b) 调整后

图 9-21　方向控制器　　　　　　　图 9-22　视图方向调整

⑤ 移动视图到绘图区的适当位置并单击，放置视图，完成正视图的创建，结果如图 9-23 所示。

2. 俯视图

在工程制图结构树中选择正视图，双击或右击，选择"激活视图"选项，激活正视图。或选中正视图的视图框架，双击或右击，选择"激活视图"选项，激活正视图，此时其框架显示为红色。

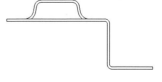

图 9-23　创建正视图

若视图框架无显示，可在通用工具栏的"可视化"工具栏中选择"显示为每个视图指定的视图框架"图标，使其显示。

① 在菜单栏中依次选择"插入"→"视图"→"投影"→"投影视图"命令，或在"视图"工具栏中单击"视图"图标下的三角箭头，在其下拉列表中选择"投影视图"图标。

② 将光标从正视图移至其下方，在图纸中适当的位置单击，完成俯视图的创建。或参见正视图的创建方法，选择如图 9-24 所示的平面作为投影平面，创建俯视图，结果如图 9-25 所示。

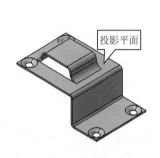

图 9-24　投影平面

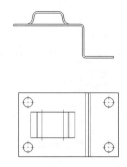

图 9-25　创建俯视图

3. 展开视图

① 在菜单栏中依次选择"插入"→"视图"→"投影"→"展开视图"命令，或在"视图"工具栏中单击"视图"图标下的三角箭头，在其下拉列表中选择"展开视图"图标。

② 根据提示栏"在 3D 几何图形上选择参考平面"的提示，在菜单栏中单击"窗口"，在其下拉列表中选择"9-1.CATPart"，将工作台切换到钣金设计工作台。

③ 在钣金设计工作台结构树中选择"xy 平面"作为投影平面，系统自动返回至工程制图工作台。

④ 可使用窗口右上角的方向控制器调整视图的放置方向，移动视图到适当的位置并单击，放置视图，结果如图 9-26 所示。

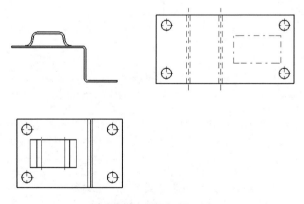

图 9-26　创建展开视图

4. 等轴测视图

① 在菜单栏中依次选择"插入"→"视图"→"投影"→"等轴测视图"命令，或在"视

图"工具栏中单击"视图"图标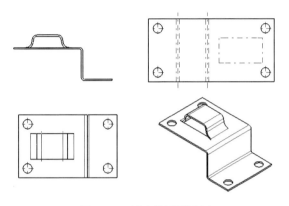下的三角箭头，在其下拉列表中选择"等轴测视图"图
标⊡。

　　② 根据提示栏"在 3D 几何图形上选择参考平面"的提示，在菜单栏中单击"窗口"，在其
下拉列表中选择"9-1.CATPart"，切换到钣金设计工作台。

　　③ 在钣金设计工作台结构树中选择"yz 平面"作为投影平面，系统自动返回至工程制图工
作台。

　　④ 使用窗口右上角的方向控制器调整视图的放置方向，移动视图到适当的位置并单击，放
置视图，结果如图 9-27 所示。

图 9-27　创建等轴测视图

　　如果视图在图纸中的显示较小，可在结构树中选中"图纸 .1"，右击，选择"属性"，激活
"标度"文本框，将比例改为"3∶2"。创建完成的整体视图如图 9-28 所示。

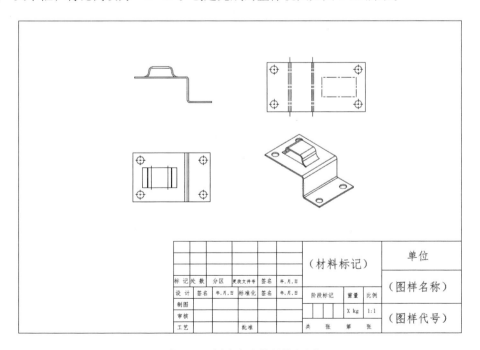

图 9-28　创建完成的整体视图

9.3　标注

本节以图9-28为例讲解标注。

1. 尺寸标注

尺寸的标注主要使用"尺寸标注"工具栏，如图9-29所示。

使用"尺寸标注"工具栏可对长度、角度、距离和直径等进行标注，系统会根据选择图形的具体情况添加合适类型的尺寸标注。单击"尺寸"图标 ，弹出"工具控制板"工具栏，如图9-30所示，可根据标注的需要自行选择图标。

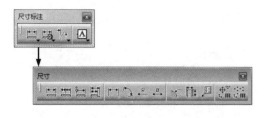

图9-29　"尺寸标注"工具栏　　　　　　　图9-30　"工具控制板"工具栏

 ：投影的尺寸。

 ：强制标注元素尺寸。

 ：强制尺寸线在视图中水平。

 ：强制在视图中垂直标注尺寸。

 ：强制沿同一方向标注尺寸。

 ：实长尺寸。

 ：检测相交点。

① 长度、距离的标注。以展开视图为例，选取两侧边线，测量出两边线间的距离为41.08，移动鼠标，在图纸上选择适当的位置单击，放置尺寸，结果如图9-31所示。长度的标注与距离的标注类似，只需选择一条直线即可。

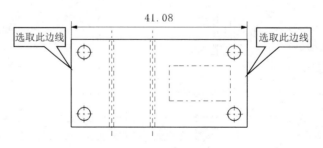

图9-31　距离标注

根据上述做法，完成其他直线尺寸的标注，结果如图9-32所示。

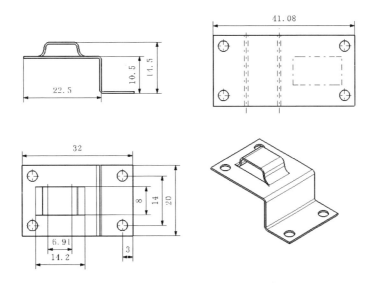

图 9-32　直线尺寸标注

② 直（半）径的标注。

第一种方法：与"①长度、距离的标注"相似，单击"尺寸"图标 <kbd>↔</kbd>，选择如图 9-33 所示的圆角，在图纸上单击，完成圆角半径的标注。

第二种方法：如果标注的是小于半个圆周的圆弧，可直接在"尺寸标注"工具栏中选择"半径尺寸"图标 <kbd>R</kbd> 进行标注；如果需要标注的是圆或大于半个圆周的圆弧，可直接在"尺寸标注"工具栏中选择"直径尺寸"图标 <kbd>Ø</kbd> 进行标注。

如果要对尺寸线进行修改，可选中标注的尺寸，如图 9-33 中的"*R*0.5"，右击，选择"属性"，弹出"属性"对话框，选择"尺寸线"选项卡，在"展示"下拉列表中选择"两部分"选项，如图 9-34 所示。读者可根据标注需要自行选择尺寸线类型进行标注。

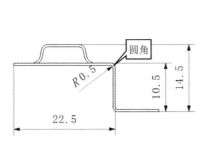

图 9-33　标注圆角半径

图 9-34　"尺寸线"选项卡

按照上述方法，完成全部圆角半径的标注，结果如图 9-35 所示。

2. 折弯方向

在如图 9-36 所示的"标注"工具栏中单击"文本"图标 T 下的三角箭头，在其下拉列表中选择"带引出线的文本"图标 ⤴，选择"直线 1"和"直线 2"，分别标注折弯方向，如图 9-37 所示。

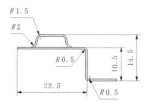

图 9-35　标注全部圆角半径

图 9-36　"标注"工具栏

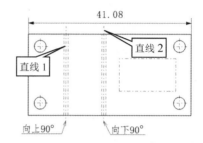

图 9-37　折弯方向标注

3. 几何公差

在"尺寸标注"工具栏中单击"基准特征"图标 A 下的三角箭头，在其下拉列表中选择"基准特征"图标 A，选择如图 9-38 所示的面作为基准面，标注为"A"，然后按住 Shift 键移动到适当的位置。

单击"公差"工具栏中的"形位公差"图标 ▦，弹出"形位公差"对话框，如图 9-39 所示，单击图标 ◯，选择平行图标 ∥。然后选择图 9-40 所示的面标注几何公差，结果如图 9-40 所示。

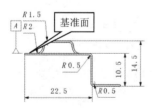

图 9-38　基准面的标注

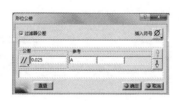

图 9-39　"形位公差"对话框

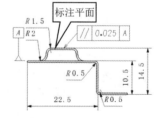

图 9-40　几何公差标注

4. 技术要求

在"标注"工具栏中单击"文本"图标 T 下的三角箭头，在其下拉列表中选择"文本"图标 T，在图纸上单击一点作为文本放置点，弹出"文本编辑器"对话框，输入如图 9-41 所示的技术要求文字。

同时弹出"文本属性"工具栏，如图 9-42 所示。该工具栏可用来设置或更改文本框内文字的格式。FangSong_GB 用来设置文字的字体与大小，B I S S x² 用来设置文字的形态（如加粗、倾斜等），用来调整文字的相对位置以及文本框在图纸中的位置。

图 9-41 输入技术要求文字

图 9-42 "文本属性"工具栏

创建的技术要求如图 9-43 所示。

技 术 要 求

1、未注公差符合GB/T1804-2000。
2、表面无裂痕、毛刺等缺陷。

图 9-43 创建的技术要求

文本框内文字需要换行时，可按住 Ctrl 键或 Shift 键，并按 Enter 键；需要调整文本框的位置时，可按住 Shift 键，拖动鼠标，调整文本框至适当的位置。

保存图纸，完成工程图的创建，结果如图 9-44 所示。

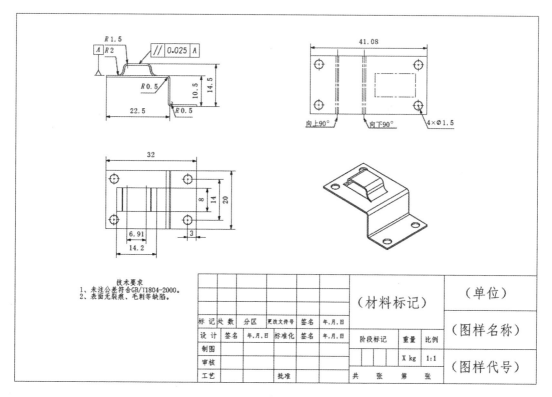

图 9-44 创建完成的工程图

183

9.4　应用示例

9.4.1　挂架

打开资源包中的"Example\ 第 9 章 \ 挂架 \bracket"，如图 9-45 所示。

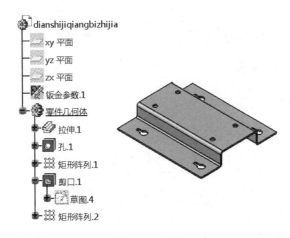

图 9-45　挂架

1. 框架和标题

① 在菜单栏中依次选择"开始"→"机械设计"→"工程制图"，弹出"创建新工程图"对话框，单击"确定"按钮，进入工程制图界面。

② 在菜单栏的"编辑"下拉列表中选择"图纸背景"，在"工程图"工具栏中单击"框架和标题节点"图标 □，弹出"管理框架和标题块"对话框，在"标题块的样式"下拉列表中选择"GB_Titleblock1"，在"指令"列表框中选择"创建（Creation）"选项，如图 9-46 所示。

③ 单击"确定"按钮，完成框架和标题块的创建，结果如图 9-47 所示。

④ 双击标题栏中需要修改的文字，在弹出的"文字编辑器"对话框中输入新的文字，单击"确定"按钮。此操作可编辑图纸信息，并将不需要的文字删除。

⑤ 在菜单栏的"编辑"下拉列表中选择"工作视图"，此时工作台中出现图纸线框及标题块。

图 9-46　"管理框架和标题块"对话框

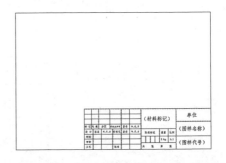

图 9-47　创建框架和标题块

2. 图纸属性设置

在结构树中选择"图纸.1"，右击，选择"属性"，弹出"属性"对话框，如图 9-48 所示。在"标度"文本框中将"1：1"改为"1：2"，将图纸方向更改为"纵向"，单击"确定"按钮。

3. 正视图

① 在菜单栏中依次选择"插入"→"视图"→"投影"→"正视图"命令，或在"视图"工具栏中单击"视图"图标 下的三角箭头，在其下拉列表中选择"正视图"图标 （见图 9-19）。

② 根据提示栏"在 3D 几何图形上选择参考平面"的提示，在菜单栏的"窗口"下拉列表中选择"TV wall bracket.CATPart"，将工作台切换到钣金设计工作台。

③ 在钣金设计工作台的结构树中选择"xy 平面"作为投影平面，系统自动返回至工程制图工作台。

④ 使用窗口右上角的方向控制器调整视图放置方向，本例是将视图逆时针旋转了 90°，如图 9-49 所示。

图 9-48　"属性"对话框

④ 使用窗口右上角的方向控制器调整视图放置方向，本例是将视图逆时针旋转了 90°，如图 9-49 所示。

a) 调整前

b) 调整后

图 9-49　调整正视图方向

⑤ 移动视图到绘图区的适当位置并单击，放置视图，完成正视图的创建，结果如图 9-50a所示。

4. 俯视图

在工程制图结构树中选择正视图，双击激活正视图。此时其框架显示为红色。

① 在菜单栏中依次选择"插入"→"视图"→"投影"→"投影视图"命令，或在"视图"工具栏中单击"视图"图标 下的三角箭头，在其下拉列表中选择"投影视图"图标 。

② 将光标从正视图移至其下方，在图纸中适当的位置单击，完成俯视图的创建，结果如图 9-50b 所示。

5. 展开视图

① 在菜单栏中依次选择"插入"→"视图"→"投影"→"展开视图"命令，或在"视图"工具栏中单击"视图"图标下的三角箭头，在其下拉列表中选择"展开视图"图标。

② 根据提示栏"在 3D 几何图形上选择参考平面"的提示，在菜单栏的"窗口"下拉列表中选择"TV wall bracket.CATPart"，将工作台切换到钣金设计工作台。

③ 在钣金设计工作台的结构树中选择"xy 平面"作为投影平面，系统自动返回至工程制图工作台。

④ 使用窗口右上角的方向控制器调整视图放置方向，移动视图到绘图区的适当位置并单击，放置视图，结果如图 9-50c 所示。

6. 等轴测视图

① 在菜单栏中依次选择"插入"→"视图"→"投影"→"等轴测视图"命令，或在"视图"工具栏中单击"视图"图标下的三角箭头，在其下拉列表中选择"等轴测视图"图标。

② 根据提示栏"在 3D 几何图形上选择参考平面"的提示，在菜单栏的"窗口"下拉列表中选择"TV wall bracket.CATPart"，切换到钣金设计工作台。

③ 在钣金设计工作台的结构树中选择"xy 平面"作为投影平面，系统自动返回至工程制图工作台。

④ 使用窗口右上角的方向控制器调整视图放置方向，移动视图到绘图区的适当位置并单击，放置视图，结果如图 9-50d 所示。

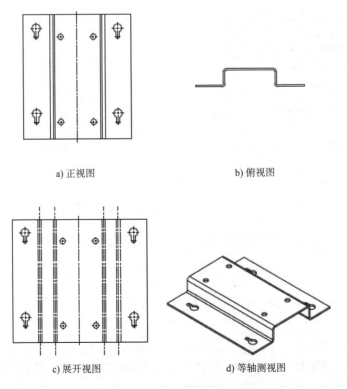

a) 正视图　　　　　　　　　　　　b) 俯视图

c) 展开视图　　　　　　　　　　d) 等轴测视图

图 9-50　创建视图

7. 尺寸标注

在"尺寸标注"工具栏中单击"尺寸"图标 右下角的三角箭头，单击"尺寸"图标
对尺寸进行标注，结果如图 9-51 所示。

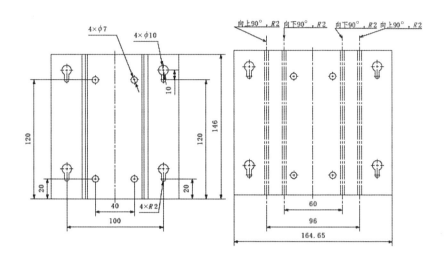

图 9-51　尺寸标注

8. 技术要求

在"标注"工具栏中单击"文本"图标 **T**，在图纸上选取一点作为文本放置点，弹出"文
本编辑器"对话框，输入技术要求文字，结果如图 9-52 所示。

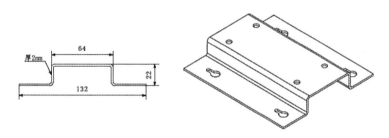

图 9-52　技术要求

创建完成的挂架工程图如图 9-53 所示。

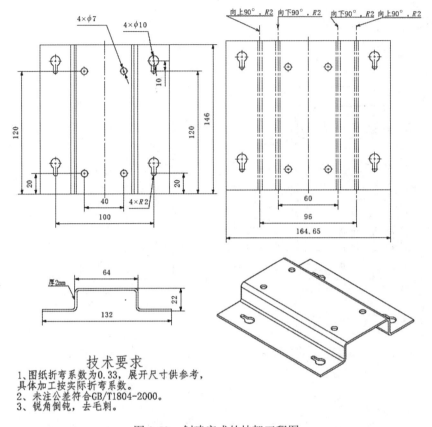

技术要求
1、图纸折弯系数为0.33，展开尺寸供参考，
　具体加工按实际折弯系数。
2、未注公差符合GB/T1804-2000。
3、锐角倒钝，去毛刺。

图 9-53　创建完成的挂架工程图

9.4.2　斜截圆管

斜截圆管是在普通圆管的上端被一个与其轴成一定角度的正垂面截断而形成的构件。

打开资源包中的"Example\ 第 9 章 \ 斜截圆管 \bevel cylinder pipe"，如图 9-54 所示。

1. 框架和标题

① 在菜单栏中依次选择"开始"→"机械设计"→"工程制图"，弹出"创建新工程图"对话框，单击"确定"按钮，进入工程制图界面。

② 在"菜单栏"的"编辑"下拉列表中选择"图纸背景"，在"工程图"工具栏中单击"框架和标题节点"图标，弹出"管理框架和标题块"对话框，在"标题块的样式"下拉列表中选择"GB_Titleblock1"，在"指令"列表框中选择"创建（Creation）"选项。

图 9-54　斜截圆管

③ 单击"确定"按钮，完成框架和标题块的创建。

④ 双击标题栏中需要修改的文字，在弹出的"文字编辑器"对话框中输入新的文字，单击"确定"按钮。此操作可编辑图纸信息，并将不需要的文字删除。

⑤ 在菜单栏的"编辑"下拉列表中选择"工作视图"，此时工作台中出现图纸线框及标题块。

2. 正视图

① 在菜单栏中依次选择"插入"→"视图"→"投影"→"正视图"命令，或在"视图"工具栏中单击"视图"图标![图标]下的三角箭头，在其下拉列表中选择"正视图"图标![图标]（见图 9-19）。

② 根据提示栏"在 3D 几何图形上选择参考平面"的提示，在菜单栏的"窗口"下拉列表中选择"tianyuandifang：3D 视图"，将工作台切换到钣金设计工作台。

③ 在钣金设计工作台的结构树中选择"zx 平面"作为投影平面，系统自动返回至工程制图工作台。

④ 移动视图到绘图区的适当位置并单击，放置视图，完成正视图的创建，结果如图 9-55 所示。

3. 左视图

在工程制图结构树中选择正视图，双击激活正视图。此时其框架显示为红色。

① 在菜单栏中依次选择"插入"→"视图"→"投影"→"投影视图"命令，或在"视图"工具栏中单击"视图"图标![图标]下的三角箭头，在其下拉列表中选择"投影视图"图标![图标]。

② 将光标从正视图移至其右边，在图纸中适当的位置单击，完成左视图的创建，结果如图 9-55 所示。

4. 展开视图

① 在菜单栏中依次选择"插入"→"视图"→"投影"→"展开视图"命令，或在"视图"工具栏中单击"视图"图标![图标]下的三角箭头，在其下拉列表中选择"展开视图"图标![图标]。

② 根据提示栏"在 3D 几何图形上选择参考平面"的提示，在菜单栏的"窗口"下拉列表中选择"tianyuandifang：3D 视图"，将工作台切换到钣金设计工作台。

③ 在结构树中选择"yz 平面"作为投影平面，系统自动返回至工程制图工作台。

④ 移动视图到绘图区的适当位置并单击，放置视图，完成展开视图的创建，结果如图 9-55 所示。

5. 等轴测视图

① 在菜单栏中依次选择"插入"→"视图"→"投影"→"等轴测视图"命令，或在"视图"工具栏中单击"视图"图标![图标]下的三角箭头，在其下拉列表中选择"等轴测视图"图标![图标]。

② 根据提示栏"在 3D 几何图形上选择参考平面"的提示，在菜单栏的"窗口"下拉列表中选择"tianyuandifang：3D 视图"，将工作台切换到钣金设计工作台。

③ 在结构树中选择"zx 平面"作为投影平面，系统自动返回至工程制图工作台。

④ 移动视图到绘图区的适当位置并单击，放置视图，完成等轴测视图的创建，结果如图 9-55 所示。

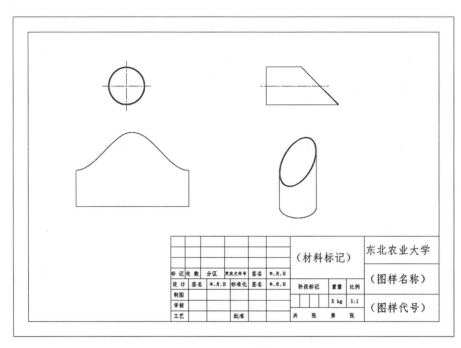

图 9-55　创建视图

6. 尺寸标注

在"尺寸标注"工具栏中单击"尺寸"图标右下角的三角箭头，单击"尺寸"图标对尺寸进行标注，结果如图 9-56 所示。

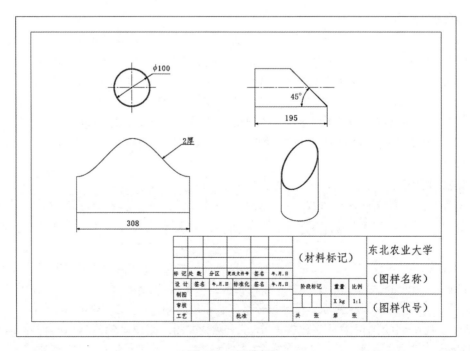

图 9-56　尺寸标注

7. 技术要求

在“标注”工具栏中单击“文本”图标 T，在图纸上选取一点作为文本放置点，弹出“文本编辑器”对话框，输入技术要求文字。创建的技术要求如图 9-57 所示。

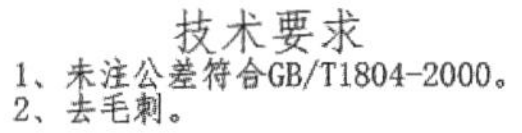

技术要求
1、未注公差符合GB/T1804-2000。
2、去毛刺。

图 9-57　创建的技术要求

创建完成的斜截圆管工程图如图 9-58 所示。

Φ100
45°
195
2厚
308
技术要求
1、未注公差符合GB/T1804-2000。
2、去毛刺。
（材料标记）
东北农业大学
（图样名称）
（图样代号）
阶段标记
重量
比例
X kg
1:1

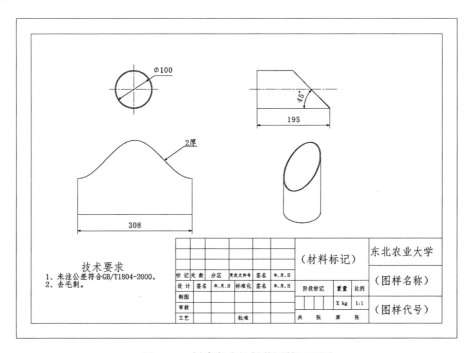

图 9-58　创建完成的斜截圆管工程图

第 10 章 电子产品类实例

10.1 交换机壳体

10.1.1 实例分析

交换机是一种用于电信号转发的网络设备，它可以为接入交换机的任意两个网络节点提供独享的电信号通路。下面以如图 10-1 所示的交换机钣金外壳为例，介绍交换机壳体的创建过程。

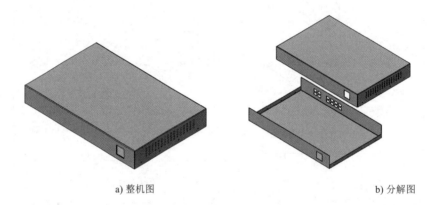

a) 整机图   b) 分解图

图 10-1　交换机钣金外壳

交换机钣金外壳包括底座和顶盖两部分，可以通过在平整钣金墙体基础上创建边线上的墙体，再进行剪口及矩形阵列等操作来完成创建。

首先创建"Product"文件，将产品命名为"交换机"。然后选中"交换机"，在菜单栏中依次选择"插入"→"新建零件"，插入两个零件，分别命名为"底座"和"顶盖"。

在结构树中双击"底座"节点下的零件图标，切换至创成式钣金设计工作台，设置钣金厚度为"0.5"，默认折弯半径为"0.5"，默认止裂槽类型为"扯裂止裂槽（Minimum with no re-lief）"。然后按照上述步骤及参数值，完成顶盖的参数设置。

10.1.2 底座

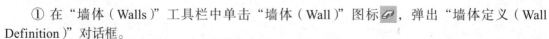

在结构树中双击"底座"节点下的零件图标，进入底座的制作。

1. 创建平整钣金模型

① 在"墙体（Walls）"工具栏中单击"墙体（Wall）"图标，弹出"墙体定义（Wall Definition）"对话框。

② 单击对话框中的"草图"图标，在结构树中选择"xy 平面"为草图平面，进入草图工作台，绘制如图 10-2 所示的草图。单击"退出工作台"图标，完成草图创建。

③ 单击"预览"按钮，确认无误后单击"确定"按钮，完成平整钣金模型的创建，结果如图 10-3 所示。

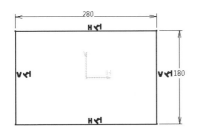 

图 10-2　绘制平整钣金模型草图　　　　　图 10-3　创建平整钣金模型

2. 创建边线上的墙体 1

① 在"墙体（Walls）"工具栏中单击"边线上的墙体（Wall on Edge）"图标 🔲，弹出"边线上的墙体定义（Wall On Edge Definition）"对话框。

② 在"类型（Type）"下拉列表中选择"自动生成边线上的墙体（Automatic）"选项。

③ 选择如图 10-4 所示的底部边线作为附着边。

④ 选择"高度和倾角（Height & Inclination）"选项卡。在"高度（Height）"文本框中输入数值，本例取"38"；在"角度（Angle）"文本框中输入数值，本例取"90"。

⑤ 单击"折弯参数（Bend parameters）"图标 🔲，弹出"折弯定义（Bend Definition）"对话框。在"左侧极限（Left Extremity）"选项卡中单击"止裂槽类型"图标 🔲 下的三角箭头，在其下拉列表中选择"封闭止裂槽（Closed）"选项 🔲，弹出"特征定义警告（Feature Definition Warning）"对话框，如图 10-5 所示。单击"是"按钮，然后单击"关闭"按钮。

⑥ 单击"预览"按钮，确认无误后单击"确定"按钮，完成边线上的墙体 1 的创建，结果如图 10-6 所示。

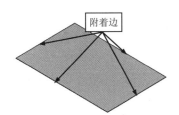  

图 10-4　边线上的墙体 1 附着边　　图 10-5　"特征定义警告"对话框　　图 10-6　创建边线上的墙体 1

3. 创建剪口 1

① 在"剪切 / 冲压（Cutting/Stamping）"工具栏中单击"剪口（Cut Out）"图标 🔲，弹出"剪口定义（Cutout Definition）"对话框。

② 在"剪口类型（Cutout Type）"选项组的"类型（Type）"下拉列表中选择"标准剪口（Sheetmetal standard）"选项。

③ 单击对话框中的"草图"图标 🔲，选择如图 10-7 所示的平面作为草图平面，进入草图工作台，绘制如图 10-8 所示的草图。单击"退出工作台"图标 🔲，完成草图创建。

④ 在"末端限制（End Limit）"选项组的"类型（Type）"下拉列表中选择"直到最后

（Up to last）"选项。

⑤ 单击"预览"按钮，确认无误后单击"确定"按钮，完成剪口 1 的创建，结果如图 10-9 所示。

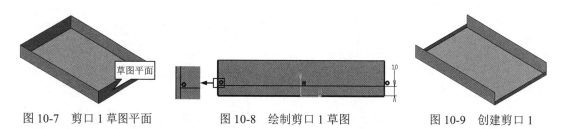

图 10-7　剪口 1 草图平面　　　图 10-8　绘制剪口 1 草图　　　图 10-9　创建剪口 1

4. 创建剪口 2

参照"3. 创建剪口 1"的步骤及参数设置，创建剪口 2。在"末端限制（End Limit）"选项组的"类型（Type）"下拉列表中选择"直到下一个（Up toonest）"选项。选择如图 10-10 所示的平面作为草图平面，绘制剪口 2 草图，结果如图 10-11 所示。创建的剪口 2 如图 10-12 所示。

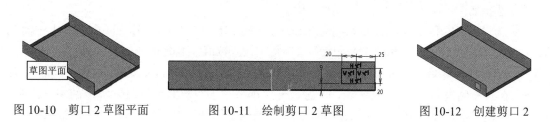

图 10-10　剪口 2 草图平面　　　图 10-11　绘制剪口 2 草图　　　图 10-12　创建剪口 2

5. 创建孔 1

① 在"剪切 / 冲压（Cutting/Stamping）"工具栏中单击"孔（Holes）"图标 下的三角箭头，在其下拉列表中选择"孔（Hole）"图标 ，选择如图 10-13 所示的平面作为孔 1 草图平面，弹出"定义孔"对话框。

② 在"扩展"选项卡的"延伸类型"下拉列表中选择"直到最后"选项。在"直径"文本框中输入数值，本例取"2"。

③ 在"定位草图"选项组中单击"草图"图标 ，进入草图工作台，对孔 1 的中心位置进行设置，如图 10-14 所示。单击"退出工作台"图标 ，完成孔的定位。

④ 在"类型"选项卡的"孔类型"下拉列表中选择"简单"选项。

⑤ 单击"预览"按钮，确认无误后单击"确定"按钮，完成孔 1 的创建，结果如图 10-15 所示。

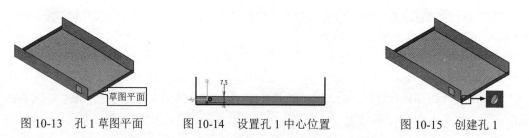

图 10-13　孔 1 草图平面　　　图 10-14　设置孔 1 中心位置　　　图 10-15　创建孔 1

6. 创建矩形阵列 1

① 选择刚创建的孔 1 作为阵列对象。

② 在"特征变换（Transformations）"工具栏中单击"阵列（Pattern）"图标 下的三角箭头，在其下拉列表中选择"矩形阵列（Rectangular Pattern）"图标 ，弹出"定义矩形阵列（Rectangular Pattern Definition）"对话框。

③ 在"第一方向"选项卡的"参数"下拉列表中选择"实例和间距"选项。在"实例"文本框中输入数值，本例取"4"；在"间距"文本框中输入数值，本例取"48"。

④ 激活"参考元素"文本框，右击，选择"Z 轴"作为阵列方向。单击"反转"按钮 反转 。

⑤单击"预览"按钮，确认无误后单击"确定"按钮，完成矩形阵列 1 的创建，结果如图 10-16 所示。

7. 创建剪口 3

参照"3. 创建剪口 1"的步骤及参数设置，创建剪口 3，完成底座的创建。选择如图 10-17 所示的平面作为草图平面，绘制草图，结果如图 10-18 所示。创建的底座如图 10-19 所示。绘制剪口 3 草图时，可使用镜像、平移命令绘制尺寸为 10mm×7mm 的矩形剪口，来简化操作。

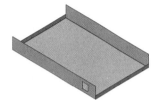

图 10-16　创建矩形阵列 1

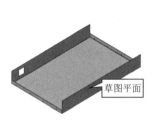

图 10-17　剪口 3 草图平面

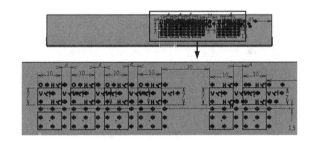

图 10-18　绘制剪口 3 草图

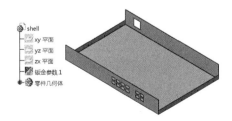

图 10-19　创建的底座

10.1.3　顶盖

在结构树中双击"顶盖"节点下的零件图标，进入顶盖的制作。

1. 创建平整钣金模型

① 在"墙体（Walls）"工具栏中单击"墙体（Wall）"图标 ，弹出"墙体定义（Wall Definition）"对话框。

② 单击对话框中的"草图"图标，选择如图 10-20 所示的平面作为草图平面，进入草图工作台，绘制如图 10-21 所示的草图，图中数据为各边线与底座上的各外侧边线的距离。单击"退出工作台"图标，完成草图创建。

③ 单击"预览"按钮，确认无误后单击"确定"按钮。为方便观看效果，将底座隐藏，创建的平整钣金模型如图 10-22 所示。

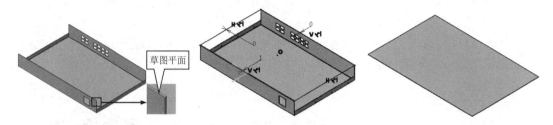

图 10-20　平整钣金草图平面　　图 10-21　绘制平整钣金草图　　图 10-22　创建的平整钣金模型

2. 创建边线上的墙体 1

① 将平整钣金模型反转。

② 在"墙体（Walls）"工具栏中单击"边线上的墙体（Wall on Edge）"图标，弹出"边线上的墙体定义（Wall On Edge Definition）"对话框。

③ 在"类型（Type）"下拉列表中选择"自动生成边线上的墙体（Automatic）"选项。

④ 选择如图 10-23 所示的钣金边线作为附着边。

⑤ 选择"高度和倾角（Height & Inclination）"选项卡。在"高度（Height）"文本框中输入数值，本例取"38"；在"角度（Angle）"文本框中输入数值，本例取"90"。

⑥ 单击"折弯参数（Bend parameters）"图标，弹出"折弯定义（Bend Definition）"对话框。在"左侧极限（Left Extremity）"选项卡中单击"止裂槽类型"图标下的三角箭头，在其下拉列表中选择"封闭止裂槽（Closed）"选项，弹出"特征定义警告（Feature Definition Warning）"对话框，如图 10-24 所示。单击"是"按钮，然后单击"关闭"按钮。

⑦ 单击"预览"按钮，确认无误后单击"确定"按钮，完成边线上的墙体 1 的创建，结果如图 10-25 所示。

图 10-23　边线上的墙体 1 附着边　　图 10-24　"特征定义警告"对话框　　图 10-25　创建边线上的墙体 1

3. 创建剪口 1

① 在"剪切/冲压（Cutting/Stamping）"工具栏中单击"剪口（Cut Out）"图标，弹出"剪口定义（Cutout Definition）"对话框。

② 在"剪口类型（Cutout Type）"选项组的"类型（Type）"下拉列表中选择"标准剪口

（Sheetmetal standard）"选项。

③ 单击对话框中的"草图"图标 ，选择如图 10-26 所示的平面作为草图平面，进入草图工作台，将隐藏的底座进行显示。在"视图"工具栏中单击"视图模式"图标 下的三角箭头，在其下拉列表中选择"线框"图标 ，使视图处于线框模式下。在"3D 几何图形"工具栏中双击"投影 3D 元素"图标 ，选择底座上的各孔轮廓进行投影，生成剪口 1 草图，如图 10-27 所示。单击"退出工作台"图标 ，完成草图创建。

④ 在"末端限制（End Limit）"选项组的"类型（Type）"下拉列表中选择"直到最后（Up to last）"选项。

⑤单击"预览"按钮，确认无误后单击"确定"按钮。将底座隐藏，创建的剪口 1 如图 10-28 所示。

图 10-26　剪口 1 草图平面　　　图 10-27　生成剪口 1 草图　　　图 10-28　创建剪口 1

4. 创建剪口 2

参照"3. 创建剪口 1"的步骤及参数设置，创建剪口 2。选择如图 10-29 所示的平面作为草图平面，绘制剪口 2 草图，结果如图 10-30 所示。创建的剪口 2 如图 10-31 所示。

图 10-29　剪口 2 草图平面　　　图 10-30　绘制剪口 2 草图　　　图 10-31　创建剪口 2

5. 创建剪口 3

参照"3. 创建剪口 1"的步骤及参数设置，创建剪口 3。选择与剪口 1 相同的平面作为草图平面，绘制剪口 3 草图，结果如图 10-32 所示。创建的剪口 3 如图 10-33 所示。

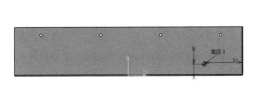

图 10-32　绘制剪口 3 草图

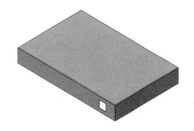

图 10-33　创建剪口 3

6. 创建矩形阵列 1

① 选择刚创建的剪口 3 作为阵列对象。

② 在"特征变换（Transformations）"工具栏中单击"阵列（Pattern）"图标下的三角箭头，在其下拉列表中选择"矩形阵列（Rectangular Pattern）"图标，弹出"定义矩形阵列"对话框。

③ 在"第一方向"选项卡的"参数"下拉列表中选择"实例和间距"选项。在"实例"文本框中输入数值，本例取"4"；在"间距"文本框中输入数值，本例取"5"。

④ 激活"参考元素"文本框，右击，选择"X 轴"作为阵列方向。

⑤ 单击"反转"按钮。

⑥ 在"第二方向"选项卡的"参数"下拉列表中选择"实例和间距"选项。在"实例"文本框中输入数值，本例取"16"；在"间距"文本框中输入数值，本例取"8"。

⑦ 激活"参考元素"文本框，右击，选择"Z 轴"作为阵列方向。

⑧ 单击"反转"按钮。

⑨ 单击"预览"按钮，确认无误后单击"确定"按钮，完成矩形阵列 1 的创建，结果如图 10-34 所示。

7. 创建点 1

① 在"参考元素"工具栏中单击"点"图标，弹出"点定义"对话框。

② 在"点类型"下拉列表中选择"曲线上"选项。激活"曲线"文本框，选择如图 10-35 所示的边线作为参考曲线；在"长度"文本框中输入数值，本例取"35"。

③ 单击"预览"按钮，确认无误后单击"确定"按钮，完成点 1 的创建，结果如图 10-35 所示。

图 10-34　创建矩形阵列 1

8. 创建点 2

参照"7. 创建点 1"的步骤，创建点 2。选择与点 1 相同的边线作为参考曲线，在"长度"文本框中输入数值，本例取"35"。创建完成的点 2 如图 10-36 所示。

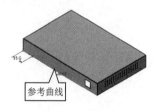

图 10-35　创建点 1

图 10-36　创建点 2

9. 创建边缘

① 在"墙体（Walls）"工具栏中单击"扫掠墙体（Swept Walls）"图标下的三角箭头，在其下拉列表中选择"边缘（Hem）"图标，弹出"边缘定义（Hem Definition）"对话框。

② 选择"限制型（Relimited）"选项。

③ 在"长度（Length）"文本框中输入数值，本例取"6"；在"折弯半径（Radius）"文本框中输入数值，本例取"0.2"。

④ 激活 "边线（Spine）" 文本框，选择创建点 1 的参考曲线作为边缘的附着边。

⑤ 激活 "限制 1（Limit 1）" 文本框，选择步骤 7 创建的点 1 作为限制点 1；激活 "限制 2（Limit 2）" 文本框，选择步骤 8 创建的点 2 作为限制点 2。创建的边缘限制点及预览图如图 10-37 所示。

⑥ 单击 "确定" 按钮，完成边缘的创建，结果如图 10-38 所示。创建完成的顶盖如图 10-39 所示。

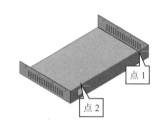

图 10-37　边缘限制点及预览图

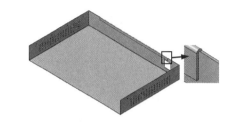

图 10-38　创建边缘

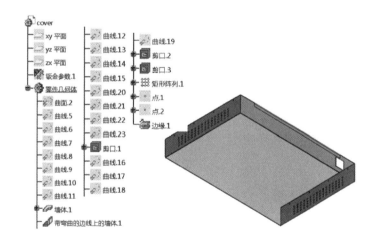

图 10-39　创建完成的顶盖

10.1.4　装配

单击 "约束" 工具栏中的 "固定" 图标 ，选择 "底座" 作为固定零件，将顶盖进行装配。在结构树中双击 "交换机"，切换至装配设计工作台，并将零件模型调整至适合装配的位置（见图 10-1b）。

单击 "约束" 工具栏中的 "接触约束" 图标 ，约束元素选择如图 10-40 所示的底座平面 1 和图 10-41 所示的顶盖平面 1，使两个平面接触。重复 "接触约束" 操作，使如图 10-40 所示的底座平面 2 和图 10-41 所示的顶盖平面 2 接触。单击 "约束" 工具栏中的 "相合约束" 图标 ，使如图 10-40 所示的底座上的孔和顶盖上相对应的孔相合。单击 "全部更新" 图标 ，完成交换机壳体装配，结果如图 10-42 所示。

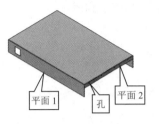 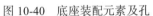 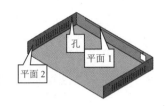 

图 10-40　底座装配元素及孔　　图 10-41　顶盖装配元素及孔　　图 10-42　交换机壳体装配

10.2　计算机机箱

10.2.1　实例分析

机箱作为计算机配件中的一部分，主要作用是放置和固定各计算机配件，起到承托和保护作用。下面以如图 10-43 所示的计算机机箱钣金外壳为例，介绍计算机机箱的创建过程。

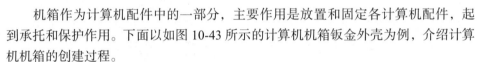

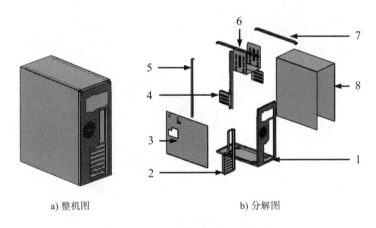

a) 整机图　　　　　　　　b) 分解图

图 10-43　计算机机箱钣金外壳

计算机机箱钣金外壳包括底座（1）、内盖（2）、后盖（3）、硬盘支架（4）、右支柱（5）、光盘支架（6）、上梁（7）及外壳（8）。该机箱的创建主要使用了凸缘、剪口、圆形阵列及镜像等操作。

创建"Product"文件，将产品命名为"计算机机箱"。选中"计算机机箱"，在菜单栏中依次选择"插入"→"新建零件"，分别插入 8 个零件，依次命名为"底座""内盖""上梁""右支柱""光盘支架""硬盘支架""后盖"和"外壳"。

在结构树中双击"底座"节点下的零件图标，切换至创成式钣金设计工作台，设置钣金厚度为"1"，默认折弯半径为"1"，默认止裂槽类型为"扯裂止裂槽（Minimum with no relief）"。按照上述步骤及参数值，分别完成其他零件的参数设置。

10.2.2　底座

在结构树中双击"底座"节点下的零件图标，进入底座的制作。

1. 创建平整钣金模型

① 在"墙体（Walls）"工具栏中单击"墙体（Wall）"图标 ，弹出"墙体定义（Wall Definition）"对话框。

② 单击对话框中的"草图"图标 ，在结构树中选择"xy 平面"作为草图平面，进入草图工作台，绘制如图 10-44 所示的草图。单击"退出工作台"图标 ，完成草图创建。

③ 单击"预览"按钮，确认无误后单击"确定"按钮，完成平整钣金模型的创建，结果如图 10-45 所示。

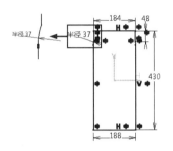 

图 10-44　绘制平整钣金草图　　　　　图 10-45　创建平整钣金模型

2. 创建剪口 1

① 在"剪切 / 冲压（Cutting/Stamping）"工具栏中单击"剪口（Cut Out）"图标 ，弹出"剪口定义（Cutout Definition）"对话框。

② 在"剪口类型（Cutout Type）"选项组的"类型（Type）"下拉列表中选择"标准剪口（Sheetmetal standard）"选项。

③ 单击对话框中的"草图"图标 ，选择如图 10-46 所示的钣金前表面作为草图平面，进入草图工作台，绘制如图 10-47 所示的草图。单击"退出工作台"图标 ，完成草图创建。

④ 在"末端限制（End Limit）"选项组的"类型（Type）"下拉列表中选择"直到最后（Up to last）"选项。

⑤ 单击"预览"按钮，确认无误后单击"确定"按钮，完成剪口 1 的创建，结果如图 10-48 所示。

 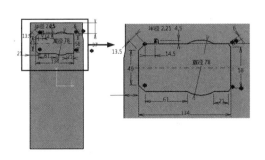 

图 10-46　剪口 1 草图平面　　　　图 10-47　绘制剪口 1 草图　　　　图 10-48　创建剪口 1

3. 创建剪口 2

参照"2. 创建剪口 1"的步骤及参数设置，创建剪口 2。选择与剪口 1 相同的平面作为草图平面，绘制剪口 2 草图，结果如图 10-49 所示。创建的剪口 2 如图 10-50 所示。

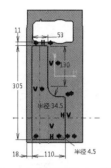

图 10-49 绘制剪口 2 草图

图 10-50 创建剪口 2

4. 绘制草图

在工具栏中单击"草图"图标，选择与剪口 2 相同的平面作为草图平面，进入草图工作台，绘制如图 10-51 所示的草图。单击"退出工作台"图标，完成草图创建。

5. 创建直线 1

① 在"参考元素"工具栏中单击"直线"图标，弹出"直线定义"对话框。

② 在"线型"下拉列表中选择"点 - 方向"选项。激活"点"文本框，选择步骤 4 创建的草图 4；激活"方向"文本框，右击，选择"Z 部件"；在"终点"文本框中输入数值，本例取"20"。

③ 单击"预览"按钮，确认无误后单击"确定"按钮，完成直线 1 的创建。

6. 创建剪口 3 和 4

参照"2. 创建剪口 1"的步骤及参数设置，创建剪口 3 和 4。选择

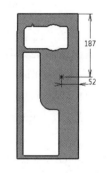

图 10-51 绘制草图

与剪口 1 相同的平面作为草图平面，使剪口 3 草图圆心与"草图 .4"相合，剪口 4 草图圆心与剪口 3 圆心距为 9mm，绘制的草图如图 10-52 和图 10-53 所示。创建的剪口 3 和剪口 4 分别如图 10-54 和图 10-55 所示。

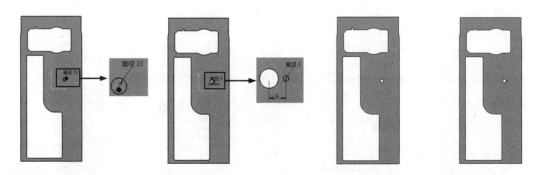

图 10-52 绘制剪口 3 草图　　图 10-53 绘制剪口 4 草图　　图 10-54 创建剪口 3　　图 10-55 创建剪口 4

7. 创建圆形阵列 1

① 选择步骤 6 创建的剪口 4。

② 在"特征变换（Transformations）"工具栏中单击"阵列（Pattern）"图标 ▧ 下的三角箭头，在其下拉列表中选择"圆形阵列（Circular Pattern）"图标 ◐，弹出"定义圆形阵列（Circular Pattern Definition）"对话框。

③ 在"轴向参考"选项卡的"参数"下拉列表中选择"完整径向"选项。在"实例"文本框中输入数值，本例取"12"。

④ 激活"参考元素"文本框，选择步骤 5 创建的直线 1。

⑤ 单击"预览"按钮，确认无误后单击"确定"按钮，完成圆形阵列 1 的创建，结果如图 10-56 所示。

8. 创建剪口 5

参照"2. 创建剪口 1"的步骤及参数设置，创建剪口 5。选择与剪口 1 相同的平面作为草图平面，绘制剪口 5 草图，结果如图 10-57 所示。创建的剪口 5 如图 10-58 所示。

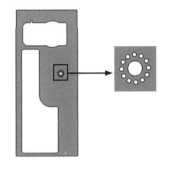

图 10-56　创建圆形阵列 1

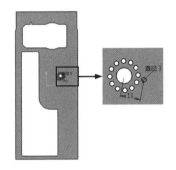

图 10-57　绘制剪口 5 草图

9. 创建圆形阵列 2

参照"7. 创建圆形阵列 1"的步骤，创建圆形阵列 2。在"轴向参考"选项卡的"参数"下拉列表中选择"完整径向"选项。在"实例"文本框中输入数值，本例取"16"。创建的圆形阵列 2 如图 10-59 所示。

图 10-58　创建剪口 5

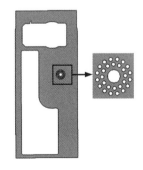

图 10-59　创建圆形阵列 2

10. 创建剪口 6

参照"2. 创建剪口 1"的步骤及参数设置，创建剪口 6。选择与剪口 1 相同的平面作为草图

平面，绘制剪口 6 草图，结果如图 10-60 所示。创建的剪口 6 如图 10-61 所示。

11. 创建圆形阵列 3

参照 "7. 创建圆形阵列 1" 的步骤，创建圆形阵列 3。在 "轴向参考" 选项卡的 "参数" 下拉列表中选择 "完整径向" 选项。在 "实例" 文本框中输入数值，本例取 "18"。创建的圆形阵列 3 如图 10-62 所示。

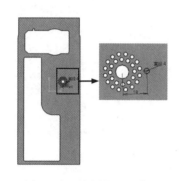  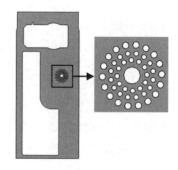

图 10-60　绘制剪口 6 草图　　　　图 10-61　创建剪口 6　　　　图 10-62　创建圆形阵列 3

12. 创建剪口 7

参照 "2. 创建剪口 1" 的步骤及参数设置，创建剪口 7。选择与剪口 1 相同的平面作为草图平面，绘制剪口 7 草图，结果如图 10-63 所示。创建的剪口 7 如图 10-64 所示。

13 创建圆形阵列 4

参照 "7. 创建圆形阵列 1" 的步骤，创建圆形阵列 4。在 "轴向参考" 选项卡的 "参数" 下拉列表中选择 "完整径向" 选项。在 "实例" 文本框中输入数值，本例取 "24"。创建的圆形阵列 4 如图 10-65 所示。

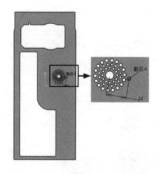  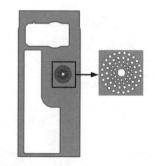

图 10-63　绘制剪口 7 草图　　　　图 10-64　创建剪口 7　　　　图 10-65　创建圆形阵列 4

14. 创建剪口 8

参照 "2. 创建剪口 1" 的步骤及参数设置，创建剪口 8。选择与剪口 1 相同的平面作为草图平面，绘制剪口 8 草图，结果如图 10-66 所示。创建的剪口 8 如图 10-67 所示。

15. 创建圆形阵列 5

参照 "7. 创建圆形阵列 1" 的步骤，创建圆形阵列 5。在 "轴向参考" 选项卡的 "参数" 下拉列表中选择 "完整径向" 选项。在 "实例" 文本框中输入数值，本例取 "24"。创建的圆形阵列 5 如图 10-68 所示。

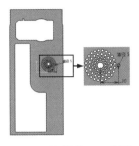

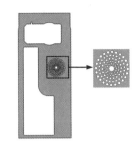

图 10-66　绘制剪口 8 草图　　图 10-67　创建剪口 8　　图 10-68　创建圆形阵列 5

16. 创建剪口 9

参照 "2. 创建剪口 1" 的步骤及参数设置，创建剪口 9。选择与剪口 1 相同的平面作为草图平面，设置孔直径为 5，绘制剪口 9 草图，结果如图 10-69 所示。创建的剪口 9 如图 10-70 所示。

17. 创建圆形阵列 6

参照 "7. 创建圆形阵列 1" 的步骤，创建圆形阵列 6。在 "轴向参考" 选项卡的 "参数" 下拉列表中选择 "完整径向" 选项。在 "实例" 文本框中输入数值，本例取 "32"。创建的圆形阵列 6 如图 10-71 所示。

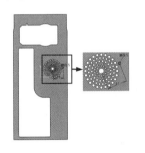

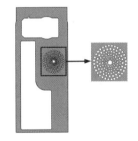

图 10-69　绘制剪口 9 草图　　图 10-70　创建剪口 9　　图 10-71　创建圆形阵列 6

18. 创建剪口 10

参照 "2. 创建剪口 1" 的步骤及参数设置，创建剪口 10。选择与剪口 1 相同的平面作为草图平面，绘制剪口 10 草图，结果如图 10-72 所示。创建的剪口 10 如图 10-73 所示。

19. 创建圆形阵列 7

参照 "7. 创建圆形阵列 1" 的步骤，创建圆形阵列 7。在 "轴向参考" 选项卡的 "参数" 下拉列表中选择 "完整径向" 选项。在 "实例" 文本框中输入数值，本例取 "4"。创建的圆形阵列 7 如图 10-74 所示。

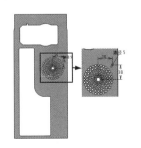

图 10-72　绘制剪口 10 草图　　图 10-73　创建剪口 10　　图 10-74　创建圆形阵列 7

20. 创建边线上的墙体1

① 在"墙体（Walls）"工具栏中单击"边线上的墙体（Wall on Edge）"图标 ，弹出"边线上的墙体定义（Wall On Edge Definition）"对话框。

② 在"类型（Type）"下拉列表中选择"自动生成边线上的墙体（Automatic）"选项。

③ 选择图 10-75 所示的平整钣金的底部边线作为附着边。

④ 选择"高度和倾角（Height & Inclination）"选项卡，在"高度（Height）"文本框中输入数值，本例取"390"；在"角度（Angle）"文本框中输入数值，本例取"90"。

⑤ 选择"极限（Extremities）"选项卡，在"左偏移（Left offset）"文本框中输入数值，本例取"1"；在"右偏移（Right offset）"文本框中输入数值，本例取"1"。取消选择"自动创建折弯（With Bend）"复选框。

⑥ 单击"预览"按钮，确认无误后单击"确定"按钮，完成边线上的墙体1的创建，结果如图 10-76 所示。

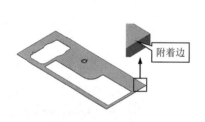

图 10-75　边线上的墙体1附着边　　　　　　图 10-76　创建边线上的墙体1

21. 创建凸缘1~6

① 在"墙体（Walls）"工具栏中单击"扫掠墙体（Swept Walls）"图标  下的三角箭头，在其下拉列表中选择"凸缘（Flange）"图标 ，弹出"凸缘定义（Flange Definition）"对话框，选择"基础型（Basic）"选项。

② 在"长度（Length）"文本框中输入数值，本例取"11"；在"角度（Angle）"文本框中输入数值，本例取"90"；在"半径（Radius）"文本框中输入数值，本例取"0"。

③ 激活"边线（Spine）"文本框，选择如图 10-77 所示的凸缘1附着边。

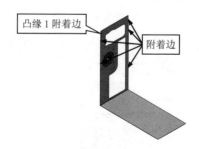

图 10-77　附着边

④ 确认无误后单击"确定"按钮，效果图见表 10-1。

⑤ 参照①~④创建凸缘1的步骤及参数设置，按逆时针方向选择其余边线，依次创建凸缘2~5，效果图见表 10-1。

表 10-1　凸缘 1～6 的效果图

名称	效果图	名称	效果图	名称	效果图
凸缘 1		凸缘 3		凸缘 5	
凸缘 2		凸缘 4		凸缘 6	

22. 创建凸缘 7～9

参照"21. 创建凸缘 1～6"的步骤，创建凸缘 7～9。在"长度（Length）"文本框中输入数值，本例取"13"；在"角度（Angle）"文本框中输入数值，本例取"90"；在"半径（Radius）"文本框中输入数值，本例取"0"。激活"边线（Spine）"文本框，依次选择如图 10-78 所示的钣金底部边线作为凸缘的附着边。确认无误后单击"确定"按钮，完成凸缘 7～9 的创建，结果如图 10-79～图 10-81 所示。

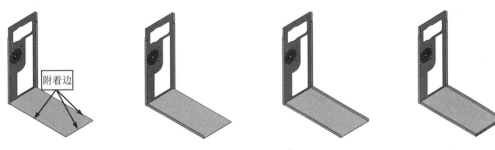

图 10-78　凸缘的附着边　　图 10-79　创建凸缘 7　　图 10-80　创建凸缘 8　　图 10-81　创建凸缘 9

23. 创建凸缘 10

参照"21. 创建凸缘 1～6"的步骤，创建凸缘 10。在"长度（Length）"文本框中输入数值，本例取"12"；在"角度（Angle）"文本框中输入数值，本例取"90"；在"半径（Radius）"文本框中输入数值，本例取"0"。激活"边线（Spine）"文本框，选择如图 10-82 所示的边线作为凸缘 10 的附着边。创建的凸缘 10 如图 10-83 所示。

图 10-82　凸缘 10 附着边

图 10-83　创建凸缘 10

24. 创建凸缘 11

参照"21. 创建凸缘 1～6"的步骤，创建凸缘 11。在"长度（Length）"文本框中输入数值，本例取"2"；在"角度（Angle）"文本框中输入数值，本例取"90"；在"半径（Radius）"文本框中输入数值，本例取"1"。激活"边线（Spine）"文本框，选择如图 10-84 所示的边线作为凸缘 11 的附着边。单击"扩展（Propagate）"按钮 ▭ Propagate ▭ 。创建的凸缘 11 如图 10-85 所示。

图 10-84　凸缘 11 附着边

图 10-85　创建凸缘 11

25. 创建剪口 11

参照"2. 创建剪口 1"的步骤与参数设置，创建剪口 11。选择如图 10-86 所示的平面作为草图平面，绘制剪口 11 草图，结果如图 10-87 所示。创建的剪口 11 如图 10-88 所示。

图 10-86　剪口 11 草图平面

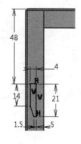

图 10-87　绘制剪口 11 草图

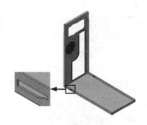

图 10-88　创建剪口 11

26. 创建矩形阵列 1

① 选择刚创建的剪口 11 作为阵列对象。

② 在"特征变换（Transformations）"工具栏中单击"阵列（Pattern）"图标 下的三角箭头，在其下拉列表中选择"矩形阵列（Rectangular Pattern）"图标 ，弹出"定义矩形阵列"对话框。

③ 在"第一方向"选项卡的"参数"下拉列表中选择"实例和间距"选项。在"实例"文本框中输入数值，本例取"3"；在"间距"文本框中输入数值，本例取"113"。

④ 激活"参考元素"文本框，右击，选择"Z 轴"作为阵列方向。

⑤ 单击"预览"按钮，确认无误后单击"确定"按钮。创建的矩形阵列 1 如图 10-89 所示。

图 10-89　创建矩形阵列 1

27. 创建孔 1

① 在"剪切 / 冲压（Cutting/Stamping）"工具栏中单击"孔（Holes）"图标 下的三角箭头，在其下拉列表中选择"孔（Hole）"图标 ，选择如图 10-90 所示的平面作为孔 1 草图平面，弹出"定义孔"对话框。

② 在"扩展"选项卡的"延伸类型"下拉列表中选择"盲孔"选项。在直径文本框中输入数值，本例取"5"。

③ 在"定位草图"选项组中单击"草图"图标 ，进入草图工作台，对孔 1 的圆心位置进行设置，如图 10-91 所示。单击"退出工作台"图标 ，完成孔的定位。

④ 在"类型"选项卡的"孔类型"下拉列表中选择"简单"选项。

⑤ 单击"预览"按钮，确认无误后单击"确定"按钮。创建的孔 1 如图 10-92 所示。

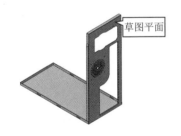

图 10-90　孔 1 草图平面

图 10-91　设置孔 1 圆心位置

图 10-92　创建孔 1

28. 创建镜像 1

① 在"特征变换（Transformation）"工具栏中单击"镜像（Mirror）"图标 ，弹出"镜像定义（Mirror Definition）"对话框。

② 激活"镜像平面（Mirroring plane）"文本框，在结构树中选择"yz 平面"作为镜像平面；激活"镜像的元素（Element to mirror）"文本框，选择步骤 27 创建的孔 1。

③ 单击"预览"按钮，确认无误后单击"确定"按钮。

29. 创建孔 2

参照"27. 创建孔 1"的步骤及参数设置，创建孔 2。设置孔 2 的圆心位置如图 10-93 所示。创建的孔 2 如图 10-94 所示。

30. 创建镜像 2

参照"28. 创建镜像 1"的步骤及参数设置，创建镜像 2，效果如图 10-95 所示。

图 10-93　设置孔 2 圆心位置　　　　图 10-94　创建孔 2　　　　　图 10-95　创建镜像 2

31. 创建孔 3

参照"27. 创建孔 1"的步骤及参数设置，创建孔 3。选择如图 10-96 所示的平面作为草图平面，设置孔 3 的圆心位置如图 10-97 所示。创建的孔 3 如图 10-98 所示。

32. 创建镜像 3

参照"28. 创建镜像 1"的步骤及参数设置，创建镜像 3，效果如图 10-99 所示。

图 10-96　孔 3 草图平面　　图 10-97　设置孔 3 圆心位置　　图 10-98　创建孔 3　　图 10-99　创建镜像 3

33. 创建曲面冲压 1

① 在"裁剪 / 冲压（Cutting/Stamping）"工具栏中单击"冲压（Stamping）"图标，右下角的三角箭头，选择"曲面冲压（Surface Stamp）"图标，弹出"曲面冲压定义（Surface Stamp Definition）"对话框，在"定义类型（Definition Type）"选项组的"参数选择（Parameters choice）"下拉列表中选择"角度（Angle）"选项。

② 在"角度（Angle A）"文本框中输入数值，本例取"90"；在"高度（Height H）"文本框中输入数值，本例取"2"；选中"半径 R1（Radius R1）"复选框，并在其文本框中输入数值，本例取"1"；选中"半径 R2（Radius R2）"复选框，并在其文本框中输入数值，本例取"2"；选中"过渡圆角（Rounded die）"复选框。

③ 单击对话框中的"草图"图标，选择如图 10-100 所示的平面作为草图平面，进入草图工作界面，绘制如图 10-101 所示的草图。单击"退出工作台"图标，完成草图创建。

④ 在"冲压类型（Type）"中选择"向上冲压轮廓（Upward sketch profile）"图标。

⑤ 单击"预览"按钮，确认无误后单击"确定"按钮，完成曲面冲压 1 的创建，结果如图 10-102 所示。

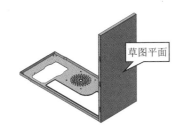
图 10-100　曲面冲压 1 草图平面

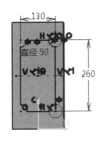
图 10-101　绘制曲面冲压 1 草图

图 10-102　创建曲面冲压 1

34. 创建曲面冲压 2

参照 "33. 创建曲面冲压 1" 的步骤及参数设置，创建曲面冲压 2。选择如图 10-103 所示的平面作为草图平面，绘制曲面冲压 2 草图，结果如图 10-104 所示。创建的曲面冲压 2 如图 10-105 所示。

图 10-103　曲面冲压 2 草图平面

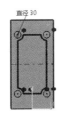
图 10-104　绘制曲面冲压 2 草图

图 10-105　创建曲面冲压 2

35. 创建剪口 12

参照 "2. 创建剪口 1" 的步骤及参数设置，创建剪口 12。选择曲面冲压 2 的上表面作为草图平面，绘制剪口 12 草图，结果如图 10-106 所示。创建的剪口 12 如图 10-107 所示。

图 10-106　绘制剪口 12 草图

图 10-107　创建剪口 12

创建完成的底座如图 10-108 所示。

10.2.3　内盖

在结构树中右击 "内盖"，在 "内盖对象" 下拉列表中选择 "在新窗口中打开" 选项，进入内盖的制作。

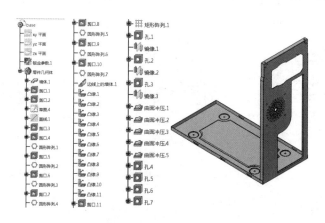

图 10-108　创建完成的底座

1. 创建平整钣金模型

① 在"墙体（Walls）"工具栏中单击"墙体（Wall）"图标 ，弹出"墙体定义（Wall Definition）"对话框。

② 单击对话框中的"草图"图标 ，在结构树中选择"xy平面"作为草图平面，进入草图工作台，绘制如图10-109所示的草图。单击"退出工作台"图标 ，完成草图创建。

③ 单击"预览"按钮，确认无误后单击"确定"按钮。创建的平整钣金模型如图10-110所示。

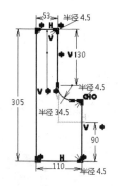

图 10-109　绘制平整钣金草图

图 10-110　创建平整钣金模型

2. 创建剪口 1

① 在"剪切/冲压（Cutting/Stamping）"工具栏中单击"剪口（Cut Out）"图标 ，弹出"剪口定义（Cutout Definition）"对话框。

② 在"剪口类型（Cutout Type）"选项组的"类型（Type）"下拉列表中选择"标准剪口（Sheetmetal standard）"选项。

③ 单击对话框中的"草图"图标 ，选择如图10-110所示的钣金上表面作为草图平面，进入草图工作台，绘制如图10-111所示的草图。单击"退出工作台"图标 ，完成草图创建。要说明的是，可在绘制12.5mm×105mm矩形草图时，单击"平移"图标 ，弹出"平移定义"对话框，在"实例"文本框中输入数值，本例取"6"，在"长度"文本框中输入数值，本例取

"20.5"，选择"Y 轴"作为平移方向，这样可使草图绘制简便。

④ 在"末端限制（End Limit）"选项组的"类型（Type）"下拉列表中选择"直到最后（Up to last）"选项。

⑤ 单击"预览"按钮，确认无误后单击"确定"按钮。创建的剪口 1 如图 10-112 所示。

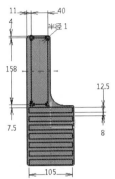

图 10-111　绘制剪口 1 草图　　　　　　　　　　图 10-112　创建剪口 1

3. 创建凸缘 1

① 在"墙体（Walls）"工具栏中单击"扫掠墙体（Swept Walls）"图标下的三角箭头，在其下拉列表中选择"凸缘（Flange）"图标，弹出"凸缘定义（Flange Definition）"对话框，选择"基础型（Basic）"选项。

② 在"长度（Length）"文本框中输入数值，本例取"15"；在"角度（Angle）"文本框中输入数值，本例取"90"；在"半径（Radius）"文本框中输入数值，本例取"1"。

③ 激活"边线（Spine）"文本框，选择如图 10-113 所示钣金的底部边线作为凸缘 1 的附着边，单击"扩展（Propagate）"按钮 Propagate ，生成的凸缘 1 预览图如图 10-114 所示。

④ 确认无误后单击"确定"按钮，完成凸缘 1 的创建，结果如图 10-115 所示。

　　　　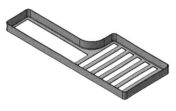

图 10-113　凸缘 1 附着边　　　图 10-114　生成凸缘 1 预览图　　　图 10-115　创建凸缘 1

4. 创建凸缘 2

参照"3. 创建凸缘 1"的步骤，创建凸缘 2。在"长度（Length）"文本框中输入数值，本例取"2"，选择如图 10-116 所示的边线作为附着边，完成凸缘 2 的创建。创建完成的内盖如图 10-117 所示。

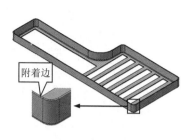

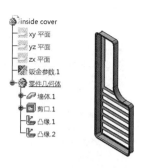

图 10-116 凸缘 2 附着边   图 10-117 创建完成的内盖

10.2.4 上梁

在结构树中右击"上梁"，在"上梁对象"下拉列表中选择"在新窗口中打开"选项，进入上梁的制作。

1. 拉伸成形 1

① 在"墙体（Walls）"工具栏中单击"拉伸（Extrusion）"图标，弹出"拉伸定义（Extrusion Definition）"对话框。

② 单击对话框中的"草图"图标，在结构树中选择"xy 平面"作为草图平面，进入草图工作台，绘制如图 10-118 所示的草图。单击"退出工作台"图标，完成草图创建。

图 10-118 绘制拉伸成形 1 草图

③ 在"第一限制（Set first limit）"下拉列表中选择"限制 1 的尺寸（Limit 1 dimension）"选项，并在后面的文本框中输入数值，本例取"16"；在"第二限制（Set second limit）"下拉列表中选择"限制 2 的尺寸（Limit 2 dimension）"选项，并在后面的文本框中输入数值，本例取"0"。

④ 选中"自动折弯（Automatic bend）"复选框。

⑤ 单击"预览"按钮，确认无误后单击"确定"按钮，完成拉伸成形 1，结果如图 10-119 所示。

图 10-119 完成拉伸成形 1

2. 创建边线上的墙体 1 和 2

① 在"墙体（Walls）"工具栏中单击"边线上的墙体（Wall on Edge）"图标，弹出"边线上的墙体定义（Wall On Edge Definition）"对话框。

② 在"类型（Type）"下拉列表中选择"自动生成边线上的墙体（Automatic）"选项。

③ 选择如图 10-120 所示的左侧边线作为附着边。

④ 选择"高度与倾角（Height & Inclination）"选项卡，在"高度（Height）"文本框中输入数值，本例取"10"；在"角度（Angle）"文本框中输入数值，本例取"90"；选中"折弯半径（With Band）"复选框。

⑤ 单击"预览"按钮，确认无误后单击"确定"按钮，完成边线上的墙体 1 的创建，结果如图 10-121 所示。

⑥ 参照创建边线上的墙体 1 的步骤① ~ ⑤及参数设置，选择与步骤③中的附着边对称的边线（即图 10-120 中的右侧边线）作为附着边，创建边线上的墙体 2，结果如图 10-122 所示。

图 10-120　边线上的墙体 1 和 2 附着边　　图 10-121　创建边线上的墙体 1　　图 10-122　创建边线上的墙体 2

3. 创建凸缘 1 和 2

① 在"墙体（Walls）"工具栏中单击"扫掠墙体（Swept Walls）"图标下的三角箭头，在其下拉列表中选择"凸缘（Flange）"图标，弹出"凸缘定义（Flange Definition）"对话框，选择"基础型（Basic）"选项。

② 在"长度（Length）"文本框中输入数值，本例取"10"；在"角度（Angle）"文本框中输入数值，本例取"90"；在"半径（Radius）"文本框中输入数值，本例取"1"。

③ 激活"边线（Spine）"文本框，选择如图 10-123 所示的下方边线作为凸缘的附着边。

④ 确认无误后单击"确定"按钮。创建的凸缘 1 如图 10-124 所示。

⑤ 参照创建凸缘 1 的步骤① ~ ④及参数设置，选择与步骤③中的附着边关于"yx 平面"对称的边线（即图 10-123 中下方的边线）作为附着边，创建凸缘 2，结果如图 10-125 所示。

图 10-123　凸缘 1 和 2 附着边　　　　图 10-124　创建凸缘 1　　　　图 10-125　创建凸缘 2

4. 创建凸缘 3 和 4

参照"3. 创建凸缘 1 和 2"的步骤① ~ ④及参数设置，选择如图 10-126 所示的下方边线作为凸缘 3 和 4 的附着边（两条边互相对称），创建凸缘 3 和 4，结果如图 10-127 和图 10-128 所示。

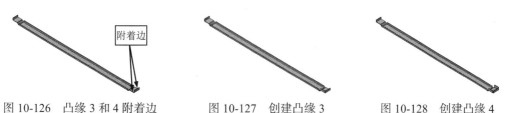

图 10-126　凸缘 3 和 4 附着边　　　　图 10-127　创建凸缘 3　　　　图 10-128　创建凸缘 4

5. 创建凸缘 5 和 6

参照"3. 创建凸缘 1 和 2"的步骤①～④及参数设置，选择如图 10-129 所示的下方边线作为凸缘 5 和 6 的附着边（两条边互相对称），创建凸缘 5 和 6，结果如图 10-130 和图 10-131 所示。

图 10-129　凸缘 5 和 6 附着边　　　　图 10-130　创建凸缘 5　　　　图 10-131　创建凸缘 6

至此，上梁创建完成。由于两侧上梁完全相同，进行整机装配时，同时插入两个此零件即可。创建完成的上梁如图 10-132 所示。

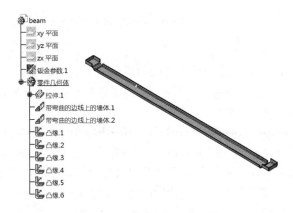

图 10-132　创建完成的上梁

10.2.5　右支柱

在结构树中右击"右支柱"，在"右支柱对象"下拉列表中选择"在新窗口中打开"选项，进入右支柱的制作。

1. 创建平整钣金模型

① 在"墙体（Walls）"工具栏中单击"墙体（Wall）"图标 ，弹出"墙体定义（Wall Definition）"对话框。

② 单击对话框中的"草图"图标 ，在结构树中选择"xy 平面"为草图平面，进入草图工作台，绘制如图 10-133 所示的草图。单击"退出工作台"图标 ，完成草图创建。

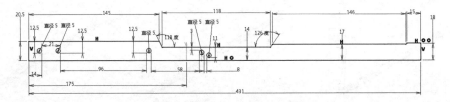

图 10-133　绘制平整钣金草图

③ 单击"预览"按钮，确认无误后单击"确定"按钮。创建的平整钣金模型如图 10-134 所示。

图 10-134　创建平整钣金模型

2. 创建凸缘 1

① 在"墙体（Walls）"工具栏中单击"扫掠墙体（Swept Walls）"图标 下的三角箭头，在其下拉列表中选择"凸缘（Flange）"图标 ，弹出"凸缘定义（Flange Definition）"对话框，选择"基础型（Basic）"选项。

② 在"长度（Length）"文本框中输入数值，本例取"15"；在"角度（Angle）"文本框中输入数值，本例取"90"；在"半径（Radius）"文本框中输入数值，本例取"0"。

③ 激活"边线（Spine）"文本框，选择如图 10-135 所示的边线作为凸缘 1 的附着边。

④ 确认无误后单击"确定"按钮，创建凸缘 1 如图 10-136 所示。

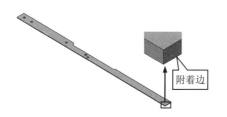

图 10-135　凸缘 1 附着边

图 10-136　创建凸缘 1

3. 创建凸缘 2

参照"2. 创建凸缘 1"的步骤及参数设置，创建凸缘 2。选择如图 10-137 所示的边线作为凸缘 2 的附着边，完成凸缘 2 的创建。创建完成的右支柱如图 10-138 所示。

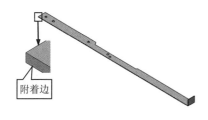

图 10-137　凸缘 2 附着边

图 10-138　创建完成的右支柱

左支柱的创建步骤及参数设置与右支柱相同，只是将凸缘 1 和凸缘 2 反转即可得到左支柱，此处不再赘述。

10.2.6　光盘支架

在结构树中右击"光盘支架"，在"光盘支架对象"下拉列表中选择"在新窗口中打开"选项，进入光盘支架的制作。

1. 创建平整钣金模型

① 在"墙体（Walls）"工具栏中单击"墙体（Wall）"图标 ⌀，弹出"墙体定义（Wall Definition）"对话框。

② 单击对话框中的"草图"图标 ✎，在结构树中选择"xy 平面"为草图平面，进入草图工作台，绘制如图 10-139 所示的草图。单击"退出工作台"图标 凸，完成草图创建。

③ 单击"预览"按钮，确认无误后单击"确定"按钮。创建的平整钣金模型如图 10-140 所示。

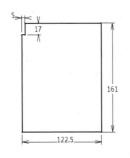

图 10-139　绘制平整钣金草图　　　　　图 10-140　创建平整钣金模型

2. 创建剪口 1

① 在"剪切 / 冲压（Cutting/Stamping）"工具栏中单击"剪口（Cut Out）"图标 ⊡，弹出"剪口定义（Cutout Definition）"对话框。

② 在"剪口类型（Cutout Type）"选项组的"类型（Type）"下拉列表中选择"标准剪口（Sheetmetal standard）"选项。

③ 单击对话框中的"草图"图标 ✎，选择如图 10-141 所示的平面作为草图平面，进入草图工作台，绘制如图 10-142 所示的草图。单击"退出工作台"图标 凸，完成草图创建。

④ 在"末端限制（End Limit）"选项组的"类型（Type）"下拉列表中选择"直到最后（Up to last）"选项。

⑤ 单击"预览"按钮，确认无误后单击"确定"按钮。创建的剪口 1 如图 10-143 所示。

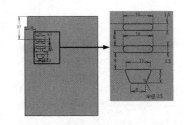

图 10-141　剪口 1 草图平面　　　图 10-142　绘制剪口 1 草图　　　图 10-143　创建剪口 1

3. 创建凸缘 1

① 在"墙体（Walls）"工具栏中单击"扫掠墙体（Swept Walls）"图标 ⬙ 下的三角箭头，在其下拉列表中选择"凸缘（Flange）"图标 ⬙，弹出"凸缘定义（Flange Definition）"对话

框，选择"基础型（Basic）"选项。

② 在"长度（Length）"文本框中输入数值，本例取"7"；在"角度（Angle）"文本框中输入数值，本例取"90"；在"半径（Radius）"文本框中输入数值，本例取"1"。

③ 激活"边线（Spine）"文本框，选择如图 10-144 所示的边线作为凸缘 1 的附着边。

④ 确认无误后单击"确定"按钮。创建的凸缘 1 如图 10-145 所示。

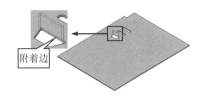
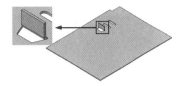

图 10-144　凸缘 1 附着边　　　　　　　　　　图 10-145　创建凸缘 1

4. 创建剪口 2

参照"2. 创建剪口 1"的步骤及参数设置，创建剪口 2。选择如图 10-146 所示的平面作为草图平面，绘制剪口 2 草图，结果如图 10-147 所示。创建的剪口 2 如图 10-148 所示。

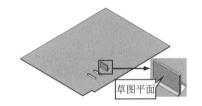
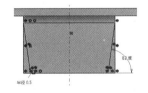
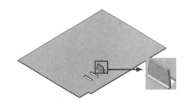

图 10-146　剪口 2 草图平面　　　　图 10-147　绘制剪口 2 草图　　　　图 10-148　创建剪口 2

5. 创建矩形阵列 1

① 选择步骤 2. 创建的剪口 1 作为阵列对象。

② 在"特征变换（Transformations）"工具栏中单击"阵列（Pattern）"图标下的三角箭头，在其下拉列表中选择"矩形阵列（Rectangular Pattern）"图标，弹出"定义矩形阵列"对话框。

③ 在"第一方向"选项卡的"参数"下拉列表中选择"实例和间距"选项。在"实例"文本框中输入数值，本例取"3"；在"间距"文本框中输入数值，本例取"44"。

④ 激活"参考元素"文本框，右击，选择"Y 轴"作为阵列方向。

⑤ 单击"反转"按钮 反转 。

⑥ 在"第二方向"选项卡的"参数"下拉列表中选择"实例和间距"选项。在"实例"文本框中输入数值，本例取"2"；在"间距"文本框中输入数值，本例取"70.25"。

⑦ 激活"参考元素"文本框，右击，选择"X 轴"作为阵列方向。

⑧ 单击"预览"按钮，确认无误后单击"确定"按钮。创建的矩形阵列 1 如图 10-149 所示。

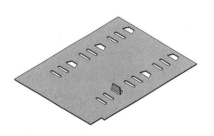

图 10-149　创建矩形阵列 1

6. 创建矩形阵列 2 和 3

参照"5. 创建矩形阵列 1"的步骤及参数设置，分别选择步骤 3 创建的凸缘 1 及步骤 4 创建的剪口 2 作为阵列对象，创建矩形阵列 2 和 3，结果如图 10-150 和图 10-151 所示。

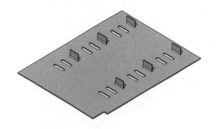
图 10-150　创建矩形阵列 2

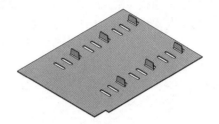
图 10-151　创建矩形阵列 3

7. 创建凸缘剪口 1

① 在"剪切 / 冲压（Cutting/Stamping）"工具栏中单击"冲压（Stamping）"图标下的三角箭头，在其下拉列表中选择"凸缘剪口（Flanged Cutout）"图标，弹出"凸缘剪口定义（Flange cutout Definition）"对话框。

② 在"高度（Height H）"文本框中输入数值，本例取"3"；在"角度（Angle A）"文本框中输入数值，本例取"45"；选中"半径（Radius R）"复选框，并在其文本框中输入数值，本例取"6"。

③ 单击对话框中的"草图"图标，选择如图 10-152 所示的钣金表面作为草图平面，进入草图工作界面，绘制如图 10-153 所示的草图。单击"退出工作台"图标，完成草图创建。

④ 单击"预览"按钮，确认无误后单击"确定"按钮。创建的凸缘剪口 1 如图 10-154 所示。

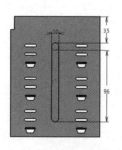
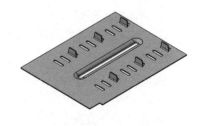
图 10-152　凸缘剪口 1 草图平面　　图 10-153　绘制凸缘剪口 1 草图　　图 10-154　创建凸缘剪口 1

8. 创建边线上的墙体 1

① 在"墙体（Walls）"工具栏中单击"边线上的墙体（Wall on Edge）"图标，弹出"边线上的墙体定义（Wall On Edge Definition）"对话框。

② 在"类型（Type）"下拉列表中选择"自动生成边线上的墙体（Automatic）"选项。

③ 选择如图 10-155 所示的边线作为附着边。

④ 选择"高度与倾角（Height & Inclination）"选项卡，在"高度（Height）"文本框中输入数值，本例取"76"；在"角度（Angle）"文本框中输入数值，本例取"90"；选中"折弯半径（With Band）"复选框。

⑤ 单击"预览"按钮,确认无误后单击"确定"按钮。创建的边线上的墙体 1 如图 10-156 所示。

图 10-155　边线上的墙体 1 附着边　　　　图 10-156　创建边线上的墙体 1

9. 创建镜像 1

① 在"特征变换(Transformation)"工具栏中单击"镜像(Mirror)"图标 ,弹出"镜像定义(Mirror Definition)"对话框。

② 激活"镜像平面(Mirroring plane)"文本框,选择如图 10-157 所示的平面作为镜像平面,激活"镜像的元素(Element to mirror)"文本框,在结构树中选择"零件几何体"。

③ 单击"预览"按钮,生成镜像 1 预览图,如图 10-158 所示。确认无误后单击"确定"按钮,完成光盘支架的创建,结果如图 10-159 所示。

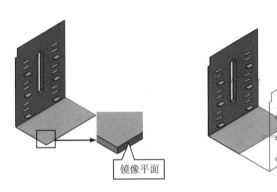

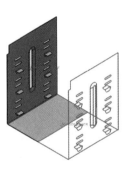

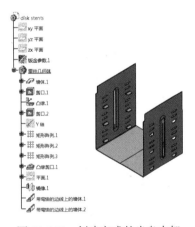

图 10-157　镜像平面　　　图 10-158　生成镜像 1 预览图　　　图 10-159　创建完成的光盘支架

10.2.7　硬盘支架

在结构树中右击"硬盘支架",在"硬盘支架对象"下拉列表中选择"在新窗口中打开"选项,进入硬盘支架的制作。

1. 创建平整钣金模型

① 在"墙体(Walls)"工具栏中单击"墙体(Wall)"图标 ,弹出"墙体定义(Wall Definition)"对话框。

② 单击对话框中的"草图"图标 ,在结构树中选择"xy 平面"作为草图平面,进入草图工作台,绘制如图 10-160 所示的草图。单击"退出工作台"图标 ,完成草图创建。

③ 单击"预览"按钮,确认无误后单击"确定"按钮。创建的平整钣金模型如图 10-161 所示。

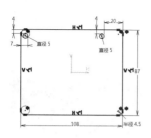

图 10-160　绘制平整钣金草图　　　　　　　图 10-161　创建平整钣金模型

2. 创建曲面冲压 1

① 在"裁剪 / 冲压（Cutting/Stamping）"工具栏中单击"冲压（Stamping）"图标右下角三角箭头，选择"曲面冲压（Surface Stamp）"图标，弹出"曲面冲压定义（Surface Stamp Definition）"对话框，在"定义类型（Definition Type）"选项组的"参数选择（Parameters choice）"下拉列表中选择"角度（Angle）"选项。

② 在"角度（Angle A）"文本框中输入数值，本例取"60"；在"高度（Height H）"文本框中输入数值，本例取"2"；选中"半径 R1（Radius R1）"复选框，并在其文本框中输入数值，本例取"3"；选中"半径 R2（Radius R2）"复选框，并在其文本框中输入数值，本例取"1"；选中"过渡圆角（Rounded die）"复选框。

③ 单击对话框中的"草图"图标，选择如图 10-162 所示的平面作为草图平面，进入草图工作界面，绘制如图 10-163 所示的草图。单击"退出工作台"图标，完成草图创建。

④ 在"冲压类型（Type）"中选择"向上冲压轮廓（Upward sketch profile）"图标。

⑤ 单击"预览"按钮，确认无误后单击"确定"按钮。创建的曲面冲压 1 如图 10-164 所示。

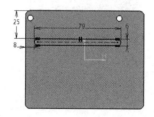

图 10-162　曲面冲压 1 草图平面　　图 10-163　绘制曲面冲压 1 草图　　图 10-164　创建曲面冲压 1

3. 创建剪口 1

① 在"剪切 / 冲压（Cutting/Stamping）"工具栏中单击"剪口（Cut Out）"图标，弹出"剪口定义（Cutout Definition）"。

② 在"剪口类型（Cutout Type）"选项组的"类型（Type）"下拉列表中选择"标准剪口（Sheetmetal standard）"选项。

③ 单击对话框中的"草图"图标，选择如图 10-165 所示的平面作为草图平面，进入草图工作台，绘制如图 10-166 所示的草图。单击"退出工作台"图标，完成草图创建。

④ 在"末端限制（End Limit）"选项组的"类型（Type）"下拉列表中选择"直到最后（Up to last）"选项。

⑤ 单击"预览"按钮，确认无误后单击"确定"按钮。创建的剪口 1 如图 10-167 所示。

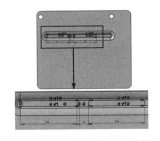

图 10-165　剪口 1 草图平面　　　图 10-166　绘制剪口 1 草图　　　图 10-167　创建剪口 1

4. 创建矩形阵列 1

① 选择步骤 2 创建的曲面冲压 1 作为阵列对象。

② 在"特征变换（Transformations）"工具栏中单击"阵列（Pattern）"图标下的三角箭头，在其下拉列表中选择"矩形阵列（Rectangular Pattern）"图标，弹出"定义矩形阵列"对话框。

③ 在"第一方向"选项卡的"参数"下拉列表中选择"实例和间距"选项，在"实例"文本框中输入数值，本例取"3"；在"间距"文本框中输入数值，本例取"24.036"。

④ 激活"参考元素"文本框，右击，选择"Y 轴"作为阵列方向。

⑤ 单击"反转"按钮 反转 。

⑥ 单击"预览"按钮，确认无误后单击"确定"按钮。创建的矩形阵列 1 如图 10-168 所示。

5. 创建矩形阵列 2

参照"4. 创建矩形阵列 1"的步骤及参数设置，选择步骤 3 创建的剪口 1 作为阵列对象，创建矩形阵列 2，结果如图 10-169 所示。

图 10-168　创建矩形阵列 1　　　　　　　图 10-169　创建矩形阵列 2

6. 创建剪口 2

参照"3. 创建剪口 1"的步骤及参数设置，创建剪口 2。选择如图 10-170 所示的平面作为草图平面，绘制剪口 2 草图，结果如图 10-171 所示。创建的剪口 2 如图 10-172 所示。

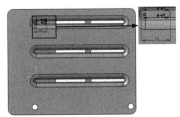

图 10-170　剪口 2 草图平面　　　图 10-171　绘制剪口 2 草图　　　图 10-172　创建剪口 2

7. 创建矩形阵列 3

参照"4. 创建矩形阵列 1"的步骤，创建矩形阵列 3。选择步骤 6 创建的剪口 2 作为阵列对象。在"定义矩形阵列"对话框的"第一方向"选项卡的"参数"下拉列表中选择"实例和间距"选项，在"实例"文本框中输入数值，本例取"2"；在"间距"文本框中输入数值，本例取"24"。激活"参考元素"文本框，右击，选择"Y 轴"作为阵列方向。创建的矩形阵列 3 如图 10-173 所示。

图 10-173　创建矩形阵列 3

8. 创建凸缘 1

① 在"墙体（Walls）"工具栏中单击"扫掠墙体（Swept Walls）"图标下的三角箭头，在其下拉列表中选择"凸缘（Flange）"图标，弹出"凸缘定义（Flange Definition）"对话框，选择"基础型（Basic）"选项。

② 在"长度（Length）"文本框中输入数值，本例取"10"；在"角度（Angle）"文本框中输入数值，本例取"90"；在"半径（Radius）"文本框中输入数值，本例取"1"。

③ 激活"边线（Spine）"文本框，选择如图 10-174 所示的边线作为附着边。

④ 确认无误后单击"确定"按钮，完成硬盘支架的创建，结果如图 10-175 所示。

图 10-174　凸缘 1 附着边

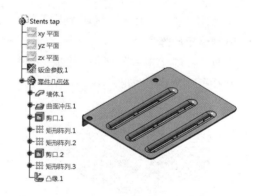

图 10-175　创建完成的硬盘支架

10.2.8　后盖

在结构树中右击"后盖"，在"后盖对象"下拉列表中选择"在新窗口中打开"选项，进入后盖的制作。

1. 创建平整钣金模型

① 在"墙体（Walls）"工具栏中单击"墙体（Wall）"图标，弹出"墙体定义（Wall Definition）"对话框。

② 单击对话框中的"草图"图标，在结构树中选择"xy 平面"作为草图平面，进入草图工作台，绘制如图 10-176 所示的草图。单击"退出工作台"图标，完成草图创建。

③ 单击"预览"按钮，确认无误后单击"确定"按钮。创建的平整钣金模型如图 10-177 所示。

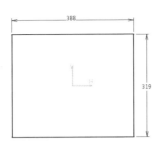

图 10-176　绘制平整钣金草图　　　　　　　　图 10-177　创建平整钣金模型

2. 创建剪口 1

① 在"剪切 / 冲压（Cutting/Stamping）"工具栏中单击"剪口（Cut Out）"图标▣，弹出"剪口定义（Cutout Definition）"对话框。

② 在"剪口类型（Cutout Type）"选项组的"类型（Type）"下拉列表中选择"标准剪口（Sheetmetal standard）"选项。

③ 单击对话框中的"草图"图标▨，选择如图 10-177 所示的钣金前表面作为草图平面，进入草图工作台，绘制如图 10-178 所示的草图。单击"退出工作台"图标↥，完成草图创建。

④ 在"末端限制（End Limit）"选项组的"类型（Type）"下拉列表中选择"直到最后（Up to last）"选项。

⑤ 单击"预览"按钮，确认无误后单击"确定"按钮。创建的剪口 1 如图 10-179 所示。

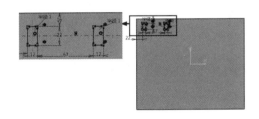

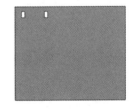

图 10-178　绘制剪口 1 草图　　　　　　　　图 10-179　创建剪口 1

3. 创建桥接冲压 1

① 在"裁剪 / 冲压（Cutting/Stamping）"工具栏中单击"冲压（Stamping）"图标▨下的三角箭头，在其下拉列表中选择"桥接冲压（Bridge）"图标▨，选择与剪口 1 相同的草图平面作为桥接冲压的参考平面，弹出"桥接冲压定义（Bridge Definition）"对话框。

② 在"高度（Height H）"文本框中输入数值，本例取"7.5"；在"长度（Length L）"文本框中输入数值，本例取"26"；在"宽度（Wide W）"文本框中输入数值，本例取"12"；在"角度（Angle A）"文本框中输入数值，本例取"80"；在"半径 R1（Radius R1）"文本框中输入数值，本例取"2"；在"半径 R2（Radius R2）"文本框中输入数值，本例取"1"；在"消除应力（Relieves）"选项组中选择"扯裂止裂槽（None）"选项。

③ 单击"预览"按钮，确认无误后单击"确定"按钮，完成桥接冲压 1 的创建。

④ 在结构树中双击"桥接 .1"节点下的"草图"，进入草图工作台，对桥接冲压的位置进行设置，如图 10-180 所示。

⑤ 在"通用工具栏（Standard toolbarzone）"中单击"工具"工具条中的"全部更新"图标 🗘，生成更新的桥接冲压，结果如图 10-181 所示。

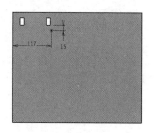

图 10-180　设置桥接冲压的位置

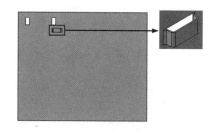

图 10-181　生成更新的桥接冲压

4. 创建凸缘剪口 1

① 在"剪切 / 冲压（Cutting/Stamping）"工具栏中单击"冲压（Stamping）"图标 🖾 下的三角箭头，在其下拉列表中选择"凸缘剪口（Flanged Cutout）"图标 🖾，弹出"凸缘剪口定义（Flanged cutout Definition）"对话框。

② 在"高度（Height H）"文本框中输入数值，本例取"3"；在"角度（Angle A）"文本框中输入数值，本例取"90"；选中"半径（Radius R）"复选框并在文本框中输入数值，本例取"1"。

③ 单击对话框中的"草图"图标 📝，选择与剪口 1 相同的草图平面作为凸缘剪口 1 的草图平面，进入草图工作台，绘制如图 10-182 所示的草图。单击"退出工作台"图标 🏠，完成草图创建。

④ 单击"预览"按钮，再单击图中红色箭头反转冲压方向，使其冲压方向与桥接冲压的方向相反，确认无误后单击"确定"按钮。创建的凸缘剪口 1 如图 10-183 所示。

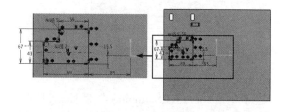

图 10-182　绘制凸缘剪口 1 草图

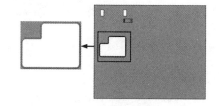

图 10-183　创建凸缘剪口 1

5. 创建边线上的墙体 1

① 在"墙体（Walls）"工具栏中单击"边线上的墙体（Wall on Edge）"图标 🗷，弹出"边线上的墙体定义（Wall On Edge Definition）"对话框。

② 在"类型（Type）"下拉列表中选择"自动生成边线上的墙体（Automatic）"选项。

③ 选择图 10-184 所示的边线作为附着边。

④ 选择"高度和倾角（Height & Inclination）"选项卡，在"高度（Height）"文本框中输入数值，本例取"5"；在"角度（Angle）"文本框中输入数值，本例取"90"。

⑤ 单击"折弯参数（Bend parameters）"图标 🔖，弹出"折弯定义（Bend Definition）"对

话框。在"左侧极限（Left Extremity）"选项卡和"右侧极限（Right Extremity）"选项卡中选择"封闭止裂槽（Closed）"选项。

⑥ 单击"预览"按钮，确认无误后单击"确定"按钮，完成边线上的墙体 1 的创建。创建完成的后盖如图 10-185 所示。

图 10-184　边线上的墙体 1 附着边

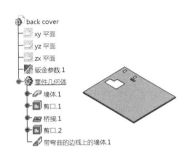

图 10-185　创建完成的后盖

10.2.9　外壳

在结构树中右击"外壳"，在"外壳对象"下拉列表中选择"在新窗口中打开"选项，进入外壳的制作。

1. 创建平整钣金模型

① 在"墙体（Walls）"工具栏中单击"墙体（Wall）"图标，弹出"墙体定义（Wall Definition）"对话框。

② 单击对话框中的"草图"图标，选择如图 10-186 所示的平面作为草图平面，进入草图工作台，在"3D 几何图形"工具条中单击"投影 3D 元素"图标，分别选择如图 10-187 所示的各边线进行投影（各边线均为外侧边线，背侧的边线为与边线 2 关于"yz 平面"对称的边，由于视图问题未标出），绘制平整钣金草图。单击"退出工作台"图标，完成草图创建。

③ 单击"预览"按钮，确认无误后单击"确定"按钮。创建的平整钣金模型如图 10-188 所示。

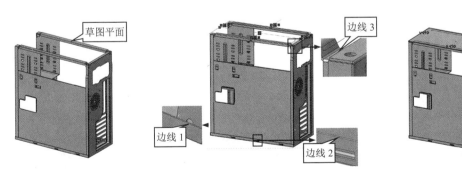

图 10-186　平整钣金草图平面　　图 10-187　平整钣金草图及投影边线　　图 10-188　创建平整钣金模型

2. 创建边线上的墙体 1

为了方便观看效果，可将其他零件隐藏。

① 在"墙体（Walls）"工具栏中单击"边线上的墙体（Wall on Edge）"图标，弹出"边线上的墙体定义（Wall On Edge Definition）"对话框。

② 在"类型（Type）"下拉列表中选择"自动生成边线上的墙体（Automatic）"选项。

③ 选择如图 10-189 所示的边线作为附着边。

④ 选择"高度与倾角（Height & Inclination）"选项卡，在"高度（Height）"文本框中输入数值，本例取"436"；在"角度（Angle）"文本框中输入数值，本例取"90"；选中"折弯半径（With Band）"复选框。

⑤ 单击"预览"按钮，确认无误后单击"确定"按钮，完成边线上的墙体 1 的创建。创建完成的外壳如图 10-190 所示。

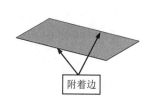

图 10-189　边线上的墙体 1 附着边

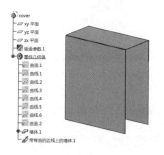

图 10-190　创建完成的外壳

10.2.10　装配

单击"约束"工具栏中的"固定"图标，选择"底座"作为固定零件，将其他零件依次进行装配。在结构树中双击"计算机机箱"，切换至装配设计工作台，并将零件模型调整至适合装配的位置（见图 10-43b）。

1. 内盖装配

为使装配更直观，可将除底座和内盖之外的其他零件进行隐藏。

单击"约束"工具栏中的"偏移约束"图标，约束元素选择底座的 yz 平面和内盖的 yz 平面，在弹出的"约束属性"对话框的"偏移"文本框中输入数值"21"。单击"约束"工具栏中的"接触约束"图标，约束元素选择如图 10-191 所示的内盖平面 3 和图 10-192 所示的底座平面 3。重复"接触约束"操作，使如图 10-191 所示的内盖平面 4 与图 10-192 所示的底座平面 4 接触。单击"全部更新"图标，完成内盖装配，结果如图 10-193 所示。

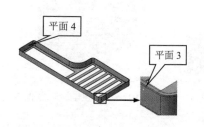

图 10-191　内盖装配约束元素

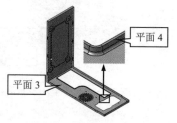

图 10-192　底座装配约束元素

图 10-193　完成内盖装配

2. 上梁装配

将上梁显示。单击"接触约束"图标，约束元素选择如图 10-194 所示的底座平面 5 和图 10-195 所示的上梁平面 5。重复"接触约束"操作，使如图 10-194 所示的底座平面 6 与图 10-195 所示的上梁平面 6 接触，图 10-194 所示的底座平面 7 与图 10-195 所示的上梁平面 7 接触。单击"全部更新"图标。

按照上述步骤，完成关于"yz 平面"对称的另一侧上梁的装配，结果如图 10-196 所示。

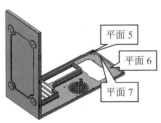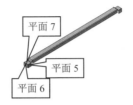

图 10-194　底座装配约束元素　　　图 10-195　上梁装配约束元素　　　图 10-196　完成上梁装配

3. 支柱装配

将右支柱显示。单击"接触约束"图标，约束元素选择如图 10-197 所示的底座平面 8 和图 10-198 所示的支柱平面 8。重复"接触约束"操作，使如图 10-197 所示的底座平面 9 与图 10-198 所示的支柱平面 9 接触，图 10-197 所示的底座平面 10 与图 10-198 所示的支柱的另一侧边外表面接触。单击"全部更新"图标。

按照上述步骤，完成左支柱的装配，结果如图 10-199 所示。

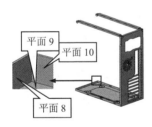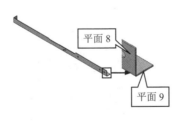

图 10-197　底座装配约束元素　　　图 10-198　支柱装配约束元素　　　图 10-199　完成支柱装配

4. 光盘支架装配

将光盘支架显示。单击"偏移约束"图标，约束元素选择底座的 yz 平面和光盘支架的 yz 平面，在弹出的"约束属性"对话框的"偏移"文本框中输入数值"0"。单击"接触约束"图标，约束元素选择如图 10-200 所示的左支柱平面 11 和光盘支架右侧的平面。重复"偏移约束"操作，使上梁的下表面与光盘支架的上表面偏移 5。单击"全部更新"图标，完成光盘支架装配，结果如图 10-201 所示。

5. 硬盘支架装配

在结构树中选中"硬盘支架"和"硬盘支架 1"，右击，选择"隐藏 / 显示"选项，使硬盘支架和硬盘支架 1 显示。

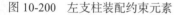

图 10-200 左支柱装配约束元素

图 10-201 完成光盘支架装配

单击"偏移约束"图标 ，约束元素选择如图 10-202 所示的硬盘支架和硬盘支架的平面 12，在弹出的"约束属性"对话框的"偏移"文本框中输入数值"0"。单击"接触约束"图标 ，约束元素选择右支柱孔所在边的内侧表面和硬盘支架右侧平面。重复"接触约束"操作，使硬盘支架的上表面与光盘支架的下表面接触。单击"全部更新"图标 ，完成硬盘支架装配，结果如图 10-203 所示。

继续装配另一侧硬盘支架。单击"偏移约束"图标 ，约束元素选择硬盘支架和硬盘支架 1 的内侧平面，在弹出的"约束属性"对话框的"偏移"文本框中输入数值"90"。单击"接触约束"图标 ，约束元素选择右支柱孔所在边的内侧表面和硬盘支架右侧平面。重复"接触约束"操作，使硬盘支架的上表面与光盘支架的下表面接触。单击"全部更新"图标 ，完成硬盘支架 1 装配，结果如图 10-204 所示。

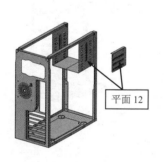
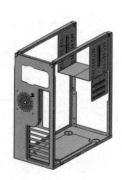
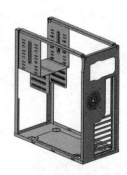

图 10-202 硬盘支架装配约束元素 1　　图 10-203 完成硬盘支架装配　　图 10-204 完成硬盘支架 1 装配

6. 后盖装配

将后盖显示。单击"接触约束"图标 ，约束元素选择如图 10-205 所示的支柱平面 13 和图 10-206 所示的后盖平面 13。重复"接触约束"操作，使底座平面 14 与后盖平面 14 接触。单击"偏移约束"图标 ，约束元素选择如图 10-205 所示的平面 15 和图 10-206 所示的后盖平面 15，在弹出的"约束属性"对话框的"偏移"文本框中输入数值"2"。单击"全部更新"图标 ，完成后盖装配，结果如图 10-207 所示。

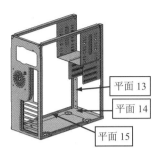
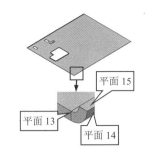

图 10-205　后盖装配约束元素（一）　图 10-206　后盖装配约束元素（二）　图 10-207　完成后盖装配

7. 外壳装配

将外壳显示。单击"偏移约束"图标，约束元素选择如图 10-208 所示的外壳平面 16 和图 10-209 所示的平面 16，在弹出的"约束属性"对话框的"偏移"文本框中输入数值"0"。单击"接触约束"图标，约束元素选择如图 10-208 所示的外壳平面 17 和图 10-209 所示的平面 17。重复"接触约束"操作，使外壳墙体下表面与已完成装配的实体上表面接触。单击"全部更新"图标，完成外壳装配，结果如图 10-210 所示。

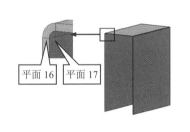
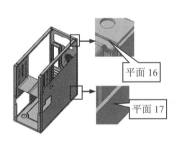
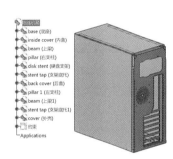

图 10-208　外壳装配约束元素（一）　图 10-209　外壳装配约束元素（二）　图 10-210　完成外壳装配

10.3　USB 接口

USB 接口是连接外部装置的一个串口汇流排标准，其能够用于在便携装置间直接交换资料。本例将介绍 USB 接口的创建。首先通过创建平整钣金模型和边线上的墙体创建出整体结构，然后在钣金墙体上创建剪口、平面弯曲、曲面冲压及凸缘等特征。

新建一个钣金零件模型，命名为"USB"。

1. 钣金参数设置

在"墙体（Walls）"工具栏中单击"钣金参数（Sheet Metal Parameters）"图标，弹出"钣金参数设置（Sheet Metal Parameters）"对话框。在"厚度（Thickness）"文本框中输入数值，本例取"0.5"；在"默认弯曲半径（Default Bend Radius）"文本框中输入数值，本例取"0.1"。选择"弯曲极限（Bend Extremities）"选项卡，设置止裂槽为"扯裂止裂槽（Minimum with no relief）"类型。单击"确定"按钮，完成钣金参数设置。

2. 创建平整钣金模型

① 在"墙体（Walls）"工具栏中单击"墙体（Wall）"图标，弹出"墙体定义（Wall

Definition）"对话框。

② 单击对话框中的"草图"图标，在结构树中选择"xy 平面"作为草图平面，进入草图工作台，绘制如图 10-211 所示的草图。单击"退出工作台"图标，完成草图创建。

③ 单击"确定"按钮，完成平整钣金模型的创建，结果如图 10-212 所示。

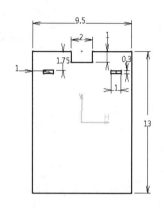

图 10-211　绘制平整钣金草图

图 10-212　创建平整钣金模型

3. 创建边线上的墙体 1

① 在"墙体（Walls）"工具栏中单击"边线上的墙体（Wall on Edge）"图标，弹出"边线上的墙体定义（Wall On Edge Definition）"对话框。

② 在"类型（Type）"下拉列表中选择"自动生成边线上的墙体（Automatic）"选项。

③ 选择如图 10-213 所示的边线作为附着边。

④ 选择"高度与倾角（Height & Inclination）"选项卡，在"高度（Height）"文本框中输入数值，本例取"5.5"；在"角度（Angle）"文本框中输入数值，本例取"90"；选中"折弯半径（With Band）"复选框。

⑤ 单击"预览"按钮，确认无误后单击"确定"按钮。创建的边线上的墙体 1 如图 10-214 所示。

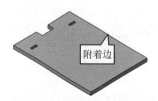

图 10-213　边线上的墙体 1 附着边

图 10-214　创建边线上的墙体 1

4. 创建边线上的墙体 2

参照"3. 创建边线上的墙体 1"的步骤及参数设置，选择如图 10-215 所示的边线作为附着边，创建边线上的墙体 2，结果如图 10-216 所示。

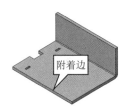

图 10-215　边线上的墙体 2 附着边　　　　　图 10-216　创建边线上的墙体 2

5. 创建边线上的墙体 3 和 4

参照 "3. 创建边线上的墙体 1" 的步骤，创建边线上的墙体 3 和 4。分别选择如图 10-217 和图 10-218 所示的边线作为附着边，在 "类型（Type）" 下拉列表中选择 "自动生成边线上的墙体（Automatic）" 选项。选择 "高度与倾角（Height & Inclination）" 选项卡，在 "高度（Height）" 文本框中输入数值，本例取 "5.25"；在 "角度（Angle）" 文本框中输入数值，本例取 "90"；选中 "折弯半径（With Band）" 复选框。创建的边线上的墙体 3 和 4 分别如图 10-219 和图 10-220 所示。

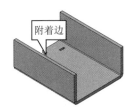

图 10-217　边线上的墙体 3 附着边　　　　　图 10-218　边线上的墙体 4 附着边

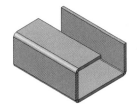

图 10-219　创建边线上的墙体 3　　　　　图 10-220　创建边线上的墙体 4

6. 创建剪口 1

① 在 "剪切 / 冲压（Cutting/Stamping）" 工具栏中单击 "剪口（Cut Out）" 图标，弹出 "剪口定义（Cutout Definition）" 对话框。

② 在 "剪口类型（Cutout Type）" 选项组的 "类型（Type）" 下拉列表中选择 "标准剪口（Sheetmetal standard）" 选项。

③ 单击对话框中的 "草图" 图标，选择如图 10-221 所示的平面作为草图平面，进入草图工作台，绘制如图 10-222 所示的草图。单击 "退出工作台" 图标，完成草图创建。

④ 在 "末端限制（End Limit）" 选项组的 "类型（Type）" 下拉列表中选择 "直到最后（Up to last）" 选项。

⑤ 单击 "预览" 按钮，确认无误后单击 "确定" 按钮。创建的剪口 1 如图 10-223 所示。

图 10-221　剪口 1 草图平面

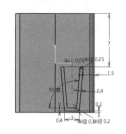

图 10-222　绘制剪口 1 草图

图 10-223　创建剪口 1

7. 创建镜像 1

① 在"特征变换（Transformation）"工具栏中单击"镜像（Mirror）"图标 ，弹出"镜像定义（Mirror Definition）"对话框。

② 激活"镜像平面（Mirroring plane）"文本框，在结构树中选择"yz 平面"。激活"镜像的元素（Element to mirror）"文本框，选择步骤 6 创建的剪口 1。

③ 单击"预览"按钮，生成镜像 1 预览图，如图 10-224 所示。确认无误后单击"确定"按钮，完成镜像 1 的创建，结果如图 10-225 所示。

图 10-224　生成镜像 1 预览图

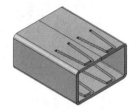

图 10-225　创建镜像 1

8. 创建平面折弯 1

① 在"折弯（Bending）"工具栏中单击"平面折弯（Bend From Flat）"图标 ，弹出"平面折弯定义（Bend From Flat Definition）"对话框。

② 单击对话框中的"草图"图标 ，选择如图 10-226 所示的草图平面，绘制如图 10-227 所示的草图。

③ 单击"预览"按钮，确认无误后单击"确定"按钮。创建的平面折弯 1 如图 10-228 所示。

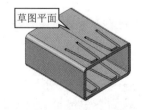

图 10-226　平面折弯 1 草图平面

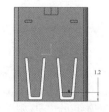

图 10-227　绘制平面折弯 1 草图

图 10-228　创建平面折弯 1

9. 创建平面折弯 2~8

参照 "8. 创建平面折弯 1" 的步骤及参数设置，创建平面折弯 2 ~ 8。

① 在与创建平面折弯 1 相同的平面上创建平面折弯 2。绘制的草图如图 10-229 所示。创建的平面折弯 2 如图 10-230 所示。

图 10-229　绘制平面折弯 2 草图　　　　　　　图 10-230　创建平面折弯 2

② 在与创建平面折弯 1 相反的平面上创建平面折弯 3 和 4。绘制的草图分别如图 10-231 和图 10-232 所示。创建的平面折弯 3 和 4 如图 10-233 所示。

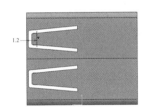 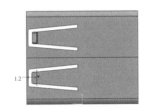 

图 10-231　绘制平面折弯 3 草图　　图 10-232　绘制平面折弯 4 草图　　图 10-233　创建平面折弯 3 和 4

③ 在与创建平面折弯 1 相同的平面上创建平面折弯 5 和 6，在与创建平面折弯 1 相反的平面上创建平面折弯 7 和 8，绘制的草图轮廓及效果图见表 10-2。

表 10-2　平面折弯 5~8 的草图轮廓及效果图

名称	草图轮廓	效果图	名称	草图轮廓	效果图
平面折弯 5			平面折弯 7		
平面折弯 6			平面折弯 8		

10. 创建剪口 2

参照 "6. 创建剪口 1" 的步骤及参数设置，创建剪口 2。选择如图 10-234 所示的平面作为草图平面，绘制剪口 2 草图，结果如图 10-235 所示。创建的剪口 2 如图 10-236 所示。

图 10-234　剪口 2 草图平面

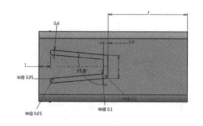

图 10-235　绘制剪口 2 草图

图 10-236　创建剪口 2

11. 创建平面折弯 9 和 10

参照"8. 创建平面折弯 1"的步骤及参数设置，创建平面折弯 9 和 10。选择如图 10-234 所示的平面作为草图平面，绘制草图，分别如图 10-237 和图 10-238 所示。创建的平面折弯 9 和 10 分别如图 10-239 和图 10-240 所示。

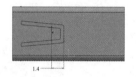

图 10-237　绘制平面折弯 9 草图

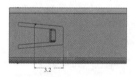

图 10-238　绘制平面折弯 10 草图

图 10-239　创建平面折弯 9

图 10-240　创建平面折弯 10

12. 创建曲面冲压 1

① 在"裁剪 / 冲压（Cutting/Stamping）"工具栏中单击"冲压（Stamping）"图标 右下角三角箭头，选择"曲面冲压（Surface Stamp）"图标 ，弹出"曲面冲压定义（Surface Stamp Definition）"对话框，在"定义类型（Definition Type）"选项组的"参数选择（Parameters choice）"下拉列表中选择"角度（Angle）"选项。

② 在"角度（Angle A）"文本框中输入数值，本例取"90"；在"高度（Height H）"文本框中输入数值，本例取"0.5"；选中"半径 R1（Radius R1）"复选框并在文本框中输入数值，本例取"0.1"；选中"半径 R2（Radius R2）"复选框并在文本框中输入数值，本例取"0.1"；选中"过渡圆角（Rounded die）"复选框。

③ 单击对话框中的"草图"图标 ，选择如图 10-234 所示的平面，绘制如图 10-241 所示的草图。单击"退出工作台"图标 ，完成草图创建。

④ 在"冲压类型（Type）"中选择"向上冲压轮廓（Upward sketch profile）"图标▽。

⑤ 单击"预览"按钮，确定无误后单击"确定"按钮。创建曲面冲压 1 如图 10-242 所示。

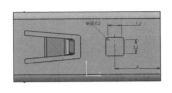

图 10-241　绘制曲面冲压 1 草图

图 10-242　创建曲面冲压 1

13. 创建凸缘 1~5

① 在"墙体（Walls）"工具栏中单击"扫掠墙体（Swept Walls）"图标⬛下的三角箭头，在其下拉列表中选择"凸缘（Flange）"图标⬛，弹出"凸缘定义（Flange Definition）"对话框，选择"基础型（Basic）"选项。

② 在"长度（Length）"文本框中输入数值，本例取"0.75"；在"角度（Angle）"文本框中输入数值，本例取"120"；在"半径（Radius）"文本框中输入数值，本例取"0.1"。

③ 激活"边线（Spine）"文本框，分别选中表 10-3 中的边线作为凸缘的附着边。

④ 确认无误后单击"确定"按钮。创建的凸缘效果图见表 10-3。

表 10-3　凸缘 1~5 凸缘的附着边及效果图

名称	凸缘附着边	凸缘效果图
凸缘 1	附着边	
凸缘 2	附着边	
凸缘 3	附着边	

（续）

名称	凸缘附着边	凸缘效果图
凸缘4	附着边	
凸缘5	附着边	

创建完成的 USB 接口如图 10-243 所示。

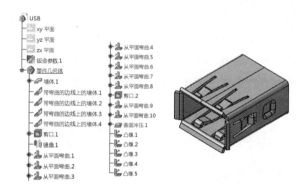

图 10-243　创建完成的 USB 接口

第 11 章　家用产品类实例

11.1　金属洗漱盆

金属洗漱盆盆体主要通过在平整钣金墙上创建曲面冲压来实现，下水口可通过凸缘孔冲压来完成。

新建一个钣金零件模型，命名为"Basin"。

1. 钣金参数设置

在"墙体（Walls）"工具栏中单击"钣金参数（Sheet Metal Parameters）"图标，弹出"钣金参数设置（Sheet Metal Parameters）"对话框。在"厚度（Thickness）"文本框中输入数值，本例取"8"；在"默认弯曲半径（Default Bend Radius）"文本框中输入数值，本例取"4"。选择"弯曲极限（Bend Extremities）"选项卡，设置止裂槽为"扯裂止裂槽（Minimum with no relief）"类型。单击"确定"按钮，完成钣金参数设置。

2. 创建平整钣金模型

① 在"墙体（Walls）"工具栏中单击"墙体（Wall）"图标，弹出"墙体定义（Wall Definition）"对话框。

② 单击对话框中的"草图"图标，在结构树中选择"xy 平面"作为草图平面，进入草图工作台，绘制如图 11-1 所示的草图。单击"退出工作台"图标，完成草图创建。

③ 单击"预览"按钮，确认无误后单击"确定"按钮。创建的平整钣金模型如图 11-2 所示。

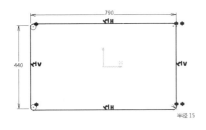

图 11-1　绘制平整钣金草图

图 11-2　创建平整钣金模型

3. 创建曲面冲压 1

① 在"剪切/冲压（Cutting/Stamping）"工具栏中单击"冲压（Stamping）"图标下的三角箭头，在其下拉列表中选择"曲面冲压（Surface Stamp）"图标，弹出"曲面冲压定义（Surface Stamp Definition）"对话框，在"参数选择（Parameters choice）"下拉列表中选择"角度（Angle）"选项。

② 在"角度（Angle A）"文本框中输入数值，本例取"90"；在"高度（Height H）"文本框中输入数值，本例取"20"；选中"半径 R1（Radius R1）"复选框并在文本框中输入数值，

本例取"1"；选中"半径 R2（Radius R2）"复选框并在文本框中输入数值，本例取"1"；选中"过渡圆角（Rounded die）"复选框。

③ 单击对话框中的"草图"图标，选择如图 11-2 所示的钣金上表面作为草图平面，进入草图工作台，绘制如图 11-3 所示的草图。单击"退出工作台"图标，完成草图创建。

④ 在"冲压类型（Type）"中选择"向上冲压轮廓（Upward sketch profile）"图标。

⑤ 单击"预览"按钮，确认无误后单击"确定"按钮。创建的曲面冲压 1 如图 11-4 所示。

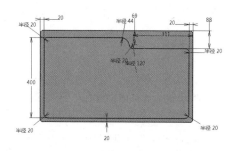

图 11-3　绘制曲面冲压 1 草图

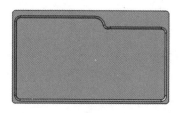

图 11-4　创建曲面冲压 1

4. 创建曲面冲压 2

参照"3. 创建曲面冲压 1"的步骤，创建曲面冲压 2。在"角度（Angle A）"文本框中输入数值，本例取"90"；在"高度（Height H）"文本框中输入数值，本例取"180"；选中"半径 R1（Radius R1）"复选框并在文本框中输入数值，本例取"1"；选中"半径 R2（Radius R2）"复选框并在文本框中输入数值，本例取"80"。选择如图 11-5 所示的平面作为草图平面，绘制草图，结果如图 11-6 所示。创建的曲面冲压 2 如图 11-7 所示。

图 11-5　曲面冲压 2 草图平面　　图 11-6　绘制曲面冲压 2 草图

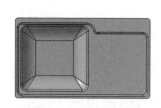

图 11-7　创建曲面冲压 2

5. 创建曲面冲压 3

参照"3. 创建曲面冲压 1"的步骤及参数设置，创建曲面冲压 3。在"角度（Angle A）"文本框中输入数值，本例取"90"；在"高度（Height H）"文本框中输入数值，本例取"180"；选中"半径 R1（Radius R1）"复选框并在文本框中输入数值，本例取"1"；选中"半径 R2（Radius R2）"复选框并在文本框中输入数值，本例取"81"；选中"过渡圆角（Rounded die）"复选框。选择如图 11-8 所示的平面作为草图平面，绘制草图，结果如图 11-9 所示。创建的曲面冲压 3 如图 11-10 所示。

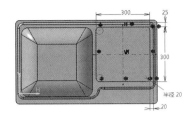
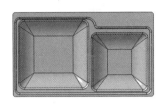

图 11-8　曲面冲压 3 草图平面　　　图 11-9　绘制曲面冲压 3 草图　　　图 11-10　创建曲面冲压 3

6. 创建凸缘孔冲压 1

① 在"剪切 / 冲压（Cutting/Stamping）"工具栏中单击"冲压（Stamping）"图标 下的三角箭头，在其下拉列表中选择"凸缘孔冲压（Flanged Hole）"图标 ，选择如图 11-11 所示的平面作为草图平面，弹出"凸缘孔冲压定义（Flanged Hole Definition）"对话框，在"参数选择（Parameters choice）"下拉列表中选择"两直径（Two diameters）"，选中"附带圆锥（With cone）"复选框。

② 在"高度（Height H）"文本框中输入数值，本例取"8"；在"半径 R（Radius R）"文本框中输入数值，本例取"8"；在"直径 d（Diameter d）"文本框中输入数值，本例取"90"；在"直径 D（Diameter D）"文本框中输入数值，本例取"116"。

③ 单击"预览"按钮，再单击图中的冲压箭头，使其向外冲压。确认无误后单击"确定"按钮。

④ 在结构树中双击"凸缘孔冲压 .1"节点下的"草图 .5"，进入草图工作台，对凸缘孔冲压 1 的中心位置进行设置，如图 11-12 所示。

⑤ 在"通用工具栏（Standard toolbarzone）"中单击"工具"工具条中的"全部更新"图标 ，得到完成"凸缘孔冲压"操作后的模型，如图 11-13 所示。

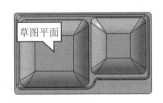
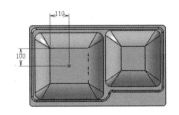
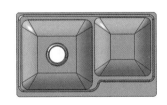

图 11-11　凸缘孔冲压 1 草图平面　　　图 11-12　设置凸缘孔冲压 1 的中心位置　　　图 11-13　创建凸缘孔冲压 1

7. 创建凸缘孔冲压 2

参照"6. 创建凸缘孔冲压 1"的步骤，创建凸缘孔冲压 2。在"高度（Height H）"文本框中输入数值，本例取"8"；在"半径 R（Radius R）"文本框中输入数值，本例取"8"；在"直径 d（Diameter d）"文本框中输入数值，本例取"90"；在"直径 D（Diameter D）"文本框中输入数值，本例取"116"。选择如图 11-14 所示的平面作为草图平面，设置凸缘孔冲压 2 的中心位置如图 11-15 所示。创建的凸缘孔冲压 2 如图 11-16 所示。

 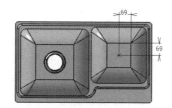 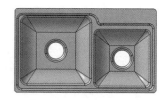

图 11-14　凸缘孔冲压 2 草图平面　　图 11-15　设置凸缘孔冲压 2 的中心位置　　图 11-16　创建凸缘孔冲压 2

8. 创建曲面冲压 4

参照"3. 创建曲面冲压 1"的步骤，创建曲面冲压 4。在"角度（Angle A）"文本框中输入数值，本例取"90"；在"高度（Height H）"文本框中输入数值，本例取"20"；选择"半径 R1（Radius R1）"复选框并在文本框中输入数值，本例取"2"；选择"半径 R2（Radius R2）"复选框并在文本框中输入数值，本例取"2"。选择如图 11-17 所示的平面作为草图平面，绘制草图，结果如图 11-18 所示。创建的曲面冲压 4 如图 11-19 所示。

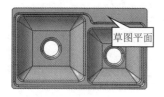 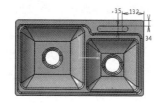 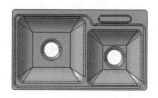

图 11-17　曲面冲压 4 草图平面　　图 11-18　绘制曲面冲压 4 草图　　图 11-19　创建曲面冲压 4

9. 创建剪口 1

① 在"剪切 / 冲压（Cutting/Stamping）"工具栏中单击"剪口（Cut Out）"图标，弹出"剪口定义（Cutout Definition）"对话框。

② 在"剪口类型（Cutout Type）"选项组的"类型（Type）"下拉列表中选择"标准剪口（Sheetmetal standard）"选项。

③ 单击对话框中的"草图"图标，选择如图 11-20 所示的平面作为草图平面，进入草图工作台，绘制如图 11-21 所示的草图。单击"退出工作台"图标，完成草图创建。

④ 在"末端限制（End Limit）"选项组的"类型（Type）"下拉列表中选择"直到最后（Up to last）"选项。

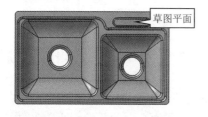 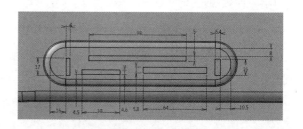

图 11-20　剪口 1 草图平面　　　　　　　图 11-21　绘制剪口 1 草图

⑤ 单击"预览"按钮，确认无误后单击"确定"按钮。创建的剪口 1 如图 11-22 所示。

10. 创建销子冲压 1

① 在"剪切 / 冲压（Cutting/Stamping）"工具栏中单击"冲压（Stamping）"图标 ▨ 下的三角箭头，在其下拉列表中选择"销子冲压（Dowel）"图标 ◠，单击如图 11-17 所示的钣金表面，弹出"销子定义（Dowel Definition）"对话框。

② 在"直径 D（Diameter D）"文本框中输入数值，本例取"26"。

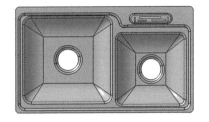

图 11-22　创建剪口 1

③ 单击对话框中的"草图"图标 ▨，选择如图 11-17 所示的平面作为草图平面，进入草图工作台，对销子冲压 1 的圆心位置进行设置，如图 11-23 所示。

④ 单击"预览"按钮，再单击图中的冲压箭头，使其向外冲压。确认无误后单击"确定"按钮。创建的销子冲压 1 如图 11-24 所示。

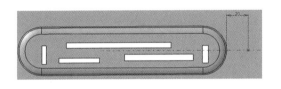

图 11-23　设置销子冲压 1 的圆心位置

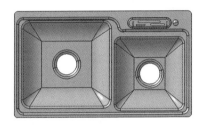

图 11-24　创建销子冲压 1

11. 创建销子冲压 2

参照"10. 创建销子冲压 1"的步骤，创建销子冲压 2。

在"直径 D（Diameter D）"文本框中输入数值，本例取"33"。选择如图 11-17 所示的平面作为草图平面，对销子冲压 2 的圆心位置进行设置，如图 11-25 所示。创建完成的金属洗漱盆如图 11-26 所示。

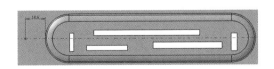

图 11-25　设置销子冲压 2 的圆心位置

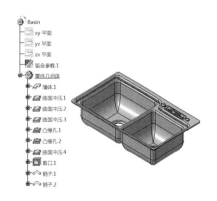

图 11-26　创建完成的金属洗漱盆

11.2　抽油烟机

11.2.1　实例分析

抽油烟机是常见的家用厨房电器。下面以如图 11-27 所示的不锈钢侧吸抽油烟机钣金外壳为例，介绍抽油烟机的创建过程。

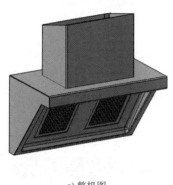

a) 整机图

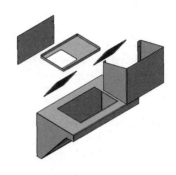

b) 分解图

图 11-27　不锈钢侧吸抽油烟机钣金外壳

抽油烟机外壳包括主壳体、风管罩、后盖、顶盖及滤油板五部分。其中，风管罩、顶盖和主壳体的创建可先通过创建平整钣金墙体，再创建边线上的墙体来实现，后者还需要在此基础上创建自定义冲压及剪口；滤油板的创建可通过先在墙体上创建剪口，再进行拉伸操作来完成；后盖的创建只需通过平整钣金即可实现。

创建"Product"文件，命名为"抽油烟机"。选中"抽油烟机"，在菜单栏中依次选择"插入"→"新建零件"，分别插入 6 个零件，依次命名为"主壳体""风管罩""后盖""顶盖""滤油板 1"和"滤油板 2"。

在结构树中双击"主壳体"节点下的零件图标，切换至创成式钣金设计工作台，设置钣金厚度为"2"，默认折弯半径为"4"，默认止裂槽类型为"扯裂止裂槽（Minimum with no relief）"。按照上述步骤及参数值，完成其他零件的参数设置。

11.2.2　主壳体

在结构树中双击"主壳体"节点下的零件图标，进入主壳体的制作。

1. 创建平整钣金模型

① 在"墙体（Walls）"工具栏中单击"墙体（Wall）"图标，弹出"墙体定义（Wall Definition）"对话框。

② 单击对话框中的"草图"图标，在结构树中选择"xy 平面"作为草图平面，进入草图工作台，绘制如图 11-28 所示的草图。单击"退出工作台"图标，完成草图创建。

③ 单击"预览"按钮，确认无误后单击"确定"按钮。创建的平整钣金模型如图 11-29 所示。

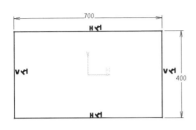

图 11-28　绘制平整钣金草图

图 11-29　创建平整钣金模型

2. 创建边线上的墙体 1

① 在"墙体（Walls）"工具栏中单击"边线上的墙体（Wall on Edge）"图标 ，弹出"边线上的墙体定义（Wall On Edge Definition）"对话框。

② 在"类型（Type）"下拉列表中选择"自动生成边线上的墙体（Automatic）"选项。

③ 选择如图 11-30 所示的底部边线作为附着边。

④ 选择"高度和倾角（Height & Inclination）"选项卡，在"高度（Height）"文本框中输入数值，本例取"410"；在"角度（Angle）"文本框中输入数值，本例取"90"。

⑤ 单击"预览"按钮，确认无误后单击"确定"按钮。创建的边线上的墙体 1 如图 11-31 所示。

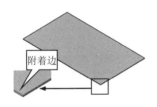

图 11-30　边线上的墙体 1 附着边

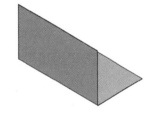

图 11-31　创建边线上的墙体 1

3. 创建边线上的墙体 2

① 在"墙体（Walls）"工具栏中单击"边线上的墙体（Wall on Edge）"图标 ，弹出"边线上的墙体定义（Wall On Edge Definition）"对话框。

② 在"类型（Type）"下拉列表中选择"基于草图生成边线上的墙体（Sketch Based）"选项。

③ 选择图 11-32 所示的边线作为附着边。

④ 单击对话框中的"草图"图标 ，选择如图 11-32 所示的平面作为草图平面，进入草图工作台，绘制如图 11-33 所示的草图（注意：草图边线与对应的三维实体的内侧边线相合）。单击"退出工作台"图标 ，完成草图创建。

⑤ 在"旋转角度（Rotation angle）"文本框中输入数值，本例取"0"；在"间隙（Clearance）"下拉列表中选择"无间隙（No Clearance）"选项。

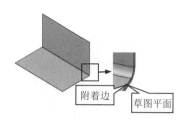

图 11-32　边线上的墙体 2 草图平面及附着边

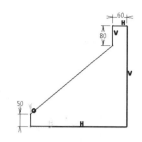

图 11-33　绘制边线上的墙体 2 草图

⑥ 选中"自动创建折弯（With Bend）"复选框，单击"折弯参数（Bend parameters）"图标，弹出"折弯定义（Bend Definition）"对话框。在"左侧极限（Left Extremity）"选项卡中单击"止裂槽类型"图标下的三角箭头，在其下拉列表中选择"封闭止裂槽（Closed）"选项，弹出"特征定义警告（Feature Definition Warning）"对话框，单击"是"按钮，再单击"关闭"按钮。

⑦ 单击"预览"按钮，确认无误后单击"确定"按钮。创建的边线上的墙体 2 如图 11-34 所示。

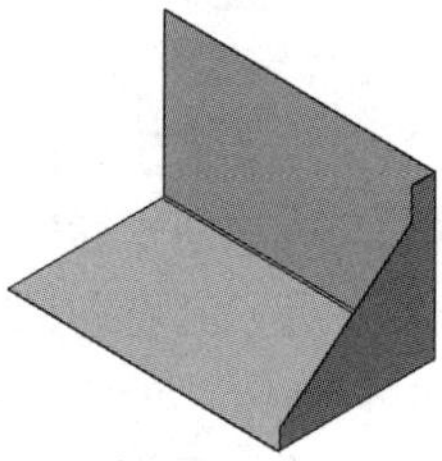

图 11-34　创建边线上的墙体 2

4. 创建边线上的墙体 3~7

参照"3. 创建边线上的墙体 2"的步骤及钣金参数设置，创建边线上的墙体 3~7，其草图平面、附着边、草图轮廓及效果图见表 11-1。

表 11-1　边线上的墙体 3~7

名称	草图平面及附着边	草图轮廓	效果图
边线上的墙体 3	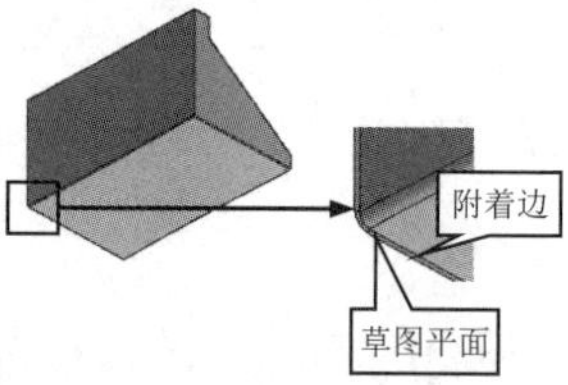	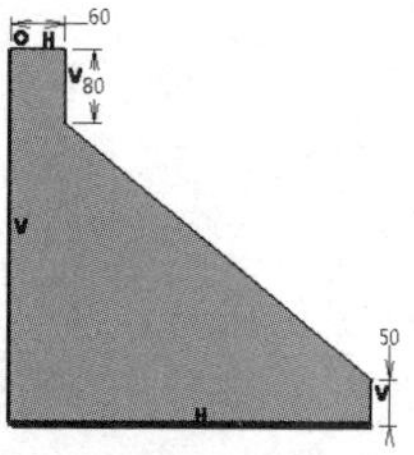	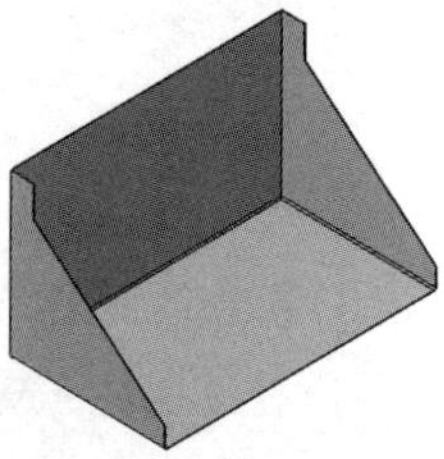
边线上的墙体 4	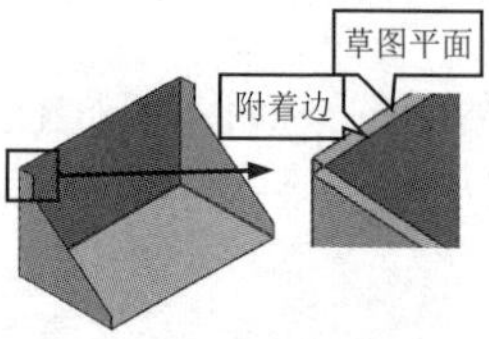		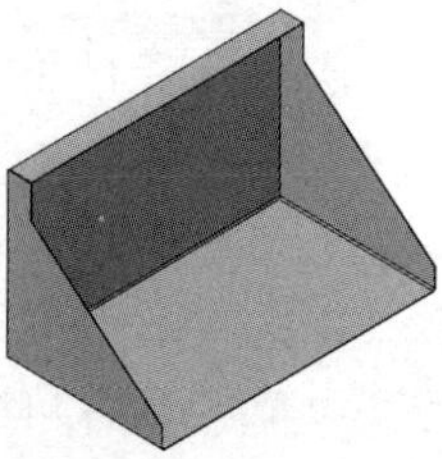

（续）

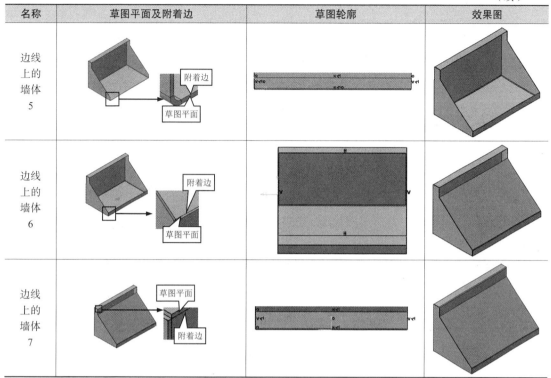

名称	草图平面及附着边	草图轮廓	效果图
边线上的墙体5			
边线上的墙体6			
边线上的墙体7			

5. 创建自定义冲压

① 在菜单栏中依次选择"插入"→"几何体"，在结构树中创建几何体。此时在结构树上会出现"几何体 2"节点，在菜单栏中依次选择"开始"→"机械设计"→"零件设计"，进入零件设计工作台。

② 在"基于草图的特征"工具栏中单击"凸台" 下的三角箭头，单击"凸台"图标 ，弹出"定义凸台"对话框。

③ 在"第一限制"选项组的"类型"下拉列表中选择"尺寸"选项；在"长度"文本框中输入数值，本例取"320"；选中"镜像范围"复选框。在"轮廓 / 曲面"选项组的"选择"文本框后单击"草图"图标 ，在结构树中选择"yz 平面"作为草图平面，进入草图工作台，绘制如图 11-35 所示的草图。

④ 单击"退出工作台"图标 ，完成草图创建。

图 11-35　绘制凸台草图

⑤ 单击"预览"按钮，确认无误后单击"确定"按钮。在结构树中将"零件几何体"隐藏，创建的凸台如图 11-36 所示。

⑥ 在"修饰特征"工具栏中单击"倒圆角"图标 下的三角箭头，选择"倒圆角"图标 ，弹出"倒圆角定义"对话框。

⑦ 在"半径"文本框中输入数值，本例取"15"；激活"要圆角化的对象"文本框，选择如图 11-37 所示的侧边线及底部边线（由于视图原因，背侧边线未标出）；在"选择模式"下拉列表中选择"相切"。

⑧ 单击"预览"按钮，确认无误后单击"确定"按钮，完成倒圆角，结果如图 11-38 所示。

图 11-36 创建的凸台

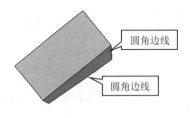
图 11-37 倒圆角边线

图 11-38 倒圆角

⑨ 在菜单栏中依次选择"开始"→"机械设计"→"创成式钣金设计（Generative Sheet-metal Design）"，进入钣金设计工作台。在结构树中选中"零件几何体"，右击，选择"定义工作对象"。

⑩ 选择如图 11-39 所示的平面作为冲压平面。在"剪切/冲压（Cutting/Stamping）"工具栏中单击"冲压（Stamping）"图标 下的三角箭头，在其下拉列表中选择"用户自定义（User Stamp）"图标 ，弹出"用户自定义（User-Defined Stamp Definition）"对话框。

⑪ 在"定义类型（Definition Type）"选项组的"类型（Type）"下拉列表中选择"凸模（Punch）"选项。

⑫ 激活"凸模（Punch）"文本框，在结构树中选择"几何体 2"，在"半径 R1（R1 radius）"文本框中输入数值，本例取"5"。选中"原位置（Position on context）"复选框。

⑬ 单击"预览"按钮，确认无误后单击"确定"按钮，完成自定义冲压，结果如图 11-40 所示。

图 11-39 凸台冲压平面

图 11-40 自定义冲压效果图

6. 创建剪口 1

① 在"剪切/冲压（Cutting/Stamping）"工具栏中单击"剪口（Cut Out）"图标 ，弹出"剪口定义（Cutout Definition）"对话框。

② 在"剪口类型（Cutout Type）"选项组的"类型（Type）"下拉列表中选择"标准剪口（Sheetmetal standard）"选项。

③ 单击对话框中的"草图"图标 ，选择如图 11-41 所示的平面为草图平面，进入草图工作台，绘制如图 11-42 所示的草图。单击"退出工作台"图标 ，完成草图创建。

④ 在"末端限制（End Limit）"选项组的"类型（Type）"下拉列表中选择"直到最后（Up to last）"选项。

⑤ 单击"预览"按钮，确认无误后单击"确定"按钮。创建的剪口 1 如图 11-43 所示。

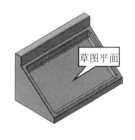

图 11-41 剪口 1 草图平面

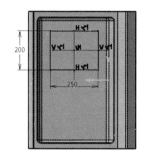

图 11-42 绘制剪口 1 草图

图 11-43 创建剪口 1

7. 创建镜像 1

① 在"特征变换（Transformations）"工具栏中单击"镜像（Mirror）"图标，弹出"镜像定义（Mirror Definition）"对话框。

② 激活"镜像平面（Mirroring plane）"文本框，在结构树中选择"yz 平面"。激活"镜像的元素（Element to mirror）"文本框，选择步骤 6 创建的剪口 1 作为镜像对象。

③ 单击"预览"按钮，生成的镜像 1 预览图如图 11-44 所示。确认无误后单击"确定"按钮，创建的镜像 1 如图 11-45 所示。

图 11-44 镜像 1 预览图

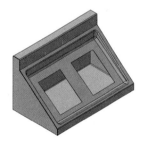

图 11-45 创建镜像 1

8. 创建剪口 2

参照"6.创建剪口 1"的步骤及钣金参数设置，选择如图 11-46 所示的平面作为草图平面，绘制如图 11-47 所示的草图，完成剪口 2 的创建。创建完成的主壳体如图 11-48 所示。

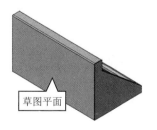

图 11-46 剪口 2 草图平面

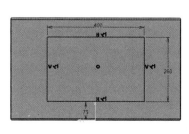

图 11-47 绘制剪口 2 草图

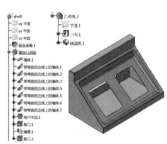

图 11-48 创建完成的主壳体

11.2.3　风管罩

在结构树中双击"风管罩"节点下的零件图标，进入风管罩的制作。

1. 创建平整钣金模型

① 在"墙体（Walls）"工具栏中单击"墙体（Wall）"图标，弹出"墙体定义（Wall Definition）"对话框。

② 单击对话框中的"草图"图标，选择如图 11-49 所示的平面作为草图平面，进入草图工作台，绘制如图 11-50 所示的草图，使得草图的两侧边线与主壳体剪口 2 的侧边线相合。单击"退出工作台"图标，完成草图创建。

③ 单击"预览"按钮，确认无误后单击"确定"按钮。创建的平整钣金模型如图 11-51 所示。

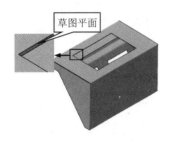
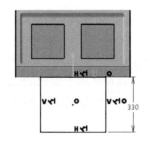

图 11-49　平整钣金草图平面　　　图 11-50　绘制平整钣金草图　　　图 11-51　创建平整钣金模型

2. 创建边线上的墙体 1

为方便介绍创建过程，这里开始将主壳体隐藏。

① 在"墙体（Walls）"工具栏中单击"边线上的墙体（Wall on Edge）"图标，弹出"边线上的墙体定义（Wall On Edge Definition）"对话框。

② 在"类型（Type）"下拉列表中选择"自动生成边线上的墙体（Automatic）"选项。

③ 选择如图 11-52 所示的底部边线作为附着边。

④ 选择"高度和倾角（Height & Inclination）"选项卡，在"高度（Height）"文本框中输入数值，本例取"260"；在"角度（Angle）"文本框中输入数值，本例取"90"。选中"自动创建折弯（With Bend）"复选框，单击"公式编辑器"按钮，打开"公式编辑器"对话框，修改弯曲半径为"4"。

⑤ 单击"预览"按钮，确认无误后单击"确定"按钮。创建的边线上的墙体 1 如图 11-53 所示。

图 11-52　边线上的墙体 1 附着边　　　　图 11-53　创建边线上的墙体 1

3. 创建边线上的墙体 2

参照"2. 创建边线上的墙体 1"的步骤及钣金参数设置，在"高度（Height）"文本框中输入数值，本例取"30"。选择如图 11-54 所示的边线作为附着边，创建边线上的墙体 2，结果如图 11-55 所示。

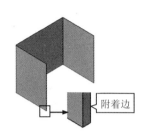

图 11-54　边线上的墙体 2 附着边　　　　图 11-55　创建边线上的墙体 2

4. 创建边线上的墙体 3

参照"3. 创建边线上的墙体 2"的步骤及钣金参数设置，使附着边与边线上的墙体 2 附着边关于"yz 平面"对称，创建边线上的墙体 3，结果如图 11-56 所示。

图 11-56　创建边线
上的墙体 3

5. 创建剪口 1

① 在"剪切 / 冲压（Cutting/Stamping）"工具栏中单击"剪口（Cut Out）"图标，弹出"剪口定义（Cutout Definition）"对话框。

② 在"剪口类型（Cutout Type）"选项组的"类型（Type）"下拉列表中选择"标准剪口（Sheetmetal standard）"。

③ 单击对话框中的"草图"图标，选择如图 11-57 所示的平面作为草图平面，进入草图工作台，绘制如图 11-58 所示的草图，使直线与左下角顶点相合。单击"退出工作台"图标，完成草图创建。

④ 在"末端限制（End Limit）"选项组的"类型（Type）"下拉列表中选择"直到最后（Up to last）"选项。

⑤ 单击"预览"按钮，确认无误后单击"确定"按钮。创建的剪口 1 如图 11-59 所示。

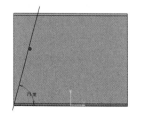

图 11-57　剪口 1 草图平面　　　图 11-58　绘制剪口 1 草图　　　图 11-59　创建剪口 1

6. 创建孔 1

① 在"剪切 / 冲压（Cutting/Stamping）"工具栏中单击"孔（Holes）"图标下的三角箭头，在其下拉列表中选择"孔（Hole）"图标，选择如图 11-60 所示的平面作为孔冲压平面，弹出"定义孔"对话框。

② 在"扩展"选项卡的"延伸类型"下拉列表中选择"盲孔"选项。在"直径"文本框中输入数值，本例取"10"。

③ 在"定位草图"选项组中单击"草图"图标⬛️，进入草图工作台，对孔的中心位置进行设置，如图 11-61 所示。单击"退出工作台"图标⬆️，完成孔的定位。

④ 在"类型"选项卡的"孔类型"下拉列表中选择"简单"选项。

⑤ 单击"预览"按钮，确认无误后单击"确定"按钮。创建的孔 1 如图 11-62 所示。

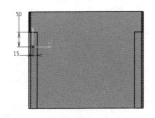

图 11-60　孔 1 冲压平面　　　图 11-61　设置孔 1 中心位置　　　图 11-62　创建孔 1

7. 创建矩形阵列 1

① 选择步骤 6 创建的孔 1 作为阵列对象。

② 在"特征变换（Transformations）"工具栏中单击"矩形阵列（Rectangular Pattern）"图标⬛️下的三角箭头，在其下拉列表中选择"矩形阵列（Rectangular Pattern）"图标⬛️，弹出"定义矩形阵列（Rectangular Pattern Definition）"对话框。

③ 在"第一方向"选项卡的"参数"下拉列表中选择"实例和间距"选项，在"实例"文本框中输入数值，本例取"2"；在"间距"文本框中输入数值，本来取"150"。

④ 在"参考方向"选项组中激活"参考元素"文本框，右击，选择"Y 轴"作为阵列方向。

⑤ 单击"预览"按钮，确认无误后单击"确定"按钮，完成矩形阵列 1 的创建，结果如图 11-63 所示。

8. 创建孔 2

参照"6. 创建孔 1"的步骤及参数设置，在与孔 1 关于"yz 平面"对称的位置创建孔 2。

9. 创建矩形阵列 2

参照"7. 创建矩形阵列 1"的步骤及参数设置，选择步骤 8 创建的孔 2 作为阵列对象，创建矩形阵列 2。创建完成的风管罩如图 11-64 所示。

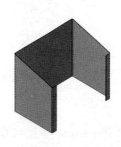
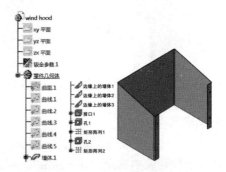

图 11-63　创建矩形阵列 1　　　　　图 11-64　创建完成的风管罩

11.2.4　后盖

在结构树中双击"后盖"节点下的零件图标，进入后盖的制作。

① 在"墙体（Walls）"工具栏中单击"墙体（Wall）"图标 ，弹出"墙体定义（Wall Definition）"对话框。

② 单击对话框中的"草图"图标 ，选择如图 11-65 所示的平面作为为草图平面，进入草图工作台，绘制如图 11-66 所示的草图。在"3D 几何图形"工具栏中双击"投影 3D 元素"图标 ，选择如图 11-65 所示的各边线及孔进行投影。单击"退出工作台"图标 ，完成草图创建。

③ 单击"预览"按钮，确认无误后单击"确定"按钮。创建的后盖如图 11-67 所示。

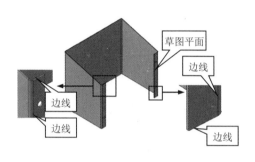
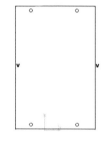

图 11-65　平整钣金附着边线　　图 11-66　绘制平整钣金草图　　图 11-67　创建后盖

11.2.5　顶盖

在结构树中双击"顶盖"节点下的零件图标，进入顶盖的制作。

1. 创建平面 1

① 在"参考元素"工具栏中单击"平面"图标 ，弹出"平面定义"对话框。

② 在"平面类型"下拉列表中选择"偏移平面"选项；激活"参考"文本框，在"主壳体"结构树中选择"zx 平面"作为参考；在"偏移"文本框中输入数值，本例取"420"。

③ 单击"预览"按钮，确认无误后单击"确定"按钮，完成平面 1 的创建。

2. 创建平整钣金模型

① 在"墙体（Walls）"工具栏中单击"墙体（Wall）"图标 ，弹出"墙体定义（Wall Definition）"对话框。

② 单击对话框中的"草图"图标 ，选择步骤 1 创建的平面 1 作为草图平面，进入草图工作台，绘制如图 11-68 所示的草图。单击"退出工作台"图标 ，完成草图创建。

③ 单击"预览"按钮，确认无误后单击"确定"按钮。创建的平整钣金模型如图 11-69 所示。

3. 创建凸缘 1

① 在"墙体（Walls）"工具栏中单击"扫掠墙体（Swept Walls）"图标 下的三角箭头，在其下拉列表中选择"凸缘（Flange）"图标 ，弹出"凸缘定义（Flange Definition）"对话框。

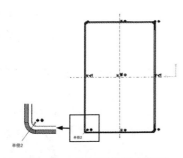

图 11-68　绘制平整钣金草图

图 11-69　创建平整钣金模型

② 选择步骤 2 创建的平整钣金模型的底部边线作为附着边。

③ 在"长度（Length）"文本框中输入数值，本例取"20"；在"角度（Angle）"文本框中输入数值，本例取"90"；在"折弯半径（Radius）"文本框中输入数值，本例取"0"。

④ 生成的凸缘 1 预览图如图 11-70 所示。确认无误后单击"确定"按钮，创建的凸缘 1 如图 11-71 所示。

图 11-70　凸缘 1 预览图

图 11-71　创建凸缘 1

4. 创建剪口 1

① 在"剪切 / 冲压（Cutting/Stamping）"工具栏中单击"剪口（Cut Out）"图标 ，弹出"剪口定义（Cutout Definition）"对话框。

② 在"剪口类型（Cutout Type）"选项组的"类型（Type）"下拉列表中选择"标准剪口（Sheetmetal standard）"。

③ 单击对话框中的"草图"图标 ，选择如图 11-72 所示的平面作为草图平面，进入草图工作台，绘制如图 11-73 所示的草图。单击"退出工作台"图标 ，完成草图创建。

④ 在"末端限制（End Limit）"选项组的"类型（Type）"下拉列表中选择"直到下一个（Up to next）"选项。

⑤ 单击"预览"按钮，确认无误后单击"确定"按钮，完成剪口 1 的创建。创建完成的顶盖如图 11-74 所示。

图 11-72　剪口 1 草图平面

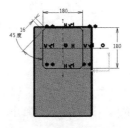

图 11-73　绘制剪口 1 草图

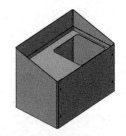

图 11-74　创建完成的顶盖

11.2.6　滤油板

在结构树中右击"滤油板 1", 在"滤油板 1 对象"下拉列表中选择"在新窗口中打开"选项, 进入滤油板 1 的制作。

1.钣金参数设置

在"墙体(Walls)"工具栏中单击"钣金参数(Sheet Metal Parameters)"图标 , 弹出"钣金参数设置(Sheet Metal Parameters)"对话框。在"厚度(Thickness)"文本框中输入数值, 本例取"1";在"默认弯曲半径(Default Bend Radius)"文本框中输入数值, 本例取"1"。选择"弯曲极限(Bend Extremities)"选项卡, 设置止裂槽为"扯裂止裂槽(Minimum with no relief)"类型。单击"确定"按钮, 完成钣金参数设置。

2.创建平整钣金模型

① 在"墙体(Walls)"工具栏中单击"墙体(Wall)"图标, 弹出"墙体定义(Wall Definition)"对话框。

② 单击对话框中的"草图"图标, 在结构树中选择"xy 平面"作为草图平面, 进入草图工作台, 绘制如图 11-75 所示的草图。单击"退出工作台"图标, 完成草图创建。

③ 单击"预览"按钮, 确认无误后单击"确定"按钮。创建的平整钣金模型如图 11-76 所示。

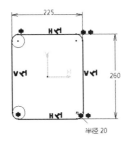

图 11-75　绘制平整钣金草图

图 11-76　创建平整钣金模型

3.创建剪口 1

① 在"剪切 / 冲压(Cutting/Stamping)"工具栏中单击"剪口(Cut Out)"图标, 弹出"剪口定义(Cutout Definition)"对话框。

② 在"剪口类型(Cutout Type)"选项组的"类型(Type)"下拉列表中选择"标准剪口(Sheetmetal standard)"。

③ 单击对话框中的"草图"图标, 选择如图 11-77 所示的平面作为草图平面, 进入草图工作台, 绘制如图 11-78 所示的草图。单击"退出工作台"图标, 完成草图创建。

④ 在"末端限制(End Limit)"选项组的"类型(Type)"下拉列表中选择"直到下一个(Up to next)"选项。

⑤ 单击"预览"按钮, 确认无误后单击"确定"按钮。创建的剪口 1 如图 11-79 所示。

4.创建拉伸成形 1

① 在"墙体(Walls)"工具栏中单击"拉伸(Extrusion)"图标, 弹出"拉伸定义(Extrusion Definition)"对话框。

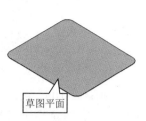

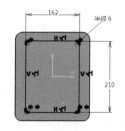

图 11-77　剪口 1 草图平面　　　图 11-78　绘制剪口 1 草图　　　图 11-79　创建剪口 1

② 单击对话框中的"草图"图标，选择如图 11-80 所示的平面作为草图平面，进入草图工作台，绘制如图 11-81 所示的草图（草图为圆弧）。单击"退出工作台"图标，完成草图创建。

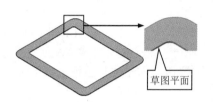

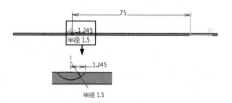

图 11-80　拉伸草图平面　　　　　　　　　图 11-81　绘制拉伸草图

③ 在"固定几何元素（Fixed geometry）"文本框中选择系统自动选择的"草图 .2\ 顶点 .1"；在"第一限制（Sets first limit）"下拉列表中选择"限制 1 的尺寸（Limit 1 dimension）"选项并在文本框中输入数值，本例取"210"；在"第二限制（Sets second limit）"下拉列表中选择"限制 2 的尺寸（Limit 2 dimension）"选项并在文本框中输入数值，本例取"0"；选中"自动折弯（Automatic bend）"复选框。

④ 单击"预览"按钮，确认无误后单击"确定"按钮。创建的拉伸成形 1 如图 11-82 所示。

图 11-82　创建拉伸成形 1

5. 创建矩形阵列 1

① 选择步骤 4 创建的拉伸成形 1 作为阵列对象。

② 在"特征变换（Transformations）"工具栏中单击"矩形阵列（Rectangular Pattern）"图标下的三角箭头，在其下拉列表中选择"矩形阵列（Rectangular Pattern）"图标，弹出"定义矩形阵列（Rectangular Pattern Definition）"对话框。

③ 在"第一方向"选项卡的"参数"下拉列表中选择"实例和间距"选项，在"实例"文本框中输入数值，本例取"16"；在"间距"文本框中输入数值，本来取"10"。

④ 在"参考方向"选项组中激活"参考元素"文本框，右击，选择"X 轴"作为阵列方向。

⑤ 单击"预览"按钮，确认无误后单击"确定"按钮，完成矩形阵列 1 的创建。创建完成的滤油板 1 如图 11-83 所示。

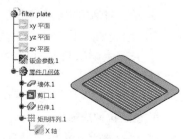

图 11-83　创建完成的滤油板 1

参照滤油板 1 的创建方法，创建与滤油板 1 结构相同的滤油板 2，其创建过程在此不再赘述。

11.2.7　装配

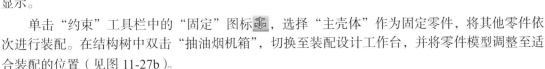

在结构树中双击"抽油烟机"，切换至装配设计工作台，将隐藏的主壳体显示。

单击"约束"工具栏中的"固定"图标 🔩，选择"主壳体"作为固定零件，将其他零件依次进行装配。在结构树中双击"抽油烟机箱"，切换至装配设计工作台，并将零件模型调整至适合装配的位置（见图 11-27b）。

1. 风管罩装配

为使装配更直观，可将除底板和风管罩之外的其他零件进行隐藏。

单击"约束"工具栏中的"接触约束"图标 📦，约束元素选择主壳体的上表面和风管罩的下表面。单击"约束"工具栏中的"偏移约束"图标 🔩，约束元素选择如图 11-84 所示的主壳体平面 1 和如图 11-85 所示的风管罩平面 1，在弹出的"约束属性"对话框中的"偏移"文本框输入数值"0"；重复"偏移约束"操作，使如图 11-84 所示的主壳体平面 2 和如图 11-85 所示的风管罩平面 2 的偏移距离为 0。单击"全部更新"图标 🔄，完成风管罩装配，结果如图 11-86 所示。

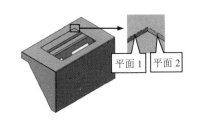

图 11-84　主壳体装配元素

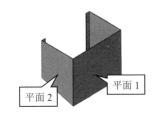

图 11-85　风管罩装配元素

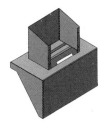

图 11-86　风管罩装配

2. 后盖装配

将后盖显示。单击"约束"工具栏中的"接触约束"图标 📦，约束元素选择如图 11-87 所示的后盖平面 3 和图 11-88 所示的平面 3。单击"约束"工具栏中的"相合约束"图标 🔗，使如图 11-87 所示的后盖上的孔和已装配的实体上相应的孔相合。单击"全部更新"图标 🔄，完成后盖装配，结果如图 11-89 所示。

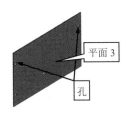

图 11-87　后盖装配元素

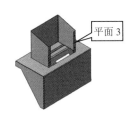

图 11-88　装配后盖的元素

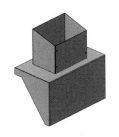

图 11-89　后盖装配

3. 顶盖装配

将顶盖显示。单击"约束"工具栏中的"偏移约束"图标，约束元素选择顶盖的下表面和主壳体的 zx 平面，在弹出的"约束属性"对话框中的"偏移"文本框输入数值"420"。单击"约束"工具栏中的"接触约束"图标，约束元素选择顶盖上相互垂直的凸缘的两外表面和分别与其对应的风管罩边线上的墙体的内表面。单击"全部更新"图标，完成顶盖装配，结果如图 11-90 所示。

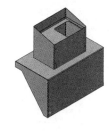

图 11-90　顶盖装配

4. 滤油板装配

将滤油板 1 和滤油板 2 显示。单击"约束"工具栏中的"偏移约束"图标，约束元素选择滤油板 1 的 yz 平面和主壳体的 yz 平面，在弹出的"约束属性"对话框中的"偏移"文本框输入数值"150"；重复"偏移约束"操作，使如图 11-91 所示的滤油板 1 的平面 4 和如图 11-92 所示的装配实体平面 4 的偏移距离为"−5"，使如图 11-92 所示的滤油板 1 的平面 5 和如图 11-92 所示的装配实体平面 5 的偏移距离为"−2"。

滤油板 2 的装配与滤油板 1 的装配相似，不同之处是使滤油板 2 的 yz 平面和主壳体的 yz 平面偏移箭头方向相反。单击"全部更新"图标，完成滤油板的装配。装配完成的抽油烟机如图 11-93 所示。

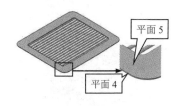 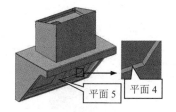 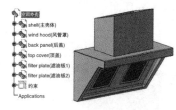

图 11-91　滤油板 1 的装配元素　　图 11-92　装配滤油板的元素　　图 11-93　装配完成的抽油烟机

11.3　外挂空调机箱

11.3.1　实例分析

外挂空调机箱主要起保护空调室外机和遮掩空调外机，防止风尘侵蚀及阻塞灰尘等作用。下面以如图 11-94 所示的外挂空调机箱钣金外壳为例，介绍外挂空调机箱的创建过程。

a) 整机图　　　　　　　　　　　b) 分解图

图 11-94　外挂空调机箱钣金外壳

创建"Product"文件，命名为"外挂空调机箱"。选中"外挂空调机箱"，在菜单栏中依次选择"插入"→"新建零件"，分别插入 6 个零件，依次命名为"底板""面板""右侧板""背网""顶盖"和"手柄"。

在结构树中双击"外挂空调机箱"节点下的零件图标，切换至创成式钣金设计工作台，设置钣金厚度为 2，默认折弯半径为 4，默认止裂槽类型为"扯裂止裂槽（Minimum with no relief）"。按照上述步骤及参数值，完成其他零件的参数设置。

11.3.2　底板

在结构树中双击"底板"节点下的零件图标，进入底板的制作。

1. 创建平整钣金模型

① 在"墙体（Walls）"工具栏中单击"墙体（Wall）"图标 ，弹出"墙体定义（Wall Definition）"对话框。

② 单击对话框中的"草图"图标 ，在结构树中选择"xy 平面"作为草图平面，进入草图工作台，绘制如图 11-95 所示的草图。单击"退出工作台"图标 ，完成草图创建。

③ 单击"预览"按钮，确认无误后单击"确定"按钮。创建的平整钣金模型如图 11-96 所示。

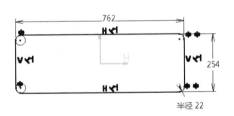

图 11-95　绘制平整钣金草图

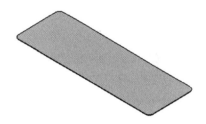

图 11-96　创建平整钣金模型

2. 创建凸缘 1

① 在"墙体（Walls）"工具栏中单击"扫掠墙体（Swept Walls）"图标 下的三角箭头，在其下拉列表中选择"凸缘（Flange）"图标 ，弹出"凸缘定义（Flange Definition）"对话框，选择"基础型（Basic）"选项。

② 在"长度（Length）"文本框中输入数值，本例取"10"；在"角度（Angle）"文本框中输入数值，本例取"90"；在"半径（Radius）"文本框中输入数值，本例取"2"。

③ 激活"边线（Spine）"文本框，选择如图 11-97 所示的边线作为凸缘的附着边，单击"扩展（Propagate）"按钮 Propagate 。

④ 单击"确定"按钮，完成凸缘 1 的创建，结果如图 11-98 所示。

图 11-97　凸缘 1 附着边

图 11-98　创建凸缘 1

11.3.3 面板

在结构树中双击"面板"节点下的零件图标，进入面板的制作。

1. 创建平整钣金模型

① 在"墙体（Walls）"工具栏中单击"墙体（Wall）"图标，弹出"墙体定义（Wall Definition）"对话框。

② 单击对话框中的"草图"图标，选择如图11-99所示的平面作为草图平面，进入草图工作台，绘制如图11-100所示的草图。单击"退出工作台"图标，完成草图创建。

③ 单击"预览"按钮，确认无误后单击"确定"按钮。创建的平整钣金模型如图11-101所示。

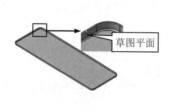
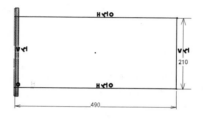

图 11-99　平整钣金草图平面　　　图 11-100　绘制平整钣金草图　　　图 11-101　创建平整钣金模型

2. 创建凸缘 1

① 在"墙体（Walls）"工具栏中单击"扫掠墙体（Swept Walls）"图标下的三角箭头，在其下拉列表中选择"凸缘（Flange）"图标，弹出"凸缘定义（Flange Definition）"对话框，选择"基础型（Basic）"选项。

② 在"长度（Length）"文本框中输入数值，本例取"10"；在"角度（Angle）"文本框中输入数值，本例取"90"；在"半径（Radius）"文本框中输入数值，本例取"22"。

③ 激活"边线（Spine）"文本框，选择如图11-102所示的底部边线作为凸缘的附着边，单击"扩展（Propagate）"按钮。

④ 单击"确定"按钮，完成凸缘1的创建，结果如图11-103所示。

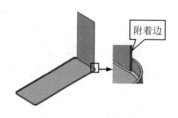

图 11-102　凸缘1附着边　　　　　　　图 11-103　创建凸缘1

3. 创建凸缘 2 和 3

参照"2. 创建凸缘1"的步骤及参数设置，创建凸缘2。在"长度（Length）"文本框中输入数值，本例取"718"。设置凸缘2附着边，如图11-104所示。创建的凸缘2如图11-105所示。

参照"2. 创建凸缘1"的步骤及参数设置，创建凸缘3。在"长度（Length）"文本框中输入数值，本例取"10"。设置凸缘3附着边，如图11-106所示。创建的凸缘3如图11-107所示。

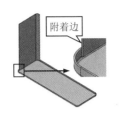

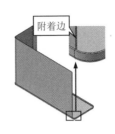

图 11-104 凸缘 2 附着边 图 11-105 创建凸缘 2 图 11-106 凸缘 3 附着边 图 11-107 创建凸缘 3

4. 创建剪口 1

① 在"剪切 / 冲压（Cutting/Stamping）"工具栏中单击"剪口（Cut Out）"图标，弹出"剪口定义（Cutout Definition）"对话框。

② 在"剪口类型（Cutout Type）"选项组的"类型（Type）"下拉列表中选择"标准剪口（Sheetmetal standard）"选项。

③ 单击对话框中的"草图"图标，选择如图 11-108 所示的平面作为草图平面，进入草图工作台，绘制如图 11-109 所示的草图。单击"退出工作台"图标，完成草图创建。

④ 在"末端限制（End Limit）"选项组的"类型（Type）"下拉列表中选择"直到下一个（Up to next）"选项。

⑤ 单击"预览"按钮，确认无误后单击"确定"按钮。创建的剪口 1 如图 11-110 所示。

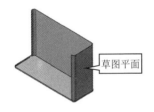
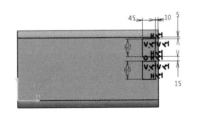

图 11-108 剪口 1 草图平面 图 11-109 绘制剪口 1 草图 图 11-110 创建剪口 1

5. 创建矩形阵列 1

① 选择步骤 4 创建的剪口 1 作为阵列对象。

② 在"特征变换（Transformations）"工具栏中单击"阵列（Pattern）"图标下的三角箭头，在其下拉列表中选择"矩形阵列（Rectangular Pattern）"图标，弹出"定义矩形阵列（Rectangular Pattern Definition）"对话框。

③ 在"第一方向"选项卡的"参数"下拉列表中选择"实例和间距"选项，在"实例"文本框中输入数值，本例取"8"；在"间距"文本框中输入数值，本来取"53"。

④ 在"参考方向"选项组中激活"参考元素"文本框，右击，选择"Z 轴"作为阵列方向。单击"反转"按钮 反转 。

⑤ 单击"预览"按钮，确认无误后单击"确定"按钮。创建的矩形阵列 1 如图 11-111 所示。

图 11-111 创建矩形阵列 1

6. 创建曲面冲压 1

① 在"剪切 / 冲压（Cutting/Stamping）"工具栏中单击"冲压（Stamping）"图标下的三角箭头，在其下拉列表中选择"曲面冲压（Surface Stamp）"图标，弹出"曲面冲压定义（Surface Stamp Definition）"对话框，在"定义类型（Definition Type）"选项组的"参数选择（Parameters choice）"下拉列表中选择"角度（Angle）"选项。

② 在"角度（Angle A）"文本框中输入数值，本例取"90"；在"高度（Height H）"文本框中输入数值，本例取"4"；选中"半径 R1（Radius R1）"复选框并在文本框中输入数值，本例取"10"；选中"半径 R2（Radius R2）"复选框并在文本框中输入数值，本例取"4"。

③ 单击对话框中的"草图"图标，选择如图 11-112 所示的平面作为草图平面，进入草图工作台，绘制如图 11-113 所示的草图。单击"退出工作台"图标，完成草图创建。

④ 单击"预览"按钮，确认无误后单击"确定"按钮。创建完成的曲面冲压 1 如图 11-114 所示。

 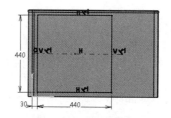 

图 11-112　曲面冲压 1 草图平面　　图 11-113　绘制曲面冲压 1 草图　　图 11-114　创建曲面冲压 1

7. 创建剪口 2

参照"4. 创建剪口 1"的步骤和钣金参数设置，创建剪口 2。选择如图 11-115 所示的平面作为草图平面，绘制剪口 2 草图，如图 11-116 所示。创建的剪口 2 如图 11-117 所示。

 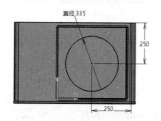 

图 11-115　剪口 2 草图平面　　图 11-116　绘制剪口 2 草图　　图 11-117　创建剪口 2

8. 创建曲面冲压 2

参照"6. 创建曲面冲压 1"的步骤和钣金参数设置，创建曲面冲压 2。在"角度（Angle A）"文本框中输入数值，本例取"45"；在"高度（Height H）"文本框中输入数值，本例取"4"；选中"半径 R1（Radius R1）"复选框并在文本框中输入数值，本例取"25"；选中"半径 R2（Radius R2）"复选框并在文本框中输入数值，本例取"4"。选择如图 11-118 所示的平面作为草图平面，绘制曲面冲压 2 草图，如图 11-119 所示。生成的曲面冲压 2 预览图如图 11-120 所示。创建完成的面板如图 11-121 所示。

图 11-118　曲面冲压 2 草图平面

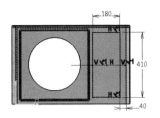

图 11-119　绘制曲面冲压 2 草图

图 11-120　曲面冲压 2 预览图

图 11-121　创建完成的面板

11.3.4　右侧板

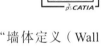

在结构树中双击"右侧板"节点下的零件图标，进入右侧板的制作。

1. 创建平整钣金模型

① 在"墙体（Walls）"工具栏中单击"墙体（Wall）"图标 ，弹出"墙体定义（Wall Definition）"对话框。

② 单击对话框中的"草图"图标 ，选择如图 11-122 所示的平面作为草图平面，进入草图工作台，绘制如图 11-123 所示的草图。单击"退出工作台"图标 ，完成草图创建。

③ 单击"预览"按钮，确认无误后单击"确定"按钮。创建完成的平整钣金模型如图 11-124 所示。

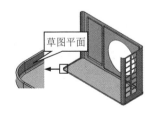

图 11-122　平整钣金草图平面

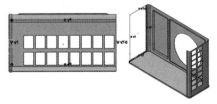

图 11-123　绘制平整钣金草图

图 11-124　创建平整钣金模型

2. 创建凸缘 1

① 在"墙体（Walls）"工具栏中单击"扫掠墙体（Swept Walls）"图标 下的三角箭头，在其下拉列表中选择"凸缘（Flange）"图标 ，弹出"凸缘定义（Flange Definition）"对话框，选择"基础型（Basic）"选项。

② 在"长度（Length）"文本框中输入数值，本例取"10"；在"角度（Angle）"文本框中输入数值，本例取"90"；在"半径（Radius）"文本框中输入数值，本例取"22"。

③ 激活"边线（Spine）"文本框，选择如图 11-125 所示的底部边线作为凸缘 1 的附着边，单击"扩展（Propagate）"按钮 [Propagate]。

④ 单击"确定"按钮，完成凸缘 1 的创建，结果如图 11-126 所示。

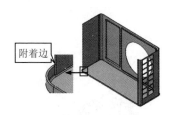

图 11-125　凸缘 1 附着边　　　　　　　　　　　图 11-126　创建凸缘 1

3. 创建曲面冲压 1

① 在"剪切 / 冲压（Cutting/Stamping）"工具栏中单击"冲压（Stamping）"图标 下的三角箭头，在其下拉列表中选择"曲面冲压（Surface Stamp）"图标 ，弹出"曲面冲压定义（Surface Stamp Definition）"对话框，在"定义类型（Definition Type）"选项组的"参数选择（Parameters choice）"下拉列表中选择"角度（Angle）"选项。

② 在"角度（Angle A）"文本框中输入数值，本例取"90"；在"高度（Height H）"文本框中输入数值，本例取"4"；取消选择"半径 R1（Radius R1）"复选框、"半径 R2（Radius R2）"复选框及"过渡圆角（Rounded die）"复选框。

③ 单击对话框中的"草图"图标 ，选择如图 11-127 所示的表面作为草图平面，进入草图工作台，绘制如图 11-128 所示的草图。单击"退出工作台"图标 ，完成草图创建。

④ 单击"预览"按钮，确认无误后单击"确定"按钮。创建曲面冲压 1 如图 11-129 所示。

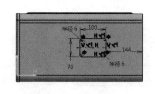

图 11-127　曲面冲压 1 草图平面　　图 11-128　绘制曲面冲压 1 草图　　图 11-129　创建曲面冲压 1

4. 创建剪口 1

① 在"剪切 / 冲压（Cutting/Stamping）"工具栏中单击"剪口（Cut Out）"图标 ，弹出"剪口定义（Cutout Definition）"对话框。

② 在"剪口类型（Cutout Type）"选项组的"类型（Type）"下拉列表中选择"标准剪口（Sheetmetal standard）"选项。

③ 单击对话框中的"草图"图标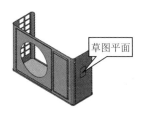，选择如图 11-130 所示的平面为草图平面，进入草图工作台，绘制如图 11-131 所示的草图。单击"退出工作台"图标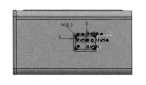，完成草图创建。

④ 在"末端限制（End Limit）"选项组的"类型（Type）"下拉列表中选择"直到最后（Up to last）"选项。

⑤ 单击"预览"按钮，确认无误后单击"确定"按钮。创建的剪口 1 如图 11-132 所示。

图 11-130　剪口 1 草图平面　　　图 11-131　绘制剪口 1 草图　　　图 11-132　创建剪口 1

5. 创建孔 1

① 在"剪切 / 冲压（Cutting/Stamping）"工具栏中单击"孔（Holes）"图标下的三角箭头，在其下拉列表中选择"孔（Hole）"图标，选择如图 11-133 所示的平面作为孔平面，弹出"定义孔"对话框。

② 在"扩展"选项卡的"延伸类型"下拉列表中选择"直到最后"选项。在"直径"文本框中输入数值，本例取"3"。

③ 在"定位草图"选项组中单击"草图"图标，进入草图工作台，对孔 1 的中心位置进行设置，如图 11-134 所示。单击"退出工作台"图标，完成孔 1 的定位。

④ 在"类型"选项卡的"孔类型"下拉列表中选择"简单"选项。

⑤ 单击"预览"按钮，确认无误后单击"确定"按钮。创建的孔 1 如图 11-135 所示。

6. 创建矩形阵列 1

① 选择步骤 5 创建的孔 1 作为阵列对象。

② 在"特征变换（Transformations）"工具栏中单击"矩形阵列（Rectangular Pattern）"图标下的三角箭头，在其下拉列表中选择"矩形阵列（Rectangular Pattern）"图标，弹出"定义矩形阵列（Rectangular Pattern Definition）"对话框。

③ 在"第一方向"选项卡的"参数"下拉列表中选择"实例和间距"选项，在"实例"文本框中输入数值，本例取"2"；在"间距"文本框中输入数值，本来取"50"。

④ 在"参考方向"选项组中激活"参考元素"文本框，右击，选择"Z 轴"作为阵列方向。

⑤ 在"第二方向"选项卡的"参数"下拉列表中选择"实例和间距"选项，在"实例"文本框中输入数值，本例取"2"；在"间距"文本框中输入数值，本例取"62"。

⑥ 在"参考方向"选项组中激活"参考元素"文本框，右击，选择"Y 轴"作为阵列方向。

⑦ 单击"预览"按钮，确认无误后单击"确定"按钮。创建的矩形阵列 1 如图 11-136 所示。

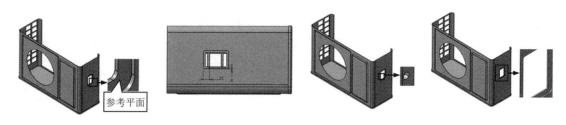

图 11-133　孔 1 参考平面　图 11-134　设置孔 1 中心位置　图 11-135　创建孔 1　图 11-136　创建矩形阵列 1

7. 创建孔 2

参照 "5. 创建孔 1" 的步骤及参数设置，创建孔 2。设置其中心位置如图 11-137 所示。创建的孔 2 如图 11-138 所示。

8. 创建矩形阵列 2

参照 "6. 创建矩形阵列 1" 的步骤及参数设置，创建矩形阵列 2。在 "第一方向" 选项卡的 "参数" 下拉列表中选择 "实例和间距" 选项，在 "实例" 文本框中输入数值，本例取 "2"；在 "间距" 文本框中输入数值，本来取 "92"。在 "参考方向" 选项组中激活 "参考元素" 文本框，右击，选择 "Z 轴" 作为阵列方向。创建的矩形阵列 2 如图 11-139 所示。至此，右侧板创建完成。

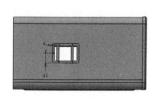
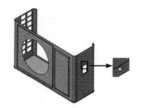
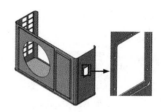

图 11-137　设置孔 2 中心位置　　　　图 11-138　创建孔 2　　　　图 11-139　创建矩形阵列 2

11.3.5　背网

在结构树中双击 "背网" 节点下的零件图标，进入背网的制作。

1. 创建平整钣金模型

① 在 "墙体（Walls）" 工具栏中单击 "墙体（Wall）" 图标 ，弹出 "墙体定义（Wall Definition）" 对话框。

② 单击对话框中的 "草图" 图标 ，选择如图 11-140 所示的平面作为草图平面，进入草图工作台，绘制如图 11-141 所示的草图（注意：使侧边线分别与面板和右侧板的边线相合，底部边线顶点与右侧板对应点相合）。单击 "退出工作台" 图标 ，完成草图创建。

③ 单击 "预览" 按钮，确认无误后单击 "确定" 按钮。创建的平整钣金模型如图 11-142 所示。

2. 创建剪口 1

① 在 "剪切 / 冲压（Cutting/Stamping）" 工具栏中单击 "剪口（Cut Out）" 图标 ，弹出 "剪口定义（Cutout Definition）" 对话框。

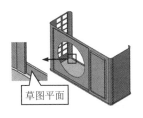
图 11-140　平整钣金草图平面

图 11-141　绘制平整钣金草图

图 11-142　创建平整钣金模型

② 在"剪口类型（Cutout Type）"选项组的"类型（Type）"下拉列表中选择"标准剪口（Sheetmetal standard）"选项。

③ 单击对话框中的"草图"图标，选择如图 11-143 所示的平面为草图平面，进入草图工作台，绘制如图 11-144 所示的草图。单击"退出工作台"图标，完成草图创建。

④ 在"末端限制（End Limit）"选项组的"类型（Type）"下拉列表中选择"直到最后（Up to last）"选项。

⑤ 单击"预览"按钮，确认无误后单击"确定"按钮。创建的剪口 1 如图 11-145 所示。

图 11-143　剪口 1 草图平面

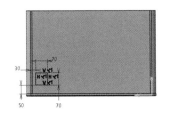
图 11-144　绘制剪口 1 草图

图 11-145　创建剪口 1

3. 创建矩形阵列 1

① 选择步骤 2 创建的剪口 1 作为阵列对象。

② 在"特征变换（Transformations）"工具栏中单击"矩形阵列（Rectangular Pattern）"图标下的三角箭头，在其下拉列表中选择"矩形阵列（Rectangular Pattern）"图标，弹出"定义矩形阵列（Rectangular Pattern Definition）"对话框。

③ 在"第一方向"选项卡的"参数"下拉列表中选择"实例和间距"选项，在"实例"文本框中输入数值，本例取"8"；在"间距"文本框中输入数值，本来取"83"。

④ 在"参考方向"选项组中激活"参考元素"文本框，右击，选择"X 轴"作为阵列方向。

⑤ 在"第二方向"选项卡的"参数"下拉列表中选择"实例和间距"选项，在"实例"文本框中输入数值，本例取"5"；在"间距"文本框中输入数值，本例取"80"。

⑥ 在"参考方向"选项组中激活"参考元素"文本框，右击，选择"Z 轴"作为阵列方向。

⑦ 单击"预览"按钮，确认无误后单击"确定"按钮。创建完成的矩形阵列 1 如图 11-146 所示。至此，背网创建完成。

图 11-146　创建矩形阵列 1

11.3.6　顶盖

在结构树中双击"顶盖"节点下的零件图标，进入顶盖的制作。

1. 创建平整钣金模型

① 在"墙体（Walls）"工具栏中单击"墙体（Wall）"图标 ，弹出"墙体定义（Wall Definition）"对话框。

② 单击对话框中的"草图"图标 ，选择如图11-147所示的平面作为草图平面，进入草图工作台，绘制草图，在"3D几何图形"工具栏中双击"投影3D元素"图标 ，选择如图11-147所示的各边线及底板凸缘上的内侧边线进行投影。单击"退出工作台"图标 ，完成草图创建。

③ 单击"预览"按钮，确认无误后单击"确定"按钮。创建的平整钣金模型如图11-148所示。

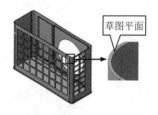

图 11-147　平整钣金草图平面

图 11-148　创建平整钣金模型

2. 创建凸缘 1

① 在"墙体（Walls）"工具栏中单击"扫掠墙体（Swept Walls）"图标 下的三角箭头，在其下拉列表中选择"凸缘（Flange）"图标 ，弹出"凸缘定义（Flange Definition）"对话框，选择"基础型（Basic）"选项。

② 在"长度（Length）"文本框中输入数值，本例取"20"；在"角度（Angle）"文本框中输入数值，本例取"90"；在"半径（Radius）"文本框中输入数值，本例取"2"。

③ 激活"边线（Spine）"文本框，选择如图11-149所示的底部边线作为凸缘1的附着边，单击"扩展（Propagate）"按钮 Propagate 。

④ 单击"确定"按钮，完成凸缘1的创建如图11-150所示。

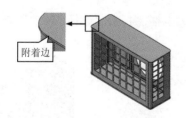

图 11-149　凸缘 1 附着边

图 11-150　创建凸缘 1

3. 创建曲面冲压 1

为方便说明，这里将其他零件隐藏。

① 在"剪切 / 冲压（Cutting/Stamping）"工具栏中单击"冲压（Stamping）"图标 下的三角箭头，在其下拉列表中选择"曲面冲压（Surface Stamp）"图标 ，弹出"曲面冲压定义（Surface Stamp Definition）"对话框，在"定义类型（Definition Type）"选项组的"参数选择（Parameters choice）"下拉列表中选择"角度（Angle）"选项。

② 在"角度（Angle A）"文本框中输入数值，本例取"90"；在"高度（Height H）"文本框中输入数值，本例取"4"；选中"半径 R1（Radius R1）"复选框并在文本框中输入数值，本例取"2"；选中"半径 R2（Radius R2）"复选框并在文本框中输入数值，本例取"2"，选中"过渡圆角（Rounded die）"复选框。

③ 单击对话框中的"草图"图标 ，选择如图 11-151 所示的表面作为草图平面，进入草图工作台，绘制如图 11-152 所示的草图。要说明的是，可在绘制 720mm×25mm 矩形草图时，单击"平移"图标 ，弹出"平移定义"对话框，在"实例"文本框中输入数值，本例取"2"，在"长度"文本框中输入数值，本例取"70.5"，选择"H 轴"作为平移方向。单击"退出工作台"图标 ，完成草图创建。

④ 单击"预览"按钮，确认无误后单击"确定"按钮。创建的曲面冲压 1 如图 11-153 所示。

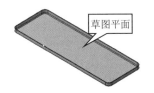
图 11-151　曲面冲压 1 草图平面

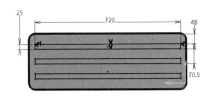
图 11-152　绘制曲面冲压 1 草图

图 11-153　创建曲面冲压 1

4. 创建凸台 1

① 在菜单栏中选择"开始"→"机械设计"→"零件设计"，转换到零件设计工作台。

② 在"基于草图的特征"工具栏中单击"凸台"图标 下的三角箭头，在其下拉列表中选择"凸台"图标 ，弹出"定义凸台"对话框。

③ 在"第一限制"选项组的"类型"下拉列表中选择"尺寸"选项；在"长度"文本框中输入数值，本例取"25"；选中"镜像范围"复选框。在"轮廓 / 曲面"选项组中单击"选择"文本框后的"草图"图标 ，在结构树中选择"zx 平面"作为凸台 1 的草图平面，如图 11-154 所示。进入草图工作台，绘制如图 11-155 所示的草图。

④ 单击"退出工作台"图标 ，完成草图创建。

⑤ 单击"预览"按钮，确认无误后单击"确定"按钮。创建的凸台 1 如图 11-156 所示。

图 11-154　凸台 1 草图平面

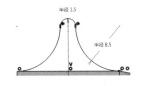
图 11-155　绘制凸台 1 草图

图 11-156　创建凸台 1

5. 创建镜像 1

① 在"特征变换（Transformation）"工具栏中单击"镜像（Mirror）"图标，弹出"镜像定义（Mirror Definition）"对话框。

② 激活"镜像平面（Mirroring plane）"文本框，在结构树中选择"yz 平面"。激活"镜像的元素（Element to mirror）"文本框，选择步骤 4 创建的凸台 1 作为镜像对象。

③ 单击"预览"按钮，确认无误后单击"确定"按钮，完成镜像 1 的创建。创建完成的顶盖如图 11-157 所示。

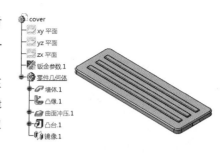

图 11-157　创建完成的顶盖

11.3.7　手柄

在结构树中双击"手柄"节点下的零件图标，进入手柄的制作。

1. 创建平面 1

① 在"参考元素"工具栏中单击"平面"图标，弹出"平面定义"对话框。

② 在"平面类型"下拉列表中选择"偏移平面"选项；激活"参考"文本框，选择如图 11-158 所示的平面作为参考平面；在"偏移"文本框中输入数值，本例取"420"。

③ 单击"预览"按钮，确认无误后单击"确定"按钮，完成平面 1 的创建。

2. 创建平整钣金模型

① 在"墙体（Walls）"工具栏中单击"墙体（Wall）"图标，弹出"墙体定义（Wall Definition）"对话框。

② 单击对话框中的"草图"图标，选择步骤 1 创建的平面 1 作为草图平面，进入草图工作台，在"3D 几何图形"工具栏中双击"投影 3D 元素"图标，选择右侧板中的剪口 1 特征草图进行投影。单击"退出工作台"图标，完成草图创建。

③ 单击"预览"按钮，确认无误后单击"确定"按钮。创建的平整钣金模型如图 11-159 所示。

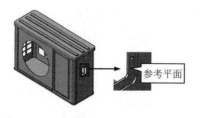

图 11-158　平面 1 参考平面

图 11-159　创建平整钣金模型

3. 创建凸缘 1

① 在"墙体（Walls）"工具栏中单击"扫掠墙体（Swept Walls）"图标下的三角箭头，在其下拉列表中选择"凸缘（Flange）"图标，弹出"凸缘定义（Flange Definition）"对话框。

② 选择步骤 2 创建的平整钣金的底部边线作为附着边。

③ 在"长度（Length）"文本框中输入数值，本例取"20"；在"角度（Angle）"文本框中输入数值，本例取"90"；在"折弯半径（Radius）"文本框中输入数值，本例取"0"。

④ 选择如图 11-160 所示的边线作为附着边。单击"确定"按钮，完成凸缘 1 的创建，结果如图 11-161 所示。

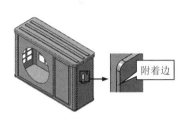

图 11-160　凸缘 1 附着边

图 11-161　创建凸缘 1

4. 创建凸缘 2

参照"3. 创建凸缘 1"的步骤及参数设置，创建凸缘 2。设置附着边如图 11-162 所示。在"长度（Length）"文本框中输入数值，本例取"10"。创建的凸缘 2 如图 11-163 所示。

图 11-162　凸缘 2 附着边

图 11-163　创建凸缘 2

5. 创建剪口 1

① 在"剪切 / 冲压（Cutting/Stamping）"工具栏中单击"剪口（Cut Out）"图标，弹出"剪口定义（Cutout Definition）"对话框。

② 在"剪口类型（Cutout Type）"选项组的"类型（Type）"下拉列表中选择"标准剪口（Sheetmetal standard）"选项。

③ 单击对话框中的"草图"图标，选择如图 11-164 所示的平面作为草图平面，进入草图工作台，在"3D 几何图形"工具栏中双击"投影 3D 元素"图标，分别选取右侧板曲面冲压 1 的草图轮廓和所有孔的轮廓线进行投影，绘制的剪口 1 草图如图 11-165 所示。单击"退出工作台"图标，完成草图创建。

④ 在"末端限制（End Limit）"选项组的"类型（Type）"下拉列表中选择"直到最后（Up to last）"选项。

⑤ 单击"预览"按钮，确认无误后单击"确定"按钮。创建的剪口 1 如图 11-166 所示。

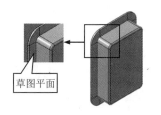

图 11-164　剪口 1 草图平面

图 11-165　绘制剪口 1 草图

图 11-166　创建剪口 1

6. 创建用户冲压 1

① 在菜单栏中依次选择"插入"→"几何体"，在结构树中创建几何体。此时在结构树上会出现"几何体 2"节点。在菜单栏中依次选择"开始"→"机械设计"→"零件设计"，进入零件设计工作台。在结构树中选择"zx 平面"作为草图平面，绘制如图 11-167 所示的草图。凸台的拉伸方向要通过草图绘制平面穿过钣金件，选择"零件几何体"，右击，将其隐藏，凸台"类型"选择"尺寸"；在"长度"文本框中输入数值，本例取"20"，选中"镜像范围"复选框。创建的凸台如图 11-168 所示。

② 在菜单栏中依次选择"开始"→"机械设计"→"创成式钣金设计（Generative Sheet-metal Design）"，进入创成式钣金设计工作台。在结构树中选择"零件几何体"，右击，选择"定义工作对象"。

③ 选择如图 11-169 所示的平面作为冲压平面，在"剪切 / 冲压（Cutting/Stamping）"工具栏中单击"冲压（Stamping）"图标下的三角箭头，在其下拉列表中选择"用户自定义（User Stamp）"图标，弹出"用户自定义（User-Defined Stamp Definition）"对话框，在"定义类型（Definition Type）"的"类型（Type）"下拉列表中选择"凸模（Punch）"选项。

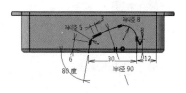

图 11-167　绘制凸台草图

图 11-168　创建凸台

图 11-169　用户冲压 1 冲压平面

④ 激活"凸模（Punch）"文本框，在结构树中选择"几何体 2"作为凸模。在"半径 R1（R1 radius）"文本框中输入数值，本例取"2"。选中"原位置（Position on context）"复选框，选择如图 11-170a 所示的平面作为开放面。

a) 开放面

b) 效果图

图 11-170　创建用户冲压 1

⑤ 单击"预览"按钮，确认无误后单击"确定"按钮。创建的用户冲压 1 效果图如图 11-170b 所示。

7. 创建剪口 2

参照"5. 创建剪口 1"的步骤及参数设置，创建剪口 2。选择与用户冲压 1 相同的平面作为冲压平面，绘制草图，结果如图 11-171 所示。创建的剪口 2 如图 11-172 所示。

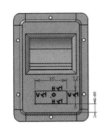

图 11-171　绘制剪口 2 草图

图 11-172　创建剪口 2

11.3.8　装配

单击"约束"工具栏中的"固定"图标 ，选择"底板"作为固定零件，将其他零件依次进行装配。在结构树中双击"外挂空调机箱"，切换至装配设计工作台，并将零件模型调整至适合装配的位置（见图 11-94b）。

1. 面板装配

为使装配更直观，可将除底板和面板之外的其他零件进行隐藏。

单击"约束"工具栏中的"相合约束"图标 ，选择如图 11-173 所示的底板中心线和图 11-174 所示的面板中心线作为约束元素。单击"约束"工具栏中的"接触约束"图标 ，约束元素选择如图 11-173 所示的底板凸缘平面 6 和图 11-174 所示的面板平面 6。重复"接触约束"操作，使底板的内表面与面板的下表面接触。单击"全部更新"图标 ，完成面板的装配，结果如图 11-175 所示。

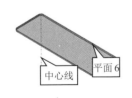

图 11-173　底板装配元素

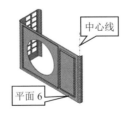

图 11-174　面板装配元素

图 11-175　面板装配

2. 右侧板装配

将右侧板显示。双击"相合约束"图标 ，选择如图 11-176 所示的底板中心线和图 11-177 所示的右侧板中心线作为约束元素。单击"接触约束"图标 ，约束元素选择如图 11-176 所示的底板凸缘平面 7 和右侧板的外侧平面。重复"接触约束"操作，使底板的内表面与右侧板的下表面接触。单击"全部更新"图标 ，完成右侧板装配，结果如图 11-178 所示。

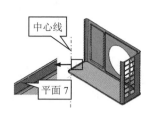

图 11-176 底板装配元素

图 11-177 右侧板装配元素

图 11-178 右侧板装配

3. 背网装配

将背网显示。单击"接触约束"图标，约束元素选择底板凸缘内表面和背网的外侧表面。重复"接触约束"操作，使背网的两侧面分别与面板和右侧板的侧面接触。单击"全部更新"图标，完成背网装配，结果如图 11-179 所示。

4. 顶盖装配

将顶盖显示。单击"接触约束"图标，约束元素选择顶盖墙体的内表面与背网的上表面。单击"偏移约束"图标，约束元素选择顶盖的"yz 平面"和底板的"yz 平面"，在弹出的"约束属性"对话框中的"偏移"文本框输入数值"6"；重复"偏移约束"操作，使顶盖的"zx 平面"和底板的"zx 平面"偏移距离为"6"。单击"全部更新"图标，完成顶盖装配，结果如图 11-180 所示。

图 11-179 背网装配

图 11-180 顶盖装配

5. 手柄装配

将手柄显示。双击"相合约束"图标，使如图 11-181 所示的手柄孔和右侧板上相对应的孔相合。单击"接触约束"图标，约束元素选择如图 11-181 所示的手柄平面 8 和右侧板曲面冲压的内表面。单击"全部更新"图标，完成手柄的装配。装配完成的外挂空调机箱如图 11-182 所示。

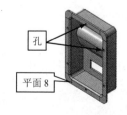

图 11-181 手柄装配元素

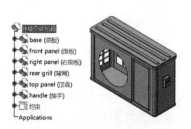

图 11-182 装配完成的外挂空调机箱

第 12 章　工业产品类实例

12.1　电焊机外壳

12.1.1　实例分析

电焊机外壳是常见的钣金产品。下面以图 12-1 所示的电焊机钣金外壳为例介绍电焊机外壳的创建方法。

a) 装配图　　　　　　　　　　　　　　　b) 分解图

图 12-1　电焊机钣金外壳

电焊机外壳由下壳体和上壳体两部分组成，根据其结构可知，两部分的创建方法基本一致，即先利用拉伸成形创建出整体结构，然后依次进行边线上的墙体、剪口、冲压、阵列等特征的创建。

12.1.2　下壳体

创建 "Product" 文件，命名为 "电焊机外壳"。在结构树中双击 "电焊机外壳"，在菜单栏中依次选择 "插入"→"新建零件"，分别插入两个零件，依次命名为 "下壳体" 和 "上壳体"。

在结构树中双击 "下壳体" 节点下的零件图标，切换至创成式钣金设计工作台，设置钣金厚度为 "1"，默认折弯半径为 "1"，默认止裂槽类型为 "扯裂止裂槽（Minimum with no relief）"。按照上述步骤及参数值，完成 "上壳体" 的参数设置。

在结构树中双击 "下壳体" 节点下的零件图标，进入下壳体的制作。

1. 拉伸成形

① 在 "墙体（Walls）" 工具栏中单击 "拉伸（Extrusion）" 图标，弹出 "拉伸定义（Extrusion Definition）" 对话框。

② 单击对话框中的 "草图" 图标，在结构树中选择 "zx 平面" 作为草图平面，进入草图工作台，绘制如图 12-2 所示的草图。单击 "退出工作台" 图标，完成草图创建。

275

③ 在"第一限制（Sets first limit）"下拉列表中选择"限制 1 的尺寸（Limit 1 dimension）"选项，在其后面的文本框中输入数值，本例取"74"。

④ 选中"镜像范围（Mirroredextent）"复选框。

⑤ 单击"预览"按钮，确认无误后单击"确定"按钮，完成拉伸成形，结果如图 12-3 所示。

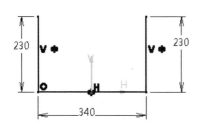

图 12-2　绘制拉伸成形草图

图 12-3　拉伸成形

2. 创建倒圆角 1

① 在"剪切 / 冲压（Cutting/Stamping）"工具栏中单击"倒圆角（Corner）"图标，弹出"倒圆角定义（Corner）"对话框。

② 在"半径（Radius）"文本框中输入数值，本例取"5"。

③ 选中"凸边（Convex Edge(s)）"复选框和"凹边（Concave Edge(s)）"复选框。

④ 单击"选择全部（Select all）"按钮 Select All 。

⑤ 单击"预览"按钮，确认无误后单击"确定"按钮。创建的倒圆角 1 如图 12-4 所示。

3. 创建剪口 1

① 在"剪切 / 冲压（Cutting/Stamping）"工具栏中单击"剪口（Cut Out）"图标，弹出"剪口定义（Cutout Definition）"对话框。

② 在"剪口类型（Cutout Type）"选项组的"类型（Type）"下拉列表中选择"标准剪口（Sheetmetal standard）"选项。

③ 单击对话框中的"草图"图标，选择如图 12-5 所示的平面作为草图平面，进入草图工作台，绘制如图 12-6 所示的草图。单击"退出工作台"图标，完成草图创建。

④ 在"末端限制（End Limit）"选项组的"类型（Type）"下拉列表中选择"直到下一个（Up to next）"选项。

⑤ 单击"预览"按钮，确认无误后单击"确定"按钮。创建的剪口 1 如图 12-7 所示。

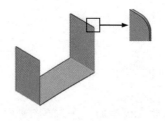

图 12-4　创建倒圆角 1

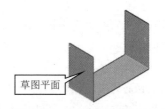

图 12-5　剪口 1 草图平面

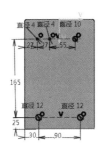

图 12-6　绘制剪口 1 草图

图 12-7　创建剪口 1

4. 创建自定义冲压 1

① 在菜单栏中依次选择"插入"→"几何体"，在结构树中创建几何体。

② 在菜单栏中选择"开始"→"机械设计"→"零件设计"，进入零件设计工作台。

③ 在"基于草图的特征"工具栏中单击"旋转体"图标 🔩，弹出"定义旋转体"对话框，如图 12-8 所示。

④ 单击对话框中的"草图"图标 🖉，选择如图 12-9 所示的平面作为草图平面，进入草图工作台，绘制如图 12-10 所示的草图。单击"退出工作台"图标 🖒，完成草图创建。

图 12-8　"定义旋转体"对话框

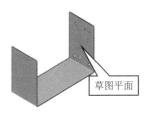

图 12-9　旋转体草图平面

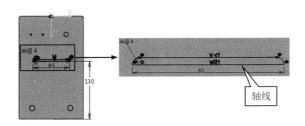

图 12-10　旋转体草图及轴线

⑤ 在"第一角度"文本框中输入数值，本例取"90"；在"第二角度"文本框中输入数值，本例取"0"；激活"轴线"选项组的"选择"文本框，选择如图 12-10 所示的草图边线作为轴线。

⑥ 单击"预览"按钮，确认无误后单击"确定"按钮。创建的旋转体如图 12-11 所示。

⑦ 在结构树中右击"零件几何体"，选择"隐藏/显示"，将"零件几何体"隐藏。旋转体放大的效果如图 12-12 所示。

图 12-11　创建旋转体

图 12-12　旋转体放大效果

⑧ 在结构树中右击"零件几何体"，选择"隐藏 / 显示"，将"零件几何体"显示。

⑨ 在菜单栏中选择"开始"→"机械设计"→"创成式钣金设计"，进入创成式钣金设计设计工作台。

⑩ 在结构树中右击"零件几何体"，选择"定义工作对象"。

⑪ 选择如图 12-13 所示的平面作为冲压表面，在"剪切 / 冲压（Cutting/Stamping）"工具栏中单击"冲压（Stamping）"图标 下的三角箭头，选择"用户自定义（User Stamp）"图标 ，弹出"用户自定义（User-Defined Stamp Definition）"对话框。

⑫ 在"类型（Type）"下拉列表中选择"凸模（Punch）"选项。

⑬ 激活"凸模（Punch）"文本框，在结构树中选择"几何体 .2"作为凸模。

⑭ 选中"R1 无圆角（No fillet R1 radius）"复选框。

⑮ 在"钣金墙上的冲压位置（Position on wall）"选项组中选择"原位置（Position on context）"复选框。

⑯ 激活"开放面（Faces for opening(O)）"文本框，选择如图 12-14 所示的平面作为开放面。

⑰ 单击"预览"按钮，确认无误后单击"确定"按钮。创建的自定义冲压 1 如图 12-15 所示。

注意：在上述操作的步骤 ⑯ 中，为了便于开放面的选择，可在结构树中右击"零件几何体"，选择"隐藏 / 显示"，将零件几何体隐藏，在冲压创建完成后再将零件几何体显示出来。

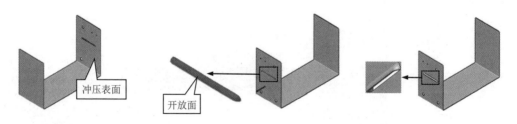

图 12-13　自定义冲压 1 冲压表面　　图 12-14　自定义冲压 1 开放面　　图 12-15　创建自定义冲压 1

5. 创建矩形阵列 1

① 在结构树中选择步骤 4 创建的自定义冲压 1 作为阵列对象。

② 在"特征变换（Transformations）"工具栏中单击"阵列（Pattern）"图标 下的三角箭头，在其下拉列表中选择"矩形阵列（Rectangular Pattern）"图标 ，弹出"定义矩形阵列"对话框。

③ 在"第一方向"选项卡的"参数"下拉列表中选择"实例和间距"选项，在"实例"文

本框中输入数值，本例取"10"，在"间距"文本框中输入数值，本例取"7"。

④ 激活"参考元素"文本框，右击，选择"Z 轴"作为阵列方向。

⑤ 单击"反转"按钮 反转 。

⑥ 单击"预览"按钮，确认无误后单击"确定"按钮。创建的矩形阵列 1 如图 12-16 所示。

6. 创建剪口 2~6

参照"3. 创建剪口 1"的步骤及参数设置，创建剪口 2~6。各剪口的草图平面、草图和效果图见表 12-1。

图 12-16　创建矩形阵列 1

表 12-1　剪口 2~6 的草图平面、草图和效果图

名称	草图平面	草图	效果图
剪口 2	草图平面	直径 110 95	
剪口 3	草图平面	直径 4 直径 4 60 70 18	
剪口 4	草图平面	45 直径 5 直径 5 100 直径 5 25 100	
剪口 5	草图平面	25 距离 20 直径 20 25 25 25 20	
剪口 6	草图平面	直径 15 直径 15 直径 15 直径 15 90 80 180 30	

279

7. 创建边线上的墙体 1

① 在"墙体（Walls）"工具栏中单击"边线上的墙体（Wall on Edge）"图标 ，弹出"边线上的墙体定义（Wall On Edge Definition）"对话框。

② 在"类型（Type）"下拉列表中选择"基于草图生成边线上的墙体（Sketch Based）"选项。

③ 选择如图 12-17 所示的边线作为附着边。

④ 单击对话框中的"草图"图标 ，选择如图 12-17 所示的平面作为草图平面，进入草图工作台，绘制如图 12-18 所示的草图。单击"退出工作台"图标 ，完成草图创建。

⑤ 在"间隙（Clearance）"下拉列表中选择"单向间隙（Monodirectional）"选项，在"间隙值（Value）"文本框中输入数值，本例取"1"。

⑥ 单击"折弯参数（Bend parameters）"图标 ，弹出"折弯定义（Bend Definition）"对话框。在"左侧极限（Left Extremity）"选项卡和"右侧极限（Right Extremity）"选项卡中选择"线性止裂槽（Linear）"选项 。

⑦ 单击"预览"按钮，确认无误后单击"确定"按钮。创建的边线上的墙体 1 如图 12-19 所示。

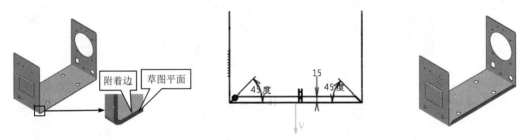

图 12-17　墙体 1 附着边及草图平面　　图 12-18　绘制边线上的墙体 1 草图　　图 12-19　创建边线上的墙体 1

8. 创建边线上的墙体 2 和 3

参照"7. 创建边线上的墙体 1"的步骤及参数设置，创建边线上的墙体 2 和 3。其草图平面、附着边、草图和效果图见表 12-2。

表 12-2　边线上的墙体 2 和 3 的草图平面、附着边、草图和效果图

名称	草图平面和附着边	草图	效果图
边线上的墙体 2			
线上的墙体 3			

9. 创建镜像 1

① 在"特征变换（Transformations）"工具栏中单击"镜像（Mirror）"图标 ，弹出"镜像定义（Mirror Definition）"对话框。

② 激活"镜像平面（Mirroring plane）"文本框，右击，选择"zx 平面"作为镜像平面。

③ 激活"镜像的元素（Element to mirror）"文本框，选择步骤 7 创建的边线上的墙体 1 作为镜像对象。

④ 单击"预览"按钮，确认无误后单击"确定"按钮。创建的镜像 1 如图 12-20 所示。

10. 创建镜像 2 和 3

参照"9. 创建镜像 1"的步骤，选择"zx 平面"作为镜像平面，分别选择步骤 8 创建的边线上的墙体 2 和边线上的墙体 3 作为镜像对象，创建镜像 2 和 3，结果如图 12-21 所示。

图 12-20　创建镜像 1

图 12-21　创建镜像 2 和 3

11. 创建剪口 7 和 8

参照"3. 创建剪口 1"的步骤，在"末端限制（End Limit）"选项组的"类型（Type）"下拉列表中选择"直到最后（Up to last）"选项，创建剪口 7 和 8，其草图平面、草图及效果图见表 12-3。

表 12-3　剪口 7 和 8 的草图平面、草图及效果图

名称	草图平面	草图	效果图
剪口 7			
剪口 8			

12.1.3　上壳体

在结构树中双击"上壳体"节点下的零件图标，进入上壳体的制作。

1. 拉伸成形

① 在"墙体（Walls）"工具栏中单击"拉伸（Extrusion）"图标 ⬢，弹出"拉伸定义（Extrusion Definition）"对话框。

② 单击对话框中的"草图"图标 ✐，在结构树中选择"yz 平面"作为草图平面，进入草图工作台，绘制如图 12-22 所示的草图。单击"退出工作台"图标 ⬆，完成草图创建。

③ 在"第一限制（Sets first limit）"下拉列表中选择"限制 1 的尺寸（Limit 1 dimension）"选项，在其后面的文本框中输入数值，本例取"185"。

④ 选中"镜像范围（Mirroredextent）"复选框。

⑤ 单击"预览"按钮，确认无误后单击"确定"按钮，完成拉伸成形，结果如图 12-23 所示。

2. 创建倒圆角 1

① 在"剪切 / 冲压（Cutting/Stamping）"工具栏中单击"倒圆角（Corner）"图标 ◗，弹出"倒圆角定义（Corner）"对话框。

② 在"半径（Radius）"文本框中输入数值，本例取"10"。

③ 选中"凸边（Convex Edge(s)）"复选框和"凹边（Concave Edge(s)）"复选框。

④ 单击"选择全部（Select all）"按钮 Select All 。

⑤ 单击"预览"按钮，确认无误后单击"确定"按钮，完成倒圆角 1 的创建，隐藏零件下壳体后的效果如图 12-24 所示。

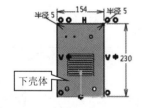

图 12-22　绘制拉伸成形草图

图 12-23　拉伸成形

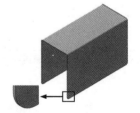

图 12-24　创建倒圆角 1

3. 创建自定义冲压 1

① 在菜单栏中依次选择"插入"→"几何体"，在结构树中创建几何体。

② 在菜单栏中选择"开始"→"机械设计"→"零件设计"，进入零件设计工作台。

③ 在"基于草图的特征"工具栏中单击"凸台"图标 ⬟，弹出"定义凸台"对话框。

④ 单击对话框中的"草图"图标 ✐，在结构树中选择"yz 平面"作为草图平面，进入草图工作台，绘制如图 12-25 所示的草图。单击"退出工作台"图标 ⬆，完成草图创建。

⑤ 在"第一限制"选项组的"长度"文本框中输入数值，本例取"155"。单击"更多"按钮，展开对话框，在"第二限制"选项组的"长度"文本框中输入数值，本例取"−75"，如图 12-26 所示。

⑥ 单击"反转方向"按钮 反转方向 。

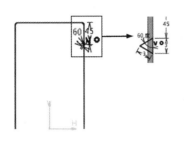

图 12-25 绘制凸台 1 草图　　　　　　　　　图 12-26 凸台 1 参数设置

⑦ 单击"预览"按钮，确认无误后单击"确定"按钮。创建的凸台 1 如图 12-27 所示。

⑧ 在结构树中右击"零件几何体"，选择"隐藏 / 显示"，将零件几何体隐藏。凸台 1 放大的效果图如图 12-28 所示。

图 12-27 创建凸台 1　　　　　　　　　　图 12-28 凸台 1 放大效果图

⑨ 在结构树中右击"零件几何体"，选择"隐藏 / 显示"，将零件几何体显示。

⑩ 在菜单栏中选择"开始"→"机械设计"→"创成式钣金设计"，进入创成式钣金设计设计工作台。

⑪ 在结构树中右击"零件几何体"，选择"定义工作对象"。

⑫ 选择图 12-29 所示的平面作为冲压表面，在"剪切 / 冲压（Cutting/Stamping）"工具栏中单击"冲压（Stamping）"图标 下的三角箭头，选择"用户自定义（User Stamp）"图标 ，弹出"用户自定义（User-Defined Stamp Definition）"对话框。

⑬ 在"类型（Type）"下拉列表中选择"凸模（Punch）"选项。

⑭ 激活"凸模（Punch）"文本框，在结构树中选择"几何体 .2"作为凸模。

⑮ 选中"R1 无圆角（No fillet R1 radius）"复选框。

⑯ 在"钣金墙上的冲压位置（Position on wall）"选项组中选中"原位置（Position on context）"复选框。

⑰ 激活"开放面（Faces for opening(O)）"文本框，选择如图 12-30 所示的三个面作为开放面。

⑱ 单击"预览"按钮，确认无误后单击"确定"按钮。创建的自定义冲压 1 如图 12-31 所示。

4. 创建矩形阵列 1

① 在结构树中选择步骤 3 创建的自定义冲压 1 作为阵列对象。

② 在"特征变换（Transformations）"工具栏中单击"阵列（Pattern）"图标 下的三角箭头，在其下拉列表中选择"矩形阵列（Rectangular Pattern）"图标 ，弹出"定义矩形阵列"对话框。

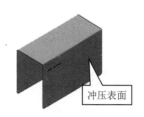

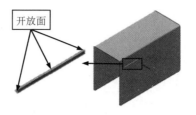

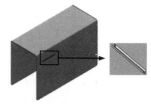

图 12-29　自定义冲压 1 冲压表面　　图 12-30　自定义冲压 1 开放面　　图 12-31　创建自定义冲压 1

③ 在"第一方向"选项卡的"参数"下拉列表中选择"实例和间距"选项，在"实例"文本框中输入数值，本例取"20"，在"间距"文本框中输入数值，本例取"6.5"。

④ 激活"参考元素"文本框，右击，选择"Z 轴"作为阵列方向。

⑤ 单击"反转"按钮 反转 。

⑥ 单击"预览"按钮，确认无误后单击"确定"按钮。创建的矩形阵列 1 如图 12-32 所示。

5. 创建剪口 1

① 在"剪切 / 冲压（Cutting/Stamping）"工具栏中单击"剪口（Cut Out）"图标 ，弹出"剪口定义（Cutout Definition）"对话框。

② 在"剪口类型（Cutout Type）"选项组的"类型（Type）"下拉列表中选择"标准剪口（Sheetmetal standard）"选项。

③ 单击对话框中的"草图"图标 ，选择如图 12-33 所示的平面作为草图平面，进入草图工作台并显示"下壳体"。单击"投影 3D 元素"图标 ，将图 12-34 所示下壳体上的孔边线投影至草图平面。单击"退出工作台"图标 ，完成草图创建。

④ 在"末端限制（End Limit）"选项组的"类型（Type）"下拉列表中选择"直到最后（Up to last）"选项。

⑤ 单击"预览"按钮，确认无误后单击"确定"按钮，完成剪口 1 的创建，隐藏下壳体后的效果如图 12-35 所示。

图 12-32　创建矩形阵列 1

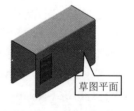

图 12-33　剪口 1 草图平面

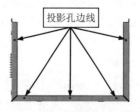

图 12-34　下壳体

图 12-35　创建剪口 1

6. 创建剪口 2

参照"5. 创建剪口 1"的步骤及参数设置，创建剪口 2。选择如图 12-36 所示的平面作为草图平面，绘制草图，结果如图 12-37 所示。创建的剪口 2 如图 12-38 所示。

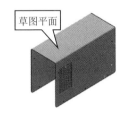

图 12-36 剪口 2 草图平面

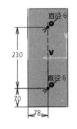

图 12-37 绘制剪口 2 草图

图 12-38 创建剪口 2

7. 创建镜像 1

① 在"特征变换（Transformations）"工具栏中单击"镜像（Mirror）"图标 ，弹出"镜像定义（Mirror Definition）"对话框。

② 激活"镜像平面（Mirroring plane）"文本框，右击，选择"zx 平面"作为镜像平面。

③ 激活"镜像的元素（Element to mirror）"文本框，在结构树中选择步骤 4 创建的矩形阵列 1 作为镜像对象。

④ 单击"预览"按钮，确认无误后单击"确定"按钮。创建的镜像 1 如图 12-39 所示。

图 12-39 创建镜像 1

12.1.4 装配

在结构树中双击"电焊机外壳"，切换至装配设计工作台，显示零件"下壳体"，并将上、下壳体调整至适合装配的位置，结果如图 12-40 所示。

单击"约束"工具栏中的"固定"图标 ，选择"下壳体"作为固定零件；单击"偏移约束"图标 ，约束元素选择上壳体的"xy 平面"和下壳体的"xy 平面"，在弹出的"约束属性"对话框中的"偏移"文本框输入数值"0"；重复"偏移约束"操作，使上壳体的"yz 平面"和"zx 平面"分别与下壳体的"yz 平面"和"zx 平面"的偏移距离为"0"。单击"全部更新"图标 ，装配完成后的电焊机外壳如图 12-41 所示。

图 12-40 调整上、下壳体的位置　　　　图 12-41 装配完成后的电焊机外壳

285

12.2　电控柜

12.2.1　实例分析

电控柜是由电器元件与机械结构连接成的一个组合体，其机械结构主要由金属板材加工而成。下面以图 12-42 所示的电控柜模型为例介绍电控柜的创建方法。

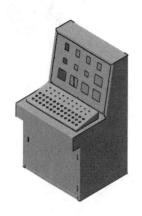

图 12-42　电控柜模型

电控柜由外部箱体和内部起支撑作用的骨架组成，为了使电控柜的外部结构尺寸能够按照不同用户的需求进行改变，减少产品的设计周期，本实例采用了自顶而下的设计方法。其设计过程是，先确定电控柜内部电源固定板、电器固定板、支撑横梁、显示板支撑和控制板支撑等各零件的尺寸，再将其组装成装配体并建立电控柜的骨架模型，然后在此基础上对电控柜的外部零件进行创建。这样可在构成电控柜骨架模型的内部零件尺寸发生变化时，其外部零件尺寸也自动随之改变，从而提高产品的设计研发速度。

12.2.2　内部零件

1. 电源固定板

新建一个钣金零件模型，命名为"电源固定板"，设置钣金厚度为"1"，默认折弯半径为"1"，默认止裂槽类型为"扯裂止裂槽（Minimum with no relief）"。

（1）创建平整钣金模型

① 在"墙体（Walls）"工具栏中单击"墙体（Wall）"图标 　，弹出"墙体定义（Wall Definition）"对话框。

② 单击对话框中的"草图"图标 　，在结构树中选择"yz 平面"作为草图平面，进入草图工作台，绘制如图 12-43 所示的草图。单击"退出工作台"图标 　，完成草图创建。

③ 单击"预览"按钮，确认无误后单击"确定"按钮。创建的平整钣金模型如图 12-44 所示。

（2）创建边线上的墙体 1

① 在"墙体（Walls）"工具栏中单击"边线上的墙体（Wall on Edge）"图标 　，弹出"边线上的墙体定义（Wall On Edge Definition）"对话框。

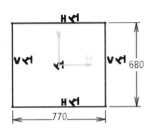

图 12-43　绘制平整钣金草图　　　　　　　　　图 12-44　创建平整钣金模型

② 在"类型（Type）"下拉列表中选择"自动生成边线上的墙体（Automatic）"选项。

③ 选择如图 12-45 所示的边线作为附着边。

④ 选择"高度和倾角（Height & Inclination）"选项卡，在"高度（Height）"文本框中输入数值，本例取"30"；在"角度（Angle）"文本框中输入数值，本例取"90"。

⑤ 单击"预览"按钮，确认无误后单击"确定"按钮。创建的边线上的墙体 1 如图 12-46 所示。

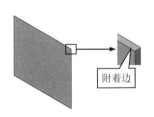

图 12-45　边线上的墙体 1 附着边　　　　　　　图 12-46　创建边线上的墙体 1

（3）创建边线上的墙体 2

参照"（2）创建边线上的墙体 1"的步骤，选择如图 12-47 所示的边线作为附着边，在"高度（Height）"文本框中输入数值"30"，在"角度（Angle）"文本框中输入数值"90"，创建边线上的墙体 2，结果如图 12-48 所示。至此，电源固定板创建完成。

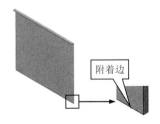

图 12-47　边线上的墙体 2 附着边　　　　　　　图 12-48　创建边线上的墙体 2

2. 电器固定板

新建一个钣金零件模型，命名为"电器固定板"，设置其钣金参数与"电源固定板"相同。

① 在"墙体（Walls）"工具栏中单击"墙体（Wall）"图标 ⟁，弹出"墙体定义（Wall Definition）"对话框。

② 单击对话框中的"草图"图标，在结构树中选择"yz 平面"作为草图平面，进入草图工作台，绘制如图 12-49 所示的草图。单击"退出工作台"图标，完成草图创建。

③ 单击"预览"按钮，确认无误后单击"确定"按钮。创建的平整钣金模型如图 12-50 所示。至此，电器固定板创建完成。

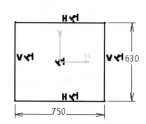

图 12-49　绘制平整钣金草图

图 12-50　创建平整钣金模型

3. 支撑横梁 1~4

新建一个钣金零件模型，命名为"支撑横梁 1"，设置钣金厚度为"3"，默认折弯半径为"5"，默认止裂槽类型为"扯裂止裂槽（Minimum with no relief）"。

① 在"墙体（Walls）"工具栏中单击"拉伸（Extrusion）"图标，弹出"拉伸定义（Extrusion Definition）"对话框。

② 单击对话框中的"草图"图标，在结构树中选择"zx 平面"作为草图平面，进入草图工作台，绘制如图 12-51 所示的草图。单击"退出工作台"图标，完成草图创建。

③ 在"第一限制（Sets first limit）"下拉列表中选择"限制 1 的尺寸（Limit 1 dimension）"选项，在其后面的文本框中输入数值，本例取"400"；在"第二限制（Sets second limit）"下拉列表中选择"限制 2 的尺寸（Limit 2 dimension）"选项，在其后面的文本框中输入数值，本例取"400"。

④ 单击"预览"按钮，确认无误后单击"确定"按钮，完成拉伸成形，结果如图 12-52 所示。至此，支撑横梁 1 创建完成。

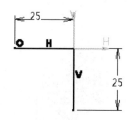

图 12-51　绘制拉伸成型草图

图 12-52　拉伸成形

重复上述步骤及参数设置，完成电控柜支撑横梁 2~4 的创建。

4. 显示板支撑 1 和 2

新建一个钣金零件模型，命名为"显示板支撑 1"，设置其钣金参数与"电源固定板"相同。

（1）创建参考平面 1

在"参考元素"工具栏中单击"平面"图标，弹出"平面定义"对话框。在"平面类型"下拉列表中选择"与平面成一定角度或垂直"选项；激活"旋转轴"文本框，右击，选择"Y"轴；激活"参考"文本框，右击，选择"yz 平面"作为参考；在"角度"文本框中输入数值，本例取"-10"。单击"预览"按钮，确认无误后单击"确定"按钮。

（2）创建平整钣金模型

① 在"墙体（Walls）"工具栏中单击"墙体（Wall）"图标 $\mathcal{P}$，弹出"墙体定义（Wall Definition）"对话框。

② 单击对话框中的"草图"图标 🖉，在结构树中选择步骤（1）创建的参考平面 1 作为草图平面，进入草图工作台，绘制如图 12-53 所示的草图。单击"退出工作台"图标 凸，完成草图创建。

③ 单击对话框中的"中间位置"图标 🖉。

④ 单击"预览"按钮，确认无误后单击"确定"按钮。创建的平整钣金模型如图 12-54 所示。

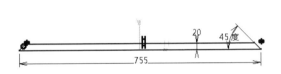

图 12-53　绘制平整钣金草图　　　　　图 12-54　创建平整钣金模型

（3）创建剪口 1

① 在"剪切 / 冲压（Cutting/Stamping）"工具栏中单击"剪口（Cut Out）"图标 🔲，弹出"剪口定义（Cutout Definition）"对话框。

② 在"剪口类型（Cutout Type）"选项组的"类型（Type）"下拉列表中选择"标准剪口（Sheetmetal standard）"选项。

③ 单击对话框中的"草图"图标 🖉，选择如图 12-55 所示的平面作为草图平面，进入草图工作台，绘制如图 12-56 所示的草图。单击"退出工作台"图标 凸，完成草图创建。

④ 在"末端限制（End Limit）"选项组的"类型（Type）"下拉列表中选择"直到下一个（Up to next）"选项。

⑤ 单击"预览"按钮，确认无误后单击"确定"按钮。创建的剪口 1 如图 12-57 所示。至此，显示板支撑 1 创建完成。

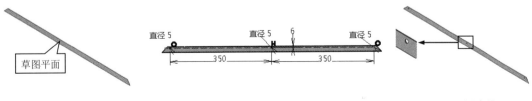

图 12-55　剪口 1 草图平面　　　　图 12-56　绘制剪口 1 草图　　　　图 12-57　创建剪口 1

重复上述步骤及参数设置，完成显示板支撑 2 的创建。

5. 显示板支撑 3 和 4

新建一个钣金零件模型，命名为"显示板支撑 3"，设置其钣金参数与"电源固定板"相同。

（1）创建参考平面 1

在"参考元素"工具栏中单击"平面"图标🗹，弹出"平面定义"对话框。在"平面类型"下拉列表中选择"与平面成一定角度或垂直"选项；激活"旋转轴"文本框，右击，选择"Y 轴"作为旋转轴；激活"参考"文本框，右击，选择"yz 平面"作为参考；在"角度"文本框中输入数值，本例取"−10"。单击"预览"按钮，确认无误后单击"确定"按钮，完成参考平面 1 的创建。

（2）创建平整钣金模型

① 在"墙体（Walls）"工具栏中单击"墙体（Wall）"图标🗹，弹出"墙体定义（Wall Definition）"对话框。

② 单击对话框中的"草图"图标🗹，在结构树中选择刚创建的参考平面 1 作为草图平面，进入草图工作台，绘制如图 12-58 所示的草图。单击"退出工作台"图标🗹，完成草图创建。

③ 单击"中间位置"图标🗹。

④ 单击"预览"按钮，确认无误后单击"确定"按钮。创建的平整钣金模型如图 12-59 所示。

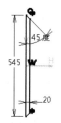

图 12-58　绘制平整钣金草图

图 12-59　创建平整钣金模型

（3）创建剪口 1

① 在"剪切/冲压（Cutting/Stamping）"工具栏中单击"剪口（Cut Out）"图标🗹，弹出"剪口定义（Cutout Definition）"对话框。

② 在"剪口类型（Cutout Type）"选项组的"类型（Type）"下拉列表中选择"标准剪口（Sheetmetal standard）"选项。

③ 单击对话框中的"草图"图标🗹，选择如图 12-60 所示的平面作为草图平面，进入草图工作台，绘制如图 12-61 所示的草图。单击"退出工作台"图标🗹，完成草图创建。

④ 在"末端限制（End Limit）"选项组的"类型（Type）"下拉列表中选择"直到下一个（Up to next）"选项。

⑤ 单击"预览"按钮，确认无误后单击"确定"按钮。创建的剪口 1 如图 12-62 所示。至此，显示板支撑 3 创建完成。

重复上述步骤及参数设置，完成显示板支撑 4 的创建。

6. 控制板支撑 1 和 2

新建一个钣金零件模型，命名为"控制板支撑 1"，设置其钣金参数与"电源固定板"相同。

图 12-60　剪口 1 草图平面

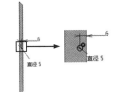

图 12-61　绘制剪口 1 草图

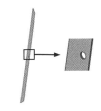

图 12-62　创建剪口 1

（1）创建平整钣金模型

① 在"墙体（Walls）"工具栏中单击"墙体（Wall）"图标 ，弹出"墙体定义（Wall Definition）"对话框。

② 单击对话框中的"草图"图标 ，在结构树中选择"xy 平面"作为草图平面，进入草图工作台，绘制如图 12-63 所示的草图。单击"退出工作台"图标 ，完成草图创建。

③ 单击"中间位置"图标 。

④ 单击"预览"按钮，确认无误后单击"确定"按钮。创建的平整钣金模型如图 12-64 所示。

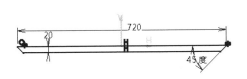

图 12-63　绘制平整钣金草图

图 12-64　创建平整钣金模型

（2）创建剪口 1

① 在"剪切/冲压（Cutting/Stamping）"工具栏中单击"剪口（Cut Out）"图标 ，弹出"剪口定义（Cutout Definition）"对话框。

② 在"剪口类型（Cutout Type）"选项组的"类型（Type）"下拉列表中选择"标准剪口（Sheetmetal standard）"选项。

③ 单击对话框中的"草图"图标 ，选择如图 12-65 所示的平面作为草图平面，进入草图工作台，绘制如图 12-66 所示的草图。单击"退出工作台"图标 ，完成草图创建。

④ 在"末端限制（End Limit）"选项组的"类型（Type）"下拉列表中选择"直到下一个（Up to next）"选项。

⑤ 单击"预览"按钮，确认无误后单击"确定"按钮。创建的剪口 1 如图 12-67 所示。至此，控制板支撑 1 创建完成。

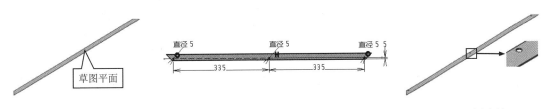

图 12-65　剪口 1 草图平面　　　　　图 12-66　绘制剪口 1 草图　　　　　图 12-67　创建剪口 1

重复上述步骤及参数设置，完成控制板支撑 2 的创建。

7. 控制板支撑 3 和 4

新建一个钣金零件模型，命名为"控制板支撑 3"，设置其钣金参数与"电源固定板"相同。

（1）创建平整钣金模型

① 在"墙体（Walls）"工具栏中单击"墙体（Wall）"图标，弹出"墙体定义（Wall Definition）"对话框。

② 单击对话框中的"草图"图标，在结构树中选择"xy 平面"作为草图平面，进入草图工作台，绘制如图 12-68 所示的草图。单击"退出工作台"图标，完成草图创建。

③ 单击"中间位置"图标。

④ 单击"预览"按钮，确认无误后单击"确定"按钮。创建的平整钣金模型如图 12-69 所示。

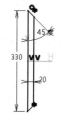

图 12-68　绘制平整钣金草图

图 12-69　创建平整钣金模型

（2）创建剪口 1

① 在"剪切 / 冲压（Cutting/Stamping）"工具栏中单击"剪口（Cut Out）"图标，弹出"剪口定义（Cutout Definition）"对话框。

② 在"剪口类型（Cutout Type）"选项组的"类型（Type）"下拉列表中选择"标准剪口（Sheetmetal standard）"选项。

③ 单击对话框中的"草图"图标，选择如图 12-70 所示的平面作为草图平面，进入草图工作台，绘制如图 12-71 所示的草图。单击"退出工作台"图标，完成草图创建。

④ 在"末端限制（End Limit）"选项组的"类型（Type）"下拉列表中选择"直到下一个（Up to next）"选项。

⑤ 单击"预览"按钮，确认无误后单击"确定"按钮。创建的剪口 1 如图 12-72 所示。至此，控制板支撑 3 创建完成。

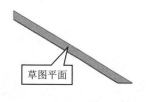

图 12-70　剪口 1 草图平面

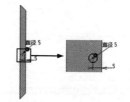

图 12-71　绘制剪口 1 草图

图 12-72　创建剪口 1

重复上述步骤及参数设置，完成控制板支撑 4 的创建。

12.2.3　内部零件部装

1.电源固定板导入

创建"Product"文件,命名为"原始骨架"。选中"原始骨架",在菜单栏中依次选择"插入"→"现有部件",弹出"选择文件"对话框,导入零件"电源固定板"。单击"固定"图标 ，选择"电源固定板"作为固定零件,结果如图 12-73 所示。

2.支撑横梁 1 装配

选中"原始骨架",导入零件"支撑横梁 1",通过拖拽指南针 将支撑横梁 1 移动到适当位置。

① 单击"偏移约束"图标 ，约束元素选择电源固定板的 zx 平面和支撑横梁 1 的 zx 平面,在弹出的"约束属性"对话框的"偏移"文本框中输入数值"0"。单击"全部更新"图标 ，完成偏移约束的创建,结果如图 12-74 所示。

图 12-73　导入并固定电源固定板

图 12-74　创建偏移约束

② 单击"接触约束"图标 ，选择如图 12-75 所示的两个零件表面作为接触约束 1 约束元素。单击"全部更新"图标 ，完成接触约束 1 的创建,结果如图 12-76 所示。

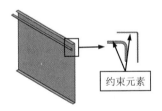

图 12-75　接触约束 1 约束元素

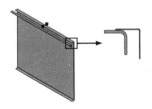

图 12-76　创建接触约束 1

③ 单击"接触约束"图标 ，选择如图 12-77 所示的两个零件表面作为接触约束 2 约束元素。单击"全部更新"图标 ，完成接触约束 2 的创建,结果如图 12-78 所示。

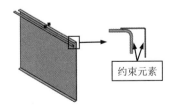

图 12-77　接触约束 2 约束元素

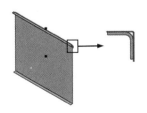

图 12-78　创建接触约束 2

3. 其他内部零件装配

参照"2. 支撑横梁 1 装配"的过程，对电控柜其他内部零件进行装配。各零件的约束元素及装配效果图见表 12-4。

表 12-4 各零件的约束元素及装配效果图

零件	约束	约束值	约束元素	装配效果图
	偏移约束	0	电源固定板和支撑横梁 2 的 zx 平面	
支撑横梁 2	偏移约束	0	约束元素	
	偏移约束	0	约束元素	
	偏移约束	260	约束元素	260
电器固定板	偏移约束	0	电源固定板和电器固定板的 zx 平面	
	偏移约束	0	约束元素	

（续）

零件	约束	约束值	约束元素	装配效果图
支撑横梁 3	偏移约束	0	电器固定板和支撑横梁 3 的 zx 平面	
	偏移约束	0		
	偏移约束	15		
支撑横梁 4	偏移约束	0	电器固定板和支撑横梁 4 的 zx 平面	
	偏移约束	0		
	偏移约束	15		

（续）

零件	约束	约束值	约束元素	装配效果图
	偏移约束	0	电源固定板和显示板支撑 1 的 zx 平面	
显示板支撑 1	偏移约束	55	电源固定板的上表面和显示板支撑 1 的 xy 平面	
	偏移约束	−100	电源固定板和显示板支撑 1 的 yz 平面	
	偏移约束	0		
显示板支撑 3	偏移约束	0		
	偏移约束	0		

（续）

零件	约束	约束值	约束元素	装配效果图
显示板支撑 4	偏移约束	0	约束元素	
	偏移约束	0	约束元素	
	偏移约束	0	约束元素	
显示板支撑 2	偏移约束	0	约束元素	
	偏移约束	0	约束元素	
	偏移约束	0	约束元素	

（续）

零件	约束	约束值	约束元素	装配效果图
	偏移约束	0	电源固定板的 zx 平面和控制板支撑 1 的 yz 平面	
控制板支撑 1	偏移约束	145	电源固定板的前表面和控制板支撑 1 的 zx 平面 	
	偏移约束	370	电源固定板的 xy 平面和控制板支撑 1 下表面平面 	
	偏移约束	0		
控制板支撑 3	偏移约束	0		
	偏移约束	0		

（续）

零件	约束	约束值	约束元素	装配效果图
控制板支撑 4	偏移约束	0		
	偏移约束	0		
	偏移约束	0		
控制板支撑 2	偏移约束	0		
	偏移约束	0		
	偏移约束	0		

12.2.4　电控柜骨架

1. 参考发布

选中"原始骨架"，在菜单栏中选择"工具"→"发布"，打开"发布命令"对话框。

1）选择如图 12-79 所示的钣金零件模型表面，在"发布命令"对话框的"名称"下单击"面"，修改名称为"上参考面"。

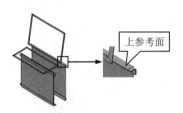

图 12-79　设置上参考面

2）参照上述"上参考面"的发布，依次发布其他参考平面，见表 12-5。

表 12-5　参考平面发布

发布平面	发布名称	发布平面	发布名称
	下参考面		后参考面
	左参考面		控制板支撑参考面
	右参考面		显示板参考面
	前参考面		

3）选择如图 12-80 所示的孔边线，在"发布命令"对话框的"名称"下单击"边线"，修改名称为"孔参考 1"。

按照上述步骤，依次选择显示板支撑 1~4 上的孔，修改名称为"孔参考 2~8"。

4）选择如图 12-81 所示的孔边线，在"发布命令"对话框的"名称"下单击"边线"，修改名称为"孔参考 9"。

按照上述步骤，依次选择控制板支撑 1~4 上的孔，修改名称为"孔参考 10~16"。

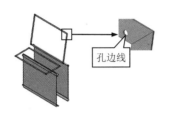

图 12-80　设置孔参考 1

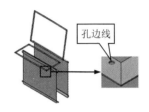

图 12-81　设置孔参考 9

2. 骨架构建

创建"Product"文件，命名为"电控柜"。选中"电控柜"，在菜单栏中依次选择"插入"→"现有部件"，弹出"选择文件"对话框，导入"原始骨架"。再次选中"电控柜"，在菜单栏中依次选择"插入"→"新建零件"，分别插入 10 个零件，依次命名为"电控柜骨架""左侧板""右侧板""顶板""底板""后门""控制板支撑""前门""显示板"和"控制板"。

在结构树中双击"电控柜骨架"节点下的零件图标，切换至创成式钣金设计工作台，设置钣金厚度为"1"，默认折弯半径为"1"，默认止裂槽类型为"扯裂止裂槽（Minimum with no relief）"。按照上述步骤及参数值，分别完成其他零件的参数设置。

在结构树中双击"电控柜骨架"节点下的零件图标，进入电控柜骨架的制作。

（1）骨架平面创建

① 在"参考元素"工具栏中单击"平面"图标 ⬭，弹出"平面定义"对话框。在"平面类型"下拉列表中选择"偏移平面"选项；激活"参考"文本框，选择原始骨架中发布的"上参考面"；在"偏移"文本框中输入数值，本例取"-615"。单击"预览"按钮，确认无误后单击"确定"按钮。在结构树中右击"平面 1"，选择"属性"→"特征属性"，修改"特征名称"为"上平面"，单击"确定"按钮。

② 参照"上平面"的创建步骤，创建其他骨架平面。各骨架平面参数设置及效果图见表 12-6。

（2）骨架平面发布

在菜单栏中选择"工具"→"发布"，打开"发布命令"对话框，在结构树中依次选取步骤（1）创建的上平面、下平面、左平面、右平面、前平面、后平面、控制板支撑面和显示板平面进行发布。

表 12-6　各骨架平面参数设置及效果图

名称	参考	偏移	效果图	名称	参考	偏移	效果图
上平面	上参考面	−615		前平面	前参考面	−200	
下平面	下参考面	−70		后平面	后参考面	200	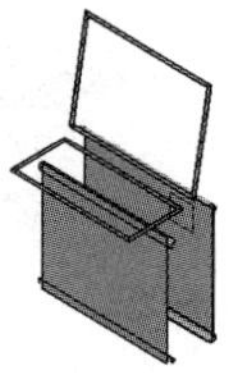
左平面	左参考面	0		控制板支撑面	控制板支撑参考面	0	
右平面	右参考面	0		显示板平面	显示板参考面	0	

12.2.5　外部零件

1. 左侧板主体

在结构树中双击"左侧板"节点下的零件图标，进入左侧板主体的制作。

① 在"墙体（Walls）"工具栏中单击"墙体（Wall）"图标 ，弹出"墙体定义（Wall Definition）"对话框。

② 单击对话框中的"草图"图标，在结构树中选择"电控柜骨架中发布的左平面"作为草图平面，进入草图工作台，绘制边线与电控柜骨架中发布的上平面、下平面、前平面、后平面、显示板平面及控制板支撑面相合的草图，如图 12-82 所示。单击"退出工作台"图标，完成草图创建。

③ 单击"预览"按钮，确认无误后单击"确定"按钮，完成平整钣金模型的创建。创建的左侧板主体如图 12-83 所示。

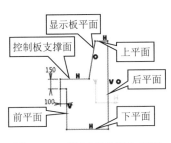

图 12-82 绘制平整钣金草图

图 12-83 创建左侧板主体

2. 右侧板、顶板及底板主体

参照"左侧板主体"的创建步骤及参数设置，创建右侧板、顶板及底板主体，见表12-7。

表 12-7 创建右侧板、顶板及底板主体

零件名称	草图平面	与草图边线相合平面	草图	效果图
右侧板主体	右平面	上平面、下平面、前平面、后平面、控制板支撑面		
顶板主体	上平面	左平面、右平面、后平面、控制板支撑面		
底板主体	下平面	前平面、后平面、左平面、右平面		

3. 控制板支撑主体

在结构树中双击"控制板支撑"节点下的零件图标，进入控制板支撑主体的制作。

（1）创建平整钣金模型

① 在"墙体（Walls）"工具栏中单击"墙体（Wall）"图标 &，弹出"墙体定义（Wall Definition）"对话框。

② 单击对话框中的"草图"图标 ，在结构树中选择"电控柜骨架中发布的控制板支撑面"作为草图平面，进入草图工作台，绘制与电控柜骨架中发布的左、右平面相合的草图，如图 12-84 所示。单击"退出工作台"图标 ，完成草图创建。

③ 单击"预览"按钮，确认无误后单击"确定"按钮。如图 12-85 所示。

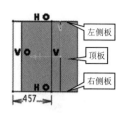

图 12-84　绘制平整钣金草图

图 12-85　创建平整钣金模型

（2）创建边线上的墙体 1

① 在"墙体（Walls）"工具栏中单击"边线上的墙体（Wall on Edge）"图标，弹出"边线上的墙体定义（Wall On Edge Definition）"对话框。

② 在"类型（Type）"下拉列表中选择"自动生成边线上的墙体（Automatic）"选项。

③ 选择如图 12-86 所示的草图平面上的边线作为附着边。

④ 选择"高度和倾角（Height & Inclination）"选项卡，在"高度设置"下拉列表中选择"直到平面/曲面（Up To Plane/Surface）"选项，选择如图 12-87 所示的平面作为参考面；在"角度（Angle）"文本框中输入数值，本例取"90"。

⑤ 单击"预览"按钮，确认无误后单击"确定"按钮。创建的边线上的墙体1如图12-88所示。

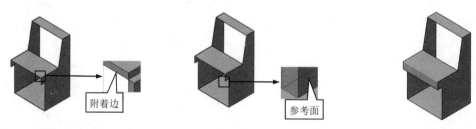

图 12-86　边线上的墙体 1 草图平面　图 12-87　边线上的墙体 1 参考面　图 12-88　创建边线上的墙体 1

（3）创建边线上的墙体 2

参照"（2）创建边线上的墙体 1"的步骤及参数设置，选择如图 12-89 所示的边线作为附着边，选择如图 12-90 所示的平面作为参考面，创建边线上的墙体 2。创建完成的控制板支撑主体如图 12-91 所示。

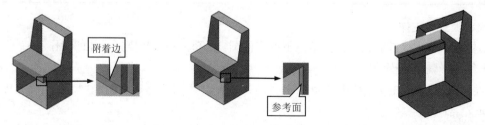

图 12-89　边线上的墙体 2 附着边　图 12-90　边线上的墙体 2 参考面　图 12-91　创建完成的控制板支撑主体

4. 顶板细节

在结构树中双击"顶板"节点下的零件图标，进入顶板细节的制作。为了方便操作，需隐藏其他零件。

（1）创建边线上的墙体 1

①在"墙体（Walls）"工具栏中单击"边线上的墙体（Wall on Edge）"图标 ，弹出"边线上的墙体定义（Wall On Edge Definition）"对话框。

②在"类型（Type）"下拉列表中选择"自动生成边线上的墙体（Automatic）"选项。

③选择如图 12-92 所示的边线作为附着边。

④选择"高度和倾角（Height & Inclination）"选项卡，在"高度（Height）"文本框中输入数值，本例取"50"；在"角度（Angle）"文本框中输入数值，本例取"90"。选择"极限（Extremities）"选项卡，在"左偏移（Left offset）"文本框中输入数值"−50"，在"右偏移（Right offset）"文本框中输入数值"−50"。

⑤单击"预览"按钮，确认无误后单击"确定"按钮，完成边线上的墙体 1 的创建，调整视图方向后的效果如图 12-93 所示。

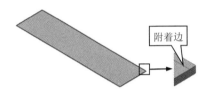 

图 12-92　边线上的墙体 1 附着边　　　　图 12-93　创建边线上的墙体 1

（2）创建边线上的墙体 2

①在"墙体（Walls）"工具栏中单击"边线上的墙体（Wall on Edge）"图标 ，弹出"边线上的墙体定义（Wall On Edge Definition）"对话框。

②在"类型（Type）"下拉列表中选择"基于草图生成边线上的墙体（Sketch Based）"选项。

③选择如图 12-94 所示的边线作为附着边。

④单击对话框中的"草图"图标 ，选择"电控柜骨架中发布的显示板平面"作为草图平面，进入草图工作台，绘制如图 12-95 所示的草图。单击"退出工作台"图标 ，完成草图创建。

⑤单击"折弯参数（Bend parameters）"图标 ，弹出"折弯定义（Bend Definition）"对话框。在"左侧极限（Left Extremity）"选项卡和"右侧极限（Right Extremity）"选项卡中选择"线性止裂槽（Linear）"选项 。

⑥单击"预览"按钮，确认无误后单击"确定"按钮。创建的边线上的墙体 2 如图 12-96 所示。

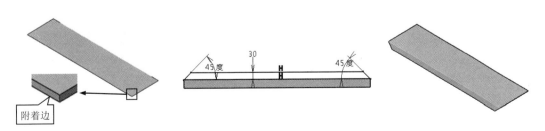

图 12-94　墙体 2 附着边　　图 12-95　绘制边线上的墙体 2 草图　图 12-96　创建边线上的墙体 2

（3）创建边线上的墙体 3 和 4

参照 "（1）创建边线上的墙体 1" 的步骤，创建边线上的墙体 3 和 4，其参数设置及效果图见表 12-8。

表 12-8　边线上的墙体 3 和 4 的参数设置及效果图

名称	高度 / 角度	间隙模式 / 间隙值	左 / 右 偏移	附着边	效果图
边线上的墙体 3	15/90	单向间隙 /1	−2/−2		
边线上的墙体 4	10/90	无间隙	0/0		

5. 底板细节

在结构树中双击 "底板" 节点下的零件图标，进入底板细节的制作。这里需显示底板并隐藏顶板。

（1）创建边线上的墙体 1

① 在 "墙体（Walls）" 工具栏中单击 "边线上的墙体（Wall on Edge）" 图标，弹出 "边线上的墙体定义（Wall On Edge Definition）" 对话框。

② 在 "类型（Type）" 下拉列表中选择 "自动生成边线上的墙体（Automatic）" 选项。

③ 选择如图 12-97 所示的边线作为附着边。

④ 选择 "高度和倾角（Height & Inclination）" 选项卡，在 "高度（Height）" 文本框中输入数值，本例取 "50"；在 "角度（Angle）" 文本框中输入数值，本例取 "90"。选择 "极限（Extremities）" 选项卡，在 "左偏移（Left offset）" 文本框中输入数值 "−50"，在 "右偏移（Right offset）" 文本框中输入数值 "−50"。

⑤ 单击 "预览" 按钮，确认无误后单击 "确定" 按钮。创建的边线上的墙体 1 如图 12-98 所示。

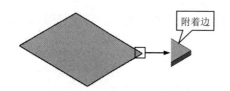

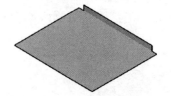

图 12-97　边线上的墙体 1 附着边　　　　图 12-98　创建边线上的墙体 1

（2）创建边线上的墙体 2 ~ 6

参照 "（1）创建边线上的墙体 1" 的步骤，创建边线上的墙体 2 ~ 6，其参数设置及效果图见表 12-9。

表 12-9　边线上的墙体 2～6 的参数设置及效果图

名称	高度 / 角度	间隙模式 / 间隙值	左 / 右 偏移	附着边	效果图
边线上的 墙体 2	15/90	单向间隙 /1	−3/−3	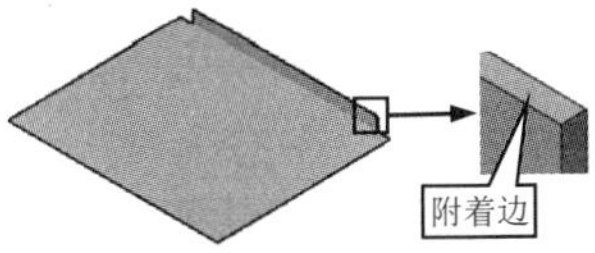	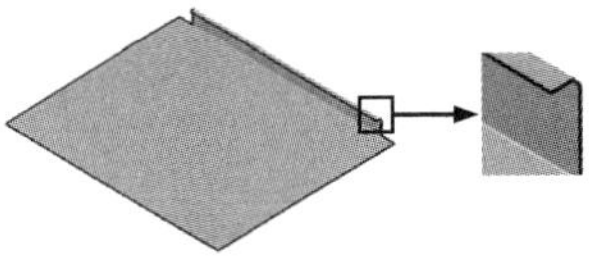
边线上的 墙体 3	10/90	无间隙	0/0	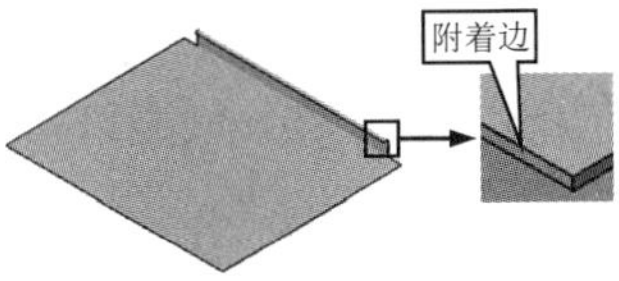	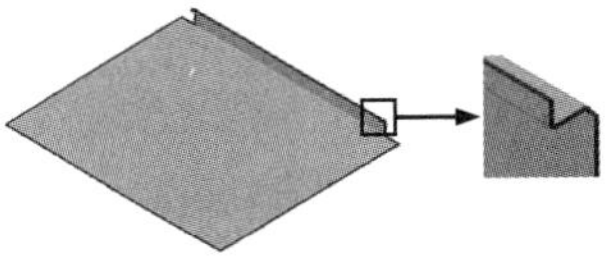
边线上的 墙体 4	30/90	无间隙	−30/−30	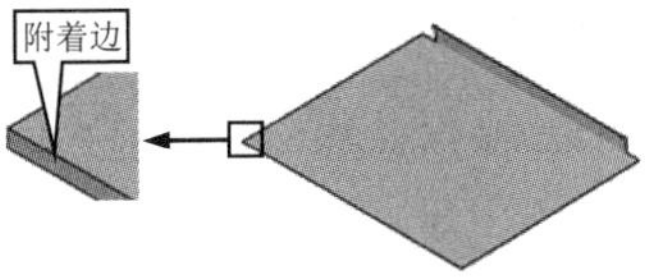	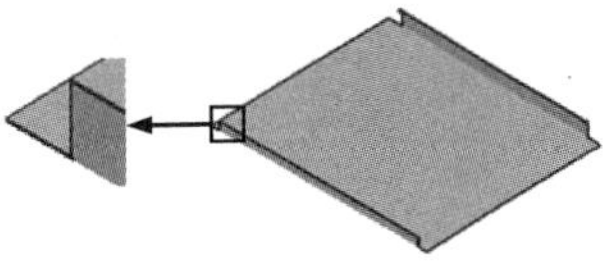
边线上的 墙体 5	15/90	单向间隙 /1	−3/−3	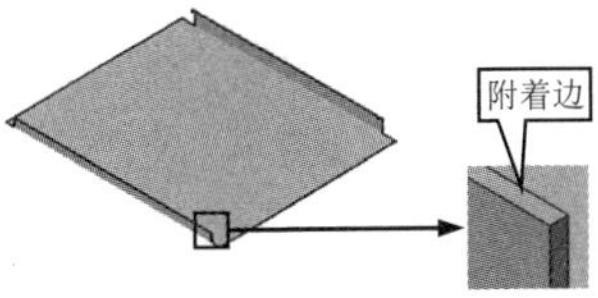	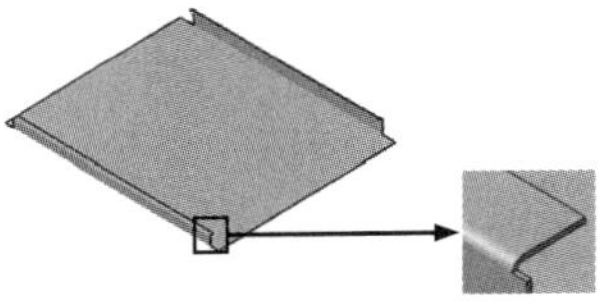
边线上的 墙体 6	10/90	无间隙	0/0	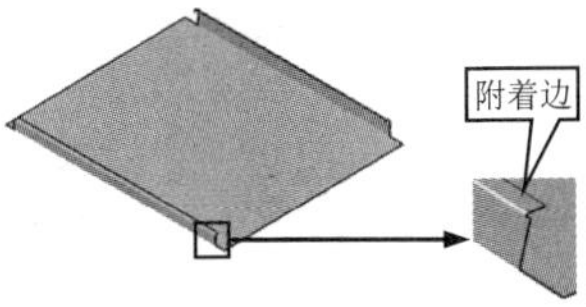	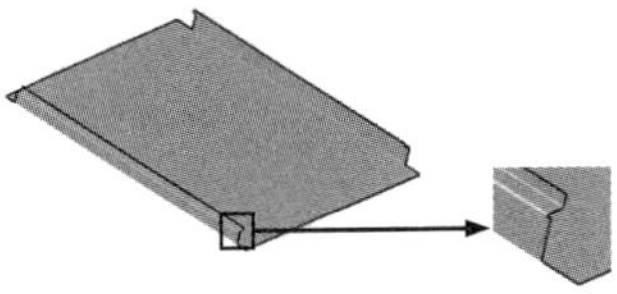

6. 左侧板细节

在结构树中双击"左侧板"节点下的零件图标，进入左侧板细节的制作。这里需显示顶板和左侧板并隐藏底板。

（1）创建边线上的墙体 1

① 在"墙体（Walls）"工具栏中单击"边线上的墙体（Wall on Edge）"图标 ，弹出"边线上的墙体定义（Wall On Edge Definition）"对话框。

② 在"类型（Type）"下拉列表中选择"自动生成边线上的墙体（Automatic）"选项。

③ 选择如图 12-99 所示的边线作为附着边。

④ 选择"高度和倾角（Height & Inclination）"选项卡，在"高度设置"下拉列表中选择"直到平面/曲面（Up To Plane/Surface）"选项，选择如图 12-100 所示的平面作为参考面；在"角度（Angle）"文本框中输入数值，本例取"90"。

⑤ 单击"预览"按钮，确认无误后单击"确定"按钮。创建的边线上的墙体 1 如图 12-101所示。

图 12-99　边线上的墙体 1 附着边　图 12-100　边线上的墙体 1 参考面　图 12-101　创建边线上的墙体 1

（2）创建边线上的墙体 2 和 3

参照 "（1）创建边线上的墙体 1" 的步骤，创建边线上的墙体 2 和 3，其参数设置及效果图见表 12-10。

表 12-10　边线上的墙体 2 和 3 的参数设置及效果图

名称	高度 / 角度	间隙模式 / 间隙值	左 / 右 偏移	附着边	效果图
边线上的墙体 2	15/90	单向间隙 /1	−49/−49	附着边	
边线上的墙体 3	10/90	单向间隙 /1	0/0	附着边	

（3）创建边线上的墙体 4

① 在 "墙体（Walls）" 工具栏中单击 "边线上的墙体（Wall on Edge）" 图标 ，弹出 "边线上的墙体定义（Wall On Edge Definition）" 对话框。

② 在 "类型（Type）" 下拉列表中选择 "基于草图生成边线上的墙体（Sketch Based）" 选项。

③ 选择如图 12-102 所示的边线作为附着边。

④ 单击对话框中的 "草图" 图标 ，选择如图 12-102 所示的平面作为草图平面，进入草图工作台，绘制如图 12-103 所示的草图。单击 "退出工作台" 图标 ，完成草图创建。

⑤ 单击 "折弯参数（Bend parameters）" 图标 ，弹出 "折弯定义（Bend Definition）" 对话框。在 "左侧极限（Left Extremity）" 选项卡中选择 "线性止裂槽（Linear）" 选项 ，在 "右侧极限（Right Extremity）" 选项卡中选择 "扯裂止裂槽（Minimum with no relief）" 选项 。

⑥ 单击 "预览" 按钮，确认无误后单击 "确定" 按钮。创建的边线上的墙体 4 如图 12-104 所示。

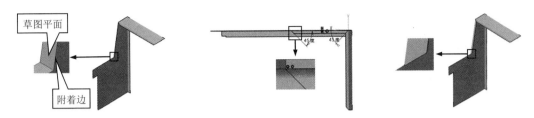

图 12-102　墙体 4 附着边及草图平面　图 12-103　绘制边线上的墙体 4 草图　图 12-104　创建边线上的墙体 4

（4）创建边线上的墙体 5

① 在"墙体（Walls）"工具栏中单击"边线上的墙体（Wall on Edge）"图标，弹出"边线上的墙体定义（Wall On Edge Definition）"对话框。

② 在"类型（Type）"下拉列表中选择"自动生成边线上的墙体（Automatic）"选项。

③ 选择如图 12-105 所示的墙体 5 的边线作为附着边。为了方便参考面的选取，这里需显示底板。

④ 选择"高度和倾角（Height & Inclination）"选项卡，在"高度设置"下拉列表中选择"直到平面 / 曲面（Up To Plane/Surface）"选项，选择如图 12-105 所示的墙体 5 的平面作为参考面；在"角度（Angle）"文本框中输入数值，本例取"90"。

⑤ 单击"预览"按钮，确认无误后单击"确定"按钮。创建的边线上的墙体 5 如图 12-106 所示。

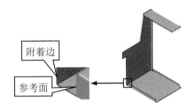

图 12-105　边线上的墙体 5

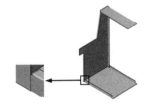

图 12-106　创建边线上的墙体 5

（5）创建边线上的墙体 6 和 7

参照"（1）创建边线上的墙体 1"的步骤，创建边线上的墙体 6 和 7，其参数设置及效果图见表 12-11。

表 12-11　边线上的墙体 6 和 7 的参数设置及效果图

名称	高度 / 角度	间隙模式 / 间隙值	左 / 右 偏移	附着边	效果图
边线上的 墙体 6	15/90	单向间隙 / 1	−29/−29		
边线上的 墙体 7	10/90	单向间隙 /1	0/0		

7. 右侧板细节

在结构树中双击"右侧板"节点下的零件图标，进入右侧板细节的制作。

（1）创建钣金模型

参照"6. 左侧板细节"的创建方法，对与左侧板对称的右侧板部分细节进行创建。隐藏其他零件后生成的钣金模型如图 12-107 所示。

（2）创建剪口 1

① 在"剪切 / 冲压（Cutting/Stamping）"工具栏中单击"剪口（Cut Out）"图标，弹出"剪口定义（Cutout Definition）"对话框。

② 在"剪口类型（Cutout Type）"选项组的"类型（Type）"下拉列表中选择"标准剪口（Sheetmetal standard）"选项。

③ 单击对话框中的"草图"图标，选择如图 12-107 所示的平面作为草图平面，进入草图工作台，绘制如图 12-108 所示的草图。单击"退出工作台"图标，完成草图创建。

④ 在"末端限制（End Limit）"选项组的"类型（Type）"下拉列表中选择"直到下一个（Up to next）"选项。

⑤ 单击"预览"按钮，确认无误后单击"确定"按钮。创建的剪口 1 如图 12-109 所示。

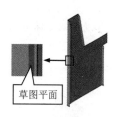
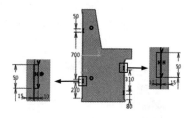

图 12-107　钣金模型及剪口 1 草图平面　　　图 12-108　绘制剪口 1 草图　　　图 12-109　创建剪口 1

（3）创建剪口 2

参照"（2）创建剪口 1"的步骤及参数设置，创建剪口 2。选择如图 12-110 所示的平面作为草图平面，绘制草图，结果如图 12-111 所示。创建的剪口 2 如图 12-112 所示。

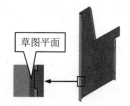

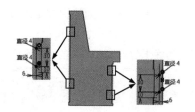
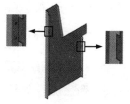

图 12-110　剪口 2 草图平面　　　图 12-111　绘制剪口 2 草图　　　图 12-112　创建剪口 2

8. 控制板支撑细节

在结构树中双击"控制板支撑"节点下的零件图标，进入控制板支撑细节的制作。为方便操作，这里需隐藏其他零件。

（1）创建边线上的墙体 1

① 在"墙体（Walls）"工具栏中单击"边线上的墙体（Wall on Edge）"图标，弹出"边线上的墙体定义（Wall On Edge Definition）"对话框。

② 在"类型（Type）"下拉列表中选择"自动生成边线上的墙体（Automatic）"选项。

③ 选择如图 12-113 所示的边线作为附着边。

④ 选择"高度和倾角（Height & Inclination）"选项卡，在"高度（Height）"文本框中输入数值，本例取"29"；在"角度（Angle）"文本框中输入数值，本例取"90"。选择"极限（Extremities）"选项卡，在"左偏移（Left offset）"文本框中输入数值"-30"，在"右偏移（Right offset）"文本框中输入数值"-30"。

⑤ 单击"预览"按钮，确认无误后单击"确定"按钮。创建的边线上的墙体 1 如图 12-114 所示。

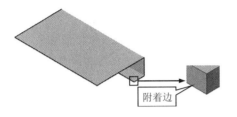 

图 12-113　边线上的墙体 1 附着边　　　　图 12-114　创建边线上的墙体 1

（2）创建边线上的墙体 2 和 3

参照"（1）创建边线上的墙体 1"的步骤，创建边线上的墙体 2 和 3，其参数设置及效果图见表 12-12。

表 12-12　边线上的墙体 2 和 3 的参数设置及效果图

名称	高度/角度	间隙模式/间隙值	左/右偏移	附着边	效果图
边线上的墙体 2	15/90	单向间隙/1	-3/-3		
边线上的墙体 3	10/90	无间隙	0/0		

（3）创建边线上的墙体 4

① 在"墙体（Walls）"工具栏中单击"边线上的墙体（Wall on Edge）"图标，弹出"边线上的墙体定义（Wall On Edge Definition）"对话框。

② 在"类型（Type）"下拉列表中选择"基于草图生成边线上的墙体（Sketch Based）"选项。

③ 选择如图 12-115 所示的边线作为附着边。

④ 单击对话框中的"草图"图标，选择"电控柜骨架中发布的显示板平面"作为草图

平面，进入草图工作台，绘制如图 12-116 所示的草图。单击"退出工作台"图标 🗗，完成草图创建。

⑤ 单击"折弯参数（Bend parameters）"图标 ↳，弹出"折弯定义（Bend Definition）"对话框。在"左侧极限（Left Extremity）"选项卡中选择"线性止裂槽（Linear）"选项 ✓，在"右侧极限（Right Extremity）"选项卡中选择"扯裂止裂槽（Minimum with no relief）"选项 ✓。

⑥ 单击"预览"按钮，确认无误后单击"确定"按钮。创建的边线上的墙体 4 如图 12-117 所示。

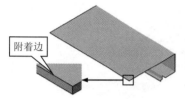
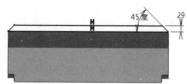

图 12-115　墙体 4 附着边　　图 12-116　绘制边线上的墙体 4 草图　图 12-117　创建边线上的墙体 4

（4）创建剪口 1

① 在"剪切 / 冲压（Cutting/Stamping）"工具栏中单击"剪口（Cut Out）"图标 🔳，弹出"剪口定义（Cutout Definition）"对话框。

② 在"剪口类型（Cutout Type）"选项组的"类型（Type）"下拉列表中选择"标准剪口（Sheetmetal standard）"选项。

③ 单击对话框中的"草图"图标 🗹，选择如图 12-118 所示的平面作为草图平面，进入草图工作台，绘制如图 12-119 所示的草图。单击"退出工作台"图标 🗗，完成草图创建。

④ 在"末端限制（End Limit）"选项组的"类型（Type）"下拉列表中选择"直到下一个（Up to next）"选项。

⑤ 单击"预览"按钮，确认无误后单击"确定"按钮，完成剪口 1 的创建。显示已隐藏零件后，创建完成的控制板支撑如图 12-120 所示。

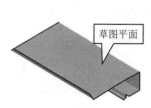

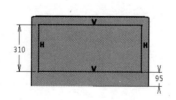

图 12-118　剪口 1 草图平面　　图 12-119　绘制剪口 1 草图　　图 12-120　创建完成的控制板支撑

9. 后门

在结构树中双击"后门"节点下的零件图标，进入后门的制作。

（1）创建平整钣金模型

① 在"墙体（Walls）"工具栏中单击"墙体（Wall）"图标 ✍，弹出"墙体定义（Wall Definition）"对话框。

② 单击对话框中的"草图"图标![草图图标]，在结构树中选择"电控柜骨架中发布的后平面"作为草图平面，进入草图工作台，绘制如图 12-121 所示的草图。单击"退出工作台"图标![退出工作台图标]，完成草图创建。

③ 单击"预览"按钮，确认无误后单击"确定"按钮，完成平整钣金模型的创建，隐藏其他零件后的效果如图 12-122 所示。

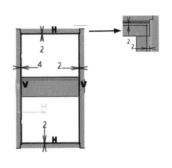

图 12-121　绘制平整钣金草图　　　　　　　　　图 12-122　创建平整钣金模型

（2）创建边线上的墙体 1

① 在"墙体（Walls）"工具栏中单击"边线上的墙体（Wall on Edge）"图标![图标]，弹出"边线上的墙体定义（Wall On Edge Definition）"对话框。

② 在"类型（Type）"下拉列表中选择"自动生成边线上的墙体（Automatic）"选项。

③ 选择如图 12-123 所示钣金墙体的四条边线作为附着边。

④ 选择"高度和倾角（Height & Inclination）"选项卡，在"高度（Height）"文本框中输入数值，本例取"14"；在"角度（Angle）"文本框中输入数值，本例取"90"。在"左侧极限（Left Extremity）"选项卡和"右侧极限（Right Extremity）"选项卡中均选择"封闭止裂槽（Closed）"选项![图标]。

⑤ 单击"预览"按钮，确认无误后单击"确定"按钮。创建的边线上的墙体 1 如图 12-124 所示。

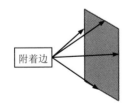

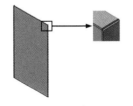

图 12-123　边线上的墙体 1 附着边　　　　　　　图 12-124　创建边线上的墙体 1

（3）创建边线上的墙体 2

① 在"墙体（Walls）"工具栏中单击"边线上的墙体（Wall on Edge）"图标![图标]，弹出"边线上的墙体定义（Wall On Edge Definition）"对话框。

② 在"类型（Type）"下拉列表中选择"基于草图生成边线上的墙体（Sketch Based）"选项。

③ 选择如图 12-125 所示的边线作为附着边。

④ 单击对话框中的"草图"图标 ，选择如图 12-125 所示的平面作为草图平面，进入草图工作台，绘制如图 12-126 所示的草图。单击"退出工作台"图标 ，完成草图创建。

⑤ 单击"折弯参数（Bend parameters）"图标 ，弹出"折弯定义（Bend Definition）"对话框。在"左侧极限（Left Extremity）"选项卡和"右侧极限（Right Extremity）"选项卡中均选择"线性止裂槽（Linear）"选项 。

⑥ 单击"预览"按钮，确认无误后单击"确定"按钮。创建的边线上的墙体 2 如图 12-127 所示。

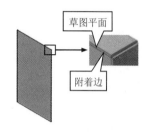

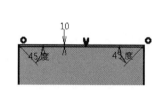

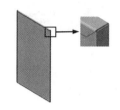

图 12-125　墙体 2 附着边及　　　图 12-126　绘制边线上的　　　图 12-127　创建边线上的
　　　　　草图平面　　　　　　　　　　墙体 2 草图　　　　　　　　　　墙体 2

（4）创建边线上的墙体 3~5

参照"（3）创建边线上的墙体 2"的步骤，创建边线上的墙体 3~5，其参数设置及效果图见表 12-13。

表 12-13　边线上的墙体 3~5 的参数设置及效果图

名称	止裂槽类型	附着边及草图平面	草图	效果图
边线上的墙体 3	线性止裂槽			
边线上的墙体 4	线性止裂槽			
边线上的墙体 5	线性止裂槽			

（5）创建剪口 1

① 在"剪切 / 冲压（Cutting/Stamping）"工具栏中单击"剪口（Cut Out）"图标▣，弹出"剪口定义（Cutout Definition）"对话框。

② 在"剪口类型（Cutout Type）"选项组的"类型（Type）"下拉列表中选择"标准剪口（Sheetmetal standard）"选项。

③ 单击对话框中的"草图"图标⬚，选择如图 12-128 所示的平面作为草图平面，进入草图工作台，绘制如图 12-129 所示的草图。单击"退出工作台"图标凸，完成草图创建。

④ 在"末端限制（End Limit）"选项组的"类型（Type）"下拉列表中选择"直到下一个（Up to next）"选项。

⑤ 单击"预览"按钮，确认无误后单击"确定"按钮。创建完成的剪口 1 如图 12-130 所示。

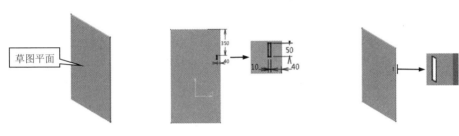

图 12-128　剪口 1 草图平面　　　图 12-129　绘制剪口 1 草图　　　图 12-130　创建剪口 1

（6）创建剪口 2

参照"（5）创建剪口 1"的步骤及参数设置，创建剪口 2。选择如图 12-131 所示的平面作为草图平面，绘制草图，结果如图 12-132 所示。创建的剪口 2 如图 12-133 所示。

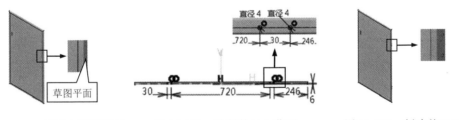

图 12-131　剪口 2 草图平面　　　图 12-132　绘制剪口 2 草图　　　图 12-133　创建剪口 2

10. 前门

在结构树中双击"前门"节点下的零件图标，进入前门的制作。

（1）创建平整钣金模型

① 在"墙体（Walls）"工具栏中单击"墙体（Wall）"图标❖，弹出"墙体定义（Wall Definition）"对话框。

② 单击对话框中的"草图"图标⬚，在结构树中选择"电控柜骨架中发布的前平面"作为草图平面，进入草图工作台，显示已隐藏零件，绘制如图 12-134 所示的草图。单击"退出工作台"图标凸，完成草图创建。

③ 单击"预览"按钮，确认无误后单击"确定"按钮，完成平整钣金模型的创建，隐藏其他零件后的效果如图 12-135 所示。

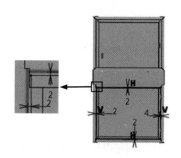

图 12-134　绘制平整钣金草图

图 12-135　创建平整钣金模型

（2）创建边线上的墙体 1

① 在"墙体（Walls）"工具栏中单击"边线上的墙体（Wall on Edge）"图标 ，弹出"边线上的墙体定义（Wall On Edge Definition）"对话框。

② 在"类型（Type）"下拉列表中选择"自动生成边线上的墙体（Automatic）"选项。

③ 选择如图 12-136 所示钣金墙体的四条边线作为附着边。

④ 选择"高度和倾角（Height & Inclination）"选项卡，在"高度（Height）"文本框中输入数值，本例取"13"；在"角度（Angle）"文本框中输入数值，本例取"90"。在"左侧极限（Left Extremity）"选项卡和"右侧极限（Right Extremity）"选项卡中均选择"封闭止裂槽（Closed）"选项 。

⑤ 单击"预览"按钮，确认无误后单击"确定"按钮。创建的边线上的墙体 1 如图 12-137 所示。

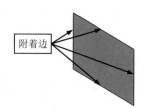

图 12-136　边线上的墙体 1 附着边

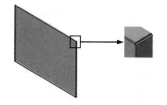

图 12-137　创建边线上的墙体 1

（3）创建边线上的墙体 2

① 在"墙体（Walls）"工具栏中单击"边线上的墙体（Wall on Edge）"图标 ，弹出"边线上的墙体定义（Wall On Edge Definition）"对话框。

② 在"类型（Type）"下拉列表中选择"基于草图生成边线上的墙体（Sketch Based）"选项。

③ 选择如图 12-138 所示的边线作为附着边。

④ 单击对话框中的"草图"图标 ，选择如图 12-138 所示的平面作为草图平面，进入草图工作台，绘制如图 12-139 所示的草图。单击"退出工作台"图标 ，完成草图创建。

⑤ 单击"折弯参数（Bend parameters）"图标 ，弹出"折弯定义（Bend Definition）"对话框。在"左侧极限（Left Extremity）"选项卡和"右侧极限（Right Extremity）"选项卡中均选择"线性止裂槽（Linear）"选项 。

⑥ 单击"预览"按钮，确认无误后单击"确定"按钮。创建的边线上的墙体 2 如

图 12-140 所示。

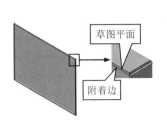

图 12-138　墙体 2 附着边及
草图平面

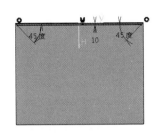

图 12-139　绘制边线上的
墙体 2 草图

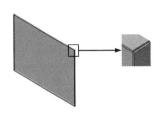

图 12-140　创建边线上的
墙体 2

（4）创建边线上的墙体 3 ~ 5

参照 "（3）创建边线上的墙体 2" 的步骤，创建边线上的墙体 3 ~ 5。其参数设置及效果图见表 12-14。

表 12-14　边线上的墙体 3 ~ 5 的参数设置及效果图

名称	止裂槽类型	附着边及草图平面	草图	效果图
边线上的墙体 3	线性止裂槽			
边线上的墙体 4	线性止裂槽			
边线上的墙体 5	线性止裂槽			

（5）创建剪口 1

① 在 "剪切 / 冲压（Cutting/Stamping）" 工具栏中单击 "剪口（Cut Out）" 图标，弹出 "剪口定义（Cutout Definition）" 对话框。

② 在 "剪口类型（Cutout Type）" 选项组的 "类型（Type）" 下拉列表中选择 "标准剪口（Sheetmetal standard）" 选项。

③ 单击对话框中的 "草图" 图标，选择如图 12-141 所示的平面作为草图平面，进入草图工作台，绘制如图 12-142 所示的草图。单击 "退出工作台" 图标，完成草图创建。

④ 在"末端限制（End Limit）"选项组的"类型（Type）"下拉列表中选择"直到下一个（Up to next）"选项。

⑤ 单击"预览"按钮，确认无误后单击"确定"按钮，完成剪口 1 的创建，显示其他零件后的效果如图 12-143 所示。

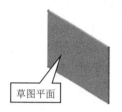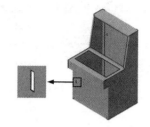

图 12-141　剪口 1 草图平面　　　图 12-142　绘制剪口 1 草图　　　图 12-143　创建剪口 1

（6）创建剪口 2

参照"（5）创建剪口 1"的步骤及参数设置，创建剪口 2。选择如图 12-144 所示的平面作为草图平面，绘制草图，结果如图 12-145 所示。创建的剪口 2 如图 12-146 所示。

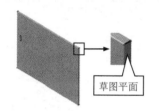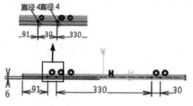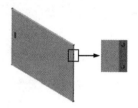

图 12-144　剪口 2 草图平面　　　图 12-145　绘制剪口 2 草图　　　图 12-146　创建剪口 2

11. 显示板

在结构树中双击"显示板"节点下的零件图标，进入显示板的制作。

（1）创建平整钣金模型

① 在"墙体（Walls）"工具栏中单击"墙体（Wall）"图标，弹出"墙体定义（Wall Definition）"对话框。

② 单击对话框中的"草图"图标，在结构树中选择"电控柜骨架中发布的显示板平面"作为草图平面，进入草图工作台，绘制如图 12-147 所示各边线与顶板、左侧板、右侧板和控制板支撑边缘相合的草图。单击"退出工作台"图标，完成草图创建。

③ 单击"预览"按钮，确认无误后单击"确定"按钮，完成平整钣金模型的创建，隐藏其他零件后的效果如图 12-148 所示。

图 12-147　绘制平整钣金草图　　　　　图 12-148　创建平整钣金模型

（2）创建剪口 1

① 在"剪切 / 冲压（Cutting/Stamping）"工具栏中单击"剪口（Cut Out）"图标 回，弹出"剪口定义（Cutout Definition）"对话框。

② 在"剪口类型（Cutout Type）"选项组的"类型（Type）"下拉列表中选择"标准剪口（Sheetmetal standard）"选项。

③ 单击对话框中的"草图"图标 ，选择如图 12-149 所示的平面作为草图平面，进入草图工作台，绘制如图 12-150 所示的草图。单击"退出工作台"图标 ，完成草图创建。

④ 在"末端限制（End Limit）"选项组的"类型（Type）"下拉列表中选择"直到下一个（Up to next）"选项。

⑤ 单击"预览"按钮，确认无误后单击"确定"按钮。创建的剪口 1 如图 12-151 所示。

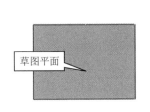 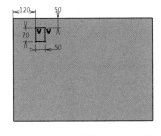 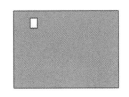

图 12-149　剪口 1 草图平面　　　图 12-150　绘制剪口 1 草图　　　图 12-151　创建剪口 1

（3）创建矩形阵列 1

① 在结构树中选择步骤（2）创建的剪口 1 作为阵列对象。

② 在"特征变换（Transformations）"工具栏中单击"阵列（Pattern）"图标 下的三角箭头，在其下拉列表中选择"矩形阵列（Rectangular Pattern）"图标 ，弹出"定义矩形阵列"对话框。

③ 在"第一方向"选项卡的"参数"下拉列表中选择"实例和间距"选项，在"实例"文本框中输入数值，本例取"4"，在"间距"文本框中输入数值，本例取"150"；激活"参考元素"文本框，选择如图 12-152 所示的边线作为参考元素，单击"反转"按钮 反转 。

④ 单击"预览"按钮，确认无误后单击"确定"按钮。创建的矩形阵列 1 如图 12-153 所示。

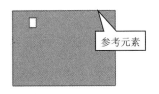 

图 12-152　矩形阵列 1 参考元素　　　　　图 12-153　创建矩形阵列 1

（4）创建剪口 2

参照"（2）创建剪口 1"的步骤和参数设置，创建剪口 2。选择如图 12-154 所示的平面作为草图平面，绘制草图，结果如图 12-155 所示。创建的剪口 2 如图 12-156 所示。

（5）创建矩形阵列 2

参照"（3）创建矩形阵列 1"的步骤，创建矩形阵列 2。选择步骤（4）创建的剪口 2 作为

阵列对象，在"第一方向"选项卡的"参数"下拉列表中选择"实例和间距"选项，在"实例"文本框中输入数值，本例取"3"，在"间距"文本框中输入数值，本例取"150"；激活"参考元素"文本框，选择如图 12-157 所示的边线作为参考元素，单击"反转"按钮 **反转**。单击"确定"按钮，完成矩形阵列 2 的创建，结果如图 12-158 所示。

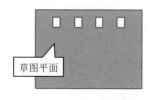

图 12-154　剪口 2 草图平面　　图 12-155　绘制剪口 2 草图　　　图 12-156　创建剪口 2

图 12-157　矩形阵列 2 参考元素　　　　　　图 12-158　创建矩形阵列 2

（6）创建剪口 3

参照"（2）创建剪口 1"的步骤和参数设置，创建剪口 3。选择如图 12-159 所示的平面作为草图平面，绘制草图，结果如图 12-160 所示。创建的剪口 3 如图 12-161 所示。

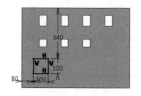

图 12-159　剪口 3 草图平面　　图 12-160　绘制剪口 3 草图　　图 12-161　创建剪口 3

（7）创建矩形阵列 3

参照"（3）创建矩形阵列 1"的步骤，创建矩形阵列 3。选择步骤（6）创建的剪口 3 作为阵列对象，在"第一方向"选项卡的"参数"下拉列表中选择"实例和间距"选项，在"实例"文本框中输入数值，本例取"4"，在"间距"文本框中输入数值，本例取"160"；激活"参考元素"文本框，选择如图 12-162 所示的边线作为参考元素，单击"反转"按钮 **反转**。单击"确定"按钮，完成矩形阵列 3 的创建，结果如图 12-163 所示。

图 12-162　矩形阵列 3 参考元素　　　　　　图 12-163　创建矩形阵列 3

（8）创建剪口 4

参照"（2）创建剪口 1"的步骤和参数设置，创建剪口 4。选择如图 12-164 所示的平面作为草图平面，绘制草图，结果如图 12-165 所示。创建的剪口 4 如图 12-166 所示。

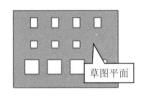

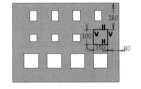

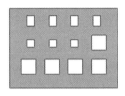

图 12-164　剪口 4 草图平面　　　图 12-165　绘制剪口 4 草图　　　图 12-166　创建剪口 4

（9）创建孔 1

① 在"剪切 / 冲压（Cutting/Stamping）"工具栏中单击"孔（Holes）"图标下的三角箭头，在其下拉列表中选择"孔（Hole）"图标，选择如图 12-167 所示的平面作为孔 1 平面，弹出"定义孔"对话框。

② 在"扩展"选项卡的"延伸类型"下拉列表中选择"直到下一个"选项；在"直径"文本框中输入数值，本例取"5"。

③ 在"定位草图"选项组中单击"草图"图标，进入草图工作台，对孔 1 的位置进行设置，定义孔 1 的中心点与"原始骨架"下发布的"孔参考 1"同心，如图 12-168 所示。单击"退出工作台"图标，完成孔的定位。

④ 单击"预览"按钮，确认无误后单击"确定"按钮。创建的孔 1 如图 12-169 所示。

⑤ 重复上述操作，创建孔 2 ~ 孔 8，依次约束孔 2 ~ 孔 8 的中心点与"原始骨架"下发布的"孔参考 2" ~ "孔参考 8"同心，完成显示板的创建，显示其他零件后的电控柜如图 12-170 所示。

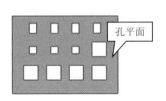

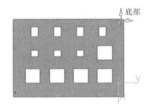

图 12-167　孔 1 平面　　　　　　　　　图 12-168　设置孔 1 位置

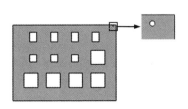

图 12-169　创建孔 1　　　　　　　　　图 12-170　创建显示板后的电控柜

12. 控制板

在结构树中双击"控制板"节点下的零件图标，进入控制板的制作。

（1）拉伸成形

① 在"墙体（Walls）"工具栏中单击"拉伸（Extrusion）"图标 ⟋，弹出"拉伸定义（Extrusion Definition）"对话框。

② 单击对话框中的"草图"图标 ⟋，选择"电控柜骨架中发布的右平面"作为草图平面，进入草图工作台，绘制如图 12-171 所示边线与控制板支撑剪口相合的草图。单击"退出工作台"图标 ⊡，完成草图创建。

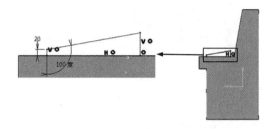

图 12-171 绘制拉伸成形草图

③ 在"第一限制（Sets first limit）"下拉列表中选择"限制 1 直到平面（limit 1 up to plane）"选项，选择如图 12-172 所示的平面作为第一限制平面；在"第二限制（Sets second limit）"下拉列表中选择"限制 2 直到平面（limit 2 up to plane）"选项，选择如图 12-172 所示的平面作为第二限制平面。

④ 单击"预览"按钮，确认无误后单击"确定"按钮，完成拉伸成形，结果如图 12-173 所示。

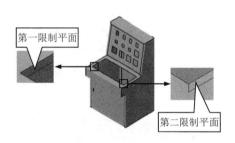

图 12-172 限制平面

图 12-173 拉伸成形

（2）创建边线上的墙体 1

① 在"墙体（Walls）"工具栏中单击"边线上的墙体（Wall on Edge）"图标 ⟋，弹出"边线上的墙体定义（Wall On Edge Definition）"对话框。

② 在"类型（Type）"下拉列表中选择"基于草图生成边线上的墙体（Sketch Based）"选项。

③ 选择如图 12-174 所示的边线作为附着边。为了便于操作，在此隐藏其他零件。

④ 单击对话框中的"草图"图标 ⟋，选择如图 12-174 所示的平面作为草图平面，进入草图工作台，绘制如图 12-175 所示的草图。单击"退出工作台"图标 ⊡，完成草图创建。

⑤ 单击"折弯参数（Bend parameters）"图标 ⌐，弹出"折弯定义（Bend Definition）"对话框。在"左侧极限（Left Extremity）"选项卡和"右侧极限（Right Extremity）"选项卡中均选择"封闭止裂槽（Closed）"选项 ⌐。

⑥ 单击"预览"按钮，确认无误后单击"确定"按钮。创建的边线上的墙体 1 如图 12-176 所示。

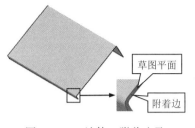

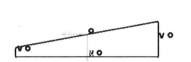

图 12-174 墙体 1 附着边及 草图平面

图 12-175 绘制边线上的 墙体 1 草图

图 12-176 创建边线上的 墙体 1

（3）创建边线上的墙体 2

参照 "（2）创建边线上的墙体 1" 的步骤及参数设置，创建边线上的墙体 2。选择如图 12-177 所示的边线和平面作为附着边和草图平面，绘制草图，结果如图 12-178 所示。创建的边线上的墙体 2 如图 12-179 所示。

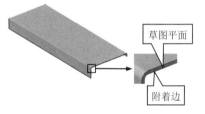

图 12-177 墙体 2 附着边及 草图平面

图 12-178 绘制边线上的 墙体 2 草图

图 12-179 创建边线上的 墙体 2

（4）创建孔 1

① 在 "剪切 / 冲压（Cutting/Stamping）" 工具栏中单击 "孔（Holes）" 图标 下的三角箭头，在其下拉列表中选择 "孔（Hole）" 图标 ，选择如图 12-180 所示的平面作为孔 1 平面，弹出 "定义孔" 对话框。

② 在 "扩展" 选项卡的 "延伸类型" 下拉列表中选择 "直到下一个" 选项；在 "直径" 文本框中输入数值，本例取 "10"。

③ 在 "定位草图" 选项组中单击 "草图" 图标 ，进入草图工作台，对孔 1 的位置进行设置，定义孔 1 的中心点如图 12-181 所示。单击 "退出工作台" 图标 ，完成孔的定位。

④ 单击 "预览" 按钮，确认无误后单击 "确定" 按钮。创建的孔 1 如图 12-182 所示。

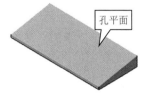

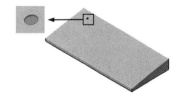

图 12-180 孔 1 平面

图 12-181 设置孔 1 位置

图 12-182 创建孔 1

（5）创建矩形阵列 1

① 在结构树中选择步骤（4）创建的孔 1 作为阵列对象。

② 在"特征变换（Transformations）"工具栏中单击"阵列（Pattern）"图标▧下的三角箭头，在其下拉列表中选择"矩形阵列（Rectangular Pattern）"图标▧，弹出"定义矩形阵列"对话框。

③ 在"第一方向"选项卡的"参数"下拉列表中选择"实例和间距"选项，在"实例"文本框中输入数值，本例取"10"，在"间距"文本框中输入数值，本例取"60"；激活"参考元素"文本框，选择如图 12-183 所示的边线作为参考元素。

④ 在"第二方向"选项卡的"参数"下拉列表中选择"实例和间距"选项，在"实例"文本框中输入数值，本例取"2"，在"间距"文本框中输入数值，本例取"50"；激活"参考元素"文本框，选择如图 12-183 所示的边线作为参考元素。

⑤ 单击"预览"按钮，确认无误后单击"确定"按钮。创建的矩形阵列 1 如图 12-184 所示。

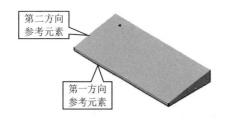

图 12-183　矩形阵列 1 参考元素

图 12-184　创建矩形阵列 1

（6）创建孔 2

参照"（4）创建孔 1"的步骤，创建孔 2。选择如图 12-185 所示的平面作为创建孔 2 的平面，设置孔 2 的直径为 20，设置孔 2 位置如图 12-186 所示。创建的孔 2 如图 12-187 所示。

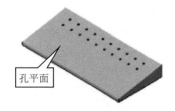

图 12-185　孔 2 平面

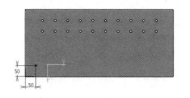

图 12-186　设置孔 2 位置

图 12-187　创建孔 2

（7）创建矩形阵列 2

参照"（5）创建矩形阵列 1"的步骤，创建矩形阵列 2。选择步骤（6）创建的孔 2 作为阵列对象，在"第一方向"选项卡的"参数"下拉列表中选择"实例和间距"选项，在"实例"文本框中输入数值，本例取"13"，在"间距"文本框中输入数值，本例取"50"；激活"参考元素"文本框，选择如图 12-188 所示的边线作为参考元素。在"第二方向"选项卡的"参数"下拉列表中选择"实例和间距"选项，在"实例"文本框中输入数值，本例取"3"，在"间距"文本框中输入数值，本例取"50"；激活"参考元素"文本框，选择如图 12-188 所示的边线作为参考元素。单击"确定"按钮，完成矩形阵列 2 的创建，结果如图 12-189 所示。

（8）创建边线上的墙体 3～6

参照"（2）创建边线上的墙体 1"的步骤，创建边线上的墙体 3～6。其参数设置及效果图见表 12-15。

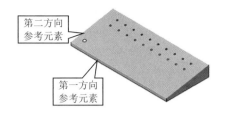

图 12-188　矩形阵列 2 参考元素

图 12-189　创建矩形阵列 2

表 12-15　边线上的墙体 3 ~ 6 的参数设置及效果图

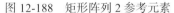

名称	止裂槽类型	附着边及草图平面	草图	效果图
边线上的墙体 3	线性止裂槽			
边线上的墙体 4	线性止裂槽			
边线上的墙体 5	线性止裂槽			
边线上的墙体 6	线性止裂槽			

（9）创建孔 3

① 在"剪切/冲压（Cutting/Stamping）"工具栏中单击"孔（Holes）"图标 下的三角箭头，在其下拉列表中选择"孔（Hole）"图标 ，选择如图 12-190 所示的平面作为创建孔 3 的平面，弹出"定义孔"对话框。

② 在"扩展"选项卡的"延伸类型"下拉列表中选择"直到下一个"选项；在"直径"文本框中输入数值，本例取"5"。

③ 在"定位草图"选项组中单击"草图"图标 ，进入草图工作台，对孔 3 的位置进行设置，定义孔 3 的中心点与"原始骨架中发布的孔参考 9"同心，如图 12-191 所示。单击"退

出工作台"图标，完成孔的定位。

④ 单击"预览"按钮，确认无误后单击"确定"按钮。创建的孔 3 如图 12-192 所示。

（10）创建孔 4~10

参照"（9）创建孔 3"的步骤，创建孔 4~10，依次定义孔 4~10 的中心点与"原始骨架中发布的孔参考 10~16"同心，完成孔 4~10 的创建。创建完成的控制板如图 12-193 所示。

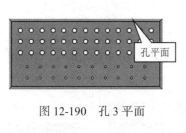

图 12-190　孔 3 平面

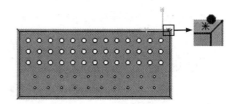

图 12-191　设置孔 3 位置

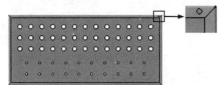

图 12-192　创建孔 3

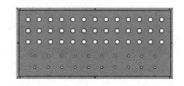

图 12-193　创建完成的控制板

12.2.6　装配

在结构树中双击"电控柜"，切换至装配设计工作台，显示已隐藏的零件。由于本例采用自顶而下的设计方法，电控柜外部零件是在所发布的骨架平面上完成的创建，因此不需要再对各外部零件进行装配，仅对电控柜连接件进行装配即可。

选中"电控柜"，在菜单栏中依次选择"插入"→"现有部件"，弹出"选择文件"对话框，导入合页 1~4，并将其调整至适当位置，如图 12-194 所示。

1）合页 1 装配。单击"固定"图标，选择"底板"作为固定零件；双击"相合约束"图标，约束元素选择合页 1 与右侧板上、下两个对应装配孔的中心线；单击"偏移约束"图标，约束元素分别选择合页 1 与右侧板相接处的表面，在弹出的"约束属性"对话框中的"偏移"文本框输入数值"0"。参照上述步骤，完成合页 1 与前门的装配。单击"全部更新"图标，完成合页 1 装配的效果如图 12-195 所示。

图 12-194　导入合页 1~4

图 12-195　完成合页 1 装配

2）合页 2 ~ 4 装配。参照上述合页 1 装配的过程及方法，完成合页 2 ~ 4 的装配。完成装配后的电控柜如图 12-196 所示。

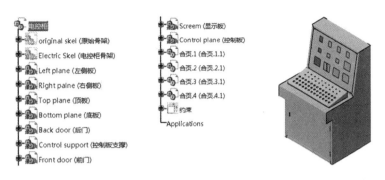

图 12-196 完成装配后的电控柜

12.3 数控机床外罩

12.3.1 实例分析

数控机床外罩可防止机床受到外界环境的腐蚀和破坏，同时对机床操作者给予很好的保护。下面以图 12-197 所示的数控机床钣金外壳为例介绍数控机床外罩的创建方法。

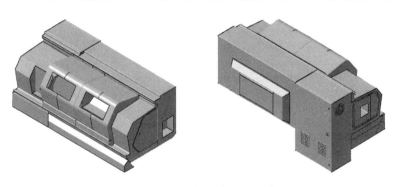

图 12-197 数控机床钣金外壳

本实例采用自顶而下的方法对数控机床外罩进行设计，由于数控机床外罩依靠与其相连的内部机床作为支撑，因此可通过直接创建参考面并对其进行发布来构建机床外罩骨架。为了便于零件的创建，这里将数控机床外罩划分为后方箱体、电控箱、右前护罩、左前护罩、下挡板、左防护门和右防护门 7 个部分。下面依次对各部分进行设计。在设计过程中，后设计的零件的外形尺寸可参考已创建零件的结构参数，对于外形相似的零件及零件间的装配孔，可直接利用投影确定其结构尺寸，从而进一步缩减设计时间。

12.3.2 外罩骨架

创建 "Product" 文件，命名为 "数控机床外罩"。选中 "数控机床外罩"，在菜单栏中依次选择 "插入" → "新建产品"，分别插入 8 个产品，依次命名为 "机

床骨架""后方箱体""电控箱""右前护罩""左前护罩""下挡板""左防护门"和"右防护门"。选中"机床骨架"，在菜单栏中依次选择"插入"→"新建零件"，命名为"骨架"。

在结构树中双击"骨架"节点下的零件图标，进入机床骨架制作。

1. 骨架平面创建

① 在"参考元素"工具栏中单击"平面"图标，弹出"平面定义"对话框。在"平面类型"下拉列表中选择"偏移平面"选项；激活"参考"文本框，右击，选择"xy平面"；在"偏移"文本框中输入数值，本例取"400"。单击"预览"按钮，确认无误后单击"确定"按钮。在结构树中右击"平面1"，选择"属性"→"特征属性"，修改"特征名称"为"顶平面"，单击"确定"按钮。

② 参照上述"顶平面"的创建步骤，创建其他骨架平面，各骨架平面的参考、偏移及效果见表12-16。

表 12-16　骨架平面

名称	参考	偏移	效果	名称	参考	偏移	效果
顶平面	xy平面	400		后平面	yz平面	0	
底平面	xy平面	−400		电控柜参考面	yz平面	370	
左参考面	zx平面	−780		右前参考面	yz平面	380	
左平面	左参考面	−730		前平面	yz平面	1025	
右平面	zx平面	780		移动门参考面	zx平面	−220	

2. 骨架平面发布

在菜单栏中选择"工具"→"发布"，弹出"发布"对话框，依次选择刚创建的顶平面、底平面、左参考面、左平面、右平面、后平面、电控柜参考面、右前参考面、前平面和移动门参考面，单击"确定"按钮，完成骨架平面的发布。

12.3.3　后方箱体

在结构树中双击"后方箱体"，在菜单栏中依次选择"插入"→"新建零件"，分别插入 4 个零件，依次命名为"箱体""右壳体""后门支撑"和"后门"。

在结构树中双击"箱体"节点下的零件图标，切换至创成式钣金设计工作台，设置钣金厚度为"2.5"，默认折弯半径为"5"，默认止裂槽类型为"扯裂止裂槽（Minimum with no relief）"。按照上述步骤及参数值，分别完成"右壳体""后门支撑"和"后门"的参数设置。

要说明的是，该数控机床外罩各部分钣金件的参数相同，因此在后面的零件设计过程中将不再对钣金参数设置过程进行复述。

1. 箱体

在结构树中双击"箱体"节点下的零件图标，进入箱体的制作。

（1）创建平整钣金模型

① 在"墙体（Walls）"工具栏中单击"墙体（Wall）"图标，弹出"墙体定义（Wall Definition）"对话框。

② 单击对话框中的"草图"图标，在结构树中选择"机床骨架中发布的后平面"作为草图平面，进入草图工作台，绘制如图 12-198 所示的边线与顶平面、底平面、左参考面和右平面距离为 2.5 的草图。单击"退出工作台"图标，完成草图创建。

③ 单击"预览"按钮，确认无误后单击"确定"按钮。创建的平整钣金模型如图 12-199 所示。

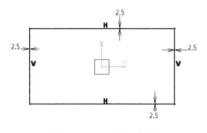

图 12-198　创建草图

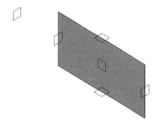

图 12-199　创建平整钣金模型

（2）创建边线上的墙体 1

① 在结构树中右击"Right behind"，选择"Right behind 对象"中的"在新窗口中打开"选项。

② 在"墙体（Walls）"工具栏中单击"边线上的墙体（Wall on Edge）"图标，弹出"边线上的墙体定义（Wall On Edge Definition）"对话框。

③ 在"类型（Type）"下拉列表中选择"自动生成边线上的墙体（Automatic）"选项。

④ 选择如图 12-200 所示的边线作为附着边。

⑤ 选择"高度和倾角（Height & Inclination）"选项卡，在"高度（Height）"文本框中输入数值，本例取"325"；在"角度（Angle）"文本框中输入数值，本例取"90"。

⑥ 单击"折弯参数（Bend parameters）"图标，弹出"折弯定义（Bend Definition）"对话框。在"左侧极限（Left Extremity）"选项卡和"右侧极限（Right Extremity）"选项卡中均选

择"封闭止裂槽（Closed）"选项 。

⑦ 单击"预览"按钮，确认无误后单击"确定"按钮。创建的边线上的墙体 1 如图 12-201 所示。

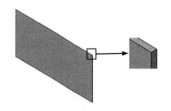

图 12-200 边线上的墙体 1 附着边   图 12-201 创建边线上的墙体 1

（3）创建边线上的墙体 2 ~ 6

参照"（2）创建边线上的墙体 1"的步骤，创建边线上的墙体 2 ~ 6。其参数设置及效果图见表 12-17。

表 12-17 边线上的墙体 2 ~ 6 的参数设置及效果图

名称	高度 / 角度	间隙模 / 与数值	左 / 右 偏移	止裂槽 类型	附着边	效果图
边线上 的墙体 2	35/90	无间隙	0/0	扯裂止 裂槽		
边线上 的墙体 3	110/90	无间隙	0/0	扯裂止 裂槽		
边线上 的墙体 4	60/90	无间隙	0/0	扯裂止 裂槽		
边线上 的墙体 5	48/95	无间隙	0/0	扯裂止 裂槽		
边线上 的墙体 6	220/125	无间隙	0/0	线性止 裂槽		

（4）创建边线上的墙体 7

① 在"墙体（Walls）"工具栏中单击"边线上的墙体（Wall on Edge）"图标 ⬦，弹出"边线上的墙体定义（Wall On Edge Definition）"对话框。

② 在"类型（Type）"下拉列表中选择"基于草图生成边线上的墙体（Sketch Based）"选项。

③ 选择如图 12-202 所示的边线作为附着边。

④ 单击对话框中的"草图"图标 ，选择如图 12-202 所示的平面作为草图平面，进入草图工作台，结合投影命令，绘制如图 12-203 所示的草图。单击"退出工作台"图标 ，完成草图创建。

⑤ 单击"折弯参数（Bend parameters）"图标 ，弹出"折弯定义（Bend Definition）"对话框。在"左侧极限（Left Extremity）"选项卡和"右侧极限（Right Extremity）"选项卡中均选择"封闭止裂槽（Closed）"选项 。

⑥ 单击"预览"按钮，确认无误后单击"确定"按钮。创建的边线上的墙体 7 如图 12-204 所示。

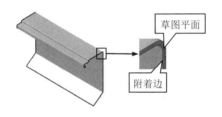

图 12-202　墙体 7 附着边及草图平面

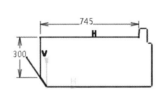

图 12-203　绘制边线上的墙体 7 草图

图 12-204　创建边线上的墙体 7

（5）创建边线上的墙体 8

参照"（4）创建边线上的墙体 7"的步骤及参数设置，创建边线上的墙体 8。选择如图 12-205 所示的边线和平面作为附着边和草图平面，绘制草图，结果如图 12-206 所示。创建的边线上的墙体 8 如图 12-207 所示。

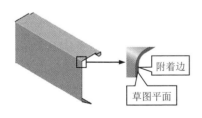

图 12-205　墙体 8 附着边及草图平面

图 12-206　绘制边线上的墙体 8 草图

图 12-207　创建边线上的墙体 8

（6）创建剪口 1

① 在"剪切 / 冲压（Cutting/Stamping）"工具栏中单击"剪口（Cut Out）"图标 ，弹出"剪口定义（Cutout Definition）"对话框。

② 在"剪口类型（Cutout Type）"选项组的"类型（Type）"下拉列表中选择"标准剪口

（Sheetmetal standard）"选项。

③ 单击对话框中的"草图"图标 ⚙，选择如图 12-208 所示的平面作为草图平面，进入草图工作台，绘制如图 12-209 所示的草图。单击"退出工作台"图标 🔼，完成草图创建。

④ 在"末端限制（End Limit）"选项组的"类型（Type）"下拉列表中选择"直到下一个（Up to next）"选项。

⑤ 单击"更多（More）"按钮，展开对话框，在"影响表面（Impacted Skin）"选项组中选择"底部（Bottom）"选项。

⑥ 单击"预览"按钮，确认无误后单击"确定"按钮。创建的剪口 1 如图 12-210 所示。

 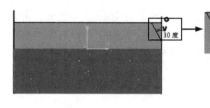 

图 12-208　剪口 1 草图平面　　　图 12-209　绘制剪口 1 草图　　　图 12-210　创建剪口 1

（7）设置参考平面 1

在"参考元素"工具栏中单击"平面"图标 ▱，弹出"平面定义"对话框。在"平面类型"下拉列表中选择"通过两条直线"选项；激活"直线 1"和"直线 2"文本框，分别选择如图 12-211 所示的两条边线。单击"预览"按钮，确认无误后单击"确定"按钮，完成参考平面 1 的设置，结果如图 12-212 所示。

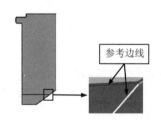 

图 12-211　参考平面 1 参考边线　　　　　图 12-212　设置参考平面 1

（8）创建边线上的墙体 9

参照"（4）创建边线上的墙体 7"的步骤，创建边线上的墙体 9。选择如图 12-213 所示的边线作为附着边，选择步骤（7）设置的参考平面 1 作为草图平面，绘制如图 12-214 所示的草图。在"边线上的墙体定义（Wall On Edge Definition）"对话框中单击"公式编辑器"按钮 𝑓(𝗑)，修改折弯半径值为"20"，在"左侧极限（Left Extremity）"选项卡和"右侧极限（Right Extremity）"选项卡中均选择"线性止裂槽（Linear）"选项 📐。创建的边线上的墙体 9 如图 12-215 所示。

（9）创建边线上的墙体 10

参照"（2）创建边线上的墙体 1"的步骤，创建边线上的墙体 10。选择如图 12-216 所示的边线作为附着边；在"高度设置"下拉列表中选择"直到平面 / 曲面（Up To Plane/Surface）"选项，选择如图 12-217 所示的平面作为参考面；在"角度（Angle）"文本框中输入数值，本例

取 "145"。单击 "折弯参数（Bend parameters）" 图标，弹出 "折弯定义（Bend Definition）" 对话框。在 "左侧极限（Left Extremity）" 选项卡和 "右侧极限（Right Extremity）" 选项卡中均选择 "线性止裂槽（Linear）" 选项。创建的边线上的墙体 10 如图 12-218 所示。

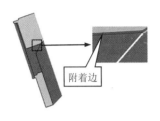

图 12-213　边线上的墙体 9 附着边

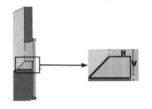

图 12-214　绘制边线上的墙体 9 草图

图 12-215　创建边线上的墙体 9

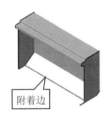

图 12-216　边线上的墙体 10 附着边

图 12-217　边线上的墙体 10 参考面

图 12-218　创建边线上的墙体 10

（10）创建剪口 2 和 3

参照 "（6）创建剪口 1" 的步骤，创建剪口 2 和 3。其草图平面、草图及效果图见表 12-18。

表 12-18　剪口 2 和 3 的草图平面、草图及效果图

名称	草图平面	草图	效果图
剪口 2			
剪口 3			

（11）创建倒圆角 1

① 在 "剪切 / 冲压（Cutting/Stamping）" 工具栏中单击 "倒圆角（Corner）" 图标，弹出 "倒圆角定义（Corner）" 对话框。

② 在"半径（Radius）"文本框中输入数值，本例取"20"。

③ 选择如图 12-219 所示的边线作为圆角化对象。

④ 单击"预览"按钮，确认无误后单击"确定"按钮。创建的倒圆角 1 如图 12-220 所示。

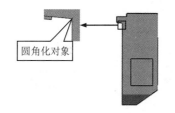

图 12-219　倒圆角 1 圆角化对象

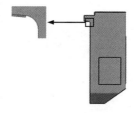

图 12-220　创建倒圆角 1

（12）创建凸缘 1

① 在"墙体（Walls）"工具栏中单击"扫掠墙体（Swept Walls）"图标下的三角箭头，在其下拉列表中选择"凸缘（Flange）"图标，弹出"凸缘定义（Flange Definition）"对话框。

② 选择"基础型（Basic）"选项。

③ 在"长度（Length）"文本框中输入数值，本例取"15"；在"角度（Angle）"文本框中输入数值，本例取"90"；在"折弯半径（Radius）"文本框中输入数值，本例取"2"。

④ 激活"边线（Spine）"文本框，选择如图 12-221 所示的边线作为凸缘 1 的附着边。

⑤ 单击"确定"按钮，完成凸缘 1 的创建，结果如图 12-222 所示。

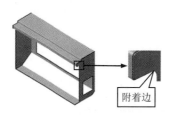

图 12-221　凸缘 1 附着边

图 12-222　创建凸缘 1

（13）创建边线上的墙体 11

参照"（2）创建边线上的墙体 1"的步骤，创建边线上的墙体 11。选择如图 12-223 所示的边线作为附着边；在"高度（Height）"文本框中输入数值，本例取"50"；在"角度（Angle）"文本框中输入数值，本例取"90"；在间隙模式（Clearance mode）下拉列表中选择"单向间隙（Monodirectional）"选项，在"间隙值（Clearance Value）"文本框中输入数值，本例取"2"。单击"预览"按钮，确认无误后单击"确定"按钮。创建的边线上的墙体 11 如图 12-224 所示。

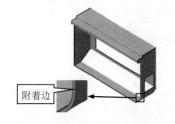

图 12-223　边线上的墙体 11 附着边

图 12-224　创建边线上的墙体 11

（14）创建凸缘 2

参照"（12）创建凸缘 1"的步骤及参数设置，选择如图 12-225 所示的边线作为凸缘 2 的附着边，创建凸缘 2，结果如图 12-226 所示。

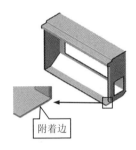

图 12-225　凸缘 2 附着边

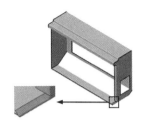

图 12-226　创建凸缘 2

（15）创建剪口 4

参照"（6）创建剪口 1"的步骤，创建剪口 4。选择如图 12-227 所示的平面作为草图平面，绘制草图，结果如图 12-228 所示。创建的剪口 4 如图 12-229 所示。

a) 仰视图

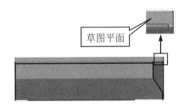

b) 草图平面

图 12-227　剪口 4 草图平面

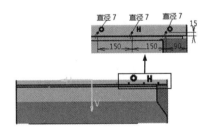

图 12-228　绘制剪口 4 草图

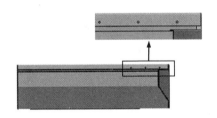

图 12-229　创建剪口 4

2. 右壳体

在结构树中双击"右壳体"节点下的零件图标，进入右壳体的制作。

（1）设置参考平面 1

在"参考元素"工具栏中单击"平面"图标 ⬭，弹出"平面定义"对话框。在"平面类型"下拉列表中选择"偏移平面"选项；激活"参考"文本框，选择"机床骨架中发布的右平面"作为参考；在"偏移"文本框中输入数值，本例取"130"；单击"反转方向"按钮 反转方向 。单击"预览"按钮，确认无误后单击"确定"按钮，完成参考平面 1 的设置，结

果如图 12-230 所示。

（2）创建平整钣金模型

① 在"墙体（Walls）"工具栏中单击"墙体（Wall）"图标 ，弹出"墙体定义（Wall Definition）"对话框。

② 单击对话框中的"草图"图标 ，选择步骤（1）设置的参考平面 1 作为草图平面，进入草图工作台，绘制如图 12-231 所示的草图边线与后方箱体的剪口 3 各边相合的草图。单击"退出工作台"图标 ，完成草图创建。

③ 单击"预览"按钮，确认无误后单击"确定"按钮。创建的平整钣金模型如图 12-232 所示。

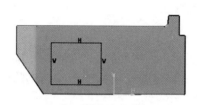

图 12-230　设置参考平面 1　　　　图 12-231　绘制平整钣金草图　　　　图 12-232　创建平整钣金模型

（3）创建边线上的墙体 1

① 在"墙体（Walls）"工具栏中单击"边线上的墙体（Wall on Edge）"图标 ，弹出"边线上的墙体定义（Wall On Edge Definition）"对话框。

② 在"类型（Type）"下拉列表中选择"自动生成边线上的墙体（Automatic）"选项。

③ 选择步骤（2）创建的平整钣金模型的四条边线作为附着边，如图 12-233 所示（由于局部放大图画面有限，图中只标注了其中两条附着边，另外两条边是以标注的附着边为边线平面的两条边线）。

④ 选择"高度和倾角（Height & Inclination）"选项卡，在"高度设置"下拉列表中选择"直到平面 / 曲面（Up To Plane/Surface）"选项，选择如图 12-233 所示的墙体 1 的平面作为参考面。

⑤ 单击"折弯参数（Bend parameters）"图标 ，弹出"折弯定义（Bend Definition）"对话框。在"左侧极限（Left Extremity）"选项卡和"右侧极限（Right Extremity）"选项卡中均选择"封闭止裂槽（Closed）"选项 。

⑥ 单击"预览"按钮，确认无误后单击"确定"按钮。创建的边线上的墙体 1 如图 12-234 所示。

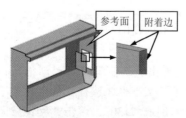

图 12-233　边线上的墙体 1　　　　　　图 12-234　创建边线上的墙体 1

3. 后门支撑

在结构树中双击"后门支撑"节点下的零件图标,进入后门支撑的制作。

(1)设置参考平面 1

在"参考元素"工具栏中单击"平面"图标 ⟋,弹出"平面定义"对话框。在"平面类型"下拉列表中选择"偏移平面"选项;激活"参考"文本框,选择"机床骨架中发布的后平面"作为参考;在"偏移"文本框中输入数值,本例取"95";单击"反转方向"按钮 **反转方向**。单击"预览"按钮,确认无误后单击"确定"按钮,完成参考平面 1 的设置,结果如图 12-235 所示。

(2)创建平整钣金模型

① 在"墙体(Walls)"工具栏中单击"墙体(Wall)"图标 ⟋,弹出"墙体定义(Wall Definition)"对话框。

② 单击对话框中的"草图"图标 ⟋,选择步骤(1)设置的参考平面 1 作为草图平面,进入草图工作台,绘制如图 12-236 所示的草图。单击"退出工作台"图标 ⟰,完成草图创建。

③ 单击"预览"按钮,确认无误后单击"确定"按钮。创建的平整钣金模型如图 12-237 所示。

 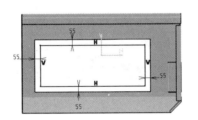 

图 12-235　设置参考平面 1　　　　图 12-236　绘制平整钣金草图　　　　图 12-237　创建平整钣金模型

(3)设置参考平面 2

在"参考元素"工具栏中单击"平面"图标 ⟋,弹出"平面定义"对话框。在"平面类型"下拉列表中选择"通过两条直线"选项;激活"直线 1"和"直线 2"文本框,分别选择如图 12-238 所示的两条边线。单击"预览"按钮,确认无误后单击"确定"按钮,完成参考平面 2 的设置,结果如图 12-239 所示。

(4)设置参考平面 3 ~ 5

参照"(3)设置参考平面 2"的步骤,依次选取步骤(2)创建的平整钣金模型的边线和后方箱体的剪口 2 的边线,设置参考平面 3 ~ 5,结果如图 12-240 所示。

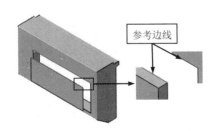  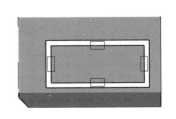

图 12-238　参考平面 2 参考边线　　　图 12-239　设置参考平面 2　　　图 12-240　设置参考平面 3 ~ 5

（5）创建边线上的墙体1

① 在"墙体（Walls）"工具栏中单击"边线上的墙体（Wall on Edge）"图标，弹出"边线上的墙体定义（Wall On Edge Definition）"对话框。

② 在"类型（Type）"下拉列表中选择"基于草图生成边线上的墙体（Sketch Based）"选项。

③ 选择如图12-241所示的边线作为附着边。

④ 单击对话框中的"草图"图标，在结构树中选择步骤（3）设置的参考平面2作为草图平面，进入草图工作台，绘制如图12-242所示的草图。单击"退出工作台"图标，完成草图创建。

⑤ 单击"折弯参数（Bend parameters）"图标，弹出"折弯定义（Bend Definition）"对话框。在"左侧极限（Left Extremity）"选项卡和"右侧极限（Right Extremity）"选项卡中均选择"封闭止裂槽（Closed）"选项。

⑥ 单击"预览"按钮，确认无误后单击"确定"按钮。创建的边线上的墙体1如图12-243所示。

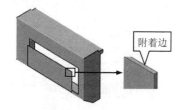

图12-241　边线上的墙体1
附着边

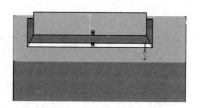

图12-242　绘制边线上的
墙体1草图

图12-243　创建边线上的
墙体1

（6）创建边线上的墙体2～4

参照"（5）创建边线上的墙体1"的步骤，依次选择步骤（4）设置的参考平面3～5作为草图平面，创建边线上的墙体2～4。其参数及效果图见表12-19。

表12-19　边线上的墙体2～4的参数及效果图

名称	止裂槽类型	附着边	草图	效果图
边线上的墙体2	封闭止裂槽			
边线上的墙体3	封闭止裂槽			
边线上的墙体4	封闭止裂槽			

（7）创建边线上的墙体 5

① 在"墙体（Walls）"工具栏中单击"边线上的墙体（Wall on Edge）"图标 ，弹出"边线上的墙体定义（Wall On Edge Definition）"对话框。

② 在"类型（Type）"下拉列表中选择"自动生成边线上的墙体（Automatic）"选项。

③ 选择如图 12-244 所示的边线作为附着边。

④ 选择"高度和倾角（Height & Inclination）"选项卡，在"高度（Height）"文本框中输入数值，本例取"20"；在"角度（Angle）"文本框中输入数值，本例取"120"。

⑤ 单击"折弯参数（Bend parameters）"图标 ，弹出"折弯定义（Bend Definition）"对话框。在"左侧极限（Left Extremity）"选项卡和"右侧极限（Right Extremity）"选项卡中均选择"线性止裂槽（Linear）"选项 ；单击"公式编辑器"按钮 ，修改折弯半径值为"2"。

⑥ 单击"预览"按钮，确认无误后单击"确定"按钮。创建的边线上的墙体 5 如图 12-245 所示。

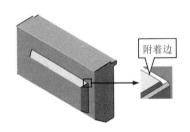

图 12-244　边线上的墙体 5 附着边

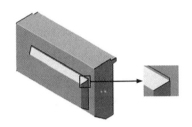

图 12-245　创建边线上的墙体 5

（8）创建边线上的墙体 6

参照"（7）创建边线上的墙体 5"的步骤及参数设置，创建边线上的墙体 6。其附着边设置如图 12-246 所示。创建的边线上的墙体 6 如图 12-247 所示。

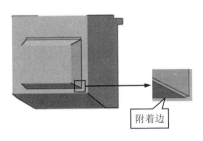

图 12-246　边线上的墙体 6 附着边

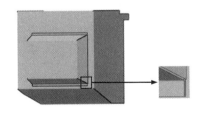

图 12-247　创建边线上的墙体 6

（9）创建剪口 1

① 在"剪切 / 冲压（Cutting/Stamping）"工具栏中单击"剪口（Cut Out）"图标 ，弹出"剪口定义（Cutout Definition）"对话框。

② 在"剪口类型（Cutout Type）"选项组的"类型（Type）"下拉列表中选择"标准剪口（Sheetmetal standard）"选项。

③ 单击对话框中的"草图"图标 ，选择如图 12-248 所示的平面作为草图平面，进入草图工作台，绘制如图 12-249 所示的草图。单击"退出工作台"图标 ，完成草图创建。

④ 在"末端限制（End Limit）"选项组的"类型（Type）"下拉列表中选择"直到下一个（Up to next）"选项。

⑤ 单击"预览"按钮，确认无误后单击"确定"按钮。创建的剪口 1 如图 12-250 所示。

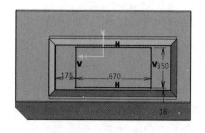

| 图 12-248　剪口 1 草图平面 | 图 12-249　绘制剪口 1 草图 | 图 12-250　创建剪口 1 |

（10）创建边线上的墙体 7 ~ 12

参照"（7）创建边线上的墙体 5"的步骤，创建边线上的墙体 7 ~ 12。其参数设置及效果图见表 12-20。

表 12-20　边线上的墙体 7 ~ 12 的参数设置及效果图

名称	高度 / 角度	间隙模式 / 间隙值	左 / 右 偏移	折弯 半径	附着边	效果图
边线上的 墙体 7	10/90	无间隙	0/0	2	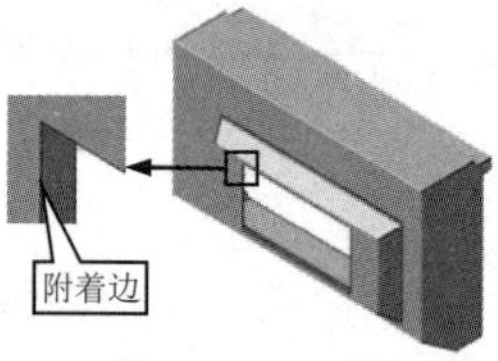	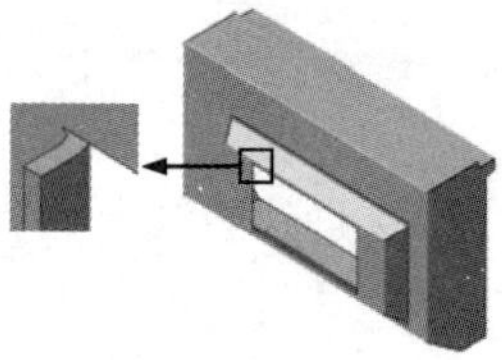
边线上的 墙体 8	10/90	无间隙	0/0	2	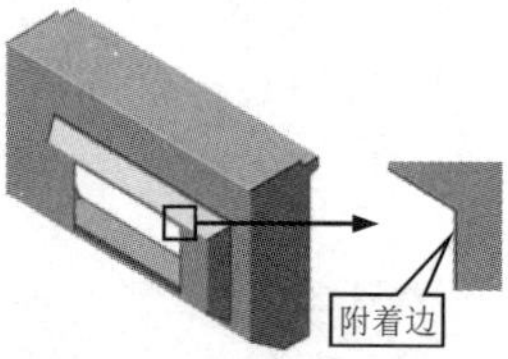	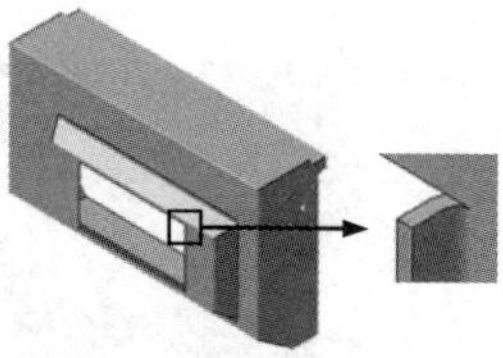
边线上的 墙体 9	10/90	无间隙	0/0	2	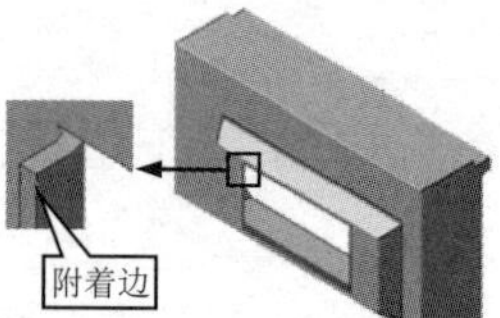	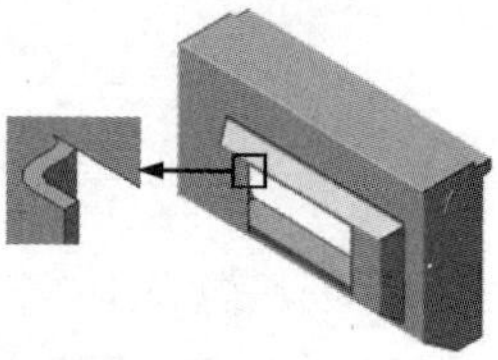
边线上的 墙体 10	10/90	无间隙	0/0	2	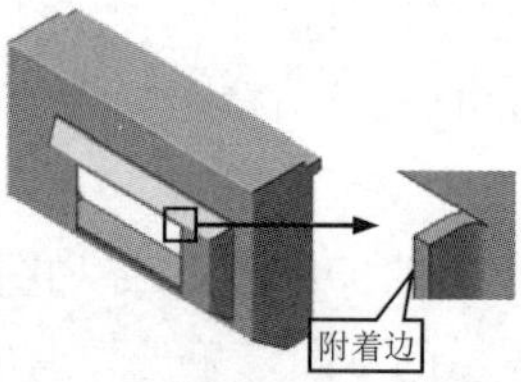	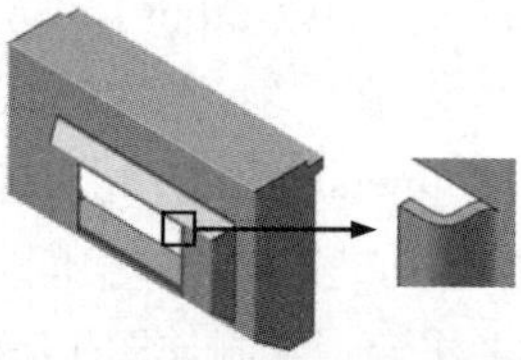

（续）

名称	高度 / 角度	间隙模式 / 间隙值	左 / 右 偏移	折弯 半径	附着边	效果图
边线上的 墙体 11	10/90	无间隙	−20/−20	2		
边线上的 墙体 12	10/90	无间隙	0/0	2		

4. 后门

在结构树中双击"后门"节点下的零件图标，进入后门的制作。

（1）设置参考平面 1

在"参考元素"工具栏中单击"平面"图标 ⬭，弹出"平面定义"对话框。在"平面类型"下拉列表中选择"偏移平面"选项；激活"参考"文本框，选择"机床骨架中发布的后平面"作为参考；在"偏移"文本框中输入数值，本例取"95"；单击"反转方向"按钮 **反转方向** 。单击"预览"按钮，确认无误后单击"确定"按钮，完成参考平面 1 的设置，结果如图 12-251 所示。

（2）创建平整钣金模型

① 在"墙体（Walls）"工具栏中单击"墙体（Wall）"图标 ⬭，弹出"墙体定义（Wall Definition）"对话框。

② 单击对话框中的"草图"图标 ⬭，选择步骤（1）设置的参考平面 1 作为草图平面，进入草图工作台，绘制如图 12-252 所示的草图。单击"退出工作台"图标 ⬆，完成草图创建。

③ 单击"预览"按钮，确认无误后单击"确定"按钮。创建的平整钣金模型如图 12-253 所示。

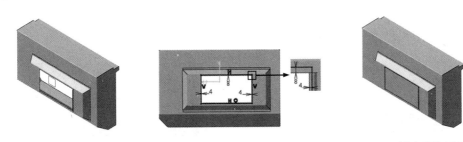

图 12-251　设置参考平面 1　　　图 12-252　绘制平整钣金草图　　　图 12-253　创建平整钣金模型

（3）创建边缘 1

① 在"墙体（Walls）"工具栏中单击"扫掠墙体（Swept Walls）"图标 ⬭ 下的三角箭头，在其下拉列表中选择"边缘（Hem）"图标 ⬭，弹出"边缘定义（Hem Definition）"对话框。

② 选择"基础型（Basic）"选项。

③ 在"长度（Length）"文本框中输入数值，本例取"10"；在"折弯半径（Radius）"文本框中输入数值，本例取"5"。

④ 激活"边线（Spine）"文本框，选择如图 12-254 所示的边线作为边缘 1 的附着边。

⑤ 单击"确定"按钮，完成边缘 1 的创建，结果如图 12-255 所示。

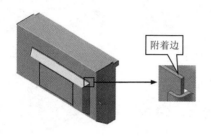

图 12-254　边缘 1 附着边

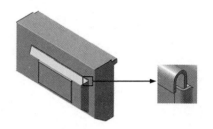

图 12-255　创建边缘 1

12.3.4　电控箱

在结构树中双击"电控箱"，在菜单栏中依次选择"插入"→"新建零件"，分别插入 4 个零件，依次命名为"电控箱主体""电控箱门""盖板"和"固定板"，并分别对其钣金参数进行设置。

1. 电控箱主体

在结构树中双击"电控箱主体"节点下的零件图标，进入电控箱主体的制作。

（1）创建平整钣金模型

① 在"墙体（Walls）"工具栏中单击"墙体（Wall）"图标 ，弹出"墙体定义（Wall Definition）"对话框。

② 单击对话框中的"草图"图标 ，在结构树中选择"机床骨架中发布的电控柜参考面"作为草图平面，进入草图工作台，绘制草图边线与顶平面、左平面和左参考面距离为 2.5 的草图，如图 12-256 所示。单击"退出工作台"图标 ，完成草图创建。

③ 单击"反转材料（Invert Material Side）"按钮 Invert Material Side 。

④ 单击"预览"按钮，确认无误后单击"确定"按钮。创建的平整钣金模型如图 12-257 所示。

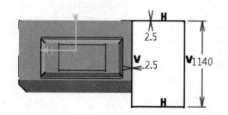

图 12-256　绘制平整钣金草图

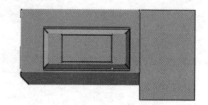

图 12-257　创建平整钣金模型

（2）创建边线上的墙体 1

① 在"墙体（Walls）"工具栏中单击"边线上的墙体（Wall on Edge）"图标 ，弹出"边

线上的墙体定义（Wall On Edge Definition）"对话框。

②在"类型（Type）"下拉列表中选择"自动生成边线上的墙体（Automatic）"选项。

③选择如图 12-258 所示钣金墙体的四条边线作为附着边。

④选择"高度和倾角（Height & Inclination）"选项卡，在"高度（Height）"文本框中输入数值，本例取"360"；在"角度（Angle）"文本框中输入数值，本例取"90"。

⑤单击"折弯参数（Bend parameters）"图标￼，弹出"折弯定义（Bend Definition）"对话框。在"左侧极限（Left Extremity）"选项卡和"右侧极限（Right Extremity）"选项卡中均选择"封闭止裂槽（Closed）"选项￼。

⑥单击"预览"按钮，确认无误后单击"确定"按钮。创建的边线上的墙体 1 如图 12-259 所示。

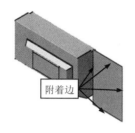

图 12-258　边线上的墙体 1 附着边

图 12-259　创建边线上的墙体 1

（3）创建剪口 1

①在"剪切／冲压（Cutting/Stamping）"工具栏中单击"剪口（Cut Out）"图标￼，弹出"剪口定义（Cutout Definition）"对话框。

②在"剪口类型（Cutout Type）"选项组的"类型（Type）"下拉列表中选择"标准剪口（Sheetmetal standard）"选项。

③单击对话框中的"草图"图标￼，选择如图 12-260 所示的平面作为草图平面，进入草图工作台，绘制草图，隐藏其他零件后的效果如图 12-261 所示。单击"退出工作台"图标￼，完成草图创建。

④在"末端限制（End Limit）"选项组的"类型（Type）"下拉列表中选择"直到下一个（Up to next）"选项。

⑤单击"预览"按钮，确认无误后单击"确定"按钮。创建的剪口 1 如图 12-262 所示。

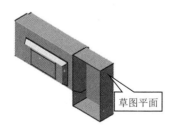  

图 12-260　剪口 1 草图平面　　　图 12-261　绘制剪口 1 草图　　　图 12-262　创建剪口 1

（4）创建剪口 2 和 3

参照"（3）创建剪口 1"的步骤和参数设置，创建剪口 2 和 3。其草图平面、草图及效果图

见表12-21。

表12-21　剪口2和3的草图平面、草图及效果图

名称	草图平面	草图	效果图
剪口2			
剪口3			

（5）创建边线上的墙体2

① 在"墙体（Walls）"工具栏中单击"边线上的墙体（Wall on Edge）"图标，弹出"边线上的墙体定义（Wall On Edge Definition）"对话框。

② 在"类型（Type）"下拉列表中选择"基于草图生成边线上的墙体（Sketch Based）"选项。

③ 选择如图12-263所示的边线作为附着边。

④ 单击对话框中的"草图"图标，选择如图12-263所示的平面作为草图平面，进入草图工作台，绘制如图12-264所示的草图。单击"退出工作台"图标，完成草图创建。

⑤ 单击"折弯参数（Bend parameters）"图标，弹出"折弯定义（Bend Definition）"对话框。在"左侧极限（Left Extremity）"选项卡和"右侧极限（Right Extremity）"选项卡中均选择"相切止裂槽（Tangent）"选项。

⑥ 单击"公式编辑器"按钮 $f_{(x)}$，修改折弯半径值为"2"。

⑦ 单击"预览"按钮，确认无误后单击"确定"按钮。创建的边线上的墙体2如图12-265所示。

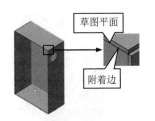
图12-263　墙体2附着边及草图平面

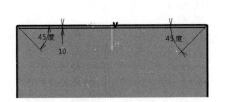
图12-264　绘制边线上的墙体2草图

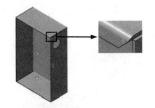
图12-265　创建边线上的墙体2

（6）创建边线上的墙体3～5

参照"（5）创建边线上的墙体2"的步骤，创建边线上的墙体3～5。其参数设置及效果图见表12-22。

表 12-22　边线上的墙体 3 ~ 5 的参数设置及效果图

名称	止裂槽类型	折弯半径	附着边	草图	效果图
边线上的墙体 3	相切止裂槽	2			
边线上的墙体 4	相切止裂槽	2			
线上的墙体 5	相切止裂槽	2			

2. 电控箱门

在结构树中双击"电控箱门"节点下的零件图标，进入电控箱门的制作。

（1）设置参考平面 1

在"参考元素"工具栏中单击"平面"图标 ，弹出"平面定义"对话框。在"平面类型"下拉列表中选择"偏移平面"选项；激活"参考"文本框，选择"机床骨架中发布的电控柜参考面"作为参考；在"偏移"文本框中输入数值，本例取"395"；单击"反转方向"按钮 反转方向 。单击"预览"按钮，确认无误后单击"确定"按钮。

（2）创建平整钣金模型

① 在"墙体（Walls）"工具栏中单击"墙体（Wall）"图标 ，弹出"墙体定义（Wall Definition）"对话框。

② 单击对话框中的"草图"图标 ，选择步骤（1）设置的参考平面 1 作为草图平面，进入草图工作台，绘制草图边线与顶平面、左平面和左参考面距离为 2.5 的草图，如图 12-266 所示。单击"退出工作台"图标 ，完成草图创建。

③ 单击"预览"按钮，确认无误后单击"确定"按钮。创建的平整钣金模型如图 12-267 所示。

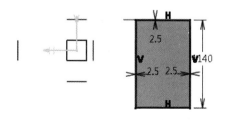

图 12-266　绘制平整钣金草图

图 12-267　创建平整钣金模型

（3）创建边线上的墙体 1

① 在"墙体（Walls）"工具栏中单击"边线上的墙体（Wall on Edge）"图标 ，弹出"边线上的墙体定义（Wall On Edge Definition）"对话框。

② 在"类型（Type）"下拉列表中选择"自动生成边线上的墙体（Automatic）"选项。

③ 选择如图 12-268 所示靠近电控箱主体一侧钣金墙体的四条边线作为附着边。

④ 选择"高度和倾角（Height & Inclination）"选项卡，在"高度（Height）"文本框中输入数值，本例取"30"；在"角度（Angle）"文本框中输入数值，本例取"90"。

⑤ 单击"折弯参数（Bend parameters）"图标 ，弹出"折弯定义（Bend Definition）"对话框。在"左侧极限（Left Extremity）"选项卡和"右侧极限（Right Extremity）"选项卡中均选择"封闭止裂槽（Closed）"选项 。

⑥ 单击"预览"按钮，确认无误后单击"确定"按钮。创建的边线上的墙体 1 如图 12-269 所示。

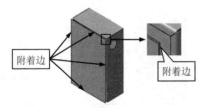

图 12-268　边线上的墙体 1 附着边

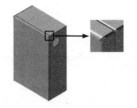

图 12-269　创建边线上的墙体 1

（4）创建边线上的墙体 2

① 在"墙体（Walls）"工具栏中单击"边线上的墙体（Wall on Edge）"图标 ，弹出"边线上的墙体定义（Wall On Edge Definition）"对话框。

② 在"类型（Type）"下拉列表中选择"基于草图生成边线上的墙体（Sketch Based）"选项。

③ 隐藏电控箱主体，选择如图 12-270 所示的边线作为附着边。

④ 单击对话框中的"草图"图标 ，选择如图 12-270 所示的平面作为草图平面，进入草图工作台，绘制如图 12-271 所示的草图。单击"退出工作台"图标 ，完成草图创建。

⑤ 单击"折弯参数（Bend parameters）"图标 ，弹出"折弯定义（Bend Definition）"对话框。在"左侧极限（Left Extremity）"选项卡和"右侧极限（Right Extremity）"选项卡中均选择"相切止裂槽（Tangent）"选项 。

⑥ 单击"公式编辑器"按钮 ，修改折弯半径值为"2"。

⑦ 单击"预览"按钮，确认无误后单击"确定"按钮。创建的边线上的墙体 2 如图 12-272 所示。

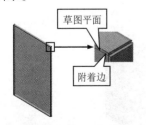

图 12-270　边线上的墙体 2
附着边及草图平面

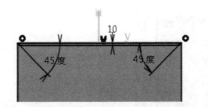

图 12-271　绘制边线上的
墙体 2 草图

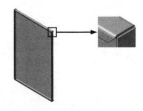

图 12-272　创建边线上的
墙体 2

（5）创建边线上的墙体 3 ~ 5

参照"（4）创建边线上的墙体 2"的步骤，创建边线上的墙体 3 ~ 5。其参数设置、草图及效果图见表 12-23。

表 12-23 边线上的墙体 3 ~ 5 的参数设置、草图及效果图

名称	止裂槽类型	折弯半径	附着边	草图	效果图
边线上的墙体 3	相切止裂槽	2			
边线上的墙体 4	相切止裂槽	2			
边线上的墙体 5	相切止裂槽	2			

（6）创建剪口 1

① 在"剪切 / 冲压（Cutting/Stamping）"工具栏中单击"剪口（Cut Out）"图标 ，弹出"剪口定义（Cutout Definition）"对话框。

② 在"剪口类型（Cutout Type）"选项组的"类型（Type）"下拉列表中选择"标准剪口（Sheetmetal standard）"选项。

③ 单击对话框中的"草图"图标 ，选择如图 12-273 所示的平面作为草图平面，进入草图工作台，绘制如图 12-274 所示的草图。单击"退出工作台"图标 ，完成草图创建。

④ 在"末端限制（End Limit）"选项组的"类型（Type）"下拉列表中选择"直到下一个（Up to next）"选项。

⑤ 单击"预览"按钮，确认无误后单击"确定"按钮。创建的剪口 1 如图 12-275 所示。

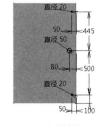

图 12-273 剪口 1 草图平面　　　图 12-274 绘制剪口 1 草图　　　图 12-275 创建剪口 1

（7）创建自定义冲压1

① 在菜单栏中依次选择"插入"→"几何体"，在结构树中创建几何体。

② 在菜单栏中选择"开始"→"机械设计"→"零件设计"，进入零件设计工作台。

③ 在"基于草图的特征"工具栏中单击"旋转体"图标 ，弹出"定义旋转体"对话框。

④ 单击对话框中的"草图"图标 ，选择如图12-276所示的平面作为草图平面，进入草图工作台，绘制如图12-277所示的草图。单击"退出工作台"图标 ，完成草图创建。

⑤ 在"第一角度"文本框中输入数值，本例取"90"；在"第二角度"文本框中输入数值，本例取"0"；激活"轴线"选项组中的"选择"文本框，选择如图12-277所示的草图边线作为轴线。

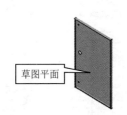
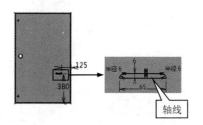

图 12-276　旋转体草图平面　　　　　　图 12-277　绘制旋转体草图

⑥ 单击"预览"按钮，确认无误后单击"确定"按钮。创建的旋转体如图12-278所示。

⑦ 在结构树中右击"零件几何体"，选择"隐藏/显示"，将零件几何体隐藏。放大后的旋转体如图12-279所示。

图 12-278　创建旋转体　　　　　　　　图 12-279　放大后的旋转体

⑧ 在结构树中右击"零件几何体"，选择"隐藏/显示"，将零件几何体显示。

⑨ 在菜单栏中选择"开始"→"机械设计"→"创成式钣金设计"，进入创成式钣金设计设计工作台。

⑩ 在结构树中右击"零件几何体"，选择"定义工作对象"。

⑪ 单击如图12-280所示的平面，将其作为冲压表面，在"剪切/冲压（Cutting/Stamping）"工具栏中单击"冲压（Stamping）"图标 下的三角箭头，选择"用户自定义（User Stamp）"图标 ，弹出"用户自定义（User-Defined Stamp Definition）"对话框。

⑫ 在"类型（Type）"下拉列表中选择"凸模（Punch）"选项。

⑬ 激活"凸模（Punch）"文本框，在结构树中选择"几何体.2"作为凸模。

⑭ 在"圆角（Fillet）"选项组的"R1无圆角（No fillet R1 radius）"文本框中输入数值，本例取"2"。

⑮ 在"钣金墙上的冲压位置（Position on wall）"选项组中选中"原位置（Position on context）"复选框。

⑯ 激活"开放面（Faces for opening(O)）"文本框，选择如图 12-281 所示的面作为开放面。

⑰ 单击"预览"按钮，确认无误后单击"确定"按钮。创建的自定义冲压 1 如图 12-282 所示。

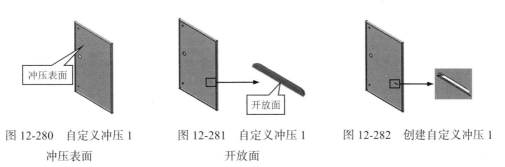

图 12-280　自定义冲压 1　　　图 12-281　自定义冲压 1　　　图 12-282　创建自定义冲压 1
　　　　　冲压表面　　　　　　　　　　　开放面

（8）创建自定义冲压 2

参照"（7）创建自定义冲压 1"的步骤和参数设置，创建自定义冲压 2。绘制的几何体草图如图 12-283 所示。创建的自定义冲压 2 如图 12-284 所示。

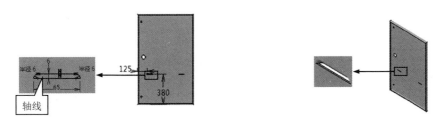

图 12-283　绘制几何体草图　　　　　　　　图 12-284　创建自定义冲压 2

（9）创建矩形阵列 1

① 在结构树中选择步骤（7）创建的自定义冲压 1 作为阵列对象。

② 在"特征变换（Transformations）"工具栏中单击"阵列（Pattern）"图标下的三角箭头，在其下拉列表中选择"矩形阵列（Rectangular Pattern）"图标，弹出"定义矩形阵列"对话框。

③ 在"第一方向"选项卡的"参数"下拉列表中选择"实例和间距"选项，在"实例"文本框中输入数值，本例取"8"；在"间距"文本框中输入数值，本例取"25"。激活"参考元素"文本框，右击，选择"Z 轴"作为阵列方向。单击"反转"按钮 反转。

④ 在"第二方向"选项卡的"参数"下拉列表中选择"实例和间距"选项，在"实例"文本框中输入数值，本例取"2"；在"间距"文本框中输入数值，本例取"80"。激活"参考元素"文本框，右击，选择"Y 轴"作为阵列方向。单击"反转"按钮 反转。

⑤ 单击"预览"按钮，确认无误后单击"确定"按钮，完成矩形阵列 1 的创建，显示零件电控箱主体后的效果如图 12-285 所示。

（10）创建矩形阵列 2

参照"（9）创建矩形阵列 1"的步骤及参数设置，在结构树中选择步骤（8）创建的自定义冲压 2 作为阵列对象，创建矩形阵列 2，结果如图 12-286 所示。

图 12-285　创建矩形阵列 1

图 12-286　创建矩形阵列 2

3. 盖板

在结构树中双击"盖板"节点下的零件图标，进入盖板的制作。

（1）创建平整钣金模型

① 在"墙体（Walls）"工具栏中单击"墙体（Wall）"图标 ，弹出"墙体定义（Wall Definition）"对话框。

② 单击对话框中的"草图"图标 ，选择如图 12-287 所示的平面作为草图平面，进入草图工作台，绘制如图 12-288 所示的草图。单击"退出工作台"图标 ，完成草图创建。

③ 单击"反转材料（Invert Material Side）"按钮 Invert Material Side 。

④ 单击"预览"按钮，确认无误后单击"确定"按钮。创建的平整钣金模型如图 12-289 所示。

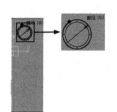

图 12-287　平整钣金草图平面　　图 12-288　绘制平整钣金草图　　图 12-289　创建平整钣金模型

（2）创建剪口 1

① 在"剪切 / 冲压（Cutting/Stamping）"工具栏中单击"剪口（Cut Out）"图标 ，弹出"剪口定义（Cutout Definition）"对话框。

② 在"剪口类型（Cutout Type）"选项组的"类型（Type）"下拉列表中选择"标准剪口（Sheetmetal standard）"选项。

③ 单击对话框中的"草图"图标 ，选择如图 12-290 所示的平面作为草图平面，进入草图工作台，绘制如图 12-291 所示的草图。单击"退出工作台"图标 ，完成草图创建。

④ 在"末端限制（End Limit）"选项组的"类型（Type）"下拉列表中选择"直到下一个（Up to next）"选项。

⑤ 单击"预览"按钮，确认无误后单击"确定"按钮，完成剪口 1 的创建，隐藏电控箱主体和电控箱门后的效果如图 12-292 所示。

（3）创建圆形阵列 1

① 在结构树中选择步骤（2）创建的剪口 1 作为阵列对象。

② 在"特征变换（Transformations）"工具栏中单击"阵列（Pattern）"图标 下的三角箭

头，在其下拉列表中选择"圆形阵列（Circular Pattern）"图标 ⚙，弹出"定义圆形阵列"对话框。

图 12-290　剪口 1 草图平面

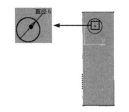
图 12-291　绘制剪口 1 草图

图 12-292　创建剪口 1

③ 在"轴向参考"选项卡的"参数"下拉列表中选择"完整径向"选项；在"实例"文本框中输入数值，本例取"6"。

④ 激活"参考元素"文本框，右击，选择"创建直线"图标 ✏创建直线，弹出"直线定义"对话框，在"线型"下拉列表中选择"点 - 方向"选项，如图 12-293 所示。右击"点"文本框，选择"创建点" ▪创建点 图标，弹出"点定义"对话框，在"点类型"下拉列表中选择"圆 / 球面 / 椭圆中心"选项，如图 12-294 所示。激活"圆 / 球面 / 椭圆"文本框，选择步骤（2）创建的剪口 1 的线定义点位置。单击"预览"按钮，确认无误后单击"确定"按钮，返回"直线定义"对话框。右击"方向"文本框，选择"Y 部件"选项，如图 12-295 所示。在"长度类型"选项组中选中"无限"单选框。单击"预览"按钮，确认无误后单击"确定"按钮。

⑤ 选择"定义径向"选项卡，在"参数"下拉列表中选择"圆和圆间距"选项；在"圆"文本框中输入数值，本例取"2"；在"圆间距"文本框中输入数值，本例取"20"。

⑥ 单击"预览"按钮，确认无误后单击"确定"按钮。创建的圆形阵列 1 如图 12-296 所示。

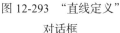
图 12-293　"直线定义"
对话框

图 12-294　"点定义"
对话框

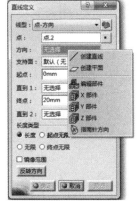
图 12-295　定义直线
方向

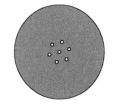
图 12-296　创建圆形
阵列 1

（4）创建圆形阵列 2 和 3

参照"（3）创建圆形阵列 1"的步骤，创建圆形阵列 2 和 3。其参数设置及效果图见表 12-24。

表 12-24　圆形阵列 2 和 3 的参数设置及效果图

阵列对象	"轴向参考"选项卡			"定义径向"选项卡			效果图
	参数	实例	参考元素	参数	圆	圆间距	
圆形阵列 2	完整径向	12	圆形阵列 1 中创建的直线 .1	圆和圆间距	2	40	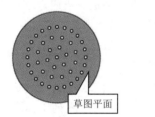
圆形阵列 3	完整径向	24	圆形阵列 1 中创建的直线 .1	圆和圆间距	2	60	

（5）创建剪口 2

参见"（2）创建剪口 1"的步骤及参数设置，选择如图 12-297 所示的平面作为草图平面，进入草图工作台，显示电控箱主体，单击"投影 3D 元素"图标 ，将图 12-298 所示的四个孔边线投影至草图平面，创建剪口 2，隐藏电控箱主体后的效果如图 12-299 所示。

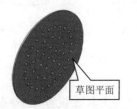

图 12-297　剪口 2 草图平面　　　图 12-298　剪口 2 投影孔　　　图 12-299　创建剪口 2

4. 固定板

在结构树中双击"固定板"节点下的零件图标，进入固定板的制作。

（1）创建平整钣金模型

① 在"墙体（Walls）"工具栏中单击"墙体（Wall）"图标 ，弹出"墙体定义（Wall Definition）"对话框。

② 单击对话框中的"草图"图标 ，选择如图 12-300 所示的平面作为草图平面，进入草图工作台，绘制如图 12-301 所示的草图。单击"退出工作台"图标 ，完成草图创建。

③ 单击"反转材料（Invert Material Side）"按钮 Invert Material Side 。

④ 单击"预览"按钮，确认无误后单击"确定"按钮。创建的平整钣金模型如图 12-302 所示。

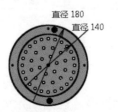

图 12-300　平整钣金草图平面　　　图 12-301　绘制平整钣金草图　　　图 12-302　创建平整钣金模型

（2）创建凸缘 1

① 在"墙体（Walls）"工具栏中单击"扫掠墙体（Swept Walls）"图标 下的三角箭头，在其下拉列表中选择"凸缘（Flange）"图标 ，弹出"凸缘定义（Flange Definition）"对话框。

② 选择"基础型（Basic）"选项。

③ 在"长度（Length）"文本框中输入数值，本例取"1.5"；在"角度（Angle）"文本框中输入数值，本例取"90"；在"折弯半径（Radius）"文本框中输入数值，本例取"1"。

④ 激活"边线（Spine）"文本框，为了便于操作，隐藏上壳体，选择如图 12-303 所示的边线作为凸缘 1 的附着边，单击"扩展"按钮 Propagate 。

⑤ 单击"确定"按钮，完成凸缘 1 的创建，结果如图 12-304 所示。

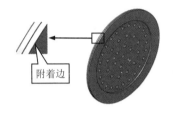

图 12-303　凸缘 1 附着边　　　　　　　　　图 12-304　创建凸缘 1

（3）创建剪口 1

① 在"剪切 / 冲压（Cutting/Stamping）"工具栏中单击"剪口（Cut Out）"图标 ，弹出"剪口定义（Cutout Definition）"对话框。

② 在"剪口类型（Cutout Type）"选项组的"类型（Type）"下拉列表中选择"标准剪口（Sheetmetal standard）"选项。

③ 单击对话框中的"草图"图标 ，选择如图 12-305 所示的平面作为草图平面，进入草图工作台，将如图 12-306 所示的四个孔边线投影至草图平面。单击"退出工作台"图标 ，完成草图创建。

④ 在"末端限制（End Limit）"选项组的"类型（Type）"下拉列表中选择"直到下一个（Up to next）"选项。

⑤ 单击"预览"按钮，确认无误后单击"确定"按钮。创建完成的剪口 1 如图 12-307 所示。

　　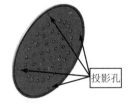　　

图 12-305　剪口 1 草图平面　　　图 12-306　剪口 1 投影孔　　　图 12-307　创建剪口 1

12.3.5　右前护罩

在结构树中双击"右前护罩"，在菜单栏中依次选择"插入"→"新建零件"，

分别插入 5 个零件，依次命名为"连接板""右护罩""右门支撑""右门框"和"右门"，并分别对各零件的钣金参数进行设置。

1. 连接板

在结构树中双击"连接板"节点下的零件图标，进入连接板的制作。此时需显示后方箱体并隐藏电控箱。

（1）设置参考平面 1

在"参考元素"工具栏中单击"平面"图标 ⌁，弹出"平面定义"对话框。在"平面类型"下拉列表中选择"偏移平面"选项；激活"参考"文本框，选择"机床骨架中发布的右平面"作为参考；在"偏移"文本框中输入数值，本例取"52.5"；单击"反转方向"按钮 反转方向 。单击"预览"按钮，确认无误后单击"确定"按钮。

（2）拉伸成形

① 在"墙体（Walls）"工具栏中单击"拉伸（Extrusion）"图标 ⌁，弹出"拉伸定义（Extrusion Definition）"对话框。

② 单击对话框中的"草图"图标 ⌁，选择步骤（1）设置的参考平面 1 作为草图平面，进入草图工作台，绘制如图 12-308 所示的草图。单击"退出工作台"图标 ⌁，完成草图创建。

③ 在"第一限制（Sets first limit）"下拉列表中选择"限制 1 的尺寸（Limit 1 dimension）"选项，在其后面的文本框中输入数值，本例取"380"。

④ 单击"预览"按钮，确认无误后单击"确定"按钮，完成拉伸成形，隐藏后方箱体后的效果如图 12-309 所示。

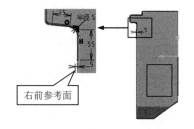

图 12-308　绘制拉伸成形草图

图 12-309　拉伸成形

（3）创建剪口 1

① 在"剪切 / 冲压（Cutting/Stamping）"工具栏中单击"剪口（Cut Out）"图标 ⌁，弹出"剪口定义（Cutout Definition）"对话框。

② 在"剪口类型（Cutout Type）"选项组的"类型（Type）"下拉列表中选择"标准剪口（Sheetmetal standard）"选项。

③ 单击对话框中的"草图"图标 ⌁，选择如图 12-310 所示的平面作为草图平面，进入草图工作台，绘制如图 12-311 所示的草图。单击"退出工作台"图标 ⌁，完成草图创建。

④ 在"末端限制（End Limit）"选项组的"类型（Type）"下拉列表中选择"直到下一个（Up to next）"选项。

⑤ 单击"预览"按钮，确认无误后单击"确定"按钮。创建的剪口 1 如图 12-312 所示。

（4）创建剪口 2

参照"（3）创建剪口 1"的步骤及参数设置，创建剪口 2。选择如图 12-313 所示的平面作为草图平面，绘制草图，结果如图 12-314 所示。创建的剪口 2 如图 12-315 所示。

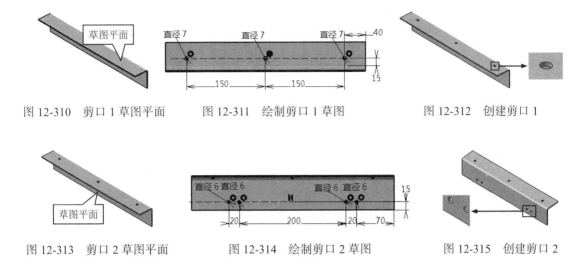

图 12-310　剪口 1 草图平面　　　图 12-311　绘制剪口 1 草图　　　　图 12-312　创建剪口 1

图 12-313　剪口 2 草图平面　　　　图 12-314　绘制剪口 2 草图　　　图 12-315　创建剪口 2

2. 右护罩

在结构树中双击"右护罩"节点下的零件图标，进入右护罩的制作。

（1）拉伸成形

① 在"墙体（Walls）"工具栏中单击"拉伸（Extrusion）"图标，弹出"拉伸定义（Extrusion Definition）"对话框。

② 单击对话框中的"草图"图标，选择"机床骨架中发布的右平面"作为草图平面，进入草图工作台，然后显示后方箱体，绘制如图 12-316 所示的草图。单击"退出工作台"图标，完成草图创建。

③ 在"第一限制（Sets first limit）"下拉列表中选择"限制 1 的尺寸（Limit 1 dimension）"选项，在其后面的文本框中输入数值，本例取"440"。

④ 单击"预览"按钮，确认无误后单击"确定"按钮，完成拉伸成形，结果如图 12-317 所示。

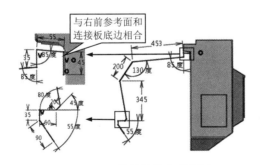

图 12-316　绘制拉伸成形草图

图 12-317　拉伸成形

（2）创建凸缘 1

① 在"墙体（Walls）"工具栏中单击"扫掠墙体（Swept Walls）"图标下的三角箭头，在其下拉列表中选择"凸缘（Flange）"图标，弹出"凸缘定义（Flange Definition）"对

话框。

② 选择"基础型（Basic）"选项。

③ 在"长度（Length）"文本框中输入数值，本例取"70"；在"角度（Angle）"文本框中输入数值，本例取"90"；在"折弯半径（Radius）"文本框中输入数值，本例取"5"。

④ 激活"边线（Spine）"文本框，隐藏后方箱体和连接板，选择如图 12-318 所示的边线作为凸缘 1 的附着边。

⑤ 单击"确定"按钮，完成凸缘 1 的创建，结果如图 12-319 所示。

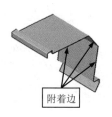

图 12-318　凸缘 1 附着边

图 12-319　创建凸缘 1

（3）创建剪口 1

① 在"剪切 / 冲压（Cutting/Stamping）"工具栏中单击"剪口（Cut Out）"图标 ，弹出"剪口定义（Cutout Definition）"对话框。

② 在"剪口类型（Cutout Type）"选项组的"类型（Type）"下拉列表中选择"标准剪口（Sheetmetal standard）"选项。

③ 单击对话框中的"草图"图标 ，选择如图 12-320 所示的平面作为草图平面，进入草图工作台，绘制如图 12-321 所示的草图。单击"退出工作台"图标 ，完成草图创建。

④ 在"末端限制（End Limit）"选项组的"类型（Type）"下拉列表中选择"直到下一个（Up to next）"选项。

⑤ 单击"预览"按钮，确认无误后单击"确定"按钮。创建的剪口 1 如图 12-322 所示。

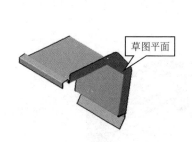

图 12-320　剪口 1 草图平面

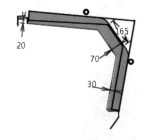

图 12-321　绘制剪口 1 草图

图 12-322　创建剪口 1

（4）创建倒圆角 1

① 在"剪切 / 冲压（Cutting/Stamping）"工具栏中单击"倒圆角（Corner）"图标 ，弹出"倒圆角定义（Corner）"对话框。

② 在"半径（Radius）"文本框中输入数值，本例取"20"。

③ 选择如图 12-323 所示的边线作为圆角化对象。

④ 单击"预览"按钮，确认无误后单击"确定"按钮。创建的倒圆角 1 如图 12-324 所示。

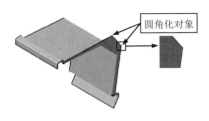

图 12-323　倒圆角 1 圆角化对象

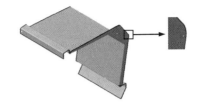

图 12-324　创建倒圆角 1

（5）创建倒圆角 2

参照 "（4）创建倒圆角 1" 的步骤，创建倒圆角 2。选择如图 12-325 所示的边线作为圆角化对象，在 "半径（Radius）" 文本框中输入数值 "5"。单击 "预览" 按钮，确认无误后单击 "确定" 按钮。创建的倒圆角 2 如图 12-326 所示。

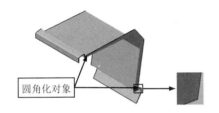

图 12-325　倒圆角 2 圆角化对象

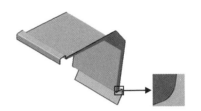

图 12-326　创建倒圆角 2

（6）创建剪口 2

参照 "（3）创建剪口 1" 的步骤，创建剪口 2。选择如图 12-327 所示的平面作为草图平面，绘制草图，结果如图 12-328 所示。创建的剪口 2 如图 12-329 所示。

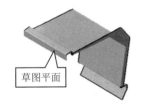

图 12-327　剪口 2 草图平面

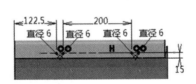

图 12-328　绘制剪口 2 草图

图 12-329　创建剪口 2

3. 右门支撑

在结构树中双击 "右门支撑" 节点下的零件图标，进入右门支撑的制作。

（1）创建平整钣金模型

① 在 "墙体（Walls）" 工具栏中单击 "墙体（Wall）" 图标 ，弹出 "墙体定义（Wall Definition）" 对话框。

② 单击对话框中的 "草图" 图标 ，在结构树中选择 "机床骨架中发布的右平面" 作为草图平面，进入草图工作台，绘制如图 12-330 所示的草图。单击 "退出工作台" 图标 ，完成草图创建。

③ 单击 "预览" 按钮，确认无误后单击 "确定" 按钮。创建的平整钣金模型如图 12-331 所示。

图 12-330　绘制平整钣金草图

图 12-331　创建平整钣金模型

（2）创建剪口 1

① 在"剪切/冲压（Cutting/Stamping）"工具栏中单击"剪口（Cut Out）"图标 ▣，弹出"剪口定义（Cutout Definition）"对话框。

② 在"剪口类型（Cutout Type）"选项组的"类型（Type）"下拉列表中选择"标准剪口（Sheetmetal standard）"选项。

③ 单击对话框中的"草图"图标 ☑，选择如图 12-332 所示的平面作为草图平面，进入草图工作台，绘制如图 12-333 所示的草图。单击"退出工作台"图标 ⬆，完成草图创建。

④ 在"末端限制（End Limit）"选项组的"类型（Type）"下拉列表中选择"直到下一个（Up to next）"选项。

⑤ 单击"预览"按钮，确认无误后单击"确定"按钮。创建的剪口 1 如图 12-334 所示。

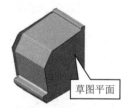

图 12-332　剪口 1 草图平面

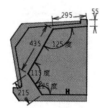

图 12-333　绘制剪口 1 草图

图 12-334　创建剪口 1

（3）创建边线上的墙体 1

① 在"墙体（Walls）"工具栏中单击"边线上的墙体（Wall on Edge）"图标 ◢，弹出"边线上的墙体定义（Wall On Edge Definition）"对话框。

② 在"类型（Type）"下拉列表中选择"基于草图生成边线上的墙体（Sketch Based）"选项。

③ 选择如图 12-335 所示的边线作为附着边。

④ 单击对话框中的"草图"图标 ☑，选择如图 12-335 所示的附着边所在的底面作为草图平面，进入草图工作台，绘制如图 12-336 所示的草图。单击"退出工作台"图标 ⬆，完成草图创建。

⑤ 单击"折弯参数（Bend parameters）"图标 ⬐，弹出"折弯定义（Bend Definition）"对话框。在"左侧极限（Left Extremity）"选项卡和"右侧极限（Right Extremity）"选项卡中均选择"封闭止裂槽（Closed）"选项 ⊥。

⑥ 单击"预览"按钮，确认无误后单击"确定"按钮。创建的边线上的墙体 1 如图 12-337 所示。

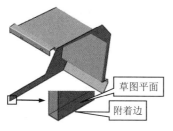

图 12-335 墙体 1 附着边及
草图平面

图 12-336 绘制边线上的
墙体 1 草图

图 12-337 创建边线上的
墙体 1

4. 右门框

在结构树中双击"右门框"节点下的零件图标,进入右门框的制作。

(1)设置参考平面 1

在"参考元素"工具栏中单击"平面"图标，弹出"平面定义"对话框。在"平面类型"下拉列表中选择"偏移平面"选项;激活"参考"文本框,选择"机床骨架中发布的右平面"作为参考;在"偏移"文本框中输入数值,本例取"30";单击"反转方向"按钮 反转方向 。单击"预览"按钮,确认无误后单击"确定"按钮。

(2)创建平整钣金模型

① 在"墙体(Walls)"工具栏中单击"墙体(Wall)"图标，弹出"墙体定义(Wall Definition)"对话框。

② 单击对话框中的"草图"图标，在结构树中选择步骤(1)设置的参考平面 1 作为草图平面,进入草图工作台,然后显示后方箱体,绘制如图 12-338 所示的草图。单击"退出工作台"图标，完成草图创建。

③ 单击"预览"按钮,确认无误后单击"确定"按钮,完成平整钣金模型的创建,隐藏其他零件后的效果如图 12-339 所示。

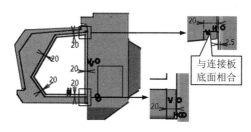

图 12-338 绘制平整钣金草图

图 12-339 创建平整钣金模型

(3)创建边线上的墙体 1

① 在"墙体(Walls)"工具栏中单击"边线上的墙体(Wall on Edge)"图标，弹出"边线上的墙体定义(Wall On Edge Definition)"对话框。

② 在"类型(Type)"下拉列表中选择"自动生成边线上的墙体(Automatic)"选项。

③ 选择如图 12-340 所示的边线作为附着边。

④ 选择"高度和倾角(Height & Inclination)"选项卡,在"高度(Height)"文本框中输入数值,本例取"20";在"角度(Angle)"文本框中输入数值,本例取"90"。

⑤ 单击"预览"按钮，确认无误后单击"确定"按钮。创建的边线上的墙体 1 如图 12-341 所示。

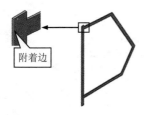

图 12-340　边线上的墙体 1 附着边

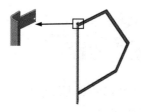

图 12-341　创建边线上的墙体 1

（4）创建倒圆角 1

① 在"剪切/冲压（Cutting/Stamping）"工具栏中单击"倒圆角（Corner）"图标 ，弹出"倒圆角定义（Corner）"对话框。

② 在"半径（Radius）"文本框中输入数值，本例取"20"。

③ 选择如图 12-342 所示的边线作为圆角化对象。

④ 单击"预览"按钮，确认无误后单击"确定"按钮。创建的倒圆角 1 如图 12-343 所示。

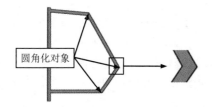

图 12-342　倒圆角 1 圆角化对象

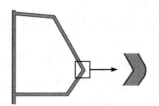

图 12-343　创建倒圆角 1

（5）创建凸缘 1

① 在"墙体（Walls）"工具栏中单击"扫掠墙体（Swept Walls）"图标 下的三角箭头，在其下拉列表中选择"凸缘（Flange）"图标 ，弹出"凸缘定义（Flange Definition）"对话框。

② 选择"基础型（Basic）"选项。

③ 在"长度（Length）"文本框中输入数值，本例取"15"；在"角度（Angle）"文本框中输入数值，本例取"90"；在"折弯半径（Radius）"文本框中输入数值，本例取"2"。

④ 激活"边线（Spine）"文本框，选择如图 12-344 所示的边线作为凸缘 1 的附着边。

⑤ 单击"确定"按钮。创建的凸缘 1 如图 12-345 所示。

图 12-344　凸缘 1 附着边

图 12-345　创建凸缘 1

5. 右门

在结构树中双击"右门"节点下的零件图标，进入右门的制作。

（1）创建平整钣金模型

① 在"墙体（Walls）"工具栏中单击"墙体（Wall）"图标 ⬚，弹出"墙体定义（Wall Definition）"对话框。

② 单击对话框中的"草图"图标 ⬚，在结构树中选择"机床骨架中发布的右平面"作为草图平面，进入草图工作台，绘制如图 12-346 所示的草图。单击"退出工作台"图标 ⬚，完成草图创建。

③ 单击"预览"按钮，确认无误后单击"确定"按钮。

④ 在结构树中右击"Right door"，在下拉列表中选择"Right door 对象"中的"在新窗口中打开"选项。创建的平整钣金模型如图 12-347 所示。

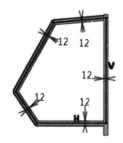

图 12-346　绘制平整钣金草图

图 12-347　创建平整钣金模型

（2）创建边线上的墙体 1

① 在"墙体（Walls）"工具栏中单击"边线上的墙体（Wall On Edge）"图标 ⬚，弹出"边线上的墙体定义（Wall On Edge Definition）"对话框。

② 在"类型（Type）"下拉列表中选择"自动生成边线上的墙体（Automatic）"选项。

③ 隐藏零件右门框，选择如图 12-348 所示钣金墙体的五条边线作为附着边。

④ 选择"高度和倾角（Height & Inclination）"选项卡，在"高度（Height）"文本框中输入数值，本例取"15"；在"角度（Angle）"文本框中输入数值，本例取"90"。

⑤ 单击"折弯参数（Bend parameters）"图标 ⬚，弹出"折弯定义（Bend Definition）"对话框。在"左侧极限（Left Extremity）"选项卡和"右侧极限（Right Extremity）"选项卡中均选择"封闭止裂槽（Closed）"选项 ⬚。

⑥ 单击"预览"按钮，确认无误后单击"确定"按钮。创建的边线上的墙体 1 如图 12-349 所示。

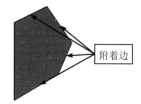

图 12-348　边线上的墙体 1 附着边

图 12-349　创建边线上的墙体 1

（3）创建剪口 1

① 在"剪切 / 冲压（Cutting/Stamping）"工具栏中单击"剪口（Cut Out）"图标，弹出"剪口定义（Cutout Definition）"对话框。

② 在"剪口类型（Cutout Type）"选项组的"类型（Type）"下拉列表中选择"标准剪口（Sheetmetal standard）"选项。

③ 单击对话框中的"草图"图标，选择如图 12-350 所示的平面作为草图平面，进入草图工作台，绘制如图 12-351 所示的草图。单击"退出工作台"图标，完成草图创建。

④ 在"末端限制（End Limit）"选项组的"类型（Type）"下拉列表中选择"直到下一个（Up to next）"选项。

⑤ 单击"预览"按钮，确认无误后单击"确定"按钮。创建的剪口 1 如图 12-352 所示。

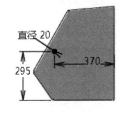

图 12-350　剪口 1 草图平面　　　图 12-351　绘制剪口 1 草图　　　图 12-352　创建剪口 1

12.3.6　左前护罩

在结构树中双击"左前护罩"，在菜单栏中依次选择"插入"→"新建零件"，分别插入 8 个零件，依次命名为"左侧支撑""左护罩""上防护罩""操控板""左侧板 1""左侧板 2""左壳体"和"左支撑板"，并分别对各零件的钣金参数进行设置。

1. 左侧支撑

在结构树中双击"左侧支撑"节点下的零件图标，进入左侧支撑的制作。

（1）创建平整钣金模型

① 在"墙体（Walls）"工具栏中单击"墙体（Wall）"图标，弹出"墙体定义（Wall Definition）"对话框。

② 单击对话框中的"草图"图标，在结构树中选择"机床骨架中发布的左平面"作为草图平面，进入草图工作台，显示除右护罩和右门外的其他零件，并将"右门支撑"进行部分投影，绘制如图 12-353 所示的草图。为了便于观察草图，再次隐藏其他零件，此时的草图如图 12-354 所示。单击"退出工作台"图标，完成草图创建。

③ 单击"预览"按钮，确认无误后单击"确定"按钮。创建的平整钣金模型如图 12-355 所示。

（2）创建倒圆角 1

① 在"剪切 / 冲压（Cutting/Stamping）"工具栏中单击"倒圆角（Corner）"图标，弹出"倒圆角定义（Corner）"对话框。

② 在"半径（Radius）"文本框中输入数值，本例取"20"。

③ 选择如图 12-356 所示的钣金五边形各角边线作为圆角化对象。

④ 单击"预览"按钮，确认无误后单击"确定"按钮。创建的倒圆角 1 如图 12-357 所示。

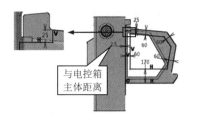
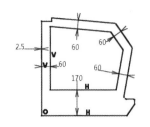

图 12-353　绘制平整钣金草图　　图 12-354　隐藏其他零件后的草图　　图 12-355　创建平整钣金模型

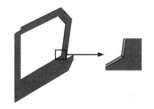
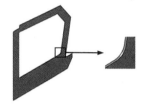

图 12-356　倒圆角 1 圆角化对象　　　　　　　图 12-357　创建倒圆角 1

（3）创建边线上的墙体 1

① 在"墙体（Walls）"工具栏中单击"边线上的墙体（Wall on Edge）"图标 ，弹出"边线上的墙体定义（Wall On Edge Definition）"对话框。

② 在"类型（Type）"下拉列表中选择"自动生成边线上的墙体（Automatic）"选项。

③ 选择如图 12-358 所示钣金墙体的四条边线作为附着边。

④ 选择"高度和倾角（Height & Inclination）"选项卡，在"高度（Height）"文本框中输入数值，本例取"20"；在"角度（Angle）"文本框中输入数值，本例取"90"。

⑤ 单击"预览"按钮，确认无误后单击"确定"按钮。创建的边线上的墙体 1 如图 12-359 所示。

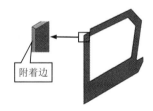

图 12-358　边线上的墙体 1 附着边　　　　　　图 12-359　创建边线上的墙体 1

（4）创建曲面冲压 1

① 在"剪切/冲压（Cutting/Stamping）"工具栏中单击"冲压（Stamping）"图标 下的三角箭头，在其下拉列表中选择"曲面冲压（Surface Stamp）"图标 ，弹出"曲面冲压定义（Surface Stamp Definition）"对话框。

② 在"参数选择（Parameters choice）"下拉列表中选择"角度（Angle）"选项，在"角度（Angle A）"文本框中输入数值，本例取"90"；在"高度（Height H）"文本框中输入数值，本例取"2.5"；在"半径 R1（Radius R1）"文本框中输入数值，本例取"2"；在"半径 R2（Radius R2）"文本框中输入数值，本例取"2"。

③ 单击对话框中的"草图"图标，选择如图 12-360 所示的平面作为草图平面，进入草图工作台，绘制如图 12-361 所示的草图。单击"退出工作台"图标，完成草图创建。

④ 单击"预览"按钮，确认无误后单击"确定"按钮。创建的曲面冲压 1 如图 12-362 所示。

图 12-360　曲面冲压 1 草图平面

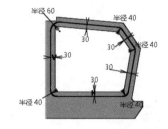

图 12-361　绘制曲面冲压 1 草图

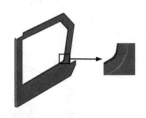

图 12-362　创建曲面冲压 1

（5）创建剪口 1

① 在"剪切 / 冲压（Cutting/Stamping）"工具栏中单击"剪口（Cut Out）"图标，弹出"剪口定义（Cutout Definition）"对话框。

② 在"剪口类型（Cutout Type）"选项组的"类型（Type）"下拉列表中选择"标准剪口（Sheetmetal standard）"选项。

③ 单击对话框中的"草图"图标，选择如图 12-363 所示的平面作为草图平面，进入草图工作台，绘制如图 12-364 所示的草图。单击"退出工作台"图标，完成草图创建。

④ 在"末端限制（End Limit）"选项组的"类型（Type）"下拉列表中选择"直到下一个（Up to next）"选项。

⑤ 单击"预览"按钮，确认无误后单击"确定"按钮。创建的剪口 1 如图 12-365 所示。

图 12-363　剪口 1 草图平面

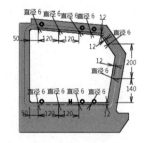

图 12-364　绘制剪口 1 草图

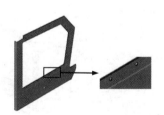

图 12-365　创建剪口 1

2. 左护罩

在结构树中双击"左护罩"节点下的零件图标，进入左护罩的制作。

（1）拉伸成形

① 在"墙体（Walls）"工具栏中单击"拉伸（Extrusion）"图标，弹出"拉伸定义（Extrusion Definition）"对话框。

② 单击对话框中的"草图"图标，选择"机床骨架中发布的左平面"作为草图平面，进入草图工作台，将如图 12-366 所示的"左侧支撑"进行部分投影，绘制如图 12-367 所示的草图。单击"退出工作台"图标，完成草图创建。

③ 在"第一限制（Sets first limit）"下拉列表中选择"限制 1 直到平面（limit 1 up to plane）"选项，选择"机床骨架中发布的左参考面"作为限制平面。

④ 单击"预览"按钮，确认无误后单击"确定"按钮，完成拉伸成形，结果如图 12-368 所示。

图 12-366　草图投影边线

图 12-367　绘制拉伸成形草图

图 12-368　拉伸成形

（2）创建凸缘 1

① 在"墙体（Walls）"工具栏中单击"扫掠墙体（Swept Walls）"图标下的三角箭头，在其下拉列表中选择"凸缘（Flange）"图标，弹出"凸缘定义（Flange Definition）"对话框。

② 选择"基础型（Basic）"选项。

③ 在"长度（Length）"文本框中输入数值，本例取"70"；在"角度（Angle）"文本框中输入数值，本例取"90"；在"折弯半径（Radius）"文本框中输入数值，本例取"5"。

④ 激活"边线（Spine）"文本框，选择如图 12-369 所示的边线作为凸缘 1 的附着边。

⑤ 单击"确定"按钮，完成凸缘 1 的创建，结果如图 12-370 所示。

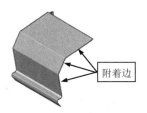
图 12-369　凸缘 1 附着边

图 12-370　创建凸缘 1

（3）创建剪口 1

① 在"剪切/冲压（Cutting/Stamping）"工具栏中单击"剪口（Cut Out）"图标，弹出"剪口定义（Cutout Definition）"对话框。

② 在"剪口类型（Cutout Type）"选项组的"类型（Type）"下拉列表中选择"标准剪口（Sheetmetal standard）"选项。

③ 单击对话框中的"草图"图标，选择如图 12-371 所示的平面作为草图平面，进入草图工作台，绘制如图 12-372 所示的草图。单击"退出工作台"图标，完成草图创建。

④ 在"末端限制（End Limit）"选项组的"类型（Type）"下拉列表中选择"直到下一个（Up to next）"选项。

⑤ 单击"预览"按钮，确认无误后单击"确定"按钮。创建的剪口 1 如图 12-373 所示。

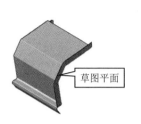

图 12-371　剪口 1 草图平面

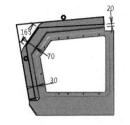

图 12-372　绘制剪口 1 草图

图 12-373　创建剪口 1

（4）创建倒圆角 1

① 在"剪切／冲压（Cutting/Stamping）"工具栏中单击"倒圆角（Corner）"图标 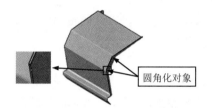，弹出"倒圆角定义（Corner）"对话框。

② 在"半径（Radius）"文本框中输入数值，本例取"20"。

③ 选择如图 12-374 所示的边线作为圆角化对象。

④ 单击"预览"按钮，确认无误后单击"确定"按钮。创建的倒圆角 1 如图 12-375 所示。

图 12-374　倒圆角 1 圆角化对象

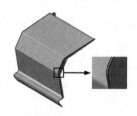

图 12-375　创建倒圆角 1

（5）创建倒圆角 2

参照"（4）创建倒圆角 1"的步骤，创建倒圆角 2。选择如图 12-376 所示的边线作为圆角化对象，在"半径（Radius）"文本框中输入"5"，单击"预览"按钮，确认无误后单击"确定"按钮。创建的倒圆角 2 如图 12-377 所示。

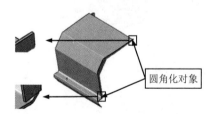

图 12-376　倒圆角 2 圆角化对象

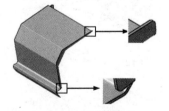

图 12-377　创建倒圆角 2

（6）创建剪口 2

参照"（3）创建剪口 1"的步骤，创建剪口 2。选择如图 12-378 所示的平面作为草图平面，绘制如图 12-379 所示的草图；在"末端限制（End Limit）"选项组的"类型（Type）"下拉列表中选择"尺寸（Dimension）"选项，在"深度（Depth）"文本框中输入数值，本例取"440"；单击"更多（more）"按钮，在"起始限制（Start Limit）"选项组的"类型（Type）"下拉列表中选择"尺寸（Dimension）"选项，在"深度（Depth）"文本框中输入数值，本例取"20"。创建的剪口 2 如图 12-380 所示。

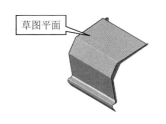

图 12-378　剪口 2 草图平面

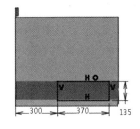

图 12-379　剪口 2 草图

图 12-380　创建剪口 2

3. 上防护罩

在结构树中双击"上防护罩"节点下的零件图标,进入上防护罩的制作。

（1）拉伸成形

① 在"墙体（Walls）"工具栏中单击"拉伸（Extrusion）"图标 ,弹出"拉伸定义（Extrusion Definition）"对话框。

② 单击对话框中的"草图"图标 ,选择"机床骨架中发布的左平面"作为草图平面,进入草图工作台,然后显示电控箱,绘制如图 12-381 所示的草图。单击"退出工作台"图标 ,完成草图创建。

③ 在"第一限制（Sets first limit）"下拉列表中选择"限制 1 直到平面（limit 1 up to plane）"选项,选择"机床骨架中发布的左参考面"作为限制平面。

④ 单击"预览"按钮,确认无误后单击"确定"按钮,完成拉伸成形,隐藏其他零件后的效果如图 12-382 所示。

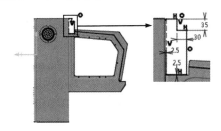

图 12-381　绘制拉伸成形草图

图 12-382　拉伸成形

（2）创建边线上的墙体 1

① 在"墙体（Walls）"工具栏中单击"边线上的墙体（Wall on Edge）"图标 ,弹出"边线上的墙体定义（Wall On Edge Definition）"对话框。

② 在"类型（Type）"下拉列表中选择"自动生成边线上的墙体（Automatic）"选项。

③ 选择如图 12-383 所示的边线作为附着边。

④ 选择"高度和倾角（Height & Inclination）"选项卡,在"高度（Height）"文本框中输入数值,本例取"20";在"角度（Angle）"文本框中输入数值,本例取"90"。

⑤ 单击"折弯参数（Bend parameters）"图标 ,弹出"折弯定义（Bend Definition）"对话框。在"左侧极限（Left Extremity）"选项卡和"右侧极限（Right Extremity）"选项卡中均选择"封闭止裂槽（Closed）"选项 。

⑥ 单击"预览"按钮,确认无误后单击"确定"按钮。创建的边线上的墙体 1 如图 12-384 所示。

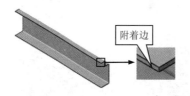

图 12-383　边线上的墙体 1 附着边　　　　　　图 12-384　创建边线上的墙体 1

（3）创建边线上的墙体 2

参照"（2）创建边线上的墙体 1"的步骤及参数设置，选择如图 12-385 所示的边线作为附着边，创建边线上的墙体 2，结果如图 12-386 所示。

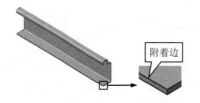

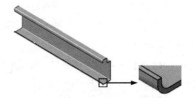

图 12-385　边线上的墙体 2 附着边　　　　　　图 12-386　创建边线上的墙体 2

（4）创建边线上的墙体 3

① 在"墙体（Walls）"工具栏中单击"边线上的墙体（Wall on Edge）"图标，弹出"边线上的墙体定义（Wall On Edge Definition）"对话框。

② 在"类型（Type）"下拉列表中选择"基于草图生成边线上的墙体（Sketch Based）"选项。

③ 选择如图 12-387 所示的边线作为附着边。

④ 单击对话框中的"草图"图标，选择如图 12-387 所示的平面作为草图平面，进入草图工作台，然后将已创建的钣金边线投影，绘制如图 12-388 所示的草图。单击"退出工作台"图标，完成草图创建。

⑤ 单击"折弯参数（Bend parameters）"图标，弹出"折弯定义（Bend Definition）"对话框。在"左侧极限（Left Extremity）"选项卡和"右侧极限（Right Extremity）"选项卡中均选择"封闭止裂槽（Closed）"选项。

⑥ 单击"预览"按钮，确认无误后单击"确定"按钮。创建的边线上的墙体 3 如图 12-389 所示。

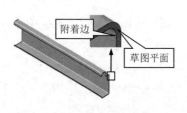

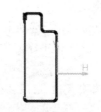

图 12-387　墙体 3 附着边及　　　图 12-388　绘制边线上的　　　图 12-389　创建边线上的
　　　　　　草图平面　　　　　　　　　　墙体 3 草图　　　　　　　　　　墙体 3

（5）创建边线上的墙体 4

参照"（2）创建边线上的墙体 1"的步骤和参数设置，创建边线上的墙体 4，选择如图 12-390 所示的边线和平面作为附着边和草图平面，绘制草图，结果如图 12-391 所示。创建的边线上的墙体 4 如图 12-392 所示。

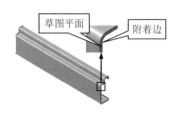  

图 12-390　墙体 4 附着边和草图平面　图 12-391　绘制边线上的墙体 4 草图　图 12-392　创建边线上的墙体 4

4. 操控板

在结构树中双击"操控板"节点下的零件图标，进入操控板的制作。这里需显示左护罩。

（1）设置参考平面 1

在"参考元素"工具栏中单击"平面"图标 ，弹出"平面定义"对话框。在"平面类型"下拉列表中选择"平行通过点"选项；激活"参考"文本框，选择"机床骨架中发布的后平面"作为参考；激活"点"文本框，选择如图 12-393 所示的点作为参考点。单击"预览"按钮，确认无误后单击"确定"按钮，完成参考平面 1 的设置，结果如图 12-394 所示。

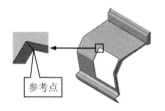 

图 12-393　参考平面 1 参考点　　　　　　图 12-394　设置参考平面 1

（2）创建平整钣金模型

① 在"墙体（Walls）"工具栏中单击"墙体（Wall）"图标 ，弹出"墙体定义（Wall Definition）"对话框。

② 单击对话框中的"草图"图标 ，选择步骤（1）设置的参考平面 1 作为草图平面，进入草图工作台，绘制如图 12-395 所示的草图。单击"退出工作台"图标 ，完成草图创建。

③ 单击"预览"按钮，确认无误后单击"确定"按钮。创建的平整钣金模型如图 12-396 所示。

图 12-395　绘制平整钣金草图　　　　　图 12-396　创建平整钣金模型

（3）创建边线上的墙体 1

① 在"墙体（Walls）"工具栏中单击"边线上的墙体（Wall on Edge）"图标 ，弹出"边线上的墙体定义（Wall On Edge Definition）"对话框。

② 在"类型（Type）"下拉列表中选择"基于草图生成边线上的墙体（Sketch Based）"选项。

③ 选择如图 12-397 所示的边线作为附着边。

④ 单击对话框中的"草图"图标 ，选择如图 12-397 所示的钣金平面作为草图平面，进入草图工作台，绘制如图 12-398 所示的草图。单击"退出工作台"图标 ，完成草图创建。

⑤ 单击"折弯参数（Bend parameters）"图标 ，弹出"折弯定义（Bend Definition）"对话框。激活"左侧极限（Left Extremity）"选项卡，选择"封闭止裂槽（Closed）"选项 ；激活"右侧极限（Right Extremity）"选项卡，选择"相切止裂槽（Tangent）"选项 。

⑥ 单击"预览"按钮，确认无误后单击"确定"按钮。创建的边线上的墙体 1 如图 12-399 所示。

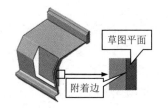
图 12-397 墙体 1 附着边及草图平面

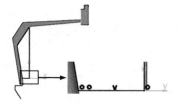
图 12-398 绘制边线上的墙体 1 草图

图 12-399 创建边线上的墙体 1

（4）创建边线上的墙体 2

参照"（3）创建边线上的墙体 1"的步骤，创建边线上的墙体 2。选择如图 12-400 所示的边线和平面作为附着边和草图平面，绘制如图 12-401 所示的草图。单击"折弯参数（Bend parameters）"图标 ，弹出"折弯定义（Bend Definition）"对话框，在"左侧极限（Left Extremity）"选项卡和"右侧极限（Right Extremity）"选项卡中均选择"封闭止裂槽（Closed）"选项 。创建的边线上的墙体 2 如图 12-402 所示。

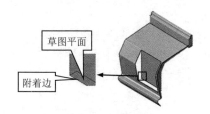
图 12-400 墙体 2 附着边及草图平面

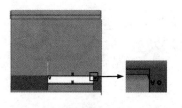
图 12-401 绘制边线上的墙体 2 草图

图 12-402 创建边线上的墙体 2

（5）创建边线上的墙体 3

参照"（3）创建边线上的墙体 1"的步骤，创建边线上的墙体 3。选择如图 12-403 所示的边线作为附着边，选择附着边所在平面作为草图平面，将步骤（3）创建的边线上的墙体 1 的边线投影，绘制如图 12-404 所示的草图；单击"折弯参数（Bend parameters）"图标![图标]，弹出"折弯定义（Bend Definition）"对话框。在"左侧极限（Left Extremity）"选项卡中选择"封闭止裂槽（Closed）"选项![图标]，在"右侧极限（Right Extremity）"选项卡中选择"相切止裂槽（Tangent）"选项![图标]。创建的边线上的墙体 3 如图 12-405 所示。

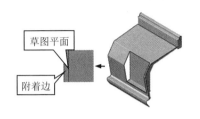
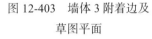

图 12-403 墙体 3 附着边及　　　图 12-404 绘制边线上的　　　图 12-405 创建边线上的
　　　　　草图平面　　　　　　　　　　墙体 3 草图　　　　　　　　　墙体 3

（6）创建剪口 1

① 在"剪切/冲压（Cutting/Stamping）"工具栏中单击"剪口（Cut Out）"图标![图标]，弹出"剪口定义（Cutout Definition）"对话框。

② 在"剪口类型（Cutout Type）"选项组的"类型（Type）"下拉列表中选择"标准剪口（Sheetmetal standard）"选项。

③ 单击对话框中的"草图"图标![图标]，选择如图 12-406 所示的平面作为草图平面，进入草图工作台，绘制如图 12-407 所示的草图。单击"退出工作台"图标![图标]，完成草图创建。

④ 在"末端限制（End Limit）"选项组的"类型（Type）"下拉列表中选择"直到下一个（Up to next）"选项。

⑤ 单击"预览"按钮，确认无误后单击"确定"按钮。创建的剪口 1 如图 12-408 所示。

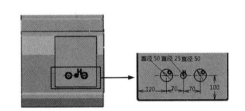

图 12-406 剪口 1 草图平面　　　　　图 12-407 绘制剪口 1 草图　　　　　图 12-408 创建剪口 1

5. 左侧板 1

在结构树中双击"左侧板 1"节点下的零件图标，进入左侧板 1 的制作。

（1）创建平整钣金模型

① 在"墙体（Walls）"工具栏中单击"墙体（Wall）"图标![图标]，弹出"墙体定义（Wall Definition）"对话框。

② 单击对话框中的"草图"图标![图标]，在结构树中选择"机床骨架中发布的左平面"作为草图平面，进入草图工作台，然后显示左侧支撑并隐藏其他零件，绘制如图 12-409 所示的草图。单击"退出工作台"图标![图标]，完成草图创建。

③ 单击"预览"按钮，确认无误后单击"确定"按钮。

④ 在结构树中右击"Left door1"，在下拉列表中选择"Left door1 对象"中的"在新窗口中打开"选项。创建的平整钣金模型如图 12-410 所示。

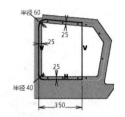

图 12-409　绘制平整钣金草图　　　　　　图 12-410　创建平整钣金模型

（2）创建剪口 1

① 在"剪切 / 冲压（Cutting/Stamping）"工具栏中单击"剪口（Cut Out）"图标 ，弹出"剪口定义（Cutout Definition）"对话框。

② 在"剪口类型（Cutout Type）"选项组的"类型（Type）"下拉列表中选择"标准剪口（Sheetmetal standard）"选项。

③ 单击对话框中的"草图"图标 ，选择如图 12-411 所示的平面作为草图平面，进入草图工作台，绘制如图 12-412 所示的草图。单击"退出工作台"图标 ，完成草图创建。

④ 在"末端限制（End Limit）"选项组的"类型（Type）"下拉列表中选择"直到下一个（Up to next）"选项。

⑤ 单击"预览"按钮，确认无误后单击"确定"按钮。创建的剪口 1 如图 12-413 所示。

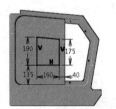

图 12-411　剪口 1 草图平面　　　图 12-412　绘制剪口 1 草图　　　图 12-413　创建剪口 1

（3）创建倒圆角 1

① 在"剪切 / 冲压（Cutting/Stamping）"工具栏中单击"倒圆角（Corner）"图标 ，弹出"倒圆角定义（Corner）"对话框。

② 在"半径（Radius）"文本框中输入数值，本例取"10"。

③ 选择如图 12-414 所示的边线作为圆角化对象。

④ 单击"预览"按钮，确认无误后单击"确定"按钮。创建的倒圆角 1 如图 12-415 所示。

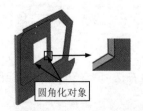

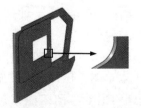

图 12-414　倒圆角 1 圆角化对象　　　　　　图 12-415　创建倒圆角 1

（4）创建倒圆角 2

参照"（3）创建倒圆角 1"的步骤，创建倒圆角 2。选择如图 12-416 所示的边线作为圆角化对象，在"半径（Radius）"文本框中输入数值"25"，单击"预览"按钮，确认无误后单击"确定"按钮。创建的倒圆角 2 如图 12-417 所示。

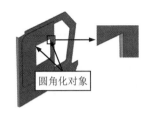

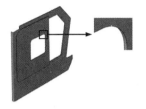

图 12-416　倒圆角 2 圆角化对象　　　　　　　图 12-417　创建倒圆角 2

（5）创建剪口 2

参照"（2）创建剪口 1"的步骤和参数设置，创建剪口 2。选择如图 12-418 所示的平面作为草图平面，单击"投影 3D 元素"图标，将如图 12-419 所示的 6 个孔边线投影至草图平面，生成剪口 2 草图。创建的剪口 2 如图 12-420 所示。

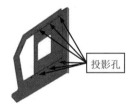

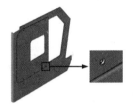

图 12-418　剪口 2 草图平面　　　图 12-419　剪口 2 投影孔　　　图 12-420　创建剪口 2

6. 左侧板 2

在结构树中双击"左侧板 2"节点下的零件图标，进入左侧板 2 的制作。

（1）创建平整钣金模型

① 在"墙体（Walls）"工具栏中单击"墙体（Wall）"图标，弹出"墙体定义（Wall Definition）"对话框。

② 单击对话框中的"草图"图标，在结构树中选择"机床骨架中发布的左平面"作为草图平面，进入草图工作台，绘制如图 12-421 所示的草图。单击"退出工作台"图标，完成草图创建。

③ 单击"预览"按钮，确认无误后单击"确定"按钮。

④ 在结构树中右击"Left door2"，在下拉列表中选择"Left door2 对象"中的"在新窗口中打开"选项。创建的平整钣金模型如图 12-422 所示。

（2）创建剪口 1

① 在"剪切 / 冲压（Cutting/Stamping）"工具栏中单击"剪口（Cut Out）"图标，弹出"剪口定义（Cutout Definition）"对话框。

② 在"剪口类型（Cutout Type）"选项组的"类型（Type）"下拉列表中选择"标准剪口（Sheetmetal standard）"选项。

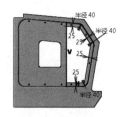

图 12-421　绘制平整钣金草图　　　　　　　　　图 12-422　创建平整钣金模型

③ 单击对话框中的"草图"图标 ，选择如图 12-423 所示的平面作为草图平面，进入草图工作台，单击"投影 3D 元素"图标，将如图 12-424 所示的 4 个孔边线投影至草图平面。单击"退出工作台"图标，完成草图创建。

④ 在"末端限制（End Limit）"选项组的"类型（Type）"下拉列表中选择"直到下一个（Up to next）"选项。

⑤ 单击"预览"按钮，确认无误后单击"确定"按钮。创建的剪口 1 如图 12-425 所示。

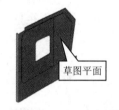　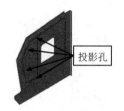　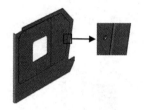

图 12-423　剪口 1 草图平面　　　图 12-424　剪口 1 投影孔　　　图 12-425　创建剪口 1

7. 左壳体

在结构树中双击"左壳体"节点下的零件图标，进入左壳体的制作。

（1）设置参考平面 1

在"参考元素"工具栏中单击"平面"图标，弹出"平面定义"对话框。在"平面类型"下拉列表中选择"偏移平面"选项；激活"参考"文本框，选择"机床骨架中发布的左平面"作为参考；在"偏移"文本框中输入数值，本例取"167.5"。单击"预览"按钮，确认无误后单击"确定"按钮。

（2）创建平整钣金模型

① 在"墙体（Walls）"工具栏中单击"墙体（Wall）"图标，弹出"墙体定义（Wall Definition）"对话框。

② 单击对话框中的"草图"图标，选择步骤（1）设置的参考平面 1 作为草图平面，进入草图工作台，单击"投影 3D 元素"图标，将如图 12-426 中左侧板 1 中的剪口投影至草图平面。单击"退出工作台"图标，完成草图创建。

③ 单击"预览"按钮，确认无误后单击"确定"按钮。创建的平整钣金模型如图 12-427 所示。

（3）创建凸缘 1

① 在"墙体（Walls）"工具栏中单击"扫掠墙体（Swept Walls）"图标 下的三角箭头，在其下拉列表中选择"凸缘（Flange）"图标，弹出"凸缘定义（Flange Definition）"对话框。

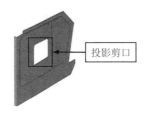

图 12-426　投影左侧板 1 中的剪口　　　　　图 12-427　创建平整钣金模型

② 选择"基础型（Basic）"选项。

③ 在"长度（Length）"文本框中输入数值，本例取"160"；在"角度（Angle）"文本框中输入数值，本例取"90"；在"折弯半径（Radius）"文本框中输入数值，本例取"5"。

④ 激活"边线（Spine）"文本框，选择步骤（2）创建的平整钣金模型的边线作为凸缘 1 的附着边，如图 12-428 所示。

⑤ 单击"确定"按钮，完成凸缘 1 的创建，结果如图 12-429 所示。

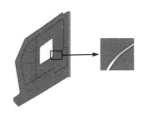

图 12-428　凸缘 1 附着边　　　　　　　　图 12-429　创建凸缘 1

（4）创建剪口 1

① 在"剪切 / 冲压（Cutting/Stamping）"工具栏中单击"剪口（Cut Out）"图标，弹出"剪口定义（Cutout Definition）"对话框。

② 在"剪口类型（Cutout Type）"选项组的"类型（Type）"下拉列表中选择"标准剪口（Sheetmetal standard）"选项。

③ 单击对话框中的"草图"图标，选择如图 12-430 所示的平面作为草图平面，进入草图工作台，绘制如图 12-431 所示的草图。单击"退出工作台"图标，完成草图创建。

④ 在"末端限制（End Limit）"选项组的"类型（Type）"下拉列表中选择"直到下一个（Up to next）"选项。

⑤ 单击"预览"按钮，确认无误后单击"确定"按钮。创建的剪口 1 如图 12-432 所示。

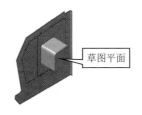

图 12-430　剪口 1 草图平面　　　图 12-431　绘制剪口 1 草图　　　图 12-432　创建剪口 1

（5）创建剪口 2

参照"（4）创建剪口 1"的步骤和参数设置，创建剪口 2。选择如图 12-433 所示的平面作

为草图平面，绘制草图，结果如图 12-434 所示。创建的剪口 2 如图 12-435 所示。

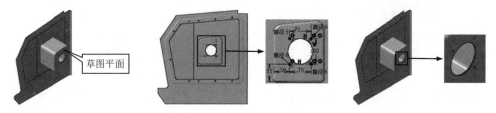

图 12-433　剪口 2 草图平面　　　　图 12-434　绘制剪口 2 草图　　　　图 12-435　创建剪口 2

8. 左支撑板

在结构树中双击"左支撑板"节点下的零件图标，进入左支撑板的制作。

（1）创建平整钣金模型

① 在"墙体（Walls）"工具栏中单击"墙体（Wall）"图标 ，弹出"墙体定义（Wall Definition）"对话框。

② 单击对话框中的"草图"图标 ，选择选择如图 12-436 所示的平面作为草图平面，进入草图工作台，绘制如图 12-437 所示的草图。单击"退出工作台"图标 ，完成草图创建。

③ 单击"预览"按钮，确认无误后单击"确定"按钮。创建的平整钣金模型如图 12-438 所示。

 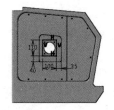 

图 12-436　平整钣金草图平面　　　　图 12-437　绘制平整钣金草图　　　　图 12-438　创建平整钣金模型

（2）创建剪口 1

① 在"剪切 / 冲压（Cutting/Stamping）"工具栏中单击"剪口（Cut Out）"图标 ，弹出"剪口定义（Cutout Definition）"对话框。

② 在"剪口类型（Cutout Type）"选项组的"类型（Type）"下拉列表中选择"标准剪口（Sheetmetal standard）"选项。

③ 单击对话框中的"草图"图标 ，选择如图 12-439 所示的平面作为草图平面，进入草图工作台，单击"投影 3D 元素"图标 ，将如图 12-440 中左壳体中的剪口 1 和剪口 2 投影至草图平面。单击"退出工作台"图标 ，完成草图创建。

④ 在"末端限制（End Limit）"选项组的"类型（Type）"下拉列表中选择"直到下一个（Up to next）"选项。

⑤ 单击"预览"按钮，确认无误后单击"确定"按钮。创建的剪口 1 如图 12-441 所示。

（3）创建倒圆角 1

① 在"剪切 / 冲压（Cutting/Stamping）"工具栏中单击"倒圆角（Corner）"图标 ，弹出"倒圆角定义（Corner）"对话框。

② 在"半径（Radius）"文本框中输入数值，本例取"10"。

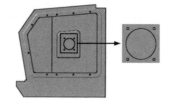

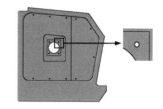

图 12-439　剪口 1 草图平面　　　　图 12-440　投影剪口　　　　图 12-441　创建剪口 1

③ 选中"凸边（Convex Edge(s)）"复选框和"凹边（Concave Edge(s)）"复选框。

④ 单击"选择全部（Select all）"按钮 Select All。

⑤ 单击"预览"按钮，确认无误后单击"确定"按钮，完成倒圆角 1 的创建，结果如图 12-442 所示。隐藏其他零件，创建完成的左支撑板如图 12-443 所示。

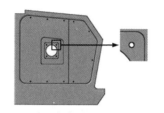

图 12-442　创建倒圆角 1　　　　　　　　图 12-443　创建完成的左支撑板

12.3.7　下挡板

在结构树中双击"下挡板"，在菜单栏中依次选择"插入"→"新建零件"，分别插入 4 个零件，依次命名为"下前挡板 1""下前挡板 2""右下挡板"和"左下挡板"，并分别对各零件的钣金参数进行设置。

1. 下前挡板 1

在结构树中双击"下前挡板 1"节点下的零件图标，进入下前挡板 1 的制作。

（1）拉伸成形

① 在"墙体（Walls）"工具栏中单击"拉伸（Extrusion）"图标 ，弹出"拉伸定义（Extrusion Definition）"对话框。

② 单击对话框中的"草图"图标 ，选择"机床骨架中发布的右平面"作为草图平面，进入草图工作台，然后显示后方箱体、右前护罩和左前护罩，绘制如图 12-444 所示的草图。单击"退出工作台"图标 ，完成草图创建。

③ 在"第一限制（Sets first limit）"下拉列表中选择"限制 1 直到平面（limit 1 up to plane）"选项，选择"机床骨架中发布的左参考面"作为限制平面。

④ 单击"预览"按钮，确认无误后单击"确定"按钮，完成拉伸成形，结果如图 12-445 所示。

（2）创建剪口 1

① 在"剪切 / 冲压（Cutting/Stamping）"工具栏中单击"剪口（Cut Out）"图标 ，弹出"剪口定义（Cutout Definition）"对话框。

② 在"剪口类型（Cutout Type）"选项组的"类型（Type）"下拉列表中选择"标准剪口（Sheetmetal standard）"选项。

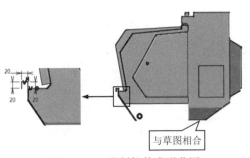

图 12-444　绘制拉伸成形草图

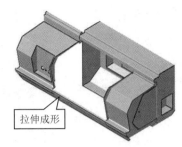

图 12-445　拉伸成形

③ 单击对话框中的"草图"图标 🖊️，选择"机床骨架中发布的前平面"作为草图平面，进入草图工作台，绘制如图 12-446 所示的草图。单击"退出工作台"图标 凸，完成草图创建。

④ 在"末端限制（End Limit）"选项组的"类型（Type）"下拉列表中选择"直到下一个（Up to next）"选项。

⑤ 单击"预览"按钮，确认无误后单击"确定"按钮，完成剪口 1 的创建，隐藏其他零件后的效果如图 12-447 所示。

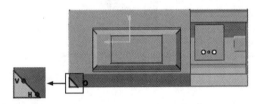

图 12-446　绘制剪口 1 草图

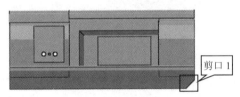

图 12-447　创建剪口 1

2. 下前挡板 2

在结构树中双击"下前挡板 2"节点下的零件图标，进入下前挡板 2 的制作。

（1）拉伸成形

① 在"墙体（Walls）"工具栏中单击"拉伸（Extrusion）"图标 🖊️，弹出"拉伸定义（Extrusion Definition）"对话框。

② 单击对话框中的"草图"图标 🖊️，选择"机床骨架中发布的右平面"作为草图平面，进入草图工作台，然后隐藏除下前挡板 1 以外的其他零件，绘制如图 12-448 所示的草图。单击"退出工作台"图标 凸，完成草图创建。

③ 在"第一限制（Sets first limit）"下拉列表中选择"限制 1 的尺寸（Limit 1 dimension）"选项，在其后面的文本框中输入数值，本例取"2287.5"；在"第二限制（Sets second limit）"下拉列表中选择"限制 2 的尺寸（Limit 2 dimension）"选项，在其后面的文本框中输入数值，本例取"−2.5"。

④ 单击"预览"按钮，确认无误后单击"确定"按钮。

⑤ 在结构树中右击"Front down2"，在下拉列表中选择"Front down2 对象"中的"在新窗口中打开"选项。拉伸成形的结果如图 12-449 所示。

（2）创建边线上的墙体 1

① 在"墙体（Walls）"工具栏中单击"边线上的墙体（Wall on Edge）"图标 🖊️，弹出"边线上的墙体定义（Wall On Edge Definition）"对话框。

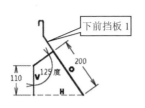

图 12-448　绘制拉伸成形草图

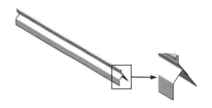

图 12-449　拉伸成形

② 在 "类型（Type）" 下拉列表中选择 "基于草图生成边线上的墙体（Sketch Based）" 选项。

③ 选择如图 12-450 所示的边线作为附着边。

④ 单击对话框中的 "草图" 图标 ，选择如图 12-450 所示的平面作为草图平面，进入草图工作台，然后隐藏下前挡板 1 并将步骤（1）拉伸成形创建的钣金进行投影，生成如图 12-451 所示的草图。单击 "退出工作台" 图标 ，完成草图创建。

⑤ 单击 "折弯参数（Bend parameters）" 图标 ，弹出 "折弯定义（Bend Definition）" 对话框。在 "左侧极限（Left Extremity）" 选项卡中选择 "线性止裂槽（Linear）" 选项 ，在 "右侧极限（Right Extremity）" 选项卡中选择 "封闭止裂槽（Closed）" 选项 。

⑥ 单击 "预览" 按钮，确认无误后单击 "确定" 按钮。创建的边线上的墙体 1 如图 12-452 所示。

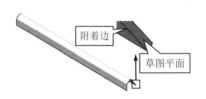

图 12-450　墙体 1 附着边及
草图平面

图 12-451　生成边线上的
墙体 1 草图

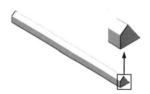

图 12-452　创建边线上的
墙体 1

（3）创建边线上的墙体 2

参照 "（2）创建边线上的墙体 1" 的步骤，创建边线上的墙体 2，选择如图 12-453 所示的边线和平面作为附着边和草图平面，绘制草图，结果如图 12-454 所示。创建的边线上的墙体 2 如图 12-455 所示。

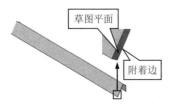

图 12-453　墙体 2 附着边及
草图平面

图 12-454　绘制边线上的
墙体 2 草图

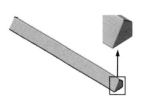

图 12-455　创建边线上的
墙体 2

3. 右下挡板

在结构树中双击"右下挡板"节点下的零件图标，进入右下挡板的制作。

（1）创建平整钣金模型

① 在"墙体（Walls）"工具栏中单击"墙体（Wall）"图标 ，弹出"墙体定义（Wall Definition）"对话框。

② 单击对话框中的"草图"图标 ，在结构树中选择"机床骨架中发布的右平面"作为草图平面，进入草图工作台，然后隐藏下前挡板 2 并显示后方箱体、右前护罩和下前挡板 1，绘制如图 12-456 所示的草图。单击"退出工作台"图标 ，完成草图创建。

③ 单击"预览"按钮，确认无误后单击"确定"按钮。创建的平整钣金模型如图 12-457 所示。

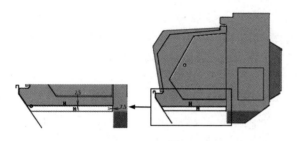

图 12-456　绘制平整钣金草图

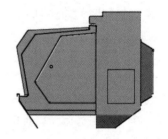

图 12-457　创建平整钣金模型

（2）设置参考平面 1

在"参考元素"工具栏中单击"平面"图标 ，弹出"平面定义"对话框。在"平面类型"下拉列表中选择"通过两条直线"选项；激活"直线 1"和"直线 2"文本框，分别选择如图 12-458 所示的两条边线。单击"预览"按钮，确认无误后单击"确定"按钮，完成参考平面 1 的设置，如图 12-459 所示。

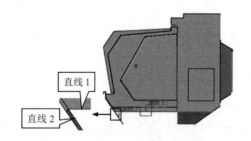

图 12-458　参考平面 1 参考边线

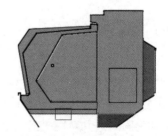

图 12-459　设置参考平面 1

（3）创建边线上的墙体 1

① 在"墙体（Walls）"工具栏中单击"边线上的墙体（Wall on Edge）"图标 ，弹出"边线上的墙体定义（Wall On Edge Definition）"对话框。

② 在"类型（Type）"下拉列表中选择"基于草图生成边线上的墙体（Sketch Based）"选项。

③ 选择如图 12-460 所示的边线作为附着边。

④ 单击对话框中的"草图"图标 ，选择步骤（2）设置的参考平面 1 作为草图平面，

进入草图工作台，绘制如图 12-461 所示的草图。单击"退出工作台"图标 ⬚，完成草图创建。

⑤ 单击"折弯参数（Bend parameters）"图标 ⬚，弹出"折弯定义（Bend Definition）"对话框。在"左侧极限（Left Extremity）"选项卡和"右侧极限（Right Extremity）"选项卡中均选择"线性止裂槽（Linear）"选项 ⬚。

⑥ 单击"公式编辑器"按钮 𝑓(x)，修改折弯半径值为"20"。

⑦ 单击"预览"按钮，确认无误后单击"确定"按钮。为了便于后续操作，隐藏其他零件，创建的边线上的墙体 1 如图 12-462 所示。

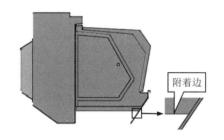
图 12-460　墙体 1 附着边

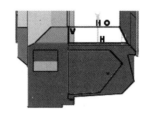
图 12-461　绘制边线上的墙体 1 草图

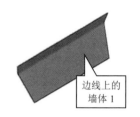
图 12-462　创建边线上的墙体 1

（4）创建边线上的墙体 2

参照"（3）创建边线上的墙体 1"的步骤及参数设置，创建边线上的墙体 2。选择如图 12-463 所示的边线和平面作为附着边和草图平面，绘制草图，结果如图 12-464 所示。创建的边线上的墙体 2 如图 12-465 所示。

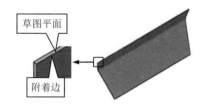
图 12-463　墙体 2 附着边及草图平面

图 12-464　绘制边线上的墙体 2 草图

图 12-465　创建边线上的墙体 2

（5）创建凸缘 1

① 在"墙体（Walls）"工具栏中单击"扫掠墙体（Swept Walls）"图标 ⬚ 下的三角箭头，在其下拉列表中选择"凸缘（Flange）"图标 ⬚，弹出"凸缘定义（Flange Definition）"对话框。

② 选择"基础型（Basic）"选项。

③ 在"长度（Length）"文本框中输入数值，本例取"70"；在"角度（Angle）"文本框中输入数值，本例取"90"；在"折弯半径（Radius）"文本框中输入数值，本例取"5"。

④ 激活"边线（Spine）"文本框，选择如图 12-466 所示的边线作为凸缘 1 的附着边。

⑤ 单击"确定"按钮，完成凸缘 1 的创建，结果如图 12-467 所示。

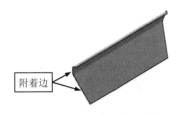

图 12-466 凸缘 1 附着边

图 12-467 创建凸缘 1

4. 左下挡板

在结构树中双击"左下挡板"节点下的零件图标，进入左下挡板的制作。

（1）创建平整钣金模型

① 在"墙体（Walls）"工具栏中单击"墙体（Wall）"图标 ，弹出"墙体定义（Wall Definition）"对话框。

② 单击对话框中的"草图"图标 ，在结构树中选择"机床骨架中发布的左平面"作为草图平面，进入草图工作台，然后显示左前护罩、下前挡板 1 和下前挡板 2，绘制如图 12-468 所示的草图。单击"退出工作台"图标 ，完成草图创建。

③ 单击"预览"按钮，确认无误后单击"确定"按钮。

④ 在结构树中右击"Left down"，在下拉列表中选择"Left down 对象"中的"在新窗口中打开"选项。创建的平整钣金模型如图 12-469 所示。

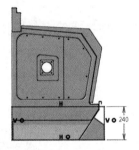

图 12-468 绘制平整钣金草图

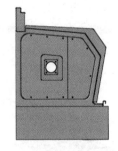

图 12-469 创建平整钣金模型

（2）创建边线上的墙体 1

① 在"墙体（Walls）"工具栏中单击"边线上的墙体（Wall On Edge）"图标 ，弹出"边线上的墙体定义（Wall On Edge Definition）"对话框。

② 在"类型（Type）"下拉列表中选择"自动生成边线上的墙体（Automatic）"选项。

③ 隐藏零件下前挡板 1、下前挡板 2 和右下挡板，选择如图 12-470 所示边线作为附着边。

④ 选择"高度和倾角（Height&Inclination）"选项卡，在"高度设置"下拉列表中选择"直到平面 / 曲面（Up To Plane/Surface）"选项，激活其后文本框，选择"机床骨架中发布的左参考面"。

⑤ 单击"预览"，确认无误后单击"确定"，隐藏产品左前护罩，创建边线上的墙体 1 如图 12-471 所示。

（3）创建边线上的墙体 2 和 3

参照"（2）创建边线上的墙体 1"的步骤，创建边线上的墙体 2 和 3，参数设置及效果图见表 12-25。

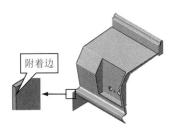

图 12-470   边线上的墙体 1 附着边   图 12-471   创建边线上的墙体 1

表 12-25   边线上的墙体 2 和 3 的参数设置及效果图

名称	高度 / 角度	间隙模式 / 间隙值	左 / 右 偏移	折弯 半径	附着边	效果图
边线上的 墙体 2	15/90	单向间隙 /2	0/-10	2		
边线上的 墙体 3	15/90	单向间隙 /2	0/0	2		

12.3.8   左防护门

在结构树中双击"左防护门",在菜单栏中依次选择"插入"→"新建零件",分别插入 2 个零件,依次命名为"左门"和"左门移动支撑",并分别对各零件的钣金参数进行设置。

1. 左门

在结构树中双击"左门"节点下的零件图标,进入左门的制作。

(1)创建平整钣金模型

① 在"墙体(Walls)"工具栏中单击"墙体(Wall)"图标 ,弹出"墙体定义(Wall Definition)"对话框。

② 单击对话框中的"草图"图标 ,在结构树中选择"机床骨架中发布的移动门参考面"作为草图平面,进入草图工作台,然后隐藏左下挡板并显示左护罩和上防护罩,绘制如图 12-472 所示的草图。单击"退出工作台"图标 ,完成草图创建。

③ 单击"预览"按钮，确认无误后单击"确定"按钮。

④ 单击"反转材料"按钮 Invert Material Side。

⑤ 单击"预览"按钮，确认无误后单击"确定"按钮，完成平整钣金模型的创建，隐藏左护罩和上防护罩后的效果如图 12-473 所示。

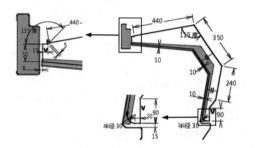

图 12-472　绘制平整钣金草图

图 12-473　创建平整钣金模型

（2）创建倒圆角 1

① 在"剪切 / 冲压（Cutting/Stamping）"工具栏中单击"倒圆角（Corner）"图标 ◻，弹出"倒圆角定义（Corner）"对话框。

② 在"半径（Radius）"文本框中输入数值，本例取"100"。

③ 选择如图 12-474 所示的边线作为圆角化对象。

④ 单击"预览"按钮，确认无误后单击"确定"按钮。创建的倒圆角 1 如图 12-475 所示。

图 12-474　倒圆角 1 圆角化对象

图 12-475　创建倒圆角 1

（3）创建倒圆角 2 和 3

参照"（2）创建倒圆角 1"的步骤，创建倒圆角 2 和 3，参数设置及效果图见表 12-26。

（4）创建凸缘 1

① 在"墙体（Walls）"工具栏中单击"扫掠墙体（Swept Walls）"图标 ◰ 下的三角箭头，在其下拉列表中选择"凸缘（Flange）"图标 ◰，弹出"凸缘定义（Flange Definition）"对话框。

② 选择"基础型（Basic）"选项。

③ 在"长度（Length）"文本框中输入数值，本例取"340"；在"角度（Angle）"文本框中输入数值，本例取"90"；在"折弯半径（Radius）"文本框中输入数值，本例取"1"。

④ 激活"边线（Spine）"文本框，选择如图 12-476 所示的边线作为凸缘 1 的附着边。

⑤ 单击"确定"按钮，完成凸缘 1 的创建，结果如图 12-477 所示。

表 12-26 倒圆角 2 和 3 的参数设置及效果图

名称	半径	圆角化对象	效果图
倒圆角 2	80		
倒圆角 3	15		

图 12-476 凸缘 1 附着边 　　　　　　图 12-477 创建凸缘 1

（5）创建边线上的墙体 1

① 在"墙体（Walls）"工具栏中单击"边线上的墙体（Wall on Edge）"图标 ，弹出"边线上的墙体定义（Wall On Edge Definition）"对话框。

② 在"类型（Type）"下拉列表中选择"自动生成边线上的墙体（Automatic）"选项。

③ 选择如图 12-478 所示的边线作为附着边。

④ 选择"高度和倾角（Height & Inclination）"选项卡，在"高度（Height）"文本框中输入数值，本例取"50"；在"角度（Angle）"文本框中输入数值，本例取"80"；在间隙模式（Clearance mode）下拉列表中选择"单向间隙（Monodirectional）"选项，在"间隙值（Clearance Value）"文本框中输入数值，本例取"2"。

⑤ 单击"公式编辑器"按钮 $f_{(x)}$，修改折弯半径值为"2"。

⑥ 单击"预览"按钮，确认无误后单击"确定"按钮。创建的边线上的墙体 1 如图 12-479 所示。

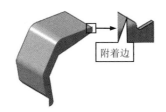

图 12-478 边线上的墙体 1 附着边 　　　　　图 12-479 创建边线上的墙体 1

（6）创建镜像 1

① 在"特征变换（Transformations）"工具栏中单击"镜像（Mirror）"图标🔆，弹出"镜像定义（Mirror Definition）"对话框。

② 激活"镜像平面（Mirroring plane）"文本框，右击，选择如图 12-480 所示的平面作为镜像平面。

③ 激活"镜像的元素（Element to mirror）"文本框，采用默认的"当前几何体（Current body）"选项。

④ 激活"撕裂面（Tear faces）"文本框，选取原钣金与镜像钣金间除镜像平面外的其他面作为撕裂面，如图 12-481 所示。

⑤ 单击"预览"按钮，确认无误后单击"确定"按钮。创建的镜像 1 如图 12-482 所示。

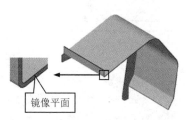
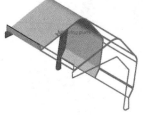

图 12-480　镜像平面　　　　图 12-481　选取撕裂面　　　　图 12-482　创建镜像 1

（7）创建剪口 1

① 在"剪切/冲压（Cutting/Stamping）"工具栏中单击"剪口（Cut Out）"图标🔲，弹出"剪口定义（Cutout Definition）"对话框。

② 在"剪口类型（Cutout Type）"选项组的"类型（Type）"下拉列表中选择"标准剪口（Sheetmetal standard）"选项。

③ 单击对话框中的"草图"图标📐，选择如图 12-483 所示的平面作为草图平面，进入草图工作台，绘制如图 12-484 所示的草图。单击"退出工作台"图标🔼，完成草图创建。

④ 在"末端限制（End Limit）"选项组的"类型（Type）"下拉列表中选择"直到下一个（Up to next）"选项。

⑤ 单击"预览"按钮，确认无误后单击"确定"按钮。创建的剪口 1 如图 12-485 所示。

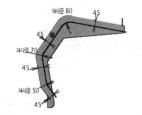

图 12-483　剪口 1 草图平面　　　图 12-484　绘制剪口 1 草图　　　图 12-485　创建剪口 1

（8）创建剪口 2 和 3

参照"（7）创建剪口 1"的步骤及参数设置，创建剪口 2 和 3，其草图平面、草图及效果图见表 12-27。

表 12-27　剪口 2 和 3 的草图平面、草图及效果图

名称	草图平面	草图	效果图
剪口 2			
剪口 3			

（9）创建矩形阵列 1

① 在结构树中选择步骤（8）创建的剪口 3 作为阵列对象。

② 在"特征变换（Transformations）"工具栏中单击"阵列（Pattern）"图标下的三角箭头，在其下拉列表中选择"矩形阵列（Rectangular Pattern）"图标，弹出"定义矩形阵列"对话框。

③ 在"第一方向"选项卡的"参数"下拉列表中选择"实例和间距"选项，在"实例"文本框中输入数值，本例取"4"；在"间距"文本框中输入数值，本例取"200"。激活"参考元素"文本框，右击，选择"Y 轴"作为阵列方向。

④ 单击"预览"按钮，确认无误后单击"确定"按钮。创建的矩形阵列 1 如图 12-486 所示。

（10）创建倒圆角 4

参照"（2）创建倒圆角 1"的步骤，创建倒圆角 4。选择步骤（8）创建的剪口 2 的各角边线作为圆角化对象，如图 12-487 所示，在"半径（Radius）"文本框中输入数值"10"。单击"预览"按钮，确认无误后单击"确定"按钮。创建的倒圆角 4 如图 12-488 所示。

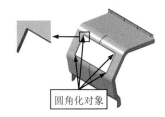

图 12-486　创建矩形阵列 1　　　图 12-487　倒圆角 4 圆角化对象　　　图 12-488　创建倒圆角 4

2. 左门移动支撑

在结构树中双击"左门移动支撑"节点下的零件图标，进入左门移动支撑的制作。

（1）拉伸成形

① 在"墙体（Walls）"工具栏中单击"拉伸（Extrusion）"图标，弹出"拉伸定义（Ex-

trusion Definition）"对话框。

② 单击对话框中的"草图"图标，选择"机床骨架中发布的移动门参考面"作为草图平面，进入草图工作台，绘制如图 12-489 所示的草图。单击"退出工作台"图标，完成草图创建。

③ 在"第一限制（Sets first limit）"下拉列表中选择"限制 1 的尺寸（Limit 1 dimension）"选项，在其后面的文本框中输入数值，本例取"675.5"；在"第二限制（Sets second limit）"下拉列表中选择"限制 2 的尺寸（Limit 2 dimension）"选项，在其后面的文本框中输入数值，本例取"−2.5"。

④ 单击"预览"按钮，确认无误后单击"确定"按钮，完成拉伸成形，结果如图 12-490 所示。

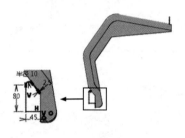　　　　

图 12-489　绘制拉伸成形草图　　　　　　　图 12-490　拉伸成形

（2）创建边线上的墙体 1

① 在"墙体（Walls）"工具栏中单击"边线上的墙体（Wall on Edge）"图标，弹出"边线上的墙体定义（Wall On Edge Definition）"对话框。

② 在"类型（Type）"下拉列表中选择"基于草图生成边线上的墙体（Sketch Based）"选项。

③ 隐藏左门，选择如图 12-491 所示的边线作为附着边。

④ 单击对话框中的"草图"图标，选择如图 12-491 所示的平面作为草图平面，进入草图工作台，绘制如图 12-492 所示的草图。单击"退出工作台"图标，完成草图创建。

⑤ 单击"折弯参数（Bend parameters）"图标，弹出"折弯定义（Bend Definition）"对话框。在"左侧极限（Left Extremity）"选项卡和"右侧极限（Right Extremity）"选项卡中均选择"封闭止裂槽（Closed）"选项。

⑥ 单击"预览"按钮，确认无误后单击"确定"按钮。创建的边线上的墙体 1 如图 12-493 所示。

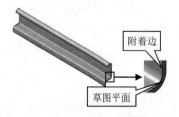　　　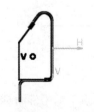　　　

图 12-491　墙体 1 附着边及　　　图 12-492　绘制边线上的　　　图 12-493　创建边线上的
　　　　草图平面　　　　　　　　　　墙体 1 草图　　　　　　　　　　墙体 1

（3）创建边线上的墙体 2

参照"（2）创建边线上的墙体 1"的步骤和参数设置，创建边线上的墙体 2，选择如图 12-494 所示的边线和平面作为附着边和草图平面，绘制草图，结果如图 12-495 所示。创建的边线上的墙体 2 如图 12-496 所示。

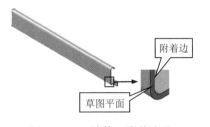

图 12-494　墙体 2 附着边及　　　　图 12-495　绘制边线上的　　　　图 12-496　创建边线上的
　　　　草图平面　　　　　　　　　　　　墙体 2 草图　　　　　　　　　　　墙体 2

（4）创建剪口 1

① 在"剪切 / 冲压（Cutting/Stamping）"工具栏中单击"剪口（Cut Out）"图标 ，弹出"剪口定义（Cutout Definition）"对话框。

② 在"剪口类型（Cutout Type）"选项组的"类型（Type）"下拉列表中选择"标准剪口（Sheetmetal standard）"选项。

③ 单击对话框中的"草图"图标 ，选择如图 12-497 所示的平面作为草图平面，进入草图工作台，绘制如图 12-498 所示的草图。单击"退出工作台"图标 ，完成草图创建。

④ 在"末端限制（End Limit）"选项组的"类型（Type）"下拉列表中选择"直到下一个（Up to next）"选项。

⑤ 单击"预览"按钮，确认无误后单击"确定"按钮。创建的剪口 1 如图 12-499 所示。

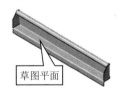
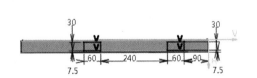

图 12-497　剪口 1 草图平面　　　　图 12-498　绘制剪口 1 草图　　　　图 12-499　创建剪口 1

12.3.9　右防护门

在结构树中双击"右防护门"，在菜单栏中依次选择"插入"→"新建零件"，分别插入 3 个零件，依次命名为"右门""右门移动支撑"和"滑轨"，并分别对各零件的钣金参数进行设置。

1. 右门及右门移动支撑

参照"12.3.8 左防护门"的创建方法，创建与左防护门对称的右门和右门移动支撑，结果如图 12-500 和图 12-501 所示。

图 12-500　创建右门

图 12-501　创建右门移动支撑

2. 滑轨

在结构树中双击"滑轨"节点下的零件图标，进入滑轨的制作。

① 在"墙体（Walls）"工具栏中单击"拉伸（Extrusion）"图标 ，弹出"拉伸定义（Extrusion Definition）"对话框。

② 单击对话框中的"草图"图标 ，选择"机床骨架中发布的右平面"作为草图平面，进入草图工作台，然后显示后方箱体，绘制如图 12-502 所示的草图。单击"退出工作台"图标 ，完成草图创建。

③ 在"第一限制（Sets first limit）"下拉列表中选择"限制 1 直到平面（limit 1 up to plane）"，选择"机床骨架中发布的左平面"作为第一限制平面；在"第二限制（Sets second limit）"下拉列表中选择"限制 2 的尺寸（Limit 2 dimension）"选项，在其后面的文本框中输入数值，本例取"0"。

④ 单击"预览"按钮，确认无误后单击"确定"按钮，完成拉伸成形，结果如图 12-503 所示。

显示全部零件，创建完成的数控机床外罩如图 12-504 所示。

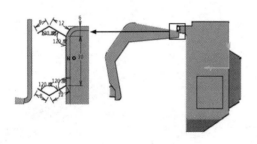

图 12-502　绘制拉伸成形草图

图 12-503　拉伸成形

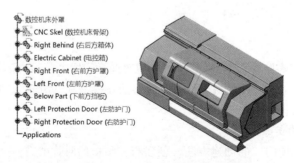

图 12-504　创建完成的数控机床外罩

第 13 章 农业装备类实例

13.1 播种机肥箱

13.1.1 实例分析

播种机肥箱是农业生产中的常用钣金制品，其主要功能是对肥料进行储存及播撒，通常由厚度 1mm 左右的金属板材加工而成。下面以图 13-1 所示的肥箱模型为例介绍肥箱的创建方法。

a) 装配图　　　　　　　　　　　　　b) 分解图

图 13-1　肥箱模型

肥箱由箱体和盖板两大部分通过合页连接而成。其中，箱体由箱体主体、右挡板和左挡板组成，盖板由盖板主体、右侧板和左侧板组成。在制作过程中，箱体主体和盖板主体可利用"墙体"工具栏中的"拉伸"功能一次成形；左、右挡板和左、右侧板则可通过先创建平整钣金墙体，再创建附加墙体的方式完成其整体创建；肥箱的排肥口和各连接孔的创建可结合使用剪切、阵列等功能来实现。

13.1.2 箱体零件

创建"Product"文件，命名为"肥箱"。选中"肥箱"，在菜单栏中依次选择"插入"→"新建产品"，在结构树中生成可操作的产品"Product2"，将"Product2"命名为"箱体"。在结构树中双击"箱体"，在菜单栏中依次选择"插入"→"新建零件"，分别插入 3 个零件，依次命名为"箱体主体""右挡板"和"左挡板"。

在结构树中双击"箱体主体"节点下的零件图标，切换至创成式钣金设计工作台，设置钣金厚度为"1"，默认折弯半径为"1"，默认止裂槽类型为"扯裂止裂槽（Minimum with no relief）"。按照上述步骤及参数值，分别完成"右挡板"和"左挡板"的参数设置。

1. 箱体主体

在结构树中双击"箱体主体"节点下的零件图标，进入箱体主体的制作。

（1）拉伸成形

① 在"墙体（Walls）"工具栏中单击"拉伸（Extrusion）"图标 ，弹出"拉伸定义（Ex-

trusion Definition ）"对话框。

② 单击对话框中的"草图"图标，在结构树中选择"zx 平面"作为草图平面，进入草图工作台，绘制如图 13-2 所示的草图。单击"退出工作台"图标，完成草图创建。

③ 在"第一限制（Sets first limit）"下拉列表中选择"限制 1 的尺寸（Limit 1 dimension ）"选项，并在后面的文本框中输入数值，本例取"475"。

④ 选中"镜像范围（Mirrored extent ）"复选框。

⑤ 单击"反转材料（Invert Material Side ）"按钮 Invert Material Side 。

⑥ 单击"预览"按钮，确认无误后单击"确定"按钮，完成拉伸成形，结果如图 13-3 所示。

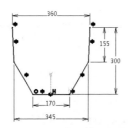

图 13-2　绘制拉伸成形草图

图 13-3　完成拉伸成形

（2）创建剪口 1

① 在"剪切 / 冲压（Cutting/Stamping ）"工具栏中单击"剪口（Cut Out ）"图标，弹出"剪口定义（Cutout Definition ）"对话框。

② 在"剪口类型（Cutout Type ）"选项组的"类型（Type ）"下拉列表中选择"标准剪口（Sheetmetal standard ）"选项。

③ 单击对话框中的"草图"图标，选择如图 13-4 所示的平面作为草图平面，进入草图工作台，绘制如图 13-5 所示的草图。单击"退出工作台"图标，完成草图创建。

④ 在"末端限制（End Limit ）"选项组的"类型（Type ）"下拉列表中选择"直到下一个（Up to next ）"选项。

⑤ 单击"预览"按钮，确认无误后单击"确定"按钮。创建的剪口 1 如图 13-6 所示。

（3）创建矩形阵列 1

① 在结构树中选择步骤（2）创建的剪口 1 作为阵列对象。

② 在"特征变换（Transformations ）"工具栏中单击"阵列（Pattern ）"图标下的三角箭头，在其下拉列表中选择"矩形阵列（Rectangular Pattern ）"图标，弹出"定义矩形阵列"对话框。

③ 在"第一方向"选项卡的"参数"下拉列表中选择"实例和间距"选项，在"实例"文本框中输入数值，本例取"4"，在"间距"文本框中输入数值，本例取"215"。

④ 激活"参考元素"文本框，右击，选择"Y 轴"作为阵列方向。

⑤ 单击"反转"按钮 反转 。

⑥ 单击"预览"按钮，确认无误后单击"确定"按钮。创建的矩形阵列 1 如图 13-7 所示。

（4）创建剪口 2 和 3

参照"（2）创建剪口 1"的步骤及参数设置，创建剪口 2 和 3，其草图平面、草图及效果图见表 13-1。

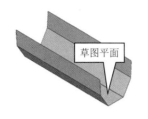

图 13-4　剪口 1 草图平面

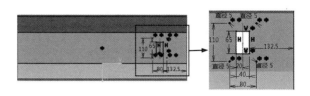

图 13-5　绘制剪口 1 草图

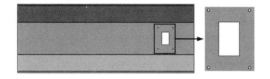

图 13-6　创建剪口 1

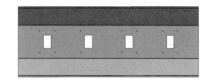

图 13-7　创建矩形阵列 1

表 13-1　剪口 2 和 3 的草图平面、草图及效果图

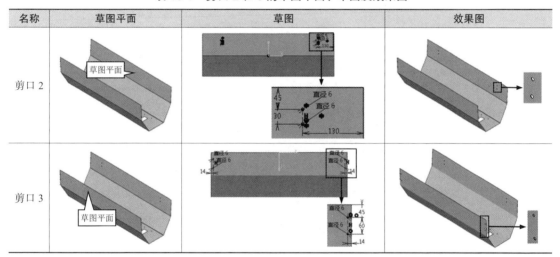

名称	草图平面	草图	效果图
剪口 2			
剪口 3			

（5）创建镜像 1

① 在"特征变换（Transformations）"工具栏中单击"镜像（Mirror）"图标，弹出"镜像定义（Mirror Definition）"对话框。

② 激活"镜像平面（Mirroring plane）"文本框，右击，选择"yz平面"作为镜像平面。

③ 激活"镜像的元素（Element to mirror）"文本框，在结构树中选择步骤（4）创建的剪口 3 作为镜像对象。

④ 单击"预览"按钮，确认无误后单击"确定"按钮。创建的镜像 1 如图 13-8 所示。

图 13-8　创建镜像 1

2. 右挡板

在结构树中双击"右挡板"节点下的零件图标，进入右挡板的制作。

（1）创建平整钣金模型

① 在"墙体（Walls）"工具栏中单击"墙体（Wall）"图标，弹出"墙体定义（Wall

Definition）"对话框。

② 单击对话框中的"草图"图标，选择如图 13-9 所示的平面作为草图平面，进入草图工作台，绘制如图 13-10 所示的草图。单击"退出工作台"图标，完成草图创建。

③ 单击"预览"按钮，确认无误后单击"确定"按钮。创建的平整钣金模型如图 13-11 所示。

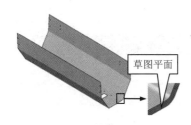 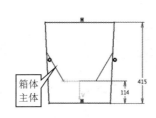 

图 13-9　平整钣金草图平面　　　图 13-10　绘制平整钣金草图　　　图 13-11　创建平整钣金模型

（2）创建边线上的墙体 1

① 在"墙体（Walls）"工具栏中单击"边线上的墙体（Wall on Edge）"图标，弹出"边线上的墙体定义（Wall On Edge Definition）"对话框。

② 在"类型（Type）"下拉列表中选择"自动生成边线上的墙体（Automatic）"选项。

③ 选择如图 13-12 所示的边线作为附着边。

④ 选择"高度和倾角（Height & Inclination）"选项卡，在"高度（Height）"文本框中输入数值，本例取"25"；在"角度（Angle）"文本框中输入数值，本例取"90"。

⑤ 在"间隙模式（Clearance mode）"下拉列表中，选择"单向间隙（Monodirectional）"选项，激活"间隙值（Clearance Value）"文本框并输入数值，本例取"1"。

⑥ 单击"预览"按钮，确认无误后单击"确定"按钮。创建的边线上的墙体 1 如图 13-13 所示。

（3）创建镜像 1

① 在"特征变换（Transformations）"工具栏中单击"镜像（Mirror）"图标，弹出"镜像定义（Mirror Definition）"对话框。

② 激活"镜像平面（Mirroring plane）"文本框，右击，选择"yz 平面"作为镜像平面。

③ 激活"镜像的元素（Element to mirror）"文本框，在结构树中选择步骤（2）创建的边线上的墙体 1 作为镜像对象。

④ 单击"预览"按钮，确认无误后单击"确定"按钮。创建的镜像 1 如图 13-14 所示。

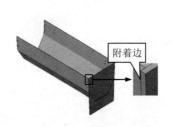  

图 13-12　边线上的墙体 1 附着边　　　图 13-13　创建边线上的墙体 1　　　图 13-14　创建镜像 1

（4）创建剪口 1

① 在"剪切 / 冲压（Cutting/Stamping）"工具栏中单击"剪口（Cut Out）"图标 ，弹出"剪口定义（Cutout Definition）"对话框。

② 在"剪口类型（Cutout Type）"选项组的"类型（Type）"下拉列表中选择"标准剪口（Sheetmetal standard）"选项。

③ 单击对话框中的"草图"图标 📐，选择如图 13-15 所示的平面作为草图平面，进入草图工作台，绘制如图 13-16 所示的草图。单击"退出工作台"图标 📤，完成草图创建。

④ 在"末端限制（End Limit）"选项组的"类型（Type）"下拉列表中选择"直到下一个（Up to next）"选项。

⑤ 单击"预览"按钮，确认无误后单击"确定"按钮。创建的剪口 1 如图 13-17 所示。

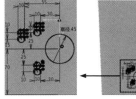

图 13-15　剪口 1 草图平面　　　　图 13-16　绘制剪口 1 草图　　　　图 13-17　创建剪口 1

（5）创建剪口 2

参见"（4）创建剪口 1"的步骤及参数设置，选择如图 13-18 所示的平面作为草图平面，进入草图工作台，单击"投影 3D 元素"图标 🔲，将如图 13-19 所示的孔边线投影至草图平面，生成剪口 2 草图。创建的剪口 2 如图 13-20 所示。

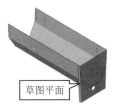

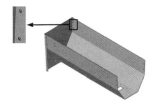

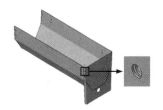

图 13-18　剪口 2 草图平面　　　　图 13-19　剪口 2 投影孔　　　　图 13-20　创建剪口 2

（6）创建剪口 3

参照"（5）创建剪口 2"的步骤及参数设置，选择如图 13-21 所示的平面作为草图平面，设置剪口 3 投影孔如图 13-22 所示。创建的剪口 3 如图 13-23 所示。

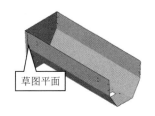

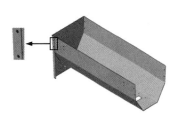

图 13-21　剪口 3 草图平面　　　　图 13-22　剪口 3 投影孔　　　　图 13-23　创建剪口 3

3. 左挡板

参照"右挡板"的创建过程，创建与右挡板对称的左挡板。创建完成的左挡板及箱体如图 13-24 所示。

a) 左挡板

b) 箱体

图 13-24 创建完成的左挡板及箱体

13.1.3 箱体部装

在结构树中双击"箱体"，切换至装配设计工作台，将零件模型调整至适合装配的位置，如图 13-25 所示。

1. 右挡板装配

单击"固定"图标，选择"箱体主体"作为固定部件；单击"偏移约束"图标，约束元素选择右挡板的 yz 平面和箱体主体的 yz 平面，在弹出的"约束属性"对话框中的"偏移"文本框输入数值"0"；双击"相合约束"图标，分别选择右挡板和箱体主体同侧上、下两个对应的装配孔中心线作为约束元素。单击"全部更新"图标，完成右挡板装配，结果如图 13-26 所示。

2. 左挡板装配

参照上述"右挡板装配"过程及方法，对左挡板进行装配。完成装配后的箱体如图 13-27 所示。

图 13-25 调整零件至适合 装配的位置　　图 13-26 完成右挡板装配　　图 13-27 完成装配后的箱体

13.1.4 盖板零件

在结构树中双击"肥箱"，切换至装配设计工作台。在菜单栏中依次选择"插入"→"新建产品"，在结构树中生成可操作的产品"Product3"，将"Product3"命名为"盖板"。在结构树中双击"盖板"，在菜单栏中依次选择"插入"→"新建零件"，分别插入 3 个零件，依次命名为"盖板主体""右侧板"和"左侧板"。

参照设置"13.1.2 箱体零件"的步骤及参数值，分别完成"盖板主体""右侧板"和"左侧板"的参数设置。

1. 盖板主体

在结构树中双击"盖板主体"节点下的零件图标，进入盖板主体的制作。

（1）拉伸成形

① 在"墙体（Walls）"工具栏中单击"拉伸（Extrusion）"图标 ⬛，弹出"拉伸定义（Extrusion Definition）"对话框。

② 单击对话框中的"草图"图标 ⬛，在结构树中选择"zx 平面"作为草图平面，进入草图工作台，绘制如图 13-28 所示的草图。单击"退出工作台"图标 ⬛，完成草图创建。

③ 在"第一限制（Sets first limit）"下拉列表中选择"限制 1 的尺寸（Limit 1 dimension）"选项，并在后面的文本框中输入数值，本例取"500"。

④ 选中"镜像范围（Mirrored extent）"复选框。

⑤ 单击"预览"按钮，确认无误后单击"确定"按钮，完成拉伸成形，结果如图 13-29 所示。

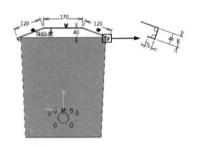

图 13-28　绘制拉伸成形草图

图 13-29　完成拉伸成形

（2）创建剪口 1

① 在"剪切 / 冲压（Cutting/Stamping）"工具栏中单击"剪口（Cut Out）"图标 ⬛，弹出"剪口定义（Cutout Definition）"对话框。

② 在"剪口类型（Cutout Type）"选项组的"类型（Type）"下拉列表中选择"标准剪口（Sheetmetal standard）"选项。

③ 单击对话框中的"草图"图标 ⬛，选择如图 13-30 所示的平面作为草图平面，进入草图工作台，绘制如图 13-31 所示的草图。单击"退出工作台"图标 ⬛，完成草图创建。

④ 在"末端限制（End Limit）"选项组的"类型（Type）"下拉列表中选择"直到下一个（Up to next）"选项。

⑤ 单击"预览"按钮，确认无误后单击"确定"按钮。创建的剪口 1 如图 13-32 所示。

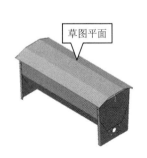

图 13-30　剪口 1 草图平面

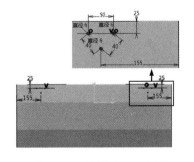

图 13-31　绘制剪口 1 草图

图 13-32　创建剪口 1

2. 右侧板

在结构树中双击"右侧板"节点下的零件图标，进入右侧板的制作。为了方便操作，这里隐藏"箱体"。

（1）创建平整钣金模型

① 在"墙体（Walls）"工具栏中单击"墙体（Wall）"图标 ，弹出"墙体定义（Wall Definition）"对话框。

② 单击对话框中的"草图"图标 ，选择如图 13-33 所示的平面作为草图平面，进入草图工作台，然后隐藏"箱体"，绘制如图 13-34 所示的草图。单击"退出工作台"图标 ，完成草图创建。

③ 单击"反转材料"按钮 Invert Material Side 。

④ 单击"预览"按钮，确认无误后单击"确定"按钮。创建的平整钣金模型如图 13-35 所示。

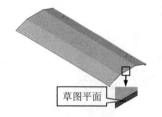
图 13-33 平整钣金草图平面

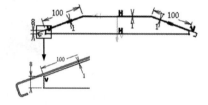
图 13-34 绘制平整钣金草图

图 13-35 创建平整钣金模型

（2）创建边线上的墙体 1

① 在"墙体（Walls）"工具栏中单击"边线上的墙体（Wall on Edge）"图标 ，弹出"边线上的墙体定义（Wall On Edge Definition）"对话框。

② 在"类型（Type）"下拉列表中选择"基于草图生成边线上的墙体（Sketch Based）"选项。

③ 隐藏"盖板主体"，选择如图 13-36 所示的边线作为附着边。

④ 单击对话框中的"草图"图标 ，选择如图 13-36 所示的平面作为草图平面，进入草图工作台，绘制如图 13-37 所示的草图。单击"退出工作台"图标 ，完成草图创建。

⑤ 单击"折弯参数（Bend parameters）"图标 ，弹出"折弯定义（Bend Definition）"对话框。在"左侧极限（Left Extremity）"选项卡和"右侧极限（Right Extremity）"选项卡中均选择"线性止裂槽（Linear）"选项 。

⑥ 单击"预览"按钮，确认无误后单击"确定"按钮。创建的边线上的墙体 1 如图 13-38 所示。

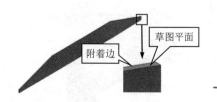
图 13-36 墙体 1 附着边和
草图平面

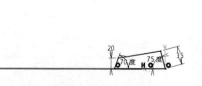
图 13-37 绘制边线上的
墙体 1 草图

图 13-38 创建边线上的
墙体 1

（3）创建边线上的墙体 2 和 3

参照"（2）创建边线上的墙体 1"的步骤及参数设置，创建边线上的墙体 2 和 3，其附着边、草图平面、草图及效果图见表 13-2。

表 13-2　边线上的墙体 2 和 3 的附着边、草图平面、草图及效果图

名称	附着边及草图平面	草图	效果图
边线上的墙体 2			
边线上的墙体 3			

3. 左侧板

参照"右侧板"的创建过程，创建与右侧板对称的左侧板，结果如图 13-39 所示。

图 13-39　创建左侧板

13.1.5　盖板部装

在结构树中双击"盖板"，切换至装配设计工作台，显示已隐藏的盖板组件，并将零件模型调整至适合装配的位置，如图 13-40 所示。

1. 右侧板装配

单击"固定"图标🔒，选择"盖板主体"作为固定部件；单击"偏移约束"图标🔗，约束元素选择右侧板的 xy 平面和盖板主体的 xy 平面，在弹出的"约束属性"对话框中的"偏移"文本框输入数值"0"；重复"偏移约束"操作，使右侧板的 yz 平面和 zx 平面分别与盖板主体的 yz 平面和 zx 平面的偏移距离为"0"。单击"全部更新"图标🔄，完成右侧板装配，结果如图 13-41 所示。

2. 左侧板装配

参照上述"右侧板装配"过程及方法，对左侧板进行装配。完成装配后的盖板如图 13-42 所示。

图 13-40　调整零件至适合　　图 13-41　完成右侧板装配　　图 13-42　完成装配后的盖板
装配的位置

13.1.6　装配

在结构树中双击"肥箱"，切换至装配设计工作台。这里需显示已隐藏的
零件。

选中"肥箱"，在菜单栏中依次选择"插入"→"现有部件"，弹
出"选择文件"对话框，导入箱体与盖板连接用合页，并将零件模型
调整至适合装配的位置，如图 13-43 所示。

1. 合页与箱体装配

双击"相合约束"图标，分别选择合页基础和箱体主体后侧
上、下两个对应的装配孔中心线作为约束元素；单击"接触"图标，
约束元素选择合页基础与箱体主体装配孔所在表面。单击"全部更新"
图标，完成合页与箱体装配，结果如图 13-44 所示。

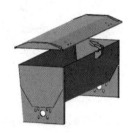

图 13-43　调整零件至
适合装配的位置

2. 合页与盖板装配

双击"相合约束"图标，分别选择合页连接片和盖板主体两个对应的装配孔中心线作为
约束元素；单击"接触"图标，约束元素选择合页连接片与盖板主体装配孔所在表面。单击
"全部更新"图标，完成合页与盖板装配，结果如图 13-45 所示。

3. 新合页创建及装配

在"装配特征"工具栏中单击"对称"图标，弹出"对称装配向导"提示框，选择"箱
体主体 xz 平面"作为对称平面，要变化的产品选择合页，弹出"装配对称向导"对话框，选中
"镜像，新部件"复选框，单击"完成"按钮，弹出"装配对称结果"对话框，单击"关闭"按
钮。装配完成后的肥箱如图 13-46 所示。

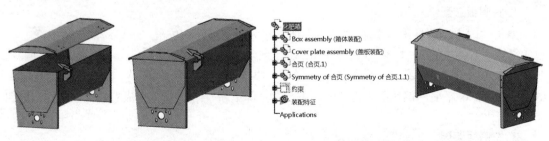

图 13-44　完成合页与　　图 13-45　完成合页与　　图 13-46　装配完成后的肥箱
箱体装配　　　　　　盖板装配

13.2 油箱

13.2.1 实例分析

油箱是机车上重要的组成部分，用于燃料的储存。下面以图 13-47 所示的油箱模型为例介绍油箱的创建方法。

a) 装配图 b) 分解图

图 13-47 油箱模型

油箱由下壳体、上壳体、进油口和出油口 4 部分组成，制作时可在分别完成各部分的钣金成形后，再将其焊接成一整体。为了提高油箱可靠性，可在上壳体和下壳体间增设咬缝连接。通过对油箱的结构分析可知，其上、下壳体呈近似对称结构，均可利用自定义冲压成形；进、出油口均为管状结构，可通过滚动墙体命令实现主体成形，并结合凸缘、剪口等功能对其细节进行创建。

13.2.2 下壳体

创建 "Product" 文件，命名为 "油箱"。在结构树中双击 "油箱"，在菜单栏中依次选择 "插入" → "新建零件"，分别插入 4 个零件，依次命名为 "下壳体" "上壳体" "进油口" 和 "出油口"。

在结构树中双击 "下壳体" 节点下的零件图标，切换至创成式钣金设计工作台，设置钣金厚度为 "0.8"，默认折弯半径为 "1"，默认止裂槽类型为 "扯裂止裂槽（Minimum with no relief）"。按照上述步骤及参数值，分别完成 "上壳体" "进油口" 和 "出油口" 的参数设置。

在结构树中双击 "下壳体" 节点下的零件图标，进入下壳体的制作。

1. 创建平整钣金模型

① 在 "墙体（Walls）" 工具栏中单击 "墙体（Wall）" 图标，弹出 "墙体定义（Wall Definition）" 对话框。

② 单击对话框中的 "草图" 图标，在结构树中选择 "xy 平面" 作为草图平面，进入草图工作台，绘制如图 13-48 所示的草图。单击 "退出工作台" 图标，完成草图创建。

③ 单击 "预览" 按钮，确认无误后单击 "确定" 按钮。创建的平整钣金模型如图 13-49 所示。

2. 创建自定义冲压 1

① 在菜单栏中依次选择 "插入" → "几何体"，在结构树中创建几何体。

② 在菜单栏中选择 "开始" → "机械设计" → "零件设计"，进入零件设计工作台。

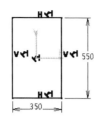

图 13-48　绘制平整钣金草图　　　　　　　图 13-49　创建平整钣金模型

　　③ 在"基于草图的特征"工具栏中单击"凸台"图标 ⎔，弹出"定义凸台"对话框。单击对话框中的"草图"图标 ⎙，选择如图 13-50 所示的平面作为草图平面，进入草图工作台，绘制如图 13-51 所示的草图。单击"退出工作台"图标 ⎘，完成草图创建。在"第一限制"选项组的"长度"文本框中输入数值，本例取"120"。单击"反转方向"按钮 ▊反转方向▊。单击"预览"按钮，确认无误后单击"确定"按钮。创建的凸台 1 如图 13-52 所示。

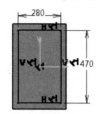

图 13-50　凸台 1 草图平面　　　图 13-51　绘制凸台 1 草图　　　图 13-52　创建凸台 1

　　④ 在"修饰"工具栏中单击"拔模斜度"图标 ⬚，弹出"定义拔模"对话框。激活"角度"文本框并输入数值，本例取"3"；激活"要拔模的面"文本框，选择如图 13-53 所示凸台 1 的四个侧面作为拔模面；激活"中性元素"选项组中的"选择"文本框，选择如图 13-54 所示的平面作为中性面，此时的模型如图 13-55a 所示。单击图 13-55a 中向上的箭头"↑"，改变拔模方向。单击"预览"按钮，改变方向后的效果如图 13-55b 所示。确认无误后单击"确定"按钮，完成拔模，结果如图 13-56 所示。

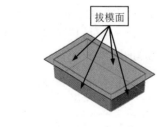

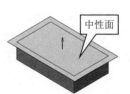

图 13-53　拔模面　　　　　　　　　　　　图 13-54　中性面

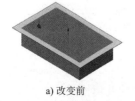

a) 改变前　　　　　b) 改变后

图 13-55　改变拔模方向　　　　　　　　　图 13-56　完成拔模

⑤ 在"修饰"工具栏中单击"倒圆角"图标 ![icon]，弹出"倒圆角"定义对话框。激活"半径"文本框并输入数值，本例取"20"；激活"要圆角化的对象"文本框，选择如图 13-57 所示的四条边线作为圆角化对象。单击"预览"按钮，确认无误后单击"确定"按钮。创建的倒圆角 1 如图 13-58 所示。

⑥ 参照倒圆角 1 的创建步骤及参数设置，选择如图 13-59 所示的平面作为圆角化对象，单击"预览"按钮，确认无误后单击"确定"按钮，创建倒圆角 2，结果如图 13-60 所示。

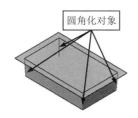

图 13-57　倒圆角 1 圆角化对象　　　　　　　　图 13-58　创建倒圆角 1

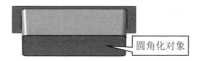

图 13-59　倒圆角 2 圆角化对象　　　　　　　　图 13-60　创建倒圆角 2

⑦ 参照凸台 1 的创建步骤，创建凸台 2。选择如图 13-61 所示的平面作为草图平面，设置拉伸长度为"5"，绘制凸台 2 草图，结果如图 13-62 所示。创建的凸台 2 如图 13-63 所示。

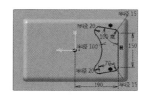

图 13-61　凸台 2 草图平面　　　图 13-62　绘制凸台 2 草图　　　图 13-63　创建凸台 2

⑧ 在"基于草图的特征"工具栏中单击"凹槽"图标 ![icon]，弹出"定义凹槽"对话框。单击对话框中的"草图"图标 ![icon]，选择如图 13-64 所示的平面作为草图平面，进入草图工作台，绘制如图 13-65 所示的草图。单击"退出工作台"图标 ![icon]，完成草图创建。激活"第一限制"选项组中的"深度"文本框并输入数值，本例取"8"。单击"预览"按钮，确认无误后单击"确定"按钮。创建的凹槽 1 如图 13-66 所示。

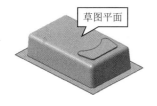

图 13-64　凹槽 1 草图平面　　　图 13-65　绘制凹槽 1 草图　　　图 13-66　创建凹槽 1

⑨ 参照凸台 1 的创建步骤及参数设置，创建凸台 3。选择如图 13-67 所示的平面作为草图平面，绘制凸台 3 草图，结果如图 13-68 所示。创建的凸台 3 如图 13-69 所示。

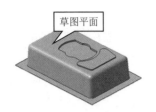
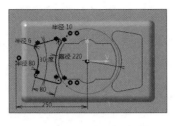

图 13-67　凸台 3 草图平面　　　　图 13-68　绘制凸台 3 草图　　　　图 13-69　创建凸台 3

⑩ 参照凹槽 1 的创建步骤及参数设置，创建凹槽 2。选择如图 13-70 所示的平面作为草图平面，绘制凹槽 2 草图，结果如图 13-71 所示。创建的凹槽 2 如图 13-72 所示。

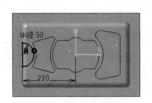

图 13-70　凹槽 2 草图平面　　　　图 13-71　绘制凹槽 2 草图　　　　图 13-72　创建凹槽 2

⑪ 在菜单栏中选择"开始"→"机械设计"→"创成式钣金设计"，进入创成式钣金设计设计工作台。

⑫ 在结构树中右击"零件几何体"，选择"定义工作对象"。

⑬ 单击图 13-73 所示的平面，将其作为冲压表面。在"剪切 / 冲压（Cutting/Stamping）"工具栏中单击"冲压（Stamping）"图标 下的三角箭头，选择"用户自定义（User Stamp）"图标 ，弹出"用户自定义（User-Defined Stamp Definition）"对话框。在"类型（Type）"下拉列表中选择"凸模（Punch）"选项。激活"凸模（Punch）"文本框，在结构树中选择"几何体 .2"作为凸模。在"R1 无圆角（No fillet R1 radius）"文本框中输入数值，本例取"3"。在"钣金墙上的冲压位置（Position on wall）"选项组中选中"原位置（Position on context）"复选框。单击"预览"按钮，确认无误后单击"确定"按钮。创建的自定义冲压 1 如图 13-74 所示。

图 13-73　自定义冲压 1 冲压表面　　　　　　图 13-74　创建自定义冲压 1

3. 创建剪口 1

① 在"剪切 / 冲压（Cutting/Stamping）"工具栏中单击"剪口（Cut Out）"图标 ，弹出"剪口定义（Cutout Definition）"对话框。

② 在"剪口类型（Cutout Type）"选项组的"类型（Type）"下拉列表中选择"标准剪口（Sheetmetal standard）"选项。

③ 单击对话框中的"草图"图标 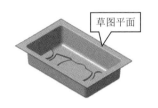，选择如图 13-75 所示的平面作为草图平面，进入草图工作台，绘制如图 13-76 所示的草图。单击"退出工作台"图标 ，完成草图创建。

④ 在"末端限制（End Limit）"选项组的"类型（Type）"下拉列表中选择"直到下一个（Up to next）"选项。

⑤ 单击"预览"按钮，确认无误后单击"确定"按钮。创建的剪口 1 如图 13-77 所示。

图 13-75　剪口 1 草图平面

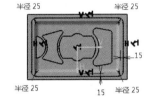
图 13-76　绘制剪口 1 草图

图 13-77　创建剪口 1

4. 创建孔 1

① 在"剪切/冲压（Cutting/Stamping）"工具栏中单击"孔（Holes）"图标 下的三角箭头，在其下拉列表中选择"孔（Hole）"图标 ，选择如图 13-78 所示的平面作为孔 1 平面，弹出"定义孔"对话框。

② 在"扩展"选项卡的"延伸类型"下拉列表中选择"直到下一个"选项；在"直径"文本框中输入数值，本例取"5"。

③ 在"定位草图"选项组中单击"草图"图标 ，进入草图工作台，对孔 1 的位置进行设置，如图 13-79 所示。单击"退出工作台"图标 ，完成孔的定位。

④ 在"类型"选项卡的"孔类型"下拉列表中选择"简单"选项。

⑤ 单击"预览"按钮，确认无误后单击"确定"按钮。创建的孔 1 如图 13-80 所示。

图 13-78　孔 1 平面

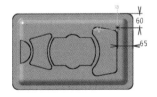
图 13-79　设置孔 1 的位置

图 13-80　创建孔 1

13.2.3　上壳体

在结构树中双击"上壳体"节点下的零件图标，进入上壳体的制作。

1. 创建平整钣金模型

① 在"墙体（Walls）"工具栏中单击"墙体（Wall）"图标 ，弹出"墙体定义（Wall Definition）"对话框。

② 单击对话框中的"草图"图标 ，选择如图 13-81 所示的平面作为草图平面，进入草图工作台，将"上壳体"边线投影，生成如图 13-82 所示的草图。单击"退出工作台"图标 ，

完成草图创建。

③ 单击"预览"按钮，确认无误后单击"确定"按钮。创建的平整钣金模型如图 13-83 所示。

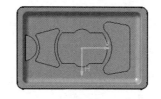

图 13-81　平整钣金草图平面　　　图 13-82　生成平整钣金草图　　　图 13-83　创建平整钣金模型

2. 创建自定义冲压 1

① 重复 13.2.2 小节中的"2. 创建自定义冲压 1"中的步骤①～⑧，隐藏零件"下壳体"，生成如图 13-84 所示的钣金模型。

② 在"基于草图的特征"工具栏中单击"凹槽"图标 ▣，弹出"定义凹槽"对话框。单击对话框中的"草图"图标 ✎，在结构树中选择"yz 平面"作为草图平面，进入草图工作台，绘制如图 13-85 所示的草图。单击"退出工作台"图标 ▲，完成草图创建。激活"第一限制"选项组中的"深度"文本框并输入数值，本例取"70"；选中"镜像范围"复选框。单击"预览"按钮，确认无误后单击"确定"按钮。创建的凹槽如图 13-86 所示。

图 13-84　生成钣金模型　　　　　图 13-85　绘制凹槽草图　　　　　图 13-86　创建凹槽

③ 在菜单栏中选中"开始"→"机械设计"→"创成式钣金设计"，进入创成式钣金设计设计工作台。

④ 在结构树中右击"零件几何体"，选择"定义工作对象"。

⑤ 选择如图 13-87 所示的平面，将其作为冲压表面，在"剪切 / 冲压（Cutting/Stamping）"工具栏中单击"冲压（Stamping）"图标 ◢ 下的三角箭头，选择"用户自定义（User Stamp）"图标 ◳，弹出"用户自定义（User-Defined Stamp Definition）"对话框。在"类型（Type）"下拉列表中选择"凸模（Punch）"选项。激活"凸模（Punch）"文本框，在结构树中选择"几何体 .2"作为凸模。在"R1 无圆角（No fillet R1 radius）"文本框中输入数值，本例取"3"。在"钣金墙上的冲压位置（Position on wall）"选项组中选中"原位置（Position on context）"复选框。单击"预览"按钮，确认无误后单击"确定"按钮。创建的自定义冲压 1 如图 13-88 所示。

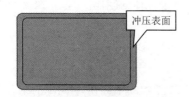

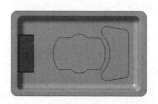

图 13-87　自定义冲压 1 冲压表面　　　　　图 13-88　创建自定义冲压 1

3. 创建自定义冲压 2

① 在菜单栏中依次选择"插入"→"几何体"，在结构树中创建几何体。

② 在菜单栏中选择"开始"→"机械设计"→"零件设计"，进入零件设计工作台。

③ 在"基于草图的特征"工具栏中单击"凸台"图标 ⧉，弹出"定义凸台"对话框。单击对话框中的"草图"图标 ⧉，选择如图 13-89 所示的平面作为草图平面，进入草图工作台，绘制如图 13-90 所示的草图。单击"退出工作台"图标 ⧄，完成草图创建。在"第一限制"选项组的"长度"文本框中输入数值，本例取"3"。单击"反转方向"按钮 **反转方向** 。单击"预览"按钮，确认无误后单击"确定"按钮。创建的凸台 1 如图 13-91 所示。

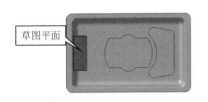

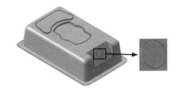

图 13-89　凸台 1 草图平面　　　　图 13-90　绘制凸台 1 草图　　　　图 13-91　创建凸台 1

④ 在"修饰"工具栏中单击"倒圆角"图标 ⧉，弹出"倒圆角"定义对话框。激活"半径"文本框并输入数值，本例取"3"；激活"要圆角化的对象"文本框，选择如图 13-92 所示的边线作为圆角化对象。单击"预览"按钮，确认无误后单击"确定"按钮。创建的倒圆角 1 如图 13-93 所示。

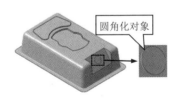
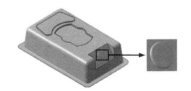

图 13-92　倒圆角 1 圆角化对象　　　　　　　　图 13-93　创建倒圆角 1

⑤ 在菜单栏中选择"开始"→"机械设计"→"创成式钣金设计"，进入创成式钣金设计设计工作台。

⑥ 在结构树中右击"零件几何体"，选择"定义工作对象"。

⑦ 选择如图 13-94 所示的平面，将其作为冲压表面，在"剪切 / 冲压（Cutting/Stamping）"工具栏中单击"冲压（Stamping）"图标 ⧉ 下的三角箭头，选择"用户自定义（User Stamp）"图标 ⧉，弹出"用户自定义（User-Defined Stamp Definition）"对话框。在"类型（Type）"下拉列表中选择"凸模（Punch）"选项。激活"凸模（Punch）"文本框，在结构树中选择"几何体 .3"作为凸模。在"圆角（Fillet）"选项组中激活"R1 无圆角（No fillet R1 radius）"文本框并输入数值，本例取"1"。在"钣金墙上的冲压位置（Position on wall）"选项组中选中"原位置（Position on context）"复选框。单击"预览"按钮，确认无误后单击"确定"按钮。创建的自定义冲压 2 如图 13-95 所示。

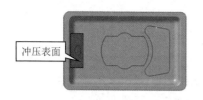

图 13-94 自定义冲压 2 冲压表面

图 13-95 创建自定义冲压 2

4. 创建剪口 1

① 在"剪切 / 冲压（Cutting/Stamping）"工具栏中单击"剪口（Cut Out）"图标 ，弹出"剪口定义（Cutout Definition）"对话框。

② 在"剪口类型（Cutout Type）"选项组的"类型（Type）"下拉列表中选择"标准剪口（Sheetmetal standard）"选项。

③ 单击对话框中的"草图"图标 ，选择如图 13-96 所示的平面作为草图平面，进入草图工作台，绘制如图 13-97 所示的草图。单击"退出工作台"图标 ，完成草图创建。

④ 在"末端限制（End Limit）"选项组的"类型（Type）"下拉列表中选择"直到下一个（Up to next）"选项。

⑤ 单击"预览"按钮，确认无误后单击"确定"按钮。创建的剪口 1 如图 13-98 所示。

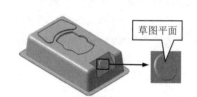

图 13-96 剪口 1 草图平面

图 13-97 绘制剪口 1 草图

图 13-98 创建剪口 1

5. 创建边缘 1

① 在"墙体（Walls）"工具栏中单击"扫掠墙体（Swept Walls）"图标 下的三角箭头，在其下拉列表中选择"边缘（Hem）"图标 ，弹出"边缘定义（Hem Definition）"对话框。

② 选择"基础型（Basic）"选项。

③ 在"长度（Length）"文本框中输入数值，本例取"5"；在"折弯半径（Radius）"文本框中输入数值，本例取"0.4"。

④ 激活"边线（Spine）"文本框，选择如图 13-99 所示的边线作为边缘 1 的附着边，单击"扩展"按钮 Propagate 。

⑤ 单击"确定"按钮，完成边缘 1 的创建，结果如图 13-100 所示。

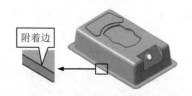

图 13-99 边缘 1 附着边

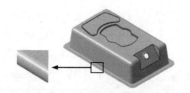

图 13-100 创建边缘 1

13.2.4　进油口

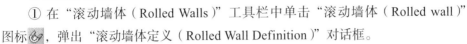

在结构树中双击"进油口"节点下的零件图标，进入进油口的制作。

1. 创建滚动墙体

① 在"滚动墙体（Rolled Walls）"工具栏中单击"滚动墙体（Rolled wall）"图标 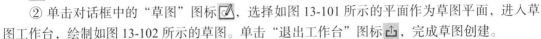，弹出"滚动墙体定义（Rolled Wall Definition）"对话框。

② 单击对话框中的"草图"图标 ，选择如图 13-101 所示的平面作为草图平面，进入草图工作台，绘制如图 13-102 所示的草图。单击"退出工作台"图标 ，完成草图创建。

③ 激活"长度 1（Length1）"文本框并输入数值，本例取"40"；激活"长度 2（Length2）"文本框并输入数值，本例取"−2"。

④ 单击"预览"按钮，确认无误后单击"确定"按钮。创建的滚动墙体如图 13-103 所示。

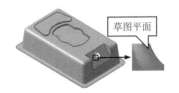

图 13-101　滚动墙体草图平面　　　　图 13-102　绘制滚动墙体草图　　　　图 13-103　创建滚动墙体

2. 创建凸缘 1

① 在"墙体（Walls）"工具栏中单击"扫掠墙体（Swept Walls）"图标 下的三角箭头，在其下拉列表中选择"凸缘（Flange）"图标 ，弹出"凸缘定义（Flange Definition）"对话框。

② 选择"基础型（Basic）"选项。

③ 在"长度（Length）"文本框中输入数值，本例取"2"；在"角度（Angle）"文本框中输入数值，本例取"90"；在"折弯半径（Radius）"文本框中输入数值，本例取"0.8"。

④ 激活"边线（Spine）"文本框，为了方便操作，隐藏"上壳体"，选择如图 13-104 所示的边线作为凸缘 1 的附着边，单击"扩展"按钮 Propagate 。

⑤ 单击"确定"按钮，完成凸缘 1 的创建，结果如图 13-105 所示。

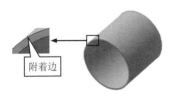

图 13-104　凸缘 1 附着边　　　　　　　　　　图 13-105　创建凸缘 1

3. 创建边缘 1

① 在"墙体（Walls）"工具栏中单击"扫掠墙体（Swept Walls）"图标 下的三角箭头，在其下拉列表中选择"边缘（Hem）"图标 ，弹出"边缘定义（Hem Definition）"对话框。

② 选择"基础型（Basic）"选项。

③ 在"长度（Length）"文本框中输入数值，本例取"3"；在"折弯半径（Radius）"文本框中输入数值，本例取"3"。

④ 激活"边线（Spine）"文本框，选择如图13-106所示的边线作为边缘1的附着边，单击"扩展"按钮 Propagate 。

⑤ 单击"确定"按钮，完成边缘1的创建，结果如图13-107所示。

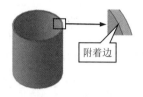

图13-106　边缘1附着边

图13-107　创建边缘1

4. 创建剪口1

① 在"剪切/冲压（Cutting/Stamping）"工具栏中单击"剪口（Cut Out）"图标🔲，弹出"剪口定义（Cutout Definition）"对话框。

② 在"剪口类型（Cutout Type）"选项组的"类型（Type）"下拉列表中选择"标准剪口（Sheetmetal standard）"选项。

③ 单击对话框中的"草图"图标✍，选择如图13-108所示的平面作为草图平面，进入草图工作台，绘制如图13-109所示的草图。单击"退出工作台"图标🔼，完成草图创建。

④ 在"末端限制（End Limit）"选项组的"类型（Type）"下拉列表中选择"直到下一个（Up to next）"选项。

⑤ 单击"预览"按钮，确认无误后单击"确定"按钮。创建的剪口1如图13-110所示。

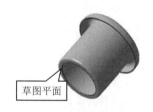

图13-108　剪口1草图平面

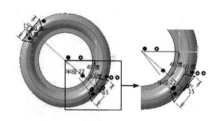

图13-109　绘制剪口1草图

图13-110　创建剪口1

5. 设置参考平面1

① 在"参考元素"工具栏中单击"平面"图标◿，弹出"平面定义"对话框。

② 在"平面类型"下拉列表中选择"偏移平面"选项；激活"参考"文本框，选择"yz平面"作为参考；在"偏移"文本框中输入数值，本例取"26"。

③ 单击"预览"按钮，确认无误后单击"确定"按钮，完成参考平面1的设置。

6. 创建剪口2

参照"4.创建剪口1"的步骤及参数设置，选择步骤5设置的参考平面1作为草图平面，绘制剪口2草图，结果如图13-111所示。创建的剪口2如图13-112所示。

7. 创建镜像1

① 在"特征变换（Transformations）"工具栏中单击"镜像（Mirror）"图标🔳，弹出"镜

像定义（Mirror Definition）"对话框。

②激活"镜像平面（Mirroring plane）"文本框，选择"yz 平面"作为镜像平面。

③激活"镜像的元素（Element to mirror）"文本框，在结构树中选择步骤 6 创建的剪口 2 作为镜像对象。

④单击"预览"按钮，确认无误后单击"确定"按钮，完成镜像 1 的创建。

8. 创建倒圆角 1

在"修饰"工具栏中单击"倒圆角"图标 🔲，弹出"倒圆角"定义对话框。在"半径（Radius）"文本框中输入数值，本例取"1"。单击"选择全部（Select all）"按钮。单击"预览"按钮，确认无误后单击"确定"按钮。创建的倒圆角 1 如图 13-113 所示。

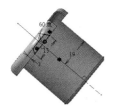

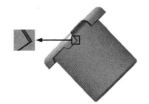

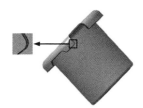

图 13-111　绘制剪口 2 草图　　　图 13-112　创建剪口 2　　　图 13-113　创建倒圆角 1

13.2.5　出油口

在结构树中双击"出油口"节点下的零件图标，进入出油口的制作。这里需显示已隐藏的零部件。

①在"滚动墙体（Rolled Walls）"工具栏中单击"滚动墙体（Rolled wall）"图标 🖊，弹出"滚动墙体定义（Rolled Wall Definition）"对话框。

②单击对话框中的"草图"图标 🖊，选择如图 13-114 所示的平面作为草图平面，进入草图工作台，绘制如图 13-115 所示与下壳体出油孔相合的滚动墙体草图。单击"退出工作台"图标 🖴，完成草图创建。

③激活"长度 1（Length1）"文本框并输入数值，本例取"0"；激活"长度 2（Length2）"文本框并输入数值，本例取"20"。

④单击"预览"按钮，确认无误后单击"确定"按钮。创建的滚动墙体如图 13-116 所示。至此，出油口创建完成。

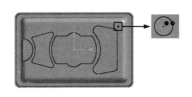

图 13-114　滚动墙体草图平面　　　图 13-115　绘制滚动墙体草图　　　图 13-116　创建滚动墙体

13.2.6 装配

在结构树中双击"油箱"，切换至装配设计工作台，将零件模型调整至适合装配的位置，如图 13-117 所示。

1. 上壳体装配

单击"固定"图标 🔧，选择"下壳体"作为固定部件；单击"偏移约束"图标 🔩，约束元素选择下壳体的 xy 平面和上壳体的 xy 平面，在弹出的"约束属性"对话框的"偏移"文本框中输入数值"0"；重复"偏移约束"操作，使下壳体的 yz 平面和 zx 平面分别与上壳体的 yz 平面和 zx 平面的偏移距离为"0"。单击"全部更新"图标 🔄，完成上壳体装配，结果如图 13-118 所示。

图 13-117 调整零件至适合装配的位置

图 13-118 完成上壳体装配

2. 进油口装配

单击"相合约束"图标 🖉，约束元素选择进油口中心线和上壳体与进油口配合孔的中心线；单击"接触"图标 🔩，约束元素选择进油口底面与上壳体和进油口装配表面；单击"角度约束"图标 📐，约束元素选择进油口的 yz 平面和上壳体的 yz 平面，在弹出的"约束属性"对话框的"角度"文本框中输入数值"25"。单击"全部更新"图标 🔄，完成进油口装配，结果如图 13-119 所示。

3. 出油口装配

单击"相合约束"图标 🖉，约束元素选择出油口中心线和下壳体与出油口配合孔的中心线；单击"接触"图标 🔩，约束元素分别选择出油口与下壳体装配表面；单击"偏移约束"图标 🔩，约束元素选择出油口的 yz 平面和下壳体的 yz 平面，在弹出的"约束属性"对话框的"偏移"文本框中输入数值"0"。单击"全部更新"图标 🔄，完成油箱装配，结果如图 13-120 所示。

图 13-119 完成进油口装配

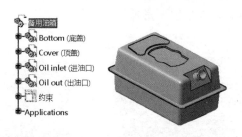

图 13-120 完成油箱装配